环境影响评价系列丛书

建设项目环境影响评价

（第二版）

环境保护部环境工程评估中心　编

U0252146

中国环境出版社·北京

图书在版编目（CIP）数据

建设项目环境影响评价 / 环境保护部环境工程评估中心
编. —2 版. —北京：中国环境出版社，2012.10（2018.1 重印）
（环境影响评价系列丛书）
ISBN 978-7-5111-1155-5

Ⅰ. ①建… Ⅱ. ①环… Ⅲ. ①基本建设项目—环境影
响—评价 Ⅳ. X820.3

中国版本图书馆 CIP 数据核字（2013）第 088300 号

出 版 人	武德凯
责任编辑	黄晓燕
责任校对	扣志红
封面设计	宋 瑞

更多信息，请关注
中国环境出版社
第一分社

出版发行　中国环境科学出版社
（100062　北京东城区广渠门内大街 16 号）
网　　　址：http://www.cesp.com.cn
电子邮箱：bjgl@cesp.com.cn
联系电话：010-67112765（编辑管理部）
　　　　　　010-67112735（第一分社）
发行热线：010-67125803，010-67113405（传真）
印装质量热线：010-67113404

印　　刷	北京市联华印刷厂
经　　销	各地新华书店
版　　次	2011 年 9 月第 1 版　2012 年 10 月第 2 版
印　　次	2018 年 1 月第 5 次印刷
开　　本	787×960　1/16
印　　张	32.25
字　　数	600 千字
定　　价	80.00 元

序

今年是《中华人民共和国环境影响评价法》（以下简称《环评法》）颁布十周年，《环评法》的颁布，是环保人和社会各界共同努力的结果，体现了党和国家对环境保护工作的高度重视，也凝聚了环保人在《环评法》立法准备、配套法规、导则体系研究、调研和技术支持上倾注的心血。

我国是最早实施环境影响评价制度的发展中国家之一。自从 1979 年的《中华人民共和国环境保护法（试行）》，首次将建设项目环评制度作为法律确定下来后的二十多年间，环境影响评价在防治建设项目污染和推进产业的合理布局，加快污染治理设施的建设等方面，发挥了积极作用，成为在控制环境污染和生态破坏方面最为有效的措施。2002 年 10 月颁布《环评法》，进一步强化环境影响评价制度在法律体系中的地位，确立了我国的规划环境影响评价制度。

《环评法》颁布的十年，是践行加强环境保护，建设生态文明的十年。十年间，环境影响评价主动参与综合决策，积极加强宏观调控，优化产业结构，大力促进节能减排，着力维护群众环境权益，充分发挥了从源头防治环境污染和生态破坏的作用，为探索环境保护新道路作出了重要贡献。

加强环境综合管理，是党中央、国务院赋予环保部门的重要职责。规划环评和战略环评是环保参与综合决策的重要契合点，开展规划环评、探索战略环评，是环境综合管理的重要体现。我们应当抓住当前宏观调控的重要机遇，主动参与，大力推进规划环评、战略环评，在为国家拉动内需的投资举措把好关、服好务的同时促进决策环评、规划环评方面实现大的跨越。

今年是七次大会精神的宣传贯彻年，国家环境保护"十二五"规划转型的关键之年，环境保护作为建设生态文明的主阵地，需要根据新形势，新任务，及时出台新措施。当前环评工作任务异常繁重，因此要求我们必须坚持创新理念，从过于单纯注重环境问题向综合关注环境、健康、安全和社会影响转变；必须坚持创新机制，充分发挥"控制闸""调节器"和"杀手铜"的效能；必须坚持创新方法，推进环评管理方式改革，提高审批效率；必须坚持创新手段，逐步提高参与宏观调控的预见性、主动性和有效性，着力强化项目环评，切实加强规划环评，积极探索战略环评，超前谋划工作思路，自觉遵循经济规律和自然规律，增强环境保护参与宏观调控的预见性、主动性和有效性。建立环评、评估、审批责任制，加大责任追究和环境执法处罚力度，做到出了问题有据可查，谁的问题谁负责；提高技术筛选和评估的质量，要加快实现联网审批系统建设，加强国家和地方评估管理部门的互相监督。

要实现以上目标，不仅需要在宏观层面进行制度建设，完善环评机制，更要强化行业管理，推进技术队伍和技术体系建设。因此需要加强新形势下环评中介、技术评估、行政审批三支队伍的能力建设，提高评价服务机构、技术人员和审批人员的专业技术水平，进一步规范环境影响评价行业的从业秩序和从业行为。

本套《环境影响评价系列丛书》总结了我国三十多年以来各行业从事开发建设环境影响评价和管理工作经验，归纳了各行业环评特点及重点。内容涉及不同行业规划环评、建设项目环境影响评价的有关法律法规、环保政策及产业政策，环评技术方法等，具有较强的实践性、典型性、针对性。对提高环评从业人员工作能力和技术水平具有一定的帮助作用；对加强新形势下环境影响评价服务机构、技术人员和审批人员的管理，进一步规范环境影响评价行业的从业秩序和从业行为方面具有重要意义。

前　言

　　环境影响评价是预防因规划和建设项目实施后对环境造成不良影响，促进经济、社会和环境的协调发展的技术措施。环境影响评价从引进理论、探索实践到成为一项具有中国特色的环境保护管理制度，已经走过了近40年的历程。环境影响评价作为环境科学技术的重要组成部分，是在规划和建设项目实施中对可能产生的环境问题进行科学分析、预测和评估，提出预防或者减轻不良环境影响的对策和措施，以达到合理开发、利用自然资源，实现经济、社会、环境的可持续发展，实现人类与环境的协调统一。

　　20世纪90年代初，我国与亚洲开发银行联合开展了环境影响评价技术人员的培训工作，并在全国逐步推广，取得了良好的效果。为从事环境影响评价的技术人员了解和掌握国家环境保护有关的法律、法规和政策，提高政策水平以及学习和掌握环境影响评价的理论和技术方法，提高业务水平，建设一支懂政策、业务精、适应可持续发展需要的环境影响评价队伍发挥了积极作用。

　　《中华人民共和国环境影响评价法》的颁布实施，使环境影响评价的法律范畴从建设项目扩大到与国民经济发展密切相关的各项规划，环境保护参与到了宏观综合决策中，环境影响评价已成为落实科学发展观、促进人与自然和谐发展的重要途径，环境影响评价技术人员的责任将会更大。为了适应环境影响评价工作需要，我们组织了环境影响评价专家编写了这部《建设项目环境影响评价》，以满足广大环境影响评价技术人员的需要。

　　本书共有十四章，概述了建设项目环境保护管理的政策、法规、管理程序及环境影响评价制度和标准体系等；介绍了大气、地表水、地下水、噪声、振动、生态、固体废物环境影响评价的技术和方法；论述了建设项目环境影响评价中的清洁生产分析、环境风险评价、环境监测与管理等内容。主要编写人员：第一章、第二章：刘振起、郑洪波、石良盛；第三章：王哨兵、柴西龙；第四章：徐颂、张泽生、丁峰；第五章：黄川友、蔡梅；第六章：石晓枫、刘伟生；第七章：张建江、赵仁兴；第八章：邵龙海、辜小安；第九章：贾生元、孔令辉；第十章：蔡志洲、李海生；第十一章：杨勇、孙阳；第十二章：于秀玲、叶斌；第十三章：林国栋、杨申卉；第十四章：卓俊玲、胡厚钧。统稿工作主要由刘振起、刘兰芬、丁长印、卓俊玲完成。

　　本书在编写过程中得到了环境保护部环境影响评价司的指导及彭理通、刘明柱、孔繁旭、齐文启等专家的帮助，在此一并表示感谢。

　　书中不当之处，敬请读者批评指正。

编　者

2012年8月

目　录

1 环境影响评价与管理概论

1.1 概述

1.1.1 基本概念

（1）环境与环境系统

环境（Environment）是指某一生物体或生物群体以外的空间，以及直接或者间接影响该生物体或生物群体生存的一切事物的总和。环境总是针对某一特定主体或者中心而言的，是一个相对的概念，离开了这一主体或中心也就无所谓环境。

在环境科学中，环境是指以人类为主体的外部世界，主要是地球表面与人类发生相互作用的自然要素及其总体。它是人类生存发展的基础，也是人类开发利用的对象。《中华人民共和国环境保护法》所称环境，是指影响人类生存和发展的各种天然的和经过人工改造的自然因素的总体。包括大气、水、海洋、土地、矿藏、森林、草原、野生生物、自然遗迹、人文遗迹、自然保护区、风景名胜区、城市和乡村等。

环境影响评价中所指的环境，是以人为主体的环境，即围绕着人群的空间以及其中可以直接、间接影响人类生存和发展的各种自然因素和社会因素的总体，包括自然因素的各种物质、现象和过程及在人类历史中的社会、经济成分。或者说，环境是指人类以外的整个外部世界，它包括人类赖以生存和发展的各种天然的自然要素，例如大气、水、土壤、岩石、太阳光和各种各样的生物；还包括经人类改造的物质和景观，即经过人工改造的自然因素，例如农作物、家畜家禽、耕地、矿山、工厂、农村、城市、公园和其他人工景观等。除此之外，居住环境、生产环境、交通环境和其他社会环境也是环境影响评价中所指的环境范畴。

环境系统是指由围绕人群的各种环境因素构成的整体。这里所说的环境因素，包括生物的和非生物的，具体指大气、水体、土壤、岩石、热、光、声、重力与各种有机体等。一定时空中的环境因素通过物质交换、能量流动、信息交流等多种方式，相互联系、相互作用形成了具有一定结构和功能的整体。环境系统是一个动态系统，它一直处于演变过程中，特别是在人类活动的作用下，环境系统的组成和结构不断地发生变化。环境污染、生态破坏就是环境系统在人类活动作用下发生不良变化的结果。另外，长期的演变历史表明，环境系统具有一定程度的自我调节功能，具有相对的稳定性，即当把外界的侵扰控制在一定程度的范围内时，它能通过自身的调节作用，维持系统的组成结构不变和整体性能的正常发挥。从系统的角度，以系统的观点，正确、全面地认识环境，掌握环境系统的运动变化规律，是人类选择适当的社会发展行为，防止、减少直至解决环境问题的基础。

环境系统的范围大至全球，小至一个工厂、一个村落，它的具体范围视所研究和需要解决的环境问题而定。其范围既可以是全球性的，也可以是局部性的。例如一个城市、区域和河流等都可以是一个单独的环境系统。环境系统也可以是几个要素交织而成，如空气—水体—土壤系统，水—土壤—生物系统，城市污水—土壤—农作物组成的污水灌溉系统等。

（2）环境要素

环境是由环境要素构成的。环境要素也称作环境基质，是环境结构的基本单元，即构成人类环境整体的各个独立的、性质不同的而又服从整体演化规律的基本物质组分，如水、空气、生物、土壤、岩石以及阳光等。

环境要素可分为自然环境要素和社会环境要素，但通常是指自然环境要素，包括水、大气、生物、岩石和土壤以及声、光、电磁辐射等。环境要素组成环境的结构单元，环境结构单元又组成环境整体或称环境系统。地球表面各种环境要素及其相互关系的总和即为地球环境系统。

环境要素又可分为非生物的和生物的。非生物要素也称物理要素或物理-化学要素，如大气、水体、土壤、岩石、城市的建筑物和基础设施等；生物要素指有机生命体，如动物、植物、微生物等。人类社会是一种基本的、特定的环境要素，也可看做是生物要素的一个子要素。生物要素的各子要素之间、各非生物要素之间以及生物和非生物要素之间彼此作用，且互相密切联系。所以，研究某一个要素时，必须与其他要素联系起来，全面考虑。

（3）环境质量和环境质量评价

环境质量表述环境优劣的程度，指在一个具体的环境中，环境总体或某些要素对人群健康、生存和繁衍以及社会经济发展适宜程度的量化表达。环境质量是因人对环境的具体要求而形成的评定环境的一种概念。

环境是由各种自然环境要素和社会环境要素所构成，因此环境质量包括综合环境质量和各要素的环境质量，如大气环境质量、水环境质量、土壤环境质量、声环境质量等。目前，人们大都从环境要素的组成状况来考察和表示环境质量的优劣，而各种环境要素的优劣是根据人类的具体要求进行评价的，所以环境质量又同环境质量评价联系在一起。

环境质量评价是指依据一定的评价标准和方法对一定区域范围内的环境质量进行说明和评定。环境质量评价的目的是为了给环境管理、环境规划、环境综合整治等提供依据,同时也是为了比较各地区所受污染的程度。当然也可以通过历年的环境质量评价,比较和分析该区域环境质量变化情况和趋势。环境质量评价是确定环境质量的手段、方法,环境质量则是环境质量评价的结果。

(4)环境容量

环境容量是指对一定区域,根据其自然净化能力,在特定的污染源布局和结构条件下,为达到环境目标值,所允许的污染物最大排放量。环境容量是衡量和表现环境系统、结构、状态相对稳定性的概念,目前多指在人类生存和自然生态不受危害的前提下,某一地区的某一环境要素中某种污染物的最大容纳量。也有人把它定义为在污染物浓度不超过环境标准或基准的前提下,某地区所能允许的最大排放量。

环境容量是一种重要的环境资源,地域性是环境容量的基本特征。环境容量是一个变量,因地域的不同,时期的不同,环境要素的不同以及对环境质量要求的不同而不同。某区域环境容量的大小,与该区域本身的组成、结构及其功能有关。通过人为的调节,控制环境的物理、化学及生物学过程,改变物质的循环转化方式,可以提高环境容量,改善环境的污染状况。

环境容量按环境要素,可细分为大气环境容量、水环境容量、土壤环境容量和生物环境容量等。此外,还有人口环境容量、城市环境容量等等。

(5)环境影响

环境影响是指人类活动(经济活动和社会活动)对环境的作用和导致的环境变化以及由此引起的对人类社会和经济的效应。

在研究一项开发活动对环境的影响时,首先应该注意那些受到重大影响的环境要素的质量参数变化。而环境影响的重大性是相对的,如高强度噪声对居民住宅区的影响比对工业区的影响大。这种"环境影响"是由造成环境影响的源和受影响的环境(受体)两方面构成的。对人类开发行动进行系统的分析,辨识出该项行动中那些能对环境产生显著和潜在影响的活动,这就是"开发行动分析",对区域开发和建设项目而言即为"工程分析",对规划而言则为"规划分析"。而辨识开发行动或建设项目对环境要素各种参数的各类影响,就是环境影响识别的任务。这也是环境影响评价最重要的任务之一。

按影响的来源分,环境影响分为直接影响、间接影响和累积影响。按影响效果分,可分为有利影响和不利影响。按影响性质划分,环境影响可分为可恢复影响和不可恢复影响。另外,环境影响还可分为短期影响和长期影响,地方、区域影响或国家和全球影响,建设阶段影响和运行阶段影响等。

(6)环境影响评价

环境影响评价是指对规划和建设项目实施后可能造成的环境影响进行分析、预测和评估，提出预防或者减轻不良环境影响的对策和措施，进行跟踪监测的方法与制度。

目前，我国的环境影响评价主要包括规划环境影响评价和建设项目环境影响评价两大类。规划和建设项目处于不同的决策层，因此，针对二者所做的环境影响评价的基本任务也有所不同。

环境影响评价作为环境法的基本制度之一，涉及多个主体和环节。建设单位、环境影响评价机构、环境影响评价文件的审批部门、建设项目的审批部门等都是环境影响评价制度实施过程中必不可少的。特别是《中华人民共和国环境影响评价法》（以下简称《环境影响评价法》）将环境影响评价的对象扩大到规划后，各级政府和政府有关部门如规划的审批、编制等机构也是不可缺少的相关主体。哪个环节出了问题，都有可能造成环境污染和生态破坏的后果。而对于拟议中的建设项目，在其动工之前进行环境影响评价，只是环境影响评价制度的一部分。一个完整的建设项目环境影响评价，还包括后评价、"三同时"、跟踪检查等一系列制度和措施。否则，环境影响评价制度就无法发挥其应有的作用。《环境影响评价法》对环境影响评价所下的定义，就包括了进行跟踪监测的内容。可见，建设项目投入生产或者使用后，并不意味着环境影响评价工作就已经结束了，跟踪检查也是其中一个不可或缺的组成部分。实施跟踪检查，其根本目的就在于能够发现建设项目在运行过程中存在的问题，并提出相应的解决方案和改进措施。

按照评价对象，环境影响评价可以分为规划（战略）环境影响评价和建设项目环境影响评价。按照环境要素，环境影响评价可以分为大气环境影响评价、地表水环境影响评价、地下水环境影响评价、声环境影响评价、生态影响评价等。

1.1.2 环境影响评价的重要性

环境影响评价是一项技术，也是正确认识经济发展、社会发展和环境发展之间相互关系的科学方法，是正确处理经济发展使之符合国家总体利益和长远利益，强化环境管理的有效手段，对确定经济发展方向和保护环境等一系列重大决策上都有重要的指导作用。环境影响评价是对一个地区的自然条件、资源条件、环境质量条件和社会经济发展现状进行综合分析研究的过程，它是根据一个地区的环境、社会、资源的综合能力，使人类活动不利于环境的影响限制到最小。

其重要性表现在以下几个方面：

（1）为开发建设活动的决策提供科学依据

开发建设的决策是综合性极强的工作，只有在全面、充分、客观、科学地考虑经济、技术、社会和环境诸方面条件之间相互关系的基础上，才能做出比较正确的开发决策。而通过环境影响评价，就可把环境保护工作与国民经济和社会发展规划、计划及其行动直接联系起来，为协调经济发展和环境保护提供科学依据。

（2）为经济建设的合理布局提供科学依据

开发建设的环境影响评价是对传统工业布局决策方式的重大改革，它可以把经济效益、社会效益和环境效益统一起来，使之协调发展。环境影响评价的过程，也是认识生态环境与人类经济活动相互依赖、相互制约、相互促进的过程。在这个过程中，不但要考虑资源、能源、交通、技术、经济、消费等因素，分析各种自然资源的支持能力，还要分析环境特征，了解环境资源的利用现状，预测开发建设活动对环境承载能力的消耗程度，阐明环境承受能力和防患对策。从建设项目所在地区的整体出发，考察建设项目的不同选址和布局对区域整体的不同影响，并进行比较和取舍，选择最有利的方案，保证建设选址和布局的合理性。

（3）为确定某一地区的经济发展方向和规模、制定区域经济发展规划及相应的环保规划提供科学依据

我国还处在经济增长由粗放型向集约型转变时期，各地区都将制定以强调效益为中心的社会经济发展规划，走可持续发展的道路。通过环境影响评价，特别是规划环境影响评价，对区域自然条件、资源条件、环境条件和社会经济技术条件进行综合分析研究，并根据区域资源优势及供给能力、环境承载能力、社会承受能力，为制定区域发展总体规划，确定适宜的经济发展方向、目标、速度、建设规模、产业结构、产品结构、合理布局等提供科学的依据。同时，也能通过环境影响评价，掌握区域环境状况，预测和评价拟议的开发建设活动对环境的影响，为制定区域环境保护目标、计划和措施提供科学依据，从而达到宏观调控和全过程控制防治污染和生态破坏的目的。

（4）为制定环境保护对策和进行科学的环境管理提供依据

环境管理的实质就是协调经济发展和环境容量这两个目标的过程。通过环境管理，解决人类面临的最大挑战——经济发展和环境保护问题。发展经济和保护环境是辩证统一的关系，环境管理应该是在保证环境质量的前提下发展经济、提高经济效益，反过来环境管理必须讲求经济效益，要把经济发展和环境效益二者统一进来，选择它们之间最佳的"结合点"，这个结合点是以最小的环境代价取得最大的经济效益。环境影响评价就是找出这个最佳"结合点"的环境管理手段。

通过建设项目环境影响评价，可以得知对一个项目的污染或破坏限制在一个什么程度范围内才符合环境标准的要求。在此基础上，要充分考虑区域环境功能、环境容量以及当时、近期、远期技术经济状况等条件，提出既能满足生产建设、经济发展，又能有效地控制污染、改善环境的污染防治对策和措施，获得最佳的环境效益和社会效益。因此，环境影响评价能指导工程的设计，使建设项目的环保措施建立在科学、可靠的基础上，从而保证环保设计得到优化，同时还能为项目建成后实现科学管理提供必要的数据和重点监督对象。这样环境影响评价就达到了为环境管理提供科学依据的目的。

（5）促进相关环境科学技术的发展

环境影响评价涉及自然科学和社会科学的广泛领域，包括基础理论研究和应用技术开发。环境影响评价工作中遇到的问题，必然会对相关环境科学技术提出挑战，进而推动相关环境科学技术的发展。

1.1.3 环境影响评价的工作原则

1.1.3.1 针对性

环境影响评价工作人员，必须针对项目的工程特征和所在地区的环境特征进行深入细致的调查和分析，并抓住危害环境的主要因素，目标明确，重点突出，即带着问题搞评价，使工作有的放矢，以确保环境影响评价工作真正起到以下三个基本功能的作用：① 在厂址、布局、工艺、技术、设备选型、生产规模、产品结构、原材料使用等诸方面为项目审批主管部门提供决策依据；② 为设计工作规定优化设计、实现清洁生产和应采取的环境保护措施；③ 为环境管理部门实施监督管理提供科学管理依据。

1.1.3.2 政策性

政策性是建设项目环境影响评价工作的灵魂。不体现政策的评价是没有生命的评价。环境影响评价文件中的政策性体现在如下几个方面：

（1）对项目选址以及产品结构、规模要根据环保法规、当时的产业政策，结合总体规划去评价选址、布局和规模的合理性、可行性。

（2）对项目用地（土地也是环境资源）要结合国家的土地利用政策、当地土地资源状况和生态环境去评价其土地利用的合理性和节约土地的必要性。

（3）对所选工艺、技术、设备和污染物排放状况要结合资源、能源利用政策去评价其技术经济指标的先进性。即评价其是否为"清洁生产"，污染是否能解决在生产工艺过程中，产品是否清洁。

（4）对工程项目拟采取的环保措施及装备水平要结合现行环保技术政策、发展状况及当地的客观要求去评价其可靠性和可操作性。在此基础上提出并规定满足环保要求的对策措施。

（5）对环保投资费用计划结合当前国家和本地区技术经济状况和生活质量所需，评价其"三效益"的统一性。

（6）对环境质量要结合环境功能规划和质量指标去评价其保证性。

（7）对特定环境保护对象要结合实际影响情况，根据防护距离标准等规定评价其安全性。

1.1.3.3 科学性

环境影响评价是由多学科组成的综合技术。由于这项工作在时间上具有超前性，所以在开展这项工作时，从现状调查、评价因子筛选到评价专题设置、监测布点、取样、分析、测试、数据处理、模式选用、预测、评价以及给出结论都应严守科学态度，一丝不苟地完成各项工作。为了增强环境影响评价工作的科学性，还需注意评价工作的区域性和系统性问题。

（1）区域性是指环境影响评价不能孤立地研究自身对环境的影响，应当从整体出发，研究评价区内自然环境对影响因素的承受能力（即环境容量）。既要考虑项目自身的影响问题，又要考虑对环境质量现状的叠加影响问题。

（2）系统性是指评价时要把环境看做一个由多种要素组成，又受多种因素影响的大系统。既要考虑拟建项目与已有项目对环境影响的有机联系和环境容量的动态平衡问题，又要考虑各环境要素之间的相互影响的叠加关系，从而制定出符合整体要求的防治对策，以达到系统化的目的。

1.1.3.4 公正性

环境影响报告书既是建设项目的决策依据，又是贯彻"谁污染、谁治理"方针和处理环境污染纠纷的执法依据，所以对于环境影响评价的每项工作都要做到准确和公正，评价结论一定要明确、可信、有充分的科学依据，绝不能模棱两可，含糊其辞，更不能受外在因素的影响而带有主观倾向性。

1.2 环境影响评价制度的形成与发展

1.2.1 环境影响评价制度的由来

美国是世界上第一个把环境影响评价用法律要求固定下来并建立环境影响评价制度的国家。1969 年，美国国会通过了《国家环境政策法》，自 1970 年 1 月 1 日起正式实施。该法中第二节第二条的第三款规定：在对人类环境质量具有重大影响的每项生态建议或立法建议报告和其他重大联邦行动中，均应由提出建议的机构协商相关主管部门后，提供一份详细报告，说明拟议中的行动将会对环境和自然资源产生的影响、采取的减缓措施以及替代方案等。该报告应同相应的建议报告一并提交总统和环境质量委员会，依照相关规定向社会公布，并按法定程序进行审查。

继美国建立环境影响评价制度后，先后有瑞典（1970 年）、新西兰（1973 年）、加拿大（1973 年）、澳大利亚（1974 年）、马来西亚（1974 年）、德国（1976 年）、印度（1978 年）、菲律宾（1979 年）、泰国（1979 年）、中国（1979 年）、印度尼西亚（1979 年）、斯里兰卡（1979 年）等国家建立了环境影响评价制度。与此同时，国际上也成立了许多有关环境影响评价的相关机构，召开了一系列有关环境影响评价的会议，开展了环境影响评价的研究和交流，进一步促进了各国环境影响评价的应用与发展。

　　1970 年，世界银行设立环境与健康事务办公室，对其每一项投资项目的环境影响做出评价和审查。1974 年，联合国环境规划署与加拿大联合召开了第一次环境影响评价会议。1984 年 5 月，联合国环境规划理事会第 12 届会议建议组织各国环境影响评价专家进行环境影响评价研究，为各国开展环境影响评价提供方法和理论基础。1992 年，联合国环境与发展大会在里约热内卢召开，通过的《里约环境与发展宣言》和《21 世纪议程》中，都写入了有关环境影响评价的内容。《里约环境与发展宣言》原则 17 宣告：对于拟议中可能对环境产生重大不利影响的活动，应进行环境影响评价，并由国家相关主管部门做出决策。1994 年，由加拿大和国际影响评价协会（IAIA）在魁北克市联合召开的第一届国际环境影响评价部长级会议，有 52 个国家和组织机构参加，会议作出了进行环境评价有效性研究的决议。

　　经过 40 多年的发展，已有 100 多个国家建立了环境影响评价制度。同时，环境影响评价的内涵也不断得到提高：已从对自然环境的影响评价发展到社会环境的影响评价；自然环境的影响不仅考虑环境污染，还注重了生态影响；开展了环境风险评价；关注累积性影响并开始对环境影响进行后评价。环境影响评价的应用对象也从最初单纯的工程项目，发展到区域开发环境影响评价和战略环境评价，环境影响评价的技术方法和程序也在发展中不断得以完善。

1.2.2　我国环境影响评价制度的发展

1.2.2.1　引入和确立阶段（1973—1979 年）

　　1973 年，第一次全国环境保护会议召开后，环境影响评价的概念开始引入我国。高等院校和科研单位的一些专家、学者，在报刊和学术会议上，宣传和倡导环境影响评价，并参与了环境质量评价及其方法的研究。同年，"北京西郊环境质量评价研究"协作组成立，随后，官厅水库流域、南京市、茂名市开展了环境质量评价。

　　1977 年，中国科学院召开"区域环境学"讨论会，推动了大中城市环境质量现状评价。1978 年 12 月 31 日，中发[1978]79 号文件批转的国务院环境保护领导小组《环境保护工作汇报要点》中，首次提出了环境影响评价的意向。1979 年 4 月，国务院环境保护领导小组在《关于全国环境保护工作会议情况的报告》中，把环境影响评价作为一项方针政策再次提出。在国家支持下，北京师范大学等单位率先在江西永平铜矿开展了我国第一个建设项目的环境影响评价工作。

　　1979 年 9 月，《中华人民共和国环境保护法（试行）》颁布，规定："一切企业、事业单位的选址、设计、建设和生产，都必须注意防止对环境的污染和破坏。在进行新建、改建和扩建工程中，必须提出环境影响报告书，经环境保护主管部门和其他有关部门审查批准后才能进行设计。"我国的环境影响评价制度正式确立。

1.2.2.2 规范和建设阶段（1979—1989 年）

环境影响评价制度确立后，相继颁布的各项环境保护法律、法规不断对环境影响评价进行规范，并通过部门行政规章，逐步明确了环境影响评价的内容、范围和程序，环境影响评价的技术方法也不断完善。

1989 年颁布的《中华人民共和国环境保护法》第十三条规定："建设污染环境的项目，必须遵守国家有关建设项目环境管理的规定。""建设项目的环境影响报告书，必须对建设项目产生的污染和对环境的影响作出评价，规定防治措施，经项目主管部门预审，并依照规定的程序报环境保护行政主管部门批准。环境影响报告书经批准后，计划部门方可批准建设项目设计任务书。"在这一条款中，对环境影响评价制度的执行对象和任务、工作原则和审批程序、执行时段和与基本建设程序之间的关系作了原则规定，是行政法规中具体规范环境影响评价制度的法律依据和基础。

1982 年颁布的《中华人民共和国海洋环境保护法》第六条、第九条和第十条，1984 年颁布的《中华人民共和国水污染防治法》第十三条，1987 年颁布的《中华人民共和国大气污染防治法》第九条，1988 年颁布的《中华人民共和国野生动物保护法》第十二条，以及 1989 年颁布的《中华人民共和国环境噪声污染防治条例》第十五条等，都有类似规定。

配套制定的部门行政规章保证了环境影响评价制度的有效执行，环境影响评价的技术方法也进行了广泛研究和探讨，取得明显进展。这一阶段主要的部门行政规章如下：

（1）《基本建设项目环境保护管理办法》，国家计委、国家经贸委、国家建委、国务院环境保护领导小组 1981 年 12 号，明确把环境影响评价制度纳入基本建设项目审批程序中。

（2）《建设项目环境保护管理办法》，国务院环境保护委员会、国家计委、国家经贸委[86]国环字第 003 号，对建设项目环境影响评价的范围、程序、审批和环境影响报告书（表）编制格式都做了明确规定。

（3）1986 年，国家环保局颁布的《建设项目环境影响评价证书管理办法（试行）》，确立了环境影响评价的资质管理要求，并据此核发综合和单项环境影响评价证书 1 536 个，建立了一支环境影响评价的专业队伍。

（4）《关于颁发建设项目环境影响评价收费标准的原则与方法（试行）的通知》国家环保局、财政部、国家物价局[89]环监字第 141 号，确定了环境影响评价"按工作量收费"的收费原则。

同时，制定的主要部门行政规章还有《关于建设项目环境影响报告书审批权限问题的通知》，国家环保局[86]环建字第 306 号；《关于建设项目环境管理问题的若干意见》，国家环保局[88]环建字第 117 号；《关于重审核设施环境影响报告书审批程序的通知》，国家环保局环监辐字[89]第 53 号；《建设项目环境影响评价证书管理办法》，国家环保局[89]环监字第 281 号，将环境影响评价证书改为甲级和乙级。

各地方也根据《建设项目环境保护管理办法》制订了适用于本地的建设项目环境影响评价行政法规，各行业主管部门也陆续制订了建设项目环境保护管理的行业行政规章，初步形成了国家、地方、行业相配套的建设项目环境影响评价的多层次法规体系。

1.2.2.3 强化和完善阶段（1990—2002 年）

从 1989 年 12 月 26 日通过《中华人民共和国环境保护法》到 1998 年国务院颁布《建设项目环境保护管理条例》，是建设项目环境影响评价强化和完善的阶段。

《中华人民共和国环境保护法》第十三条重新规定了环境影响评价制度，并且随着我国改革开放的深入发展和社会主义计划经济向市场经济转轨，建设项目的环境保护管理也不断地得到改革和强化。这期间加强了国际合作与交流，进一步完善了中国的环境影响评价制度。

针对建设项目的多渠道立项和开发区的兴起，1993 年，国家环保局及时下发了《关于进一步做好建设项目环境保护管理工作的几点意见》，提出了先评价、后建设，环境影响评价分类指导和开发区进行区域环境影响评价的规定。

环境影响评价技术规范的制订工作得到加强，1993—1997 年，国家环保局陆续发布了《环境影响评价技术导则》（总纲、大气环境、地表水环境、声环境），《辐射环境保护管理导则》，《电磁辐射环境影响评价方法与标准》，及《火电厂建设项目环境影响报告书编制规范》、《环境影响评价技术导则——非污染生态影响》等。

1996 年召开了第四次全国环境保护工作会议，各级环境保护主管部门认真落实《国务院关于环境保护若干问题的决定》，严格把关，坚决控制新污染，对不符合环境保护要求的项目实施"一票否决"。各地加强了对建设项目的审批和检查，并实施污染物总量控制，环境影响评价中提出了"清洁生产"和"公众参与"的要求，强化了生态影响评价，环境影响评价的深度和广度得到进一步扩展。国家环保局又开展了环境影响后评价试点，对海口电厂、齐鲁石化等项目做了认真的后评价研究，积累了宝贵经验。

1998 年 11 月 29 日，国务院 253 号令颁布实施《建设项目环境保护管理条例》，这是建设项目环境管理的第一个行政法规，环境影响评价作为其中的一章做了详细明确的规定。

1999 年 3 月，国家环保总局 2 号令公布了《建设项目环境影响评价资格证书管理办法》，对评价单位的资质进行了规定；4 月，国家环保总局发布了《关于公布建设项目环境保护分类管理名录（试行）的通知》，公布了分类管理名录。

1.2.2.4 提高和拓展阶段（2003 年至今）

2002 年 10 月 28 日，第九届全国人大常委会通过了《中华人民共和国环境影响评价法》并于 2003 年 9 月 1 日起正式实施。环境影响评价从项目环境影响评价进入到规划环境影响评价，是环境影响评价制度的最新发展。

国家环保总局依照法律的规定，初步建立了环境影响评价基础数据库；颁布了《规划环境影响评价技术导则（试行）》，明确了规划环境影响评价的基本内容、工作程序、指标体系以及评价方法等；还会同有关部门制定了《编制环境影响报告书的规划的具体范围（试行）》和《编制环境影响篇章或说明的规划的具体范围（试行）》，并经国务院批准，予以发布。制定了《专项规划环境影响报告书审查办法》（国家环保总局令第 18 号）、《环境影响评价审查专家库管理办法》（国家环保总局令第 16 号）；设立了国家环境影响评价审查专家库。

为了加强环境影响评价管理，提高环境影响评价专业技术人员素质，确保环境影响评价质量，2004 年 2 月，人事部、国家环保总局决定在全国环境影响评价行业建立环境影响评价工程师职业资格制度，对从事环境影响评价的专业技术人员提出了更高的要求。

为了加强对规划的环境影响评价工作，提高规划的科学性，从源头预防环境污染和生态破坏，促进经济、社会和环境的全面协调可持续发展，根据《中华人民共和国环境影响评价法》，我国于 2009 年 10 月 1 日正式施行了《规划环境影响评价条例》。该条例的出台不仅为规划环评提供了具有可操作性的法律依据，更重要的是重塑了政府宏观决策的程序规则，标志着环境保护参与综合决策进入了新阶段。与《中华人民共和国环境影响评价法》相比，其细化了很多条款，明确了审查部门、程序、内容等，在跟踪评价和责任追究等方面也增加了内容。

1.3　环境影响评价的法律法规体系

环境影响评价制度是把环境影响评价工作以法律、法规和行政规章的形式确定下来从而必须遵守的制度。因此，环境影响评价只是一种评价方法、评价技术，而环境影响评价制度却是进行评价的法律依据。

我国的环境影响评价制度融会于环境保护的法律法规体系之中，该体系以《中华人民共和国宪法》中关于环境保护的规定为基础，以综合性环境基本法为核心，以相关法律关于环境保护的规定为补充，是由若干相互联系协调的环境保护法律、法规、规章、标准及国际条约所组成的一个完整而又相对独立的法律法规体系。

1.3.1 法律

（1）《宪法》中关于环境保护的规定

1982 年通过的《宪法》第二十六条规定："国家保护和改善生活环境和生态，防治污染和其他公害。"第九条规定："国家保障自然资源的合理利用，保护珍贵的动物和植物。禁止任何组织或者个人用任何手段侵占或破坏自然资源。"第十条、第二十二条也有关于环境保护的规定。宪法的这些规定是环境保护立法的依据和指导原则。

（2）环境保护法中的规定

1979 年 9 月 13 日，《中华人民共和国环境保护法（试行）》颁布，标志着我国的环境保护工作进入法治轨道，带动了我国环境保护立法的全面开展。1989 年颁布实施的《中华人民共和国环境保护法》是中国环境保护的综合性法，在环境保护法律体系中占有核心地位。该法共 47 条，分为"总则""环境监督管理""保护和改善环境""防治环境污染和其他公害""法律责任"及"附则"六章。其中明确规定了环境影响评价制度的相关要求。

（3）环境影响评价法

2002 年 10 月 28 日通过的《中华人民共和国环境影响评价法》，作为一部独特的环境保护单行法，规定了规划和建设项目环境影响评价的相关法律要求，是近 10 年来我国环境立法的重大进展。其将环境影响评价的范畴从建设项目扩展到规划即战略层次，力求从决策的源头防止环境污染和生态破坏，标志着我国环境与资源立法进入了一个新的阶段。

（4）环境保护单行法

环境保护单行法是针对特定的污染防治对象或资源保护对象而制定的。它可以分为三类：第一类是自然资源保护法，如《中华人民共和国森林法》、《中华人民共和国草原法》、《中华人民共和国渔业法》、《中华人民共和国矿产资源法》、《中华人民共和国土地管理法》、《中华人民共和国水法》、《中华人民共和国野生动物保护法》、《中华人民共和国水土保持法》、《中华人民共和国气象法》等；第二类是污染防治法，如《中华人民共和国水污染防治法》、《中华人民共和国大气污染防治法》、《中华人民共和国固体废物污染环境防治法》、《中华人民共和国环境噪声污染防治法》、《中华人民共和国海洋环境保护法》、《中华人民共和国放射性污染防治法》等；第三类是其他类的法律，如《中华人民共和国清洁生产促进法》、《中华人民共和国循环经济促进法》等。

1.3.2 环境保护行政法规

环境保护行政法规是由国务院制定并公布的环境保护规范性文件。它分为两类，一类是为执行某些环境保护单行法而制定的实施细则或条例，如《中华人民共和国大气污染防治法实施细则》，另一类是针对环境保护工作中某些尚无相应单行法律的重要领域而制定的条例、规定或办法，如《中华人民共和国自然保护区条例》等。

1.3.3　环境保护部门规章

环境保护部门规章是由国务院环境保护行政主管部门单独发布或者与国务院有关部门联合发布的环境保护规范性文件。它以有关的环境保护法律法规为依据制定，或针对某些尚无法律法规调整的领域作出相应规定。

1.3.4　环境保护地方性法规和地方政府规章

环境保护地方法规和地方政府规章是依照宪法和法律享有立法权的地方权力机关和地方行政机关（包括省、自治区、直辖市、省会城市、国务院批准的较大市及计划单列市的人民代表大会及其常务委员会、人民政府）制定的环境保护规范性文件。这些规范性文件是根据本地的实际情况和特殊的环境问题，为实施环境保护法律法规而制定，具有较强的可操作性。

1.3.5　环境标准

环境标准是环境保护法律法规体系的一个组成部分，是环境执法和环境管理工作的技术依据。我国的环境标准分为强制性标准和推荐性标准两类。

1.3.6　环境保护国际公约

环境保护国际公约是指我国缔结和参加的环境保护国际公约、条约和议定书。国际公约与我国环境法有不同规定时，优先适用国际公约的规定，但我国声明保留的条款除外。

1.3.7　环境保护法律法规体系及法律效力

根据《中华人民共和国立法法》相关规定，宪法具有最高的法律效力，一切法律、行政法规、地方性法规、自治条例和单行条例、规章都不得同宪法相抵触。法律的效力高于行政法规、地方性法规、规章。行政法规的效力高于地方性法规、规章。

1.4　我国的环境影响评价标准体系

1.4.1　环境标准概论

环境标准是为了防治环境污染、维护生态平衡、保护人群健康，国务院环境保护行政主管部门和省、自治区、直辖市人民政府依据国家有关法律规定，对环境保护工作中需要统一的各项技术规范和技术要求而制定的标准。

环境标准是国家环境政策在技术方面的具体体现，是行使环境监督管理和进行环境规划的主要依据，是推动环境科技进步的动力。

在环境影响评价工作中，环境标准是环境影响评价的依据和准绳，依靠环境标准，才能做出定量化的比较和评价。

1.4.2 我国的环境标准体系

由于环境包括空气、水、土壤等诸多要素，环境问题又涉及许多行业和部门，环境要素的不同，各行业和部门的要求也不同，因而环境标准只能分门别类地制定，所有这些分门别类的标准的总和构成一个相联系的统一整体，叫做环境标准体系。这个体系不是一成不变的，它随一定时期的技术经济水平以及人类对环境质量的要求而不断地发展和完善。

环境标准分为国家环境标准、地方环境标准和环境保护部标准。国家环境标准包括国家环境质量标准、国家污染物排放标准（或控制标准）、国家环境监测方法标准、国家环境标准样品标准、国家环境基础标准。地方环境标准包括地方环境质量标准和地方污染物排放标准。

国家环境标准又分为强制性环境标准和推荐性环境标准。环境质量标准与污染物排放标准和法律、法规规定必须执行的其他标准为强制性标准。强制性环境标准必须执行，超标即违法。强制性标准以外的环境标准属于推荐性标准。国家鼓励采用推荐性环境标准，推荐性环境标准被强制性标准引用，也必须强制执行。

1.4.2.1 国家环境标准

国家环境标准包括国家环境质量标准、国家污染物排放标准（或控制标准）、国家环境监测方法标准、国家环境标准样品标准、国家环境基础标准。

（1）国家环境质量标准

国家环境质量标准是为保障人群健康、维护生态和保障社会物质财富，并考虑技术、经济条件，对环境中有害物质和因素所作的限制性规定。国家环境质量标准是一定时期内衡量环境优劣程度的标准，从某种意义上讲是环境质量的目标标准，如空气质量标准、水环境质量标准、环境噪声质量标准、土壤环境质量标准等。

（2）国家污染物排放标准（或控制标准）

国家污染物排放标准（或控制标准）是根据国家环境质量标准，以及适用的污染控制技术，并考虑经济承受能力，对排入环境的有害物质和产生污染的各种因素所做的限制性规定，是对污染源控制的标准，如大气污染物排放标准、水污染物排放标准、噪声排放标准、固体废物污染控制标准等。

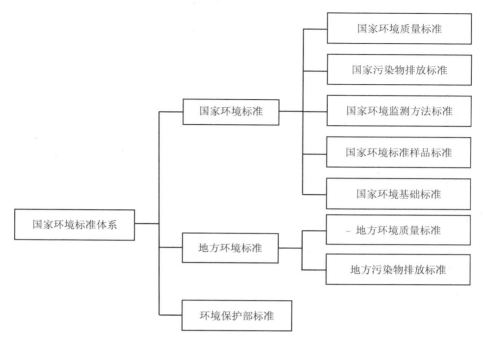

图 1-1 我国环境标准体系

（3）国家环境监测方法标准

国家环境监测方法标准为监测环境质量和污染物排放，规范采样、分析测试、数据处理等所做的统一规定，如水质分析方法标准、城市环境噪声测量方法、水质采样法等。环境监测中最常见的是采样方法、分析方法和测定方法的标准。

（4）国家环境标准样品标准

国家环境标准样品标准是为保证环境监测数据的准确、可靠，对用于量值传递或质量控制的材料、实物样品而制定的标准，如土壤 ESS-1 标准样品、水质 COD 标准样品等。标准样品在环境管理中起着甄别的作用，可用来评价分析仪器、鉴别其灵敏度；评价分析者的技术，使操作技术规范化。

（5）国家环境基础标准

国家环境基础标准是对环境标准工作中，需要统一的技术术语、符号、代号（代码）、图形、指南、导则、量纲单位及信息编码等所做的统一规定，如地方大气污染物排放标准的技术方法、地方水污染物排放标准的技术原则和方法、环境保护标准的编制、出版、印刷标准等。

1.4.2.2 地方环境标准

地方环境标准是对国家环境标准的补充和完善。由省、自治区、直辖市人民政府制定。近年来为控制环境质量的恶化趋势，一些地方已将总量控制指标纳入地方环境标准。

（1）地方环境质量标准

国家环境质量标准中未作规定的项目，可以制定地方环境质量标准。

（2）地方污染物排放（控制）标准

国家污染物排放标准中未作规定的项目可以制定地方污染物排放标准；国家污染物排放标准已规定的项目，可以制定严于国家污染物排放标准的地方污染物排放标准；省、自治区、直辖市人民政府制定机动车、船舶大气污染物地方排放标准严于国家排放标准的，须报经国务院批准。

1.4.2.3 环境保护部标准

在环境保护工作中对需要统一的技术要求所制定的标准（包括：执行各项环境管理制度、检测技术、环境区划、规划的技术要求、规范、导则等等）。

1.4.2.4 环境标准之间的关系

（1）国家环境标准与地方环境标准的关系

地方环境标准严于国家环境标准；地方环境标准优先于国家环境标准执行。

（2）国家污染物排放标准之间的关系

国家污染物排放标准又分为跨行业综合性排放标准（如污水综合排放标准、大气污染物综合排放标准、锅炉大气污染物排放标准）和行业性排放标准（如火电厂大气污染物排放标准、合成氨工业水污染物排放标准、造纸工业水污染物排放标准等）。

综合性排放标准与行业性排放标准不交叉执行，即有行业性排放标准的执行行业排放标准，没有行业排放标准的执行综合排放标准。

1.4.3 环境标准与环境功能区之间的关系

1.4.3.1 环境质量标准与功能区划之间的关系

环境质量一般分等级，与环境功能区类别相对应。高功能区环境质量要求严格，低功能区环境质量要求宽松一些。

例如：根据《环境空气质量标准》（GB 3095—1996）的规定，环境空气质量功能区分为一类、二类和三类环境空气质量功能区。其中一类区是指自然保护区、风景名胜区和其他需要特殊保护的地区；三类区是指特定工业区；而二类区则是指城镇规划中确定的居住区、商业交通居民混合区、文化区、一般工业区和农村地区，以及一类、三类区不包括的地区。

1.4.3.2 污染物排放标准与环境功能区之间的关系

对于水、大气污染物排放标准，在过去大部分是分级别的，分别对应于相应的环境功能区，处在高功能区的污染源执行严格的排放限值，处在低功能区的污染源执行宽松的排放限值。而目前，污染物排放标准的制定思路有所调整。

1.4.4 环境影响评价中常用的环境标准名录

1.4.4.1 环境影响评价技术导则

（1）《环境影响评价技术导则—总纲》（HJ/T 2.1—93）

（2）《环境影响评价技术导则—大气环境》（HJ 2.2—2008）

（3）《环境影响评价技术导则—地面水环境》（HJ/T 2.3—93）

（4）《环境影响评价技术导则—地下水环境》（HJ 610—2011）

（5）《环境影响评价技术导则—声环境》（HJ 2.4—2009）

（6）《环境影响评价技术导则—生态影响》（HJ 19—2011）

（7）《开发区区域环境影响评价技术导则》（HJ/T 131—2003）

（8）《建设项目环境风险评价技术导则》（HJ/T 169—2004）

（9）《环境影响评价技术导则—城市轨道交通》（HJ 453—2008）

（10）《环境影响评价技术导则—陆地石油天然气开发建设项目》（HJ/T 349—2007）

（11）《环境影响评价技术导则—水利水电工程》（HJ/T 88—2003）

（12）《环境影响评价技术导则—石油化工建设项目》（HJ/T 89—2003）

（13）《环境影响技术评价导则—民用机场建设工程》（HJ/T 87—2002）

（14）《环境影响评价技术导则—农药建设项目》（HJ 582—2010）

（15）《火电厂建设项目环境影响报告书编制规范》（HJ/T 13—1996）

（16）《规划环境影响评价技术导则（试行）》（HJ/T 130—2003）

（17）《规划环境影响评价技术导则—煤炭工业矿区总体规划》（HJ 463—2009）

1.4.4.2 环境质量标准

（1）大气环境质量标准

1）《环境空气质量标准》（GB 3095—1996）

2）《保护农作物的大气污染物最高允许浓度》（GB 9137—88）

（2）水环境质量标准

1）《地表水环境质量标准》（GB 3838—2002）

2）《海水水质标准》（GB 3097—1997）

3）《渔业水质标准》（GB 11607—89）

4）《农田灌溉水质标准》（GB 5084—92）

5）《地下水质量标准》（GB/T 14848—93）

（3）声环境质量标准

1）《声环境质量标准》（GB 3096—2008）

2）《城市区域环境振动标准》（GB 10070—88）

3）《机场周围飞机噪声环境标准》（GB 9660—88）

（4）土壤环境质量标准

《土壤环境质量标准》（GB 15618—95）

1.4.4.3 污染物排放标准

（1）污染物排放标准

1）《铜、镍、钴工业污染物排放标准》（GB 25467—2010）

2）《铅、锌工业污染物排放标准》（GB 25466—2010）

3）《铝工业污染物排放标准》（GB 25465—2010）

4）《陶瓷工业污染物排放标准》（GB 25464—2010）

5）《硫酸工业污染物排放标准》（GB 26132—2010）

6）《硝酸工业污染物排放标准》（GB 26131—2010）

7）《镁、钛工业污染物排放标准》（GB 25468—2010）

8）《电镀污染物排放标准》（GB 21900—2008）

9）《煤炭工业污染物排放标准》（GB 20426—2006）

10）《啤酒工业污染物排放标准》（GB 19821—2005）

11）《柠檬酸工业污染物排放标准》（GB 19430—2004）

12）《味精工业污染物排放标准》（GB 19431—2004）

13）《畜禽养殖业污染物排放标准》（GB 18596—2001）

14）《电镀污染物排放标准》（GB 21900—2008）

15）《合成革与人造革工业污染物排放标准》（GB 21902—2008）

（2）大气污染物排放标准

1）《大气污染物综合排放标准》（GB 16297—1996）

2）《加油站大气污染物排放标准》（GB 20952—2007）

3）《汽油运输大气污染物排放标准》（GB 20951—2007）

4）《储油库大气污染物排放标准》（GB 20950—2007）

5）《水泥工业大气污染物排放标准》（GB 4915—2004）

6）《火电厂大气污染物排放标准》（GB 13223—2003）

7）《饮食业油烟排放标准（试行）》（GB 18483—2001）

8）《锅炉大气污染物排放标准》（GB 13271—2001）

9）《炼焦炉大气污染物排放标准》（GB 16171—1996）

10）《工业炉窑大气污染物排放标准》（GB 9078—1996）

11）《恶臭污染物排放标准》（GB 14554—93）

（3）水污染物排放标准

1）《污水综合排放标准》（GB 8978—1996）

2）《油墨工业水污染物排放标准》（GB 25463—2010）

3）《酵母工业水污染物排放标准》（GB 25462—2010）

4）《淀粉工业水污染物排放标准》（GB 25461—2010）

5）《制浆造纸工业水污染物排放标准》（GB 3544—2008）

6）《羽绒工业水污染物排放标准》（GB 21901—2008）

7）《发酵类制药工业水污染物排放标准》（GB 21903—2008）

8）《化学合成类制药工业水污染物排放标准》（GB 21904—2008）

9）《提取类制药工业水污染物排放标准》（GB 21905—2008）

10）《中药类制药工业水污染物排放标准》（GB 21906—2008）

11）《生物工程类制药工业水污染物排放标准》（GB 21907—2008）

12）《混装制剂类制药工业水污染物排放标准》（GB 21908—2008）

13）《制糖工业水污染物排放标准》（GB 21909—2008）

14）《杂环类农药工业水污染物排放标准》（GB 21523—2008）

15）《皂素工业水污染物排放标准》（GB 20425—2006）

16）《医疗机构水污染物排放标准》（GB 18466—2005）

17）《城镇污水处理厂污染物排放标准》（GB 18918—2002）

18）《兵器工业水污染物排放标准—火炸药》（GB 14470.1—2002）

19）《兵器工业水污染物排放标准—火工药剂》（GB 14470.2—2002）

20）《兵器工业水污染物排放标准—弹药装药》（GB 14470.3—2002）

21）《合成氨工业水污染物排放标准》（GB 13458—2001）

22）《污水海洋处置工程污染控制标准》（GB 18486—2001）

23）《磷肥工业水污染物排放标准》（GB 15580—95）

24）《烧碱、聚氯乙烯工业水污染物排放标准》（GB 15581—95）

25）《航天推进剂水污染物排放标准》（GB 14374—93）

26）《肉类加工工业水污染物排放标准》（GB 13457—92）

27）《钢铁工业水污染物排放标准》（GB 13456—92）

28）《纺织染整工业水污染物排放标准》（GB 4287—92）

29）《海洋石油开发工业含油污水排放标准》（GB 4914—85）

30）《船舶工业污染物排放标准》（GB 4286—84）

（4）环境噪声排放标准

1）《工业企业厂界环境噪声排放标准》（GB 12348—2008）

2）《社会生活环境噪声排放标准》（GB 22337—2008）

3）《建筑施工场界噪声限值》（GB 12523—90）

4）《铁路边界噪声限值及其测量方法》（GB 12525—90）

（5）固体废物污染控制标准

1）《生活垃圾填埋场污染控制标准》（GB 16889—2008）

2）《危险废物焚烧污染控制标准》（GB 18484—2001）

3）《生活垃圾焚烧污染控制标准》（GB 18485—2001）

4）《危险废物贮存污染控制标准》（GB 18597—2001）

5）《危险废物填埋污染控制标准》（GB 18598—2001）

6）《一般工业固体废物贮存、处置场污染控制标准》（GB 18599—2001）

1.5 规划的环境影响评价

1.5.1 规划环境影响评价的法律依据及主要目的

为了防止在经济发展中造成重大生态损失和破坏，对有关政策和规划进行环境影响评价，实行"先评价后实施"是十分重要的。经过近五年的反复讨论、辩论和论证，我国通过了《环境影响评价法》，力求从决策的源头防止环境污染和生态破坏，从项目环境影响评价进入到规划环境影响评价层次，是中国环境立法中最为重大的进展。

规划的环境影响评价，是指对规划实施后可能造成的环境影响进行分析、预测和评价，提出预防或者减轻不良环境影响的对策和措施，综合考虑所拟议的规划可能涉及的环境问题，预防规划实施后对各种环境要素及其所构成的生态系统可能造成的影响，协调经济增长、社会进步与环境保护的关系，为科学决策提供依据。《环境影响评价法》第二章对规划的环境影响评价做了明确的规定。

根据《环境影响评价法》，2009年8月17日，国务院颁布了《规划环境影响评价条例》，对规划环境影响评价、审查、跟踪评价、法律责任等进行细化。《条例》的颁布执行标志着环境保护参与综合决策进入了新阶段。

1.5.2 规划环境影响评价的技术原则

（1）科学、客观、公正原则：规划环境影响评价必须科学、客观、公正，综合考虑规划实施后对各种环境要素及其所构成的生态系统可能造成的影响，为决策提供科学依据。

（2）早期介入原则：规划环境影响评价应尽可能在规划编制的初期介入，并将对环境的考虑充分融入到规划中。

（3）整体性原则：一项规划的环境影响评价应当把与该规划相关的政策、规划、计划以及相应的项目联系起来，做整体性考虑。

（4）公众参与原则：在规划环境影响评价过程中鼓励和支持公众参与，充分考虑社会各方面利益和主张。

（5）一致性原则：规划环境影响评价的工作深度应当与规划的层次、详尽程度相一致。

（6）可操作性原则：应当尽可能选择简单、实用、经过实践检验可行的评价方法，评价结论应具有可操作性。

1.5.3 规划环境影响评价的范围及评价要求

规划环境影响评价分为综合性规划和专项规划两类。对于一些宏观的、长远的综合性规划以及主要是提出预测性、参考性指标的专项规划，可将其归类为指导性规划；而对一些指标、要求比较具体的专项规划，可将其归类为非指导性规划。

1.5.3.1 专项规划及其环境影响评价的规定

专项规划是与综合规划相对应的，一般是指规划的范围或者领域相对较窄，内容比较专门的规划，包括工业、农业、畜牧业、林业、能源、水利、交通、城市建设、旅游、自然资源开发的有关专项规划。

依据《环境影响评价法》第八条第二款 "前款所列专项规划中的指导性规划，按照本法第七条的规定进行环境影响评价" 规定，即，对于专项规划中的指导性规划，应当在规划编制过程中组织进行环境影响评价，编写该专项规划有关环境影响的篇章或者说明。指导性专项规划以外的其他专项规划，应当在该专项规划草案上报审批前，组织进行环境影响评价，并向审批该专项规划的机关提出环境影响报告书。

1.5.3.2 综合规划及其环境影响评价的规定

并不是所有的综合规划都必须进行环境影响评价，而是综合规划中的一部分，即土地利用的有关规划，区域、流域、海域的建设、开发利用规划。土地利用的有关规划，从习惯上看，其范围应当包括土地利用总体规划等土地利用规划。土地利用总体规划，是指在一定区域内，根据国家社会经济可持续发展的要求和当地自然、经济、社会条件，对土地的开发、利用、治理、保护，在空间上、时间上所作的总体安排和布局，是国家实行土地用途管制的基础，具有综合性、长期性（期限一般为 15 年）、战略性和强制性等特点。

　　土地利用的有关规划，区域、流域、海域的建设、开发利用规划要求编写规划实施后有关环境影响的篇章或者说明。对于一些比较重要、实施后对环境影响比较大的规划，用"篇章"的形式；对于一些重要性较弱、实施后对环境影响相对较小的规划，可以用"说明"或者"专项说明"的形式。

　　2004 年 7 月 6 日，国家环境保护总局以环发[2004]98 号《关于印发《编制环境影响报告书的规划的具体范围（试行）》和《编制环境影响篇章或说明的规划的具体范围（试行）的通知》印发，明确了应当进行环境影响评价，编制不同类型环境影响评价文件的规划类范围。在实际工作中应根据该通知规定，分别编制环境影响报告书或者有关环境影响篇章或者说明。

1.5.3.3　规划环境影响评价的时机

　　对规划进行环境影响评价，应当在规划编制过程中，即所评价的规划在形成初步方案至上报审批之前进行。

1.5.3.4　规划环境影响评价的内容

　　《规划环境影响评价条例》第八条明确规定了对规划进行环境影响评价，应当分析、预测和评估的主要内容：

　　（1）规划实施可能对相关区域、流域、海域生态系统产生的整体影响；

　　（2）规划实施可能对环境和人群健康产生的长远影响；

　　（3）规划实施的经济效益、社会效益与环境效益之间以及当前利益与长远利益之间的关系。

　　《规划环境影响评价条例》第十一条规定了环境影响篇章或者说明以及环境影响报告书的内容：

　　环境影响篇章或者说明应当包括下列内容：

　　（1）规划实施对环境可能造成影响的分析、预测和评估。主要包括资源环境承载能力分析、不良环境影响的分析和预测以及与相关规划的环境协调性分析。

　　（2）预防或者减轻不良环境影响的对策和措施。主要包括预防或者减轻不良环境影响的政策、管理或者技术等措施。

　　环境影响报告书除包括上述内容外，还应当包括环境影响评价结论。主要包括规划草案的环境合理性和可行性，预防或者减轻不良环境影响的对策和措施的合理性和有效性，以及规划草案的调整建议。

1.5.3.5　规划环境影响评价的组织者与评价者

　　谁组织编制规划，由谁负责组织对该规划草案进行环境影响评价。

　　对规划进行环境影响评价的具体单位，既可以是组织编制该规划的政府或者政府部门，也可以是其委托的单位或者专家组。

1.5.3.6 规划环境影响评价的公众参与

规划环境影响评价的公众参与只限于编制环境影响报告书的专项规划，不包括编写环境影响篇章或者说明的规划，并且还应是规划实施可能造成不良环境影响并直接涉及公众环境权益的。在规划草案报送审批机关审批之前，规划编制机关应当通过举行论证会、听证会或者其他形式，征求有关单位、专家和公众对规划的环境影响报告书草案的意见，国家规定需要保密的情形除外。

"论证会"主要是对规划的环境影响报告书草案涉及的有关专门问题，比如在环境影响报告书草案中提出的对规划实施后可能产生的不良环境影响的分析、预测、评估的意见，拟采取的预防或者减轻不良环境影响的对策和措施，环境影响评价的结论等，邀请有关专家和具有一定专门知识的公民和有关单位代表进行论证，对该规划环境影响报告书草案中的有关内容提出论证意见。

"听证会"是指按照规范的程序，听取与规划的环境影响有利害关系的有关单位、专家和公众代表对规划环境影响报告书草案意见的一种会议形式。听证会参加人可以按照听证程序规定，就规划的环境影响报告书草案的内容充分阐述意见，进行辩论和举证。

组织编制规划的政府及其有关部门应认真研究听证意见，作出采纳与不采纳的决定。除了论证会、听证会形式之外，规划环境影响评价主体还可以"采取其他形式"征求公众意见，如通过报纸、电视、广播等新闻媒体发表消息，或者召开座谈会、个别了解情况、书面征求意见等，全面了解有关单位、专家和公众对规划环境影响报告书草案的真实意见。

组织编制规划的政府及其有关部门，在组织征求公众对规划草案的环境影响报告书草案意见之前，应当事先把该环境影响评价报告书草案公开或发送给前来提出意见的有关单位、专家和有关公众，在他们发表意见后，要认真予以考虑，并应当在向规划的审批机关报送环境影响报告书时附具对公众意见已采纳或者不采纳的说明。对公众提出的意见，采纳的要说明，不采纳的也要说明，供审批机关充分考虑各方面的意见，在民主科学的基础上做出正确决策。

1.5.3.7 跟踪评价

规划跟踪评价是指规划实施后及时组织力量，对该规划实施后的环境影响及预防或减轻不良环境影响对策和措施的有效性进行调查、分析、评估，发现有明显的环境不良影响的，及时提出并采取新的相应改进措施。

根据《中华人民共和国环境影响评价法》第十五条，规划环境影响的跟踪评价应当包括下列内容：

（1）规划实施后实际产生的环境影响与环境影响评价文件预测可能产生的环境影响之间的比较分析和评估；

（2）规划实施中所采取的预防或者减轻不良环境影响的对策和措施有效性的分析和评估；

（3）公众对规划实施所产生的环境影响的意见；

（4）跟踪评价的结论。

1.5.4 规划环境影响评价的审查

根据《环境影响评价法》和《规划环境影响评价条例》的有关规定，规划编制机关在报送审批综合性规划草案和专项规划中的指导性规划草案时，应当将环境影响的篇章或者说明作为规划草案的组成部分一并报送规划审批机关。未编写环境影响篇章或者说明的，规划审批机关应当要求其补充；未补充的，规划审批机关不予审批。规划编制机关在报送审批专项规划草案时，应当将环境影响报告书一并附送规划审批机关审查；未附送环境影响报告书的，规划审批机关应当要求其补充，未补充的，规划审批机关不予审批。

设区的市级以上人民政府审批的专项规划，在审批前由其环境保护主管部门召集有关部门代表和专家组成审查小组，对环境影响报告书进行审查。审查小组应当提交书面审查意见。为保证召集单位公平、公正遴选参加规划环境影响报告书审查的专家，原国家环境保护总局发布了《环境影响评价审查专家库管理办法》，要求召集单位应根据规划涉及的专业和行业，从专家库中以随机抽取的方式确定。

省级以上人民政府有关部门负责审批的专项规划，其环境影响报告书的审查办法授权国务院环境保护行政主管部门会同国务院有关部门制定。据此，原国家环境保护总局 2003 年制定发布了《专项规划环境影响报告书审查办法》，对省级以上人民政府有关部门负责审批的专项规划环境影响报告书的审查程序和时限作出了规定。

《规划环境影响评价条例》对审查意见的内容、审查小组应当提出对环境影响报告书进行修改并重新审查的意见的情形以及提出不予通过环境影响报告书的意见的情形进行了规定。

专项规划的环境影响报告书结论和审查小组审查意见具有重要的作用，专项规划的审批机关在审批规划草案时应将环境影响报告书结论以及审查意见作为决策的重要依据。

1.6 建设项目的环境影响评价

根据国家环境保护总局 1999 年发布的《关于执行建设项目环境影响评价制度有关问题的通知》，其中建设项目是指："按固定资产投资方式进行的一切开发建设活动包括国有经济、城乡集体经济、联营、股份制、外资、港澳台投资、个体经济和其他各种不同经济类型的开发活动。"

1.6.1 建设项目环境影响评价的特点

建设项目环境影响评价制度引入我国 30 多年来, 逐步建立了一套完整的法律法规体系、导则标准体系和技术方法体系, 在防治建设项目污染和推进产业的合理布局与优化选址和加快污染治理设施的建设等方面, 都发挥了积极作用, 成为在控制环境污染和生态破坏方面最富有成效的措施, 并且形成了自己的特点, 这些特点主要有以下七个方面。

1.6.1.1 具有法律强制性

我国的环境影响评价制度是国家环境保护法律法规明令规定的一项法律制度, 以法律形式约束人们必须遵照执行, 具有不可违背的强制性, 所有对环境有影响的建设项目都必须执行这一制度。需要进行环境影响评价的建设项目包括新建项目、改建项目、扩建项目和技术改造项目。

1.6.1.2 分类管理

《环境影响评价法》第十六条规定:"建设单位应当按照下列规定组织编制环境影响报告书、环境影响报告表或者填报环境影响登记表:

(一)可能造成重大环境影响的, 应当编制环境影响报告书, 对产生的环境影响进行全面评价;

(二)可能造成轻度环境影响的, 应当编制环境影响报告表, 对产生的环境影响进行分析或者专项评价;

(三)对环境影响很小、不需要进行环境影响评价的, 应当填报环境影响登记表。

建设项目的环境影响评价分类管理名录, 由国务院环境保护行政主管部门制定并公布。"

为了加强建设项目环境保护管理, 环境保护部于 2008 年 9 月 2 日颁布了新修订的《建设项目环境影响评价分类管理名录》。根据建设项目对环境的影响程度, 对建设项目的环境影响评价实行分类管理。建设单位应当按照名录的规定, 分别组织编制环境影响报告书、环境影响报告表或者填报环境影响登记表。跨行业、复合型建设项目, 其环境影响评价类别按其中单项等级最高的确定。

《建设项目环境影响评价分类管理名录》中所称的环境敏感区, 是指依法设立的各级各类自然、文化保护地, 以及对建设项目的某类污染因子或者生态影响因子特别敏感的区域, 主要包括:

(1)自然保护区、风景名胜区、世界文化和自然遗产地、饮用水水源保护区;

（2）基本农田保护区、基本草原、森林公园、地质公园、重要湿地、天然林、珍稀濒危野生动植物天然集中分布区、重要水生生物的自然产卵场及索饵场、越冬场和洄游通道、天然渔场、资源型缺水地区、水土流失重点防治区、沙化土地封禁保护区、封闭及半封闭海域、富营养化水域；

（3）以居住、医疗卫生、文化教育、科研、行政办公等为主要功能的区域，文物保护单位，具有特殊历史、文化、科学、民族意义的保护地。

建设项目所处环境的敏感性质和敏感程度，也是确定建设项目环境影响评价类别的重要依据。建设涉及环境敏感区的项目，应当严格按照名录确定其环境影响评价类别，不得擅自提高或者降低环境影响评价类别。环境影响评价文件应当就该项目对环境敏感区的影响作重点分析。

分类管理体现了环境保护工作既要促进经济发展，又要保护好环境的双赢理念。对环境影响大的建设项目从严把关管理，坚决防止对环境的污染和破坏生态；对环境影响小的建设项目适当简化评价内容和审批程序，促进经济的快速发展。

1.6.1.3 分级审批

为进一步加强和规范建设项目环境影响评价文件分级审批工作，提高审批效率，明确审批权责，环境保护部制定了《建设项目环境影响评价文件分级审批规定》，2009年3月1日施行，其中规定，建设对环境有影响的项目，不论投资主体、资金来源、项目性质和投资规模，其环境影响评价文件均应按照该规定确定分级审批权限，各级环境保护部门负责建设项目环境影响评价文件的审批工作。

（1）环境保护部负责审批下列类型的建设项目环境影响评价文件：

① 核设施、绝密工程等特殊性质的建设项目；

② 跨省、自治区、直辖市行政区域的建设项目；

③ 由国务院审批或核准的建设项目，由国务院授权有关部门审批或核准的建设项目，由国务院有关部门备案的对环境可能造成重大影响的特殊性质的建设项目。

（2）环境保护部可以将法定由其负责审批的部分建设项目环境影响评价文件的审批权限，委托给该项目所在地的省级环境保护部门，并应当向社会公告。

受委托的省级环境保护部门，应当在委托范围内，以环境保护部的名义审批环境影响评价文件。

受委托的省级环境保护部门不得再委托其他组织或者个人。

环境保护部应当对省级环境保护部门根据委托审批环境影响评价文件的行为负责监督，并对该审批行为的后果承担法律责任。

（3）环境保护部直接审批环境影响评价文件的建设项目的目录、环境保护部委托省级环境保护部门审批环境影响评价文件的建设项目的目录，由环境保护部制定、调整并发布。

（4）环境保护部负责审批以外的建设项目环境影响评价文件的审批权限，由省级环境保护部门按照建设项目的审批、核准和备案权限及建设项目对环境的影响性质和程度确定及下述原则提出分级审批建议，报省级人民政府批准后实施，并抄报环境保护部。

① 有色金属冶炼及矿山开发、钢铁加工、电石、铁合金、焦炭、垃圾焚烧及发电、制浆等对环境可能造成重大影响的建设项目环境影响评价文件由省级环境保护部门负责审批。

② 化工、造纸、电镀、印染、酿造、味精、柠檬酸、酶制剂、酵母等污染较严重的建设项目环境影响评价文件由省级或地级市环境保护部门负责审批。

③ 法律和法规关于建设项目环境影响评价文件分级审批管理另有规定的，按照有关规定执行。

（5）建设项目可能造成跨行政区域的不良环境影响，有关环境保护部门对该项目的环境影响评价结论有争议的，其环境影响评价文件由共同的上一级环境保护部门审批。

1.6.1.4 环境影响评价机构资质管理

为确保环境影响评价工作的质量，自 1986 年起，国家建立了环境影响评价的资格审查制度，强调评价机构必须具有法人资格，具有与评价内容相适应的固定的各专业人员和配套测试手段，能够对评价结果负法律责任。

《环境影响评价法》第十九条明确规定："接受委托为建设项目环境影响评价提供技术服务的机构，应当经国务院环境保护行政主管部门考核审查合格后，颁发资格证书，按照资格证书规定的评价等级和评价范围，从事环境影响评价服务，并对评价结论负责。"

持证评价是中国环境影响评价制度的一个重要特点。

为进一步推进环境影响评价制度改革、加强环境影响评价机构管理，2005 年 8 月 15 日国家环保总局颁布了《建设项目环境影响评价资质管理办法》（国家环境保护总局第 26 号令），建立了机构与人员配套管理的新模式，推进甲、乙级评价机构的升降机制，加大了处罚力度，不仅追究评价机构的责任，还要追究具体人员的责任，特别对那些弄虚作假、编造数据的评价人员，要取消其从业资格，淘汰技术力量不高、人员贮备不足、责任意识不强的评价机构。新的管理办法特别明确地要求评价机构要敢于承担社会责任，坚持公正、科学、诚信的原则，遵守职业道德与专业信誉，既不能违反相关法律承接环评业务，也不得无正当理由拒接环境影响评价业务。

为了提高环境影响评价专业技术人员素质，保证环境影响评价工作质量，2009年 4 月 13 日，环境保护部颁发《关于印发〈建设项目环境影响评价岗位证书管理办法〉的通知》。对岗位证书的颁发、持证人员的管理和监督，有了明确的规定，促进了环境影响评价队伍的有序发展。

1.6.1.5 环境影响评价工程师职业资格制度

为了加强对环境影响评价专业技术人员的管理，规范环境影响评价行为，强化环境影响评价责任，提高环境影响评价专业技术人员素质和业务水平，维护国家环境安全和公众利益。2004 年 2 月 16 日，人事部、国家环境保护总局联合发布了《关于印发〈环境影响评价工程师职业资格制度暂行规定〉、〈环境影响评价工程师职业资格考试实施办法〉和〈环境影响评价工程师职业资格考核认定办法〉的通知》（国人部发[2004]13 号），规定从 2004 年 4 月 1 日起在全国实施环境影响评价工程师职业资格制度。

环境影响评价工程师职业资格制度适用于从事规划和建设项目环境影响评价、技术评估和环境保护验收等工作的专业技术人员，凡从事环境影响评价、技术评估和环境保护验收的单位，应配备环境影响评价工程师。环境影响评价工程师职业资格制度纳入全国专业技术人员职业资格证书制度统一管理。

环境影响评价工程师，是指取得《中华人民共和国环境影响评价工程师职业资格证书》并经登记后，从事环境影响评价工作的专业技术人员。

环境影响评价工程师职业资格实行定期登记制度和继续教育制度。为进一步规范环境影响评价从业人员职业行为，提高从业人员职业道德水准，促进行业健康有序发展，2010 年 6 月，环境保护部发布了《环境影响评价从业人员职业道德规范（试行）》（2010 年第 50 号公告）。

要求承担环境影响评价、技术评估、"三同时"环境监理、竣工环境保护验收监测或调查工作的单位从事相关工作的人员自觉践行社会主义核心价值体系，遵行职业操守，规范日常行为，坚持做到依法遵规、公正诚信、忠于职守、服务社会、廉洁自律。

1.6.1.7 公众参与

《环境影响评价法》和《环境影响评价公众参与暂行办法》（环发[2006]28 号）中规定，国家鼓励有关单位、专家和公众以适当方式参与环境影响评价。除国家规定需要保密的情形外，对环境可能造成重大影响、应当编制环境影响报告书的建设项目，建设单位应当在报批建设项目环境影响报告书前，举行论证会、听证会，或者采取其他形式，征求有关单位、专家和公众的意见。建设单位报批的环境影响报告书应当附具对有关单位、专家和公众的意见采纳或者不采纳的说明。

对其他编制环境影响报告表或者填报环境影响登记表的建设项目，法律上并不要求征求有关单位、专家和公众的意见。但这并不排除行政法规或者地方性法规可以对其他可能对有关单位或者公众利益产生一定影响的建设项目，如产生油烟和噪声扰民的餐饮服务业项目，规定建设单位应当征求利益相关者的意见。

有了法定的公众参与程序，方便了各方的广泛参与，有助于促使在环境影响评价中比较充分地反映各方的意见和建议，动员公众参与环境保护，提高其环境意识和参与环境保护的积极性。同时，通过各方的参与，也有助于进一步促进政府决策的民主化，提高政府决策的科学化水平。

1.6.2 建设项目环境影响报告书的内容

（1）建设项目概况；
（2）建设项目周围的环境现状；
（3）建设项目对环境可能造成影响的分析、预测和评估；
（4）建设项目环境保护措施及其技术经济论证；
（5）建设项目对环境影响的经济损益分析；
（6）对建设项目实施环境监测的建议；
（7）环境影响评价的结论。
涉及水土保持的建设项目还必须有经水行政主管部门审查同意的水土保持方案。

1.6.3 建设项目的环境影响后评价

根据《环境影响评价法》，在项目建设、运行过程中产生不符合经审批的环境影响评价文件的情形的，建设单位应当组织环境影响的后评价，采取改进措施，并报原环境影响评价文件审批部门和建设项目审批部门备案；原环境影响评价文件审批部门也可以责成建设单位进行环境影响的后评价，采取改进措施。

1.6.3.1 建设项目环境影响后评价的概念与作用

建设项目环境影响后评价，就是对建设项目实施后的环境影响以及防范措施的有效性进行跟踪监测和验证性评价，并提出补救方案或措施，实现项目建设与环境相协调的方法与制度。

实施建设项目环境影响后评价制度，一方面可以针对发现的问题进行分析，确定环境影响评价时的分析判断、评价技术路线和方法以及自然、社会、环境的背景调查是否正确，进行相应地并提高环境影响评价的有效性。另一方面，也能对环境影响评价机构的评价水平和评价结论进行验证，考核评价机构，改进评价机构的工作。

1.6.3.2 建设项目环境影响后评价的主要内容

建设项目环境影响后评价是对原环境影响评价的验证和补充，也为项目环境管理反馈必要的信息。因此，在实际工作中，建设项目环境影响的后评价主要包括两个方面：一方面是针对原环境影响评价的主要内容，即环境影响评价文件中所涉及的主要专题，如工程分析、大气环境、水环境、声环境、生态等进行后评价，并针对原环境影响评价中存在的主要问题，如重要错误和漏项等提出建议，对建设项目的环境可行性做出切合实际的评价。另一方面是评估建设项目污染防治措施的有效性，提出补救方案或措施。

进行环境影响后评价时应选择与环境影响评价时相类似的气象、水文等条件，以利于事后调查和保证评价的精度和可比较性。对难以估计环境影响的大型建设项目，通过事后评价有利于控制其对环境所造成的负面影响，预防其对环境所造成的污染和破坏。

具体而言，建设项目环境影响后评价的主要内容包括：

（1）环评报告及环保设施竣工验收回顾。

（2）工程分析的后评价。包括工程的厂址位置、生产规模、生产工艺、产品方案、原材料来源及消耗、运行时数等基本情况，环境影响的来源、影响的方式及影响的强度等。

（3）环境现状、区域污染源及评价区域环境质量后评价。

（4）环境影响报告书选择的环境要素后评价。

（5）环境影响预测的后评价。一般情况下，可选择重要且计算方法成熟的评价要素（如水环境、大气环境、声环境等）进行后评价。

（6）污染防治措施有效性的后评价。包括环境影响报告书规定的环境保护措施是否合理、适用、有效，能否满足达标排放、污染物排放总量控制等要求，工程实际采纳状况等。了解和验证工程环保设施的设计、建设、运行管理和维护制度，环保设施达到的净化效果、运转率及运转负荷等状况，环评报告书中环保投资费用效益分析与实际投入水平的对比等。

（7）公众意见调查。这是公众参与制度在后评价工作中的重要体现。

（8）环境管理与监测后评价。包括环境影响报告书中规定的监测时段、采样频率及采样方法是否按国家有关技术规范执行，分析方法是否采用环境标准中相应的分析方法，所得数据是否具有代表性、准确性、精密性和完整性，管理措施是否可行等。

（9）后评价结论。后评价之后，要求做成环境影响评价文件，文件中参数及数据应详尽，环保措施要具体有可操作性、结论要明确。

2 环境影响评价总体要求

2.1 概述

2.1.1 环境影响评价的技术原则

环境影响评价必须客观、公开、公正，综合考虑规划或者建设项目实施后对各种环境因素及其所构成的生态系统可能造成的影响，为决策提供科学依据。按照以人为本、建设资源节约型、环境友好型社会和科学发展观的要求，遵循以下技术原则开展环境影响评价工作。

（1）依法评价原则

环境影响评价过程中应贯彻执行我国环境保护相关的法律法规、标准、政策，分析规划或者建设项目与环境保护政策、资源能源利用政策、国家产业政策和技术政策等有关政策及相关规划的相符性，并关注国家或地方在法律法规、标准、政策、规划及相关主体功能区划等方面的新动向。

（2）早期介入原则

环境影响评价应尽早介入规划编制初期或者工程前期工作中，以便将环境的考虑充分融入规划中。建设项目环境影响评价须重点关注选址（或选线）、工艺路线（或施工方案）的环境可行性。

（3）完整性原则

具体规划的环境影响评价应当把与该规划相关的政策、规划、计划以及相应的项目联系起来，做整体性考虑；建设项目环境影响评价须根据建设项目的工程内容及其特征，对工程全部内容、全部影响时段、全部影响因素和全部作用因子进行分析、评价，突出评价重点。

（4）广泛参与原则

环境影响评价应广泛征求和听取吸收相关学科和行业的专家、有关单位和个人及当地环境保护管理部门的意见。

2.1.2 环境影响评价的层次划分

《环境影响评价法》中，提出了对规划和建设项目开展环境影响评价的要求，因此环境影响评价从层次划分，可划分为规划环境影响评价和建设项目环境影响评价。不同决策层次（如国家级、省级、地市级）的有关规划涉及不同区域或行业，所需要评价的规划可能是区域发展性质的规划，也可能是相应区域内行业部门的发展规划，有些规划本身可能就涉及一系列具体开发建设项目。

有关开发建设活动，不同程度地与国家或地方的政策、规划和计划联系在一起。在国际上，政策、规划和计划层次上的环境影响评价统称为战略环境影响评价，具体建设项目层次上的环境影响评价，称为项目环境影响评价；对于在规划和计划层次上的环境影响评价，也有区域环境影响评价和部门环境影响评价的划分。表 2-1 简要说明了决策与环境影响评价层次划分的关系。

表 2-1　决策和环境影响评价层次划分

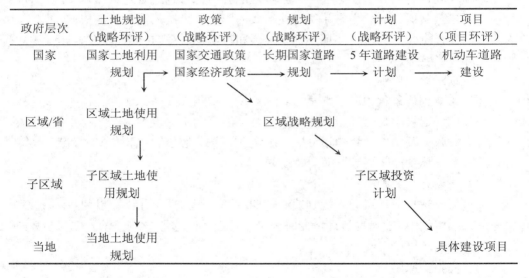

2.2 建设项目环境影响评价

2.2.1 建设项目环境影响评价的工作程序

环境影响评价工作一般分三个阶段，即前期准备、调研和工作方案编制阶段，分析论证和预测评价阶段，环境影响评价文件编制阶段。具体流程见图 2-1。

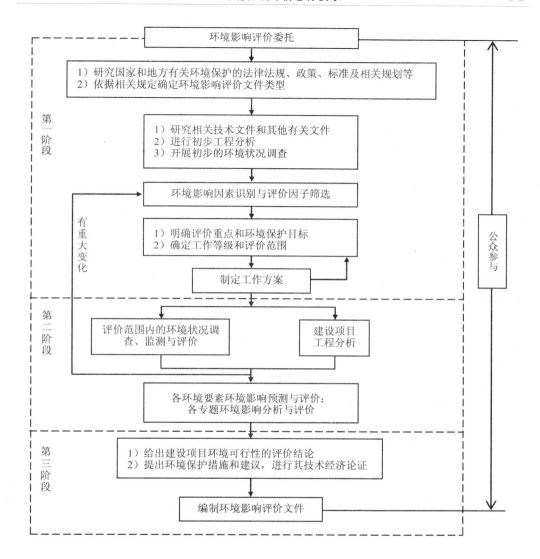

图 2-1 建设项目环境影响评价的工作程序

2.2.2 建设项目环境影响评价的工作内容

2.2.2.1 环境影响因素识别与评价因子筛选

（1）环境影响识别

环境影响是指人类的开发建设活动可能引起的物理、化学、生物、文化、社会经济环境系统的任何改变或新的环境条件的形成，"环境"是指影响人类生存和发展的各种天然的和经过人工改造的自然因素的总体。人类社会开发行动的性质、范围和地点不同，受影响的环境要素变化的范围和程度也不同。在研究一项具体开发建设活动对环境的影响时，应该首先分析这一开发建设活动全过程对各种环境因素产生的影响，并重点关注那些受到重大影响的环境要素及其质量参数（或称环境因子）的变化。例如，建设一个大型的燃煤火力发电厂，有可能使周围大气中二氧化硫浓度显著增加；城市污水经过一级处理后排入海湾会使排放口附近海水中有机物浓度显著升高，会影响原有水生生态的平衡。环境影响的重大性是相对的，例如，对一个濒危物种繁殖地的影响比对数量丰富的物种繁殖地的影响重大，同样，高强度噪声对居民住宅区的影响比对工业区的影响重大。

环境影响是由造成环境影响的源和受影响的环境两方面构成的，而辨识开发行动或建设项目的实施对环境要素的各种参数或环境因子的各式各样影响，以及各项环境要素对项目实施的制约性，就是环境影响识别。

环境影响识别是开展环境影响评价工作的基础，应根据建设项目工程特点和影响区域环境特征识别建设项目的环境影响。环境影响识别就是在了解和分析建设项目所在地区域发展规划、环境保护规划、环境功能区划、环境现状等环境特征和拟建项目工程特征的基础上，分析和列出建设项目对环境可能产生影响的行为，以及可能受上述行为影响的环境要素及相关参数。

影响识别应明确建设项目在施工过程、生产运行、服务期满后等不同阶段的各种行为与可能受影响的环境要素间的相互作用效应关系、影响性质、影响范围、影响程度等，定性分析建设项目对各环境要素可能产生的污染影响与生态破坏，包括有利与不利影响、长期与短期影响、可逆与不可逆影响、直接与间接影响、累积与非累积影响等。对制约项目实施的关键环境因素或条件，应作为环境影响评价的重点内容。

在进行环境影响识别时，可按项目建设期、运营期和服务（役）期满后三个阶段和自然环境、社会环境、环境质量划分。环境影响因素识别方法可采用清单法、矩阵法、网络法、GIS 支持下的叠加图法等。

（2）评价因子筛选

评价因子筛选就是在环境影响识别的基础上，按环境对开发建设活动的制约因素和开发建设活动对环境资源的影响因子作用关系，识别和筛选出主要行为影响因子和环境制约因子。依据环境影响识别结果，并结合区域环境功能要求、规划确定的环境保护目标（环境质量标准、生态保护需要和污染物排放总量控制要求），综合分析开发建设活动产生的环境污染和生态影响因子、环境现状污染及超标因子、环境功能目标因子，从中分别筛选确定出需要进行环境现状调查、监测、现状评价和影响预测、评价的主要因子。筛选确定评价因子，应重点关注重要的环境制约因素。评价因子必须能够反映环境影响的主要特征和区域环境的基本状况。评价因子应分别列出现状评价因子和预测评价因子。

2.2.2.2 确定评价工作等级和评价范围

（1）评价工作等级

评价工作等级的划分是指对大气、地表水、地下水、噪声、土壤、生态、人群健康、放射性、电磁波、振动、景观等单个环境要素的专项评价而言。建设项目各环境要素专项评价原则上应划分工作等级，一般可划分为三级。一级评价对环境影响进行全面、详细、深入评价，二级评价对环境影响进行较为详细、深入评价，三级评价只进行环境影响分析。建设项目其他专题评价可根据评价工作需要划分评价等级。

各环境要素专项评价工作等级以下列因素为依据进行划分：

① 建设项目的工程特点：包括工程性质、工程规模、工程选址选线、总体布局、工艺流程、原料的使用、能源与水资源的使用、对环境产生影响的方式或途径、主要污染物种类、源强与排放方式、去向以及污染物在自然环境中进行降解转化的难易程度、对生物的毒理作用等。对于以自然资源开发和区域开发等工程项目，工程特征主要指开发方式、开发规模、开发范围、开发强度及影响环境的有关工程技术参数等。

② 建设项目所在地区域环境特征：包括自然物理环境（如：地形、地貌，地表水文、水质，地下水文、水质，河流水系，水源地，气候、气象，土壤，环境地质、地震、自然灾害、矿物资源等）、自然生态环境（如：渔业、水生生物、野生动植物、森林、草原、植被类型、分布，区内生态系统结构特点，濒危或珍稀物种，生物多样性，农业生产，自然保护区类型，区域生态功能区划等）和社会经济环境状况（如：社会经济发展水平，工业、农牧业、第三产业等产业结构特征；工矿企业分布、数量、特点；城镇、村落及居民分布，人口数量、素质和生活水准；土地质量、功能、利用，土地利用规划；基础及公共设施状况，如供电、供热、供气、供排水，住房、商业、卫生、学校、交通等，污水处理，垃圾处理；农业生产结构及耕作制度；水产、畜牧等；就业情况；城镇乡村发展规划，社会、经济发展规划；生活质量，如：社会经济价值；文化价值，如当地的传统文化、历史遗产、文化水平及人文资源；公众健康，如目标人口的寿命与健康状况，医疗保健和医疗设施情况，区域地方病、流行病、受拟建项目影响病的发病率（本底）；社会福利和社会安全；环境美学价值；考古或历史文物；旅游资源；娱乐设施；环境功能与环境资源、环境敏感程度等。

③ 国家或地方的有关法律法规、政策和规划要求：包括环境和资源保护法律法规及其法定的保护对象、环境质量标准和污染物排放控制标准、社会经济发展规划、环境功能区划、环境保护规划等。

其他专项评价工作等级划分可参照各环境要素评价工作等级划分依据。

　　对于某一具体建设项目，各专项评价的工作等级可根据项目所处区域环境敏感程度、工程污染或生态影响特征及其他特殊要求等情况进行适当调整，但调整的幅度不超过一级，并应说明调整的具体理由。

　　④ 对于各环境要素已有环境影响评价技术导则的，则应按导则的有关规定确定该环境要素的环境影响评价等级。

　　（2）评价范围

　　根据建设项目可能影响范围（包括直接影响、间接影响、潜在影响等）确定环境影响评价范围，其中项目实施可能影响范围内的环境敏感区等应重点关注。

　　根据环境功能区划和保护目标要求，按照确定的各环境要素的评价等级和环境影响评价技术导则相关规定，结合拟建项目污染和破坏特点及当地环境特征，分别确定各环境要素具体的现状调查范围和预测评价范围，并在地形地貌图上标出范围，特别应注明关心点位置。

　　（3）评价方法

　　环境影响评价采用定量评价与定性评价相结合的方法，应以量化评价为主。评价方法应优先选用成熟的技术方法，鼓励使用先进的技术方法，慎用争议或处于研究阶段尚没有定论的方法。当选用非导则推荐的评价或预测分析方法，应根据建设项目特征、评价范围、影响性质等分析其适用性，环境影响评价结论要明确。

2.2.2.3 建设项目概况与工程分析

　　（1）建设项目概况

　　建设项目的名称、地点、地理位置、建设性质、工程总投资，建设规模、项目组成（包括主体工程、辅助工程、配套工程、公用工程、环境工程等）及厂区或路由平面布置，主要设备装置、经济技术指标、产品方案、工艺方法或施工建设方案、主要工程点（段）分布、工程建设进度计划、劳动定员和工程投资情况等。

　　扩建、改建和技术改造项目应说明原有及在建工程的规模、项目组成、产品方案和主要工艺方法，以及扩建、改建和技术改造项目与原有、在建工程的依托关系。

　　（2）工程分析

　　工程分析是环境影响评价基础工作之一，目的是要通过工程分析，确定污染物源强、污染方式及途径或工程开发建设不同方式和强度对生态环境的扰动、改变和破坏程度。

　　工程分析应结合建设项目工程组成、工艺路线，对建设项目环境影响因素、方式、强度等进行详细分析与说明。工作内容一般包括对工程基本数据、主体工程污染影响因素分析、生态影响因素分析、水资源利用合理性分析、原辅材料、产品、废物的储运、交通运输、公用工程、非正常工况、选址选线、总体布局、环保措施和设施等的分析。工程分析的内容应满足"全过程、全时段、全方位、多角度"的技术要求,"全过程"指对项目的分析应包括施工期、运营期及服务期满后等;"全时段"指不但要考虑正常生产状态,同时要考虑异常、紧急等非正常状态;"全方位"指不但要考虑主体生产装置,同时应考虑配套、辅助设施;"多角度"指在着重考虑环保设施的情况下,同时应从清洁生产角度、节约能源资源的角度出发,对项目的污染物源强进行深入细致地分析。

工程分析应在全面的前提下,结合项目特征和环境特征突出重点。根据各类型建设项目的工程内容及其特征,抓住其对环境可能产生较大不利影响的主要因素进行深入分析。应用及提出的数据资料要真实、准确、可信。对建设项目的规划、可行性研究和设计等技术文件中提供的资料、数据、图件等,应进行分析后引用,引用现有资料时应分析其时效性;类比分析数据、资料应分析其有效性、相同性或者相似性。

在建设和生产运行过程中,以排放污染物为主要形式对环境产生影响的建设项目,通过对工艺流程的分析,确定主要产污环节,通过进行物料平衡、水平衡、供热平衡分析,以及生产规模、技术装备水平和排污系数,估算污染物产生量、排放量以及排放达标状况。

在建设和营运过程中,可能导致植被损坏、水土流失、生态平衡失调等环境影响的建设项目,应通过选址选线方案、施工作业设备、作业方式、运营方式等分析确定环境影响的受体,如土壤、自然植被、水生植物、大型动物、鸟类、鱼类与贝类等,及其影响的方式、范围和持续时间。

工程分析的方法主要有类比分析法、物料平衡计算法、查阅参考资料分析法等。

2.2.2.4 环境现状调查与评价

环境现状调查与评价是环境影响评价基础工作之一,目的是通过环境现状调查获取项目拟建区域的环境背景值,反映具体区域的环境特征,发现和了解主要制约因素。

根据建设项目污染源及所在地区的环境特点,结合各专项评价的工作等级,确定各环境要素的现状调查范围,并筛选出应调查的有关参数。充分搜集和利用现有的有效资料,当现有资料不能满足要求时,需进行现场调查和测试,并分析现状监测数据的可靠性和代表性。对与评价的建设项目有密切关系的环境情况应全面、详细调查,给出定量的数据并做出分析或评价;对一般自然环境与社会环境的调查,应根据建设项目的具体情况和评价地区的实际情况,适当增减,切忌对相关资料不加分析地大量罗列。

环境现状调查与评价基本内容包括自然环境(自然物理环境与自然生态环境)概况、社会环境状况、各环境要素的环境质量状况以及评价范围内污染源调查。

(1)自然环境概况

① 地理位置及地形地貌。建设项目所处的经度、纬度，行政区位置和交通位置。建设项目所在地区海拔、地形特征，周围的地貌类型及有危害的地貌现象和分布情况。当建设活动可能改变地形地貌时，应详细说明可能直接对建设项目有危害或将被项目建设诱发的地貌现象的现状及发展趋势。

② 地质与水文地质。概要说明当地各时代沉积岩地层、地质构造特征以及相应的地貌表现，物理与化学风化情况，当地已探明或已开采的矿产资源情况。对于可能存在的不良地质现象和地质条件，要进行较为详细的叙述。

概要说明各含水层的埋藏条件、水位特征及地下水类型及开发利用状况。尤其要说明潜水含水层上部覆盖层（包气带）的岩性、厚度及分布变化，或承压水顶板的岩性、厚度及分布变化。说明各含水层的补给、径流和排泄条件，以及含水层之间与地表水之间的水力联系。

③ 气候与气象。概要说明建设项目所在地区的主要气候特征，如：年平均风速和主导风向，平均气温，极端气温与月平均气温（最冷月和最热月），年平均相对湿度，平均降水量、降水天数、降水量极值，日照，主要的灾害性天气特征，大气边界层和大气湍流污染气象特征等。

④ 水文与水资源。说明水系分布、水文特征、极端水情；地表水资源的分布及利用情况，主要取水口分布，地表水与地下水的联系，水质现状以及地表水的污染来源。地下水的补给、径流、排泄条件，包气带的岩性，地下水水质现状，污染地下水的主要途径，地下水开发利用现状与采补平衡问题，水源地及其保护区的划分，地下水开发利用规划等。

涉及近海水域或河口海湾时，需要说明其地理概况、水文特征及水质现状，潮型、海岸带资源与海洋资源的开发利用情况、水体污染来源等。

⑤ 土壤、动植物与生态。建设项目周围地区的主要土壤类型及其分布、水土流失、自然灾害、土地利用类型、土壤污染的主要来源及其质量现状等。可进一步调查土壤的物理、化学性质，土壤成分与结构，颗粒度，土壤容重，含水率与持水能力，土壤一次、二次污染状况，水土流失的原因、特点、面积、侵蚀模数元素及流失量等。

建设项目周围地区的动植物情况，特别是国家重点保护的野生动植物情况。

当地的主要生态系统类型及现状。包括生态系统的生产力、物质循环状况、生态系统与周围环境的关系以及影响生态系统的主要因素，重要生态情况和主要生态问题、重要生态功能区及其他生态敏感目标等。

（2）社会环境状况

根据现有资料并结合必要的现场调查，简要叙述社会环境状况，包括人口、居民收入及就业、产业结构、能源与利用方式、农业与土地利用、交通运输及经济发展状况、重要的人文遗迹、自然遗迹与"珍贵"景观及其与建设项目的相对位置和距离。根据建设项目的特点和环境影响评价的需要，可安排进行一定范围人群健康调查。

（3）环境质量状况

① 环境空气质量。说明建设项目周围地区大气环境中主要的污染源及其污染物质、大气环境质量现状。根据评价项目主要污染物和当地大气污染状况对污染因子进行筛选，并根据不同的评价深度或评价等级确定污染源调查范围。

收集评价区内及其周边例行大气监测点位的现状监测资料，统计分析各点位各季的主要污染物的浓度值、超标量、变化趋势等。根据建设项目特点、大气环境特征、大气功能区类别及评价等级，在评价区内按以环境功能区为主兼顾均布性的原则布点，开展现场监测工作。监测应与气象观测同步进行，对于不需气象观测的三级评价项目应收集其附近有代表性的气象台站各监测时间的地面风向、风速资料。

以确定的环境空气质量标准限值为基准，采用单因子污染指数法对选定的评价因子进行评价，确定大气环境质量。

② 水环境质量。地表水水质调查一般在枯水期进行，丰水期和平水期可进行补充调查。应尽量采用现有数据资料，如资料不足时需进行实测。所选择的水质组分包括两类：一是常规水质组分，它能反映水域一般的水质状况；二是特征水质组分，它能代表将来建设项目排放的废水水质影响特征。常规水质组分以最近颁布的地表水环境质量标准或海水水质标准为基础，根据水域类别、评价等级、现状污染源进行筛选。特征水质组分根据建设项目废水污染物、水体环境质量现状选定。

地表水（包括海湾）及地下水环境质量，以确定的地表水、地下水环境质量标准或海水水质标准限值为基准，采用单因子污染指数法对选定的评价因子进行评价。

③ 声环境质量。根据建设项目声环境影响评价的需要，调查评价范围内现有噪声源种类、数量及相应的噪声级，现有噪声敏感目标、噪声功能区划分情况，各噪声功能区的环境噪声现状、超标情况及受噪声影响的人口分布。根据声环境现状评价和预测的需要，选择有代表性点位按规范做好现场监测，并根据区域环境噪声标准进行评价。

④ 其他。根据当地环境情况及建设项目特点，决定是否进行放射性、光与电磁辐射、振动、地面下沉等方面的调查。

（4）评价范围内污染源调查

根据各专项环境影响评价技术导则确定的环境影响评价工作等级，确定污染源调查的范围。根据建设项目的工程特性、当地环境状况和环境保护目标分布情况，确定污染源调查的主要对象，如大气污染源、水污染源、噪声源或固体废物等。对于改扩建项目或其他"以新带老"的建设项目，还需调查已建工程、在建工程和评价区内与拟建项目相关的污染源。

应选择建设项目等标排放量较大的污染因子、评价区已造成严重污染的污染因子以及拟建项目的特殊污染因子作为主要污染因子，注意点源与非点源的分类调查。

环境现状调查的方法主要有收集资料法、现场调查法、遥感和地理信息系统分析的方法等，污染源调查的方法主要有物料衡算法、经验计算法、实测法等。一般情况下，采用单因子污染指数法对选定的评价因子及各环境要素的质量现状进行评价，并说明环境质量的变化趋势。

2.2.2.5 环境影响预测与评价

对建设项目的环境影响进行预测，是指对能代表评价区各种环境质量参数变化的预测，分析、预测和评价的范围、时段、内容及方法均应根据其评价工作等级、工程与环境特性、当地的环境保护要求而定。

（1）环境影响预测的范围

环境影响预测范围的确定与建设项目和环境的特性及敏感保护目标分布等情况有关，其具体范围按各环境要素的评价等级和环境影响评价技术导则的要求确定。

（2）环境影响的预测时段

按照项目实施过程的不同阶段，可以划分为建设阶段、生产运行阶段和服务期满后的环境影响预测。

当建设阶段的噪声、振动、地面水、地下水、大气、土壤等的影响程度较重、影响时间较长时，应进行建设阶段的影响预测。对于在运营阶段有污染物排放的建设项目，应预测建设项目生产运行阶段，正常排放和非正常排放，事故排放等情况的环境影响。对可能产生累积环境影响的项目，在服务期满后，应进行服务期满后的影响预测。

在进行环境影响预测时，应考虑环境对建设项目影响的承载能力。一般情况下，应该考虑污染影响的衰减能力或环境净化能力最差的时段和污染影响的衰减能力或环境净化能力一般的时段进行环境影响预测。如十年一遇连续 7 天河流枯水流量、冰封期枯水月平均流量，冬季采暖期静小风、熏烟条件、典型日气象条件等。

（3）环境影响预测和评价内容

预测和评价的环境参数应包括反映评价区一般质量状况的常规参数和反映建设项目特征的特性参数两类，前者反映该评价区的一般质量状况，后者反映该评价区与建设项目有联系的环境质量状况。各建设项目应预测的环境质量参数的类别和数目，与评价工作等级、工程和环境特性及当地的环保要求有关，在各专项环境影响评价技术导则中有明确规定。评价中须考虑环境质量背景已实施和正在实施的建设项目的同类污染物环境叠加影响。如建设项目所造成的环境影响不能满足环境质量要求，应给出对建设项目进行环境影响控制即实施环保措施后的预测结果。

在对环境影响进行预测的基础上，对预测结果进行科学、客观的分析；明确建设项目环境影响的特征；评价建设项目环境影响的范围、程度和性质；对各环境要素和环境保护目标逐一进行分析和评价，提出明确的结论。

生态影响型建设项目的环境影响预测内容一般包括生态系统整体性影响预测、野生生物物种及其生态影响预测，敏感保护目标影响预测以及自然资源、农业生态、城市生态、海洋生态影响预测，区域生态问题预测以及其他特别影响预测，包括施工期环境影响、水土保持、移民安置等。

生态影响评价内容一般包括生态系统整体性及其功能、生物及其生境、敏感生态问题（敏感生态保护目标）、自然资源、区域生态问题等。生态影响评价应绘制必要的评价图，如土地利用及变化图、土壤侵蚀图以及生态质量变化或敏感目标受影响状况图等。

对选址、选线敏感的建设项目应分析不同选址、选线方案的环境影响。建设项目选址选线，应从是否符合法规要求、是否与规划相协调、是否满足环境功能区要求、是否影响敏感的环境保护目标或造成重大资源、经济、社会和文化损失等方面进行环境合理性论证。

（4）环境影响预测的方法

预测环境影响时应尽量选用通用、成熟、简便并能满足准确度要求的方法。目前使用较多的预测方法有数学模式法、物理模型法、类比调查法和专业判断法等。

2.2.2.6 环境风险评价

涉及有毒有害、易燃、易爆物资生产、使用、贮运，以及导致物理损伤与危害的机械事故或其他事故（如外来生物入侵的生态风险）的建设项目，需进行环境风险评价。

根据建设项目风险特征及周围环境特点，从危险物、事故源及特殊环境条件等方面对建设项目的具体环境风险因素进行识别。

环境风险评价应重点关心化学风险（来自产品加工过程中产生的有毒、易燃、易爆物的风险）和物理风险（潜在的运输事故、水坝塌坝造成的洪水，会导致物理损伤与危害的机械事故或其他事故等）可能带来的对环境质量、环境资源、人群健康等的影响。

事故防范措施主要从组织制度、设计规范、防护措施及可行性、监督检查、岗位培训和演习、操作规程、警示标志、记录备案等方面提出要求；事故处理应急方案则从事故预想、组织程序、应急措施、应急设施、区域应急援助网络等方面提出要求和建议。

2.2.2.7 环境保护措施及其技术、经济论证

明确建设项目在选址、布局和污染物排放及生态保护等方面采取的具体环境保护措施。结合环境影响评价结果，分析拟采取措施的技术可行性、运行稳定性、经

济合理性、长期稳定运行达标排放的可靠性，论证项目环境保护措施实现达标排放、满足环境质量要求与污染物排放总量控制要求及生态功能要求的技术经济可行性。

建设项目的污染控制以预防为主，清洁生产与末端治理相结合，建设项目污染控制与区域污染控制相结合，按技术先进、效果可靠、目标可达、经济合理的原则，进行多方案比选，推荐最佳方案。按废气、废水、固体废物、噪声等污染控制设施及环境监测、绿化等分别列出其环保投资额，给出各项措施及投资估算一览表。改建、扩建项目和技术改造项目，须针对与该项目有关的原有环境污染问题，提出"以新带老"环境保护措施。

生态保护措施应重在预防，同时综合运用减缓影响、恢复生态系统、补偿生态功能损失以及改善生态的措施。结合国家对不同区域的相关要求，从保护、恢复、补偿、建设等方面提出和论证实施生态保护措施的基本框架；生态保护措施须落实到具体时段和具体点位上，重视减少对生态系统的整体性影响，同时应逐个落实敏感保护目标的保护措施。应特别注意选址选线的环境可行性，以及施工建设的环保措施和管理措施、植被恢复与重建措施。对于生态影响重大而一时又不能确切把握的影响，应考虑长期的生态监测措施。处于山区、丘陵区、风沙区的建设项目需编制水土保持方案，环评报告书中应引用经水行政主管部门审查同意的水土保持方案的主要结论。

2.2.2.8 清洁生产分析和循环经济

国家已发布行业清洁生产标准和相关技术指南的建设项目，应按所发布的规定内容和指标进行清洁生产水平分析，必要时提出进一步改进措施与建议。

国家未发布行业清洁生产标准和相关技术指南的建设项目，结合行业及工程特点，从资源能源利用、生产工艺与设备、生产过程、污染物产生、废物处理与综合利用、环境管理要求等方面确定清洁生产指标和开展评价。

从企业、区域或行业等不同层次，进行循环经济分析，提高资源利用率和优化废物处置途径。优化废物处置途径过程中应注意对可依托条件的说明，如接受某单位固体废物中的矿渣作为原料的水泥厂的建设时序、生产规模及工艺、与矿渣产生单位的运距等可依托条件调查与说明，用于佐证废物处置条件的落实情况。

2.2.2.9 污染物排放总量控制

"十一五"期间国家对化学需氧量、二氧化硫两种主要污染物实行排放总量控制计划管理，在国家确定的水污染防治重点流域、海域专项规划中，还要控制氨氮（总氮）、总磷等污染物的排放总量，控制指标在各专项规划中下达，由相关地区分别执行，国家统一考核。鼓励各地根据各自的环境状况，增加本地区必须严格控制的污染物，纳入本地区污染物排放总量控制计划。

在建设项目正常运行、满足环境质量要求、污染物达标排放及清洁生产的前提下，按照节能减排的原则给出主要污染物排放量，提出污染物排放总量控制指标的建议，主要污染物排放总量必须纳入所在地区的污染物排放总量控制计划。

在区域环境质量达标的前提下，根据国家实施主要污染物排放总量控制的有关要求和地方环境保护行政主管部门对污染物排放总量控制的具体指标，分析建设项目能否满足国家和地方的污染物排放总量控制计划，论证建设项目污染物排放总量控制措施的可行性与可靠性。

在环境质量现状已超出环境功能区划相应环境质量标准的地区，原则上应提出具体可行的区域平衡方案或削减措施，在区域污染物排放总量有所减少、环境质量改善的前提下，方可进行项目建设，确保区域环境质量满足功能区和目标管理要求。

技术改造类建设项目必须采取"以新带老"、区域削减及其他削减污染物排放总量措施，做到增产不增污或增产减污。

2.2.2.10　环境影响经济损益分析

环境经济损益的分析主要任务是衡量建设项目需要投入的环境保护投资所能收到的环境保护效果。通过分析、计算建设项目的环境代价（污染和破坏造成的环境资源损失价值）、环境成本（环保工程投资、运行费用、管理费用等）、环境经济收益（采取环保治理、综合利用、生态建设和保护等措施获取的直接或间接经济效益），对环境工程措施的经济效益、环境效益进行分析、评述。

环境经济损益的分析应从建设项目产生的正负两方面环境影响，以定性与定量相结合的方式，估算建设项目所引起环境影响的经济价值，并将其纳入项目的费用效益分析中，以判断建设项目环境影响对其可行性的影响。

以建设项目实施后的影响预测与环境现状进行比较，从环境要素、资源类别、社会文化等方面筛选出需要或者可能进行经济评价的环境影响因子，对量化的环境影响进行货币化，并将货币化的环境影响价值纳入项目的经济分析。

2.2.2.11　环境管理和环境监测计划

根据国家和地方的环境管理要求，结合建设项目具体情况，针对建设项目不同阶段提出具有可操作性的环境管理措施与监测计划。

对建设单位提出关于本建设项目所需的环境管理机构设置、人员配备、管理机构的职责要求；明确设计、施工建设、试生产、竣工验收和生产运行阶段的主要环境管理工作内容及安排；必要时对各环保设施岗位提出制定操作制度、规程及其岗位责任制等要求；对各污染源排污装置（如排气筒、排污管道）、排污口，提出规范化建设、监测、监控和管理的要求。

结合建设项目的环境影响特征，依照相关监测技术规范，提出制定相应的环境质量跟踪监测、污染源监测以及生态监测等方面的监测计划要求。

对于非正常工况特别是事故情况和可能出现的环境风险问题应提出制定预防与应急处理预案要求；施工周期长、影响范围广的建设项目还应提出施工期环境监理的具体要求，公路、铁路、水利、水电、输运管线等项目，应强调建设全过程的环境管理（含监理）措施与监测计划；对于涉及重要的生态保护区和可能具有较大生态风险的建设项目和区域、流域开发项目，应提出长期的生态监测计划。

2.2.2.12 公众参与

除国家规定需要保密的情形外，对环境可能造成重大影响、应当编制环境影响报告书的建设项目，建设单位应当在报批建设项目环境影响报告书前，识别建设项目实施的利益相关者，以有效的方式发布有关建设项目的环境影响信息，收集公众对环境影响和项目建设意见，客观公正地归纳总结和合理采纳公众意见。

公众参与工作的指导思想是全过程参与，即公众参与应贯穿于环境影响评价工作的全过程中。

（1）公众参与的主体范围

公众参与的法定主体为建设单位，按照相关规定还有承担环境影响评价的评价机构和环境影响评价文件的审批部门。公众参与的公众对象是有关单位、专家、公众。应充分注意参与公众的广泛性和代表性，参与对象应包括可能受到项目建设直接影响和间接影响的有关企事业单位、社会团体、非政府组织、居民、专家和公众等。报告书中应列出公众意见调查主体对象的名单，并标明主体对象的基本情况。

有关单位：包括位于建设项目环境影响范围内的单位和社区组织及其他团体，特别是与建设项目存在相关利益或承担环境风险的相关机构。

有关专家：由熟悉建设项目所属行业、熟悉相关环境问题及所需要的其他特定专业的专家组成，为环境影响评价单位和公众提供科学的咨询，提出中肯的建议。

有关公众：是指具有完全行为能力的有关自然人，包括直接受影响的人、预期要获得收益的人和其他对项目建设感兴趣的人。要充分注意公众意见人的广泛性与代表性，如妇女、儿童、弱势群体和少数民族，对宗教信仰、知识结构、职业、党派等社会属性均应给予关注。

（2）公众参与的形式

公众参与的形式有论证会、听证会以及其他形式，包括：会议讨论，如座谈会、讨论会、听证会等；建立信息沟通渠道，如设立网站、热线电话和公众信箱；新闻媒体发布以及开展社会调查，如问卷、通信、访谈等。可根据实际需要和具体条件，采取一种或者多种形式相结合的方式征求有关单位、专家和公众的意见。

（3）发布的环境影响信息与征求意见内容的要求

应以非技术性文字发布建设项目的环境影响信息，内容应包括建设项目概况、清洁生产水平、可能产生的主要环境影响、采取的环境保护措施及预期效果、对公众的环保承诺等信息。

征求意见的内容应包括对建设项目实施、项目选址的意见，对项目主要不利影响的可接受程度、对项目采取的环境保护措施及预期效果等。可针对不同的征求意见对象，对征求意见的内容及深度进行调整，防止出现诱导、暗示被调查者等具有倾向性的内容。

（4）公众参与意见的总结

应认真收集、保存所征求意见的原始记录，并按征求意见的条款分别按"有关单位、专家和公众"对所有的反馈意见进行归类与统计分析，并在归类分析的基础上进行综合评述；对每一类意见，均应进行认真分析、回答。建设单位报批的环境影响报告书应当附具对有关单位、专家和公众的意见采纳或者不采纳的说明。

2.2.2.13 环境影响评价的结论

环境影响评价的结论一般应包括建设项目的建设概况、环境现状与主要环境问题、环境影响预测与评价结论、项目建设的环境可行性、结论与建议等内容，可有针对性地选择其中的全部或部分内容进行编写。

（1）建设项目的建设概况

（2）环境现状与主要环境问题

利用代表性数据，简述建设项目评价范围环境质量现状与存在的主要环境问题，项目建设的主要环境保护目标以及对建设项目实施的约束条件。

（3）环境影响预测与评价结论

利用代表性环境影响预测数据和评价结果，简要说明建设项目实施可能带来的主要不利环境影响和拟采取的主要环境保护措施及预期效果。

（4）项目建设的环境可行性

① 阐明建设项目在规模、产品方案、工艺路线、技术设备等方面是否符合国家产业政策的要求及相关法律法规的规定。

② 利用代表性数据，简述建设项目的清洁生产和污染物排放水平。

③ 明确建设项目污染物排放总量控制因子，地方政府对建设项目的污染物排放总量控制要求或指标。明确建设项目污染物排放总量能否满足所在环境功能区质量标准要求与地方政府的污染物排放总量控制要求，以及建设项目采取的污染物排放总量控制措施。

④ 明确达标排放稳定性，说明项目建设选址选线是否符合当地的总体发展规划、环境保护规划和环境功能区划要求，阐明上述规划对建设项目的制约因素，对建设项目选址选线及总图布置的环境合理性提出明确结论。当建设项目涉及环境敏感区时应进行特别说明。

　　⑤ 明确环境保护措施可靠性和合理性，拟采取的主要环境保护措施（包括环境监测计划）与投资。

　　⑥ 明确公众参与接受性，说明公众意见调查方式，受影响公众对项目建设的态度与意见；对有关单位、专家和公众的意见采纳或者不采纳的说明。

　　（5）总体结论与建议

　　从环境保护角度，对项目建设的环境可行性、项目实施必须满足的要求，给出结论性意见与建议。

2.2.3　建设项目环境影响评价文件的编制要求

2.2.3.1　环境影响评价文件编制总体要求

　　环境影响评价文件包括环境影响报告书、环境影响报告表和环境影响登记表。它们都是环境保护主管部门对拟建项目进行环境可行性决策的技术支持文件。

　　经环境保护主管部门审批同意的环境影响评价文件具有法律效力，其提出的各项环境保护措施、要求具有法律强制性，建设单位必须在项目可行性研究、设计、施工和生产、运营中予以落实。

　　（1）应全面、概括地反映环境影响评价的全部工作，环境现状调查应细致，主要环境问题应阐述清楚，重点应突出，论点应明确，环境保护措施应可行、有效，评价结论应明确。

　　（2）文字应简洁、准确，文本应规范，计量单位应标准化，数据应可靠，资料应翔实，并尽量采用能反映需求信息的图表和照片。

　　（3）资料表述应清楚，利于阅读和审查，相关数据、应用模式须编入附录，并说明引用来源；所参考的主要文献应注意时效性，并列出目录。

　　（4）跨行业建设项目的环境影响评价，或评价内容较多时，其环境影响报告书中各专项评价根据需要可繁可简，必要时，其重点专项评价应另编专项评价分报告，特殊技术问题另编专题技术报告。

2.2.3.2　建设项目环境影响报告书的编制要求

　　根据工程特点、环境特征、评价级别、国家和地方的环境保护要求，污染影响为主的建设项目环境影响报告书应根据评价内容与深度选择下列、但不限于下列全部或部分专项评价，也应根据国家或地方新的保护要求适当调整或增加专题评价。

　　◆ 总则

　　◆ 建设项目概况与工程分析

　　◆ 环境现状调查与评价

　　◆ 环境影响预测与评价

◆ 环境风险评价[①]

◆ 环境保护措施及其技术、经济论证

◆ 清洁生产分析和循环经济

◆ 污染物排放总量控制

◆ 环境影响经济损益分析

◆ 环境管理与监测计划

◆ 公众参与

◆ 方案比选[①]

◆ 环境影响评价的结论和建议

涉及水土保持的建设项目还必须有经水行政主管部门审查同意的水土保持方案。生态影响为主的建设项目还应设置施工期、水土保持、动物、植物、社会等影响专题。

（1）总则

① 执行总结。简要说明建设项目的特点、环境影响评价的工作过程及环境影响报告书的主要结论。

② 编制依据。须包括建设项目应执行的相关法律法规、相关政策及规划、相关导则及技术规范、有关技术文件和工作文件等。

③ 评价内容、评价因子与评价重点。明确本项目环境影响评价的内容，分列相应的现状评价因子和预测评价因子，明确重点评价内容。

④ 评价标准。给出各评价因子所执行的环境质量标准、排放标准、其他有关标准及具体限值，参照的国外标准应按规定的程序报有关部门批准。

⑤ 评价工作等级、评价范围及环境保护目标。说明各专项评价工作等级，附图列表说明评价范围和各环境要素的环境功能类别或级别，各环境要素环境保护目标和功能及其与建设项目的相对位置关系等。

⑥ 相关规划及环境功能区划。附图列表说明建设项目所在城镇、区域或流域发展总体规划、环境保护规划、生态保护规划、环境功能区划或保护区规划等。

⑦ 资料引用。列表说明环境影响报告书编制中引用的资料清单。

（2）建设项目概况和工程分析

采用图表及文字结合方式，概要说明建设项目的基本情况、项目组成、主要工艺路线、工程布置及与原有、在建工程的关系。

对建设项目全部项目组成和施工期、运营期、服务期满后所有时段的全部行为过程的环境影响因素及其影响特征、程度、方式等进行详细分析与说明；并从保护周围环境、景观及环境保护目标要求出发，分析总图及规划布置方案的合理性。

[①] 其中内容视拟建项目的工程特点和环境影响特征而定。

（3）环境现状调查与评价

根据当地环境特征、建设项目特点和专项评价设置情况，从自然环境、社会环境、环境质量和区域污染源等方面选择相应内容进行现状调查与评价。

（4）环境影响预测与评价

给出预测时段、预测内容、预测范围、预测方法及预测结果，并根据环境质量标准或评价指标对建设项目的环境影响进行评价。

（5）环境风险评价

根据建设项目环境风险识别、分析情况，给出环境风险评估后果、环境风险的可接受程度，提出具体可行的风险防范措施和应急预案。

（6）环境保护措施及其技术、经济论证

明确建设项目拟采取的具体环境保护措施。结合环境影响评价结果，论证项目拟采取环境保护措施的可行性，并按技术先进、适用、有效的原则，进行多方案比选，推荐最佳方案。

按工程实施不同时段，分别列出其环保投资额，并分析其合理性。给出各项措施及投资估算一览表。

（7）清洁生产分析和循环经济

量化分析建设项目清洁生产水平，提高资源利用率、优化废物处置途径，提出节能、降耗、提高清洁生产水平的改进措施与建议。

（8）污染物排放总量控制

根据主要污染物排放量，提出污染物排放总量控制指标建议和满足指标要求的环境保护措施。

（9）环境影响经济损益分析

根据建设项目环境影响所造成的经济损失与效益分析结果，提出补偿措施与建议。

（10）环境管理与环境监测计划

根据建设项目环境影响情况，提出设计、施工期、运营期的环境管理及监测计划要求，包括环境管理制度、机构、人员、监测点位、监测时间、监测频次、监测因子以及规范排污口建设和实施在线监测、监控的要求等。

（11）公众参与

给出采取的调查方式、调查对象、建设项目的环境影响信息、拟采取的环保措施、公众对环境保护的主要意见、公众意见的采纳情况等。

（12）方案比选

建设项目的选址、选线和规模，应从是否与规划相协调、是否违反法规要求、是否满足环境功能区要求、是否影响敏感的环境保护目标或造成重大资源经济和社会文化损失等方面进行环境合理性论证。如要进行多个厂址或选线方案的优选时，应对各选址或选线方案的环境影响进行全面比较，提出选址、选线意见。

（13）环境影响评价结论与建议

环境影响评价结论是全部评价工作的结论，应在概括全部评价工作的基础上，简洁、准确、客观地总结建设项目实施过程各阶段的生产和生活活动与当地环境的关系，明确一般情况下和特定情况下的环境影响，规定采取的环境保护措施，从环境保护角度分析，得出建设项目是否可行的结论。

环境影响评价的结论一般应包括建设项目的建设概况、环境现状与主要环境问题、环境影响预测与评价结论、项目建设的环境可行性、结论与建议等内容，可有针对性地选择其中的全部或部分内容进行编写。环境可行性结论应从与法规政策及相关规划一致性、清洁生产和污染物排放水平、环境保护措施可靠性和合理性、达标排放稳定性、公众参与接受性等方面分析得出。

（14）附录和附件

将建设项目依据文件、评价标准和污染物排放总量批复文件、引用文献资料（包括监测报告）、原燃料品质等必要的有关文件、资料附在环境影响报告书后。

2.2.3.3 建设项目环境影响报告表的编制要求

建设项目的环境影响报告表应包括建设项目基本情况、所在地自然环境和社会环境简况、环境质量状况、建设项目工程分析和污染物产生及排放情况、环境影响分析及拟采取的防治措施、结论与建议等内容。结论与建议中，应给出项目清洁生产、达标排放和总量控制的分析结论，确定污染防治和生态保护措施的有效性，说明对环境造成的影响，给出项目环境可行性的明确结论及减少环境影响的有关建议。目前，环境影响报告表的格式按照《建设项目环境影响报告表》（试行）执行。

若报告表不能说明项目产生的污染及对环境造成的影响，应根据项目特点和当地环境特征，选择大气环境、水环境、生态、声环境、土壤环境、固体废物或其他专项中的1～2项进行专项评价。

2.3 开发区区域环境影响评价

2.3.1 开发区区域环境影响评价的工作重点和工作程序

2.3.1.1 开发区区域环境影响评价的重点

（1）识别开发区的区域开发活动可能带来的主要环境影响以及可能制约开发区发展的环境因素。

（2）分析确定开发区主要相关环境介质的环境容量，研究提出合理的污染物排放总量控制方案。

（3）从环境保护角度论证开发区环境保护方案，包括污染集中治理设施的规模、工艺和布局的合理性，优化污染物排放口及排放方式。

（4）对拟议的开发区各规划方案（包括开发区选址、功能区划、产业结构与布局、发展规模、基础设施建设、环保设施等）进行环境影响分析比较和综合论证，提出完善开发区规划的建议和对策。

2.3.1.2 开发区区域环境影响评价的工作程序

开发区区域环境影响评价工作程序见图 2-2。

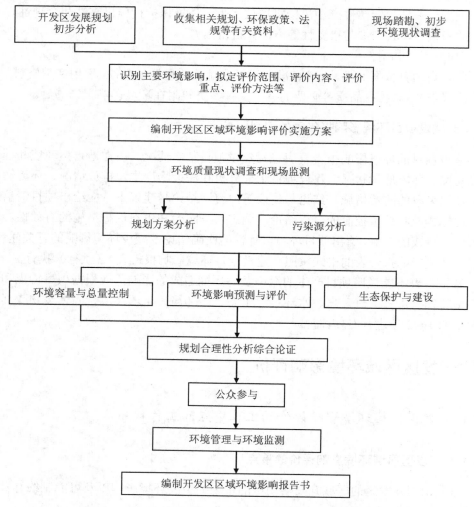

图 2-2　开发区区域环境影响评价工作程序

2.3.2 开发区区域环境影响评价文件的编制要求

2.3.2.1 开发区区域环境影响评价实施方案编制要求

开发区区域环境影响评价实施方案是环境影响报告书的总体设计和行动指南，是进行科学环境影响评价的基础和依据，是指导环境影响评价具体工作的技术文件，也是检验报告书质量和内容的判定标准之一。环境影响评价实施方案是环境影响评价前期准备、调研工作的阶段性成果，一般包括以下内容：

◆ 开发区规划简介
◆ 开发区及其周边地区的环境状况
◆ 规划方案的初步分析
◆ 开发活动环境影响识别和评价因子选择
◆ 评价范围和评价标准（指标）
◆ 评价专题设置和实施方案

（1）环境影响识别

按照开发区的性质、规模、建设内容、发展规划、阶段目标和环境保护规划，结合当地的社会、经济发展总体规划、环境保护规划和环境功能区划等，调查主要敏感环境保护目标、环境资源、环境质量现状，分析现有环境问题和发展趋势，识别开发区规划可能导致的主要环境影响，初步判定主要环境问题、影响程度以及主要环境制约因素，确定主要评价因子。

主要从宏观角度进行自然环境、社会经济两方面的环境影响识别。

一般或小规模开发区主要考虑对区外环境的影响，重污染或大规模（大于 $10\ km^2$）的开发区还应识别区外经济活动对区内的环境影响。

突出与土地开发、能源和水资源利用相关的主要环境影响的识别分析，说明各类环境影响因子、环境影响属性（如可逆影响、不可逆影响），判断影响程度、影响范围和影响时间等。

影响识别方法一般采用矩阵法、网络法、GIS 支持下的叠加图法等。

（2）确定评价范围的原则

按不同环境要素和区域开发建设可能影响的范围确定环境影响评价的范围，应包括开发区、开发区周边地域以及开发建设活动直接涉及的区域或设施。区域开发建设涉及的环境敏感区等重要区域必须纳入环境影响评价的范围，应保持环境功能区的完整性。

确定各环境要素的评价范围应体现表 2-2 所列基本原则，具体数值可参照有关环境影响评价技术导则。

表 2-2 确定评价范围的基本原则

评价要素	评价范围
陆地生态	开发区及其周边地域，参考《环境影响评价技术导则—生态影响》（HJ 19—2011）
环境空气	可能受到区内和区外大气污染影响的，根据所在区域现状大气污染源、拟建大气污染源和当地气象、地形等条件而定
地表水（海域）	与开发区建设相关的重要水体、水域（如水源地、水源保护区）和水污染物受纳水体，根据废水特征、排放量、排放方式、受纳水体特征确定
地下水	根据开发区所在区域地下水补给、径流、排泄条件，地下水开采利用状况，以及其与开发区建设活动的关系确定
声环境	开发区与相邻区域噪声适用区划
固体废物管理	收集、贮存及处置场所周围

（3）规划方案的初步分析

① 开发区选址的合理性分析

根据开发区性质、发展目标和生产力配置基本要素，分析开发区规划选址的优势和制约因素。开发区生产力配置一般有 12 个基本要素，即土地、水资源、矿产或原材料资源、能源、人力资源、运输条件、市场需求、气候条件、大气环境容量、水环境容量、固体废物处理处置能力、启动资金。

② 开发规划目标的协调性分析

按主要的规划要素，逐项比较分析开发区规划与所在区域总体规划、其他专项规划、环境保护规划的协调性，包括区域总体规划对该开发区的定位、发展规模、布局要求，对开发区产业结构及主导行业的规定，开发区的能源类型、污水处理、固体废物处置、给排水设计、园林绿化等基础设施建设与所在区域总体规划中各专项规划的关系，开发区规划中制定的环境功能区划是否符合所在区域环境保护目标和环境功能区划要求等。可采用列表的方式说明开发区规划发展目标及环境目标与所在区域规划目标及环境保护目标的协调性。

（4）评价专题的设置

评价专题的设置要体现区域环境影响评价的特点，突出规划的合理性分析和规划布局论证、排污口优化、能源清洁化和集中供热（汽）、环境容量和总量控制等涉及全局性、战略性内容。

开发区区域环境影响评价通常设置以下专题：

◆ 环境现状调查与评价

◆ 规划方案分析与污染源分析

◆ 环境空气影响分析与评价

◆ 水环境影响分析与评价

◈ 固体废物管理与处置

◈ 环境容量与污染物总量控制

◈ 生态保护与生态建设

◈ 开发区总体规划的综合论证与环境保护措施

◈ 公众参与

◈ 环境监测和管理计划

区域开发可能影响地下水时，需设置地下水环境影响评价专题，主要评价工作内容包括调查水文地质基本状况和地下水的开采利用状况、识别影响途径和选择预防对策和措施。

涉及大量征用土地和移民搬迁，或可能导致原址居民生活方式、工作性质发生大的变化的开发区规划，需设置社会影响分析专题。

2.3.2.2 开发区区域环境影响报告书的编制要求

环境影响报告书应文字简洁，图文并茂，数据翔实，论点明确，论据充分，结论清晰准确。

开发区区域环境影响报告书应包括以下基本章节：

◈ 总论

◈ 开发区总体规划和开发现状

◈ 环境状况调查和评价

◈ 规划方案分析与污染源分析

◈ 环境影响预测与评价

◈ 环境容量与污染物排放总量控制

◈ 开发区总体规划的综合论证和环境保护措施

◈ 公众参与

◈ 环境管理与环境监测计划

◈ 结论

（1）总论

① 开发区立项背景。

② 环评工作依据（列出现行的环保法规、政策、开发区规划文本等）。

③ 环境保护目标与保护重点（包括所在区域的环境保护目标、环境保护重点），并在地图上标出可能涉及的环境敏感区域和敏感目标。

④ 环境影响评价因子与评价重点。

⑤ 环境影响评价范围。

⑥ 区域环境功能区划和环境标准（附区域环境功能区划图）。

（2）开发区总体规划和开发现状

① 开发区性质。

② 开发区不同规划发展阶段的目标和指标。包括开发区规划的人口规模、用地规模、产值规模，规划发展目标和优先目标以及各项社会经济发展指标。

③ 开发区总体规划方案及专项建设规划方案概述，说明开发区内的功能分区、各分区的地理位置、分区边界、主要功能及各分区间的联系。含总体规划图、土地利用规划等专项规划图。

④ 开发区环境保护规划（简述开发区环境保护目标、功能分区、主要环保措施）。附环境功能区划图。

⑤ 项目清单和主要污染物特征。

⑥ 主要环境保护措施和（或）替代方案。

⑦ 对于已有实质性开发建设活动的开发区，应增加有关开发现状回顾，包括：开发过程回顾；区内现有产业结构、重点项目；能源、水资源及其他主要物料消耗、弹性系数等变化情况及主要污染物排放状况；环境基础设施建设情况；区内环境质量变化情况及主要环境问题。

（3）环境状况调查和评价

① 区域环境概况。简述开发区的地理位置、自然环境概况、社会经济发展概况等主要特征，说明区域内重要自然资源及开采状况、环境敏感区和各类保护区及保护现状、历史文化遗产及保护现状。

② 区域环境现状调查和评价。空气环境质量现状，二氧化硫和氮氧化物等污染物排放和控制现状；地表水（河流、湖泊、水库）和地下水环境质量现状（包括河口、近海水域水环境质量现状）、废水处理基础设施、水量供需平衡状况、生活和工业用水现状、地下水开采现状等；土地利用类型和分布情况，各类土地面积及土壤环境质量现状；区域声环境现状、受超标噪声影响的人口比例以及超标噪声区的分布情况；固体废物的产生量，废物处理处置以及回收和综合利用现状；环境敏感区分布和保护现状。

③ 区域社会经济。概述开发区所在区域社会经济发展现状、近期社会经济发展规划和远期发展目标。

④ 环境保护目标与主要环境问题。概述区域环境保护规划和主要环境保护目标及指标，分析区域存在的主要环境问题，并以表格形式列出可能对区域发展目标、开发区规划目标形成制约的关键环境因素或条件。

（4）规划方案分析

将开发区规划放在区域发展的层次上进行合理性分析，突出开发区总体发展目标、布局和环境功能区划的合理性。开发区总体布局及区内功能分区的合理性分析，包括以下内容：

　　1）分析开发区规划确定的各功能组团（如工业区、商住区、绿化景观区、物流仓储区、文教区、行政中心等）的性质及其与相邻功能组团的边界和联系。

　　2）根据开发区选址合理性分析确定的基本要素，分析开发区内各功能组团的发展目标和各组团间的优势与限制因子，分析各组团间的功能配合以及现有的基础设施及周边组团设施对该组团功能的支持。可采用列表的方式说明开发区规划发展目标和各功能组团间的相容性。

　　3）开发区规划与所在区域发展规划的协调性分析。将所在区域的总体规划、布局规划、环境功能区划与开发区规划作详细比较分析，分析开发区规划是否与所在区域的总体规划具有相容性，重点分析以下方面：

　　① 开发区土地利用的生态适宜度分析。生态适宜度评价采用三级指标体系，选择对所确定的土地利用目标影响最大的一组因素作为生态适宜度的评价指标。根据不同指标对同一土地利用方式的影响作用大小，对指标加权。进行单项指标（三级指标）分级评分，单项指标评分可分为 4 级：很适宜、适宜、基本适宜、不适宜。在各单项指标评分的基础上，进行各种土地利用方式的综合评价。

　　② 环境功能区划的合理性分析。对比开发区规划和开发区所在区域总体规划中对开发区内各分区或地块的环境功能要求。分析开发区环境功能区划和开发区所在区域总体环境功能区划的异同点，根据分析结果，对开发区规划中不合理的分区环境功能提出改进建议。

　　③ 环境影响减缓措施。根据综合论证的结果，提出减缓环境影响的调整方案和污染控制措施与对策。

　　（5）开发区污染源分析

　　根据规划的发展目标、规模、规划阶段、产业结构等，分析预测开发区污染物来源、种类和数量。特别注意考虑入区项目类型与布局存在较大不确定性、阶段性特点。根据开发区不同发展阶段，分析确定近、中、远期区域主要污染源。鉴于规划实施的时间跨度较长并存在较大的不确定性因素，污染源分析预测以近期为主。

　　区域污染源分析的主要因子应考虑：国家和地方政府规定的重点控制污染物；开发区规划中确定的主导行业或重点行业的特征污染物；当地环境介质最为敏感的污染因子。污染源估算可选择采用类比法、典型行业排污系数法等方法。

　　（6）环境影响分析与评价

　　① 空气环境影响分析与评价。开发区能源结构及其环境空气影响分析，集中供热（汽）厂（站）的位置、规模、污染物排放情况及其对环境质量的影响预测与分析，工艺尾气排放方式、所含污染物种类、控制措施、污染物排放量及其环境影响分析，区内污染物排放对区内、外环境敏感地区的环境影响分析，以及区外主要污染源对区内环境空气质量的影响分析。

　　② 地表水环境影响分析与评价。包括开发区水资源利用、污水收集与集中处理、

尾水回用、废水排放对受纳水体影响等过程。水质预测应包含不同的排水规模、不同的处理程度、不同的排污口位置和排放方式，评价水环境质量达标状况、排污口和排放方式的优化选择。

③ 地下水环境影响分析与评价。根据当地水文地质调查资料，识别地下水的径流、补给、排泄条件以及地下水和地表水之间的水力联通；评价包气带的防护特性。核查开发规划内容是否符合地下水源保护的有关规定；分析建设活动影响地下水水质的途径，提出限制性防护措施。

④ 固体废物处理处置方式及其影响分析。预测确定可能的固体废物类型，并进行废物处理的相容性分析，以确定所需的分类处理方式。对于拟议的废物处理处置方案，应从环境保护角度着重分析选址的合理性。

对于将开发区的废物处理处置纳入所在区域废物管理体系的，应确保可资利用的废物处理处置设施符合环境保护要求，并核实现有废物处理设施可能提供的接纳能力和服务年限，确保开发区的各类废物能得到符合环境保护要求的处理。

⑤ 噪声影响分析与评价。根据开发区规划布局方案，按国家声环境功能区划分原则和方法，拟定开发区声环境功能区划方案。对于与开发区规划布局相应的噪声适用功能可能影响区域噪声功能达标的情形，应考虑调整规划布局、设置噪声隔离带等措施。

⑥ 生态影响分析与评价。生态评价中应从尽可能保持原有生态系统和生态功能、区域功能布局与生态功能区分布相协调、生态建设和绿化设计与原有生态系统相统一等方面进行分析与评价。

（7）环境容量与污染物排放总量控制

以区域环境质量目标为前提，考虑集中供热、污水集中处理排放、固体废弃物分类处置的原则要求，确定污染物排放总量控制方案。

① 大气环境容量与污染物排放总量控制。对所涉及的区域按其环境功能进行区划，确定各功能区环境空气质量目标；根据环境质量现状资料，分析不同功能区环境质量达标情况。结合当地地形和气象条件，选择适当方法，确定开发区大气环境容量。结合开发区发展规划分析和可选用的最佳污染控制技术，提出区域环境容量利用方案和近期污染物排放总量控制指标，总量控制因子为烟尘、粉尘、SO_2。

② 水环境容量与污染物排放总量控制。分析基于环境容量和基于技术经济条件约束的允许排放总量。总量控制因子一般包括 COD、NH_3-N、TN、TP 等。

对于拟接纳开发区污水的水体，应根据环境功能区划所规定的水质标准要求，选用适当的水质模型分析确定水环境容量（河流/湖泊：水环境容量；河口/海湾：水环境容量/最小初始稀释度；开敞的近海水域：最小初始稀释度；对季节性河流，原则上不要求确定水环境容量）。

对于现状水体无环境容量可资利用时，应在制定区域水污染控制计划的基础上确定开发区水污染物排放总量。如预测的各项总量值均低于上述基于技术水平和水环境容量的总量控制指标，可选择最小的指标提出总量控制方案。

③　固体废物管理与处置。制定固体废物总量控制方案，应分析固体废物类型和发生量，分析固体废物减量化、资源化、无害化处理处置措施及方案，按废物分类处置的原则，测算需采取不同处置方式的最终处置总量，并确定可供利用的不同处置设施及能力。开发区的废物处理处置应纳入所在区域的废物总量控制计划之中，并符合区域所制定的资源回收、废物利用的目标与指标要求。

（8）生态保护与生态建设

调查生态现状和历史演变过程、生态保护区或生态敏感区情况、生物多样性及特殊生境、自然生态退化状况等。

分析评价开发区规划实施对生态的影响，包括由于土地利用类型改变导致的生态影响，由于自然资源、旅游资源、水资源及其他资源开发利用变化而导致的对自然生态和景观方面的影响，以及区域内各种污染物排放量的增加、污染源空间结构等变化对自然生态与景观方面产生影响。

应着重阐明区域开发造成的对生态结构与功能的影响，对可能产生的不利影响，要求从保护、恢复、补偿、建设等方面提出和论证实施生态保护措施的基本框架。

（9）公众参与

公众参与的对象主要是可能受到开发区建设影响、关注开发区建设的群体和个人。应向公众告知开发区规划、开发活动涉及的环境问题、环境影响评价初步分析结论、拟采取的减缓环境影响的措施与效果等公众关心问题。

（10）开发区规划的综合论证与环境保护措施

①　开发区规划的综合论证。根据环境容量和环境影响评价结果，结合地区的环境状况，从开发区的选址、发展规模、产业结构、行业构成、布局、功能区划、开发速度和强度以及环保基础设施建设（污水集中处理、固体废物集中处置、集中供热、集中供气等）等方面对开发区规划的环境可行性进行综合论证：

◆　开发区总体发展目标的合理性
◆　开发区总体布局的合理性
◆　开发区环境功能区划的合理性和环境保护目标的可达性
◆　开发区土地利用的生态适宜度分析

对应所识别、预测的主要不利环境影响，逐项列出环境保护对策和环境减缓措施。

当开发区土地利用的生态适宜度较低，或区域环境敏感性较高时，应考虑选址的大规模、大范围调整。当选址邻近生态保护区、水源保护地、重要和敏感的居住地，或周围环境中有重大污染源并对区域选址产生不利影响以及某类环境指标严重超标且难以短时期改善时，要建议提出调整；一般情况下，开发区边界应与外部较敏感地域保持一定的空间防护距离。

开发区内各功能区除满足相互间的影响最小，并留有充足的空间防护距离外，还应从基础设施建设、各产业间的合理连接，以及适应建立循环经济和生态园区的布局条件来考虑开发区布局的调整。规模调整包括经济规模和土地开发规模的调整；在拟定规模的调整建议时应考虑开发区的最终规模和阶段性发展目录。

当开发区发展目标受外部环境影响时（如受区外重大污染源影响较大），在不能进行选址调整时，要提出对区外环境污染控制进行调整的计划方案，并建议将此计划纳入开发区总体规划之中。

② 主要环境影响减缓措施。大气环境影响减缓措施应从改变能流系统及能源转换技术方面进行分析。重点是煤的集中转换以及煤的集中转换技术的多方案比较，如加大热电联产，热电、冷联供，采用循环流化床燃烧技术等更高级的治理工艺技术。

水环境影响减缓措施应重点考虑污水集中处理、深度处理与回用系统，以及废水排放的优化布局和排放方式的选择。如在选择更先进的污水处理工艺的同时，考虑增加土地处理系统、强化深度处理和中水回用系统。

对典型工业行业，可根据清洁生产、循环经济原理从原料输入、工艺流程、产品使用等进行分析，提出替代方案与减缓措施。

固体废物影响的减缓措施重点是固体废物的集中收集、减量化、资源化和无害化处理处置措施。

对于可能导致对生态功能显著影响的开发区规划，根据生态影响特征制定可行的生态建设方案。

③ 提出限制入区的工业项目类型清单。

（11）环境管理与环境监测计划

提出开发区环境管理与能力建设方案，包括建立开发区动态环境管理系统的计划安排。拟定开发区环境质量监测计划，包括环境空气、地表水、地下水、区域噪声的监测项目、监测布点、监测频率、质量保证、数据报表。

提出对开发区不同规划阶段的跟踪环境影响评价与监测的安排，包括对不同阶段进行环境影响评估（阶段验收）的主要内容和要求。提出简化入区的具体建设项目环境影响评价的建议。

2.3.3　作为一项整体建设项目的规划的环境影响评价文件的编制

根据《中华人民共和国环境影响评价法》第18条规定：建设项目的环境影响评价，应当避免与规划的环境影响评价相重复。作为一项整体建设项目的规划（比如某旅游整体建设项目规划、某山庄整体建设项目规划等），按照建设项目环境影响评价文件的编制要求进行环境影响评价，不进行规划的环境影响评价。

2.4　规划环境影响评价

2.4.1　规划环境影响评价的基本工作内容和工作程序

2.4.1.1　规划环境影响评价的基本工作内容

（1）规划分析。包括分析拟议的规划目标、指标、规划方案与相关的其他发展规划、环境保护规划的关系。

（2）环境现状调查与分析。包括调查、分析环境现状和历史演变，识别敏感的环境问题以及制约拟议规划的主要因素。

（3）环境影响识别与确定环境目标和评价指标。包括识别规划目标、指标、方案（包括替代方案）的主要环境问题和环境影响，按照有关的环境保护政策、法规和标准拟定或确认环境目标，选择量化和非量化的评价指标。

（4）环境影响分析与评价。包括预测和评价不同规划方案对环境保护目标、环境质量和可持续性的影响。

（5）针对各规划方案，拟定环境保护对策和措施，确定环境可行的推荐规划方案。

（6）开展公众参与。

（7）拟定监测、跟踪评价计划。

（8）编写规划环境影响报告书、篇章或说明。

2.4.1.2　规划环境影响评价的工作程序

规划环境影响评价工作程序见图 2-3。

2.4.2　规划环境影响评价技术文件的编制要求

2.4.2.1　规划环境影响报告书的编制要求

规划环境影响报告书应文字简洁、图文并茂，数据翔实、论点明确、论据充分，结论清晰准确。规划环境影响报告书至少应包括以下九个方面的内容：

（1）总则

① 规划的一般背景。

② 与规划有关的环境保护政策、环境保护目标和标准。

③ 环境影响识别（表）。

④ 评价范围、环境目标和评价指标。

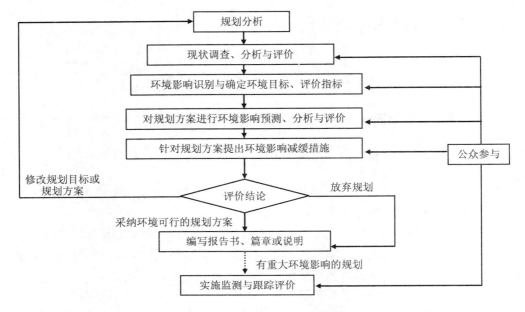

图 2-3　规划环境影响评价的工作程序

⑤ 与规划层次相适宜的影响预测和评价所采用的方法。

（2）规划的概述与分析

① 规划的社会经济目标和环境保护（和/或可持续发展目标）。

② 规划与上、下层次规划（或建设项目）的关系和一致性分析。

③ 规划目标与其他规划目标、环保规划目标的关系和协调性分析。

④ 符合规划目标和环境目标要求的可行的各规划（替代）方案概要。

（3）环境现状分析

① 环境调查工作概述。

② 概述规划涉及的区域或行业领域存在主要环境问题及其历史演变，并预计在没有本规划情况下的环境发展趋势。

③ 环境敏感区域和/或现有的敏感环境问题，以表格一一对应的形式列出可能对规划发展目标形成制约的关键因素或条件。

④ 可能受规划实施影响的区域和/或行业部门。

（4）环境影响分析与评价，突出对主要环境影响的分析与评价

① 按环境主题（如生物多样性、人口、健康、动植物、土壤、水、空气、气候因子、矿产资源、文化遗产、自然景观）描述所识别、预测的主要环境影响。

② 对应于不同规划方案或设置的不同情景，分别描述所识别、预测的主要直接影响、间接影响和累积影响。

③ 说明不同地域尺度（当地、区域、全球）和不同时间尺度（短期、长期）的影响。

④ 对不同规划方案可能导致的环境影响进行比较，包括环境目标、环境质量和/或可持续性的比较。

（5）规划方案与减缓措施

① 描述符合规划目标和环境目标的规划方案，并概述各方案的主要环境影响，以及主要环境影响的防护对策、措施和对规划的限制，减缓措施实施的阶段性目标和指标。

② 环境可行的各规划方案的综合评述。

③ 供有关部门决策的推荐的环境可行规划方案以及替代方案。

④ 预定评价指标的可达性分析。

⑤ 规划的结论性意见和建议。

（6）监测与跟踪评价

① 对下一层次规划和/或规划范畴的项目环境评价的要求。

② 监测和跟踪计划。

（7）公众参与

① 公众参与概况。

② 概述与环境评价有关的专家咨询和收集的公众意见与建议。

③ 专家咨询和公众意见与建议的落实情况。

（8）困难和不确定性

概述在编辑和分析用于环境评价的信息时所遇到的困难和由此导致的不确定性，以及它们可能对规划过程的影响。

（9）执行总结

采用非技术性文字简要说明规划背景、规划的主要目标、评价过程、环境资源现状、预计的环境影响、推荐的规划方案与减缓措施、公众参与的主要调查和处理结果、总体评价结论。

2.4.2.2　规划环境影响篇章及说明的编制要求

规划环境影响篇章及说明应文字简洁、图文并茂，数据翔实、论点明确、论据充分、结论清晰明确，至少应包括以下四个方面的内容：

（1）前言

① 与规划有关的环境保护政策、环境保护目标和标准。

② 评价范围与环境目标和评价指标。

③ 与规划层次相适宜的影响预测和评价所采用的方法。

（2）环境现状分析

① 概述规划涉及的区域或行业领域存在主要环境问题及其历史演变。

② 列出可能对规划发展目标形成制约的关键因素或条件。

（3）环境影响分析与评价

① 简要说明规划与上、下层次规划（或建设项目）的关系，以及与其他规划目标、环境规划目标的协调性。

② 对应于不同规划方案的不同情景，分别描述所识别、预测的主要的直接影响、间接影响和累积影响。

③ 对不同规划方案可能导致的环境影响进行比较，包括环境目标、环境质量和/或可持续性的比较。

（4）环境影响的减缓措施

① 描述各方案（包括推荐方案、替代方案）的主要环境影响以及主要环境影响的防护对策、措施和对规划的限制。

② 关于规划方案的综合评述。

2.4.3 规划环境影响评价与建设项目环境影响评价的比较

规划环境影响评价和建设项目环境影响评价的评价目的、技术原则是基本相同的，但在介入时机、评价方法、技术要求等具体细节上存在较大差异。表 2-3 说明了规划环境影响评价和建设项目环境影响评价的异同点。

表 2-3　规划环境影响评价与建设项目环境影响评价的比较

建设项目环评	区域环评（作为整体项目的区域）	规划环评
1）决策的末端 2）与具体的建设项目发生关系 3）识别具体的环境影响，短期、微观尺度 4）在有限的范围考虑替代方案 5）考虑叠加影响 6）强调减缓措施 7）以标准为依据，处理具体环境问题	1）在决策的中期阶段 2）与具体的建设项目发生关系 3）识别区域开发活动及相关建设项目的环境影响，一定时间段、中观尺度 4）在区域及邻近的范围考虑替代方案 5）考虑累积效应 6）强调减缓措施 7）以评价指标体系为依据，处理区域环境问题	1）在决策的早期阶段 2）在规划编制的前期 3）识别宏观环境影响，长期、宏观尺度 4）更大范围内考虑替代方案 5）对累积影响早期预警 6）强调满足环境目标和维护生态系统，强调预防 7）关注可持续议题，在环境影响的源头解决环境问题

对一项政策、规划或计划的决策，可能引发或带动一系列的经济活动和具体项目的开发建设，或者规划、计划本身就包括了一系列拟议的具体建设项目，从而可

能导致不利的环境影响，而且这些影响可能是大范围的、长期的、具有累积效应的。

将环境影响评价纳入政策、规划和计划的制订与决策过程中，实际上是在决策的源头消除、减少、控制不利的环境影响。宏观上，规划环境影响评价重点解决与战略决策议题有关的环境保护问题，如规划发展目标的环境可行性、规划总体布局的环境合理性、实现规划发展目标的途径和方案的环境合理性和可行性。

在建设项目环境影响评价的层次上，主要回答项目实施过程中的环境影响防治问题。主要讨论建设项目选址选线、规模、布局、工艺流程的环境合理性；污染物排放的环境可行性与不利环境影响的最小化；减缓措施的技术、经济可行性及不利环境影响的公众接受程度。

3 工程分析与污染源调查

3.1 工程分析概述

3.1.1 工程分析的定义

建设项目环境影响评价中的工程分析，简单地讲就是对建设项目的工程方案和整个工程活动进行分析，从环境保护角度分析项目性质、清洁生产水平、工程环保措施方案以及总图布置、选址选线方案等并提出要求和建议，确定项目在建设期、运行使用期以及服务期满以后的主要污染源强及生态影响等其他环境影响因素。

按建设项目对环境影响的方式和途径不同，环境影响评价中把建设项目分为污染型项目和生态影响型项目两大类。污染型项目主要以污染物排放对大气环境、水环境、土壤环境或声环境的影响为主，其工程分析是以项目的工艺过程分析为重点，核心是确定工程污染源；生态影响型项目主要是以建设期、运行使用期对生态环境的影响为主，工程分析以建设期的施工方式及使用期的运行方式分析为重点，核心是确定工程主要生态影响因素。

应当注意，有些项目（如采掘、建材类等）各阶段既有显著的污染物排放，又会有明显的生态影响，工程分析中对这类项目要全面分析，不能片面地只强调其污染影响，或仅分析其生态影响。

3.1.2 工程分析的目的

（1）是项目决策的主要依据之一

工程分析是项目决策的重要依据之一。在一般情况下，工程分析从环保角度对项目建设性质、产品结构、生产规模、原料路线、工艺技术、设备选型、能源结构和排放状况、技术经济指标、总图布置方案、清洁生产水平、环保措施方案、规划方案、选址选线、施工方式、运行方式等给出分析意见，从项目与法规产业政策的符合性、污染达标排放的可行性、清洁生产水平的可接受性、总图布置及选址选线的环境合理性等方面，从环境保护角度为项目的决策提供科学依据。

（2）为各专题分析预测和评价提供基础数据

对于污染型项目，工程分析应从环保角度定量分析项目的基础技术经济数据，重点对生产工艺的产污环节进行详细分析，确定污染源强，从而为水、气、固体废物和噪声的环境影响预测、污染防治对策及污染物排放总量控制提供可靠的基础数据。对于生态影响型项目，工程分析应重点分析工程占地（包括永久占地和临时占地）类型、面积，土石方量，涉及的不同类型生态系统及其重要程度等基础数据。

（3）为环保设计提供优化建议

环境影响评价文件是建设项目环保设计的重要依据。工程分析应力求对拟采用的生产工艺进行优化论证，并提出符合清洁生产要求的改进建议；指出工艺设计上应该重点考虑的防污减污环节，并提出建议方案。此外，工程分析还应对拟采用的环保措施方案工艺、设备及其先进性、可靠性、实用性提出要求或建议。对于改、扩建项目，现有工程可能存在的工艺设备落后、污染水平高等环境问题，必须在改、扩建中通过"以新带老"解决，因此需要工程分析从环保全局和环保技术方面提出具体的整改意见和方案。这些都应在项目环保设计中予以落实。

（4）为项目的环境管理提供建议指标和科学数据

工程分析筛选的主要污染因子是项目建设期和运行使用期进行日常环境管理的对象，为保护环境核定的污染物排放总量建议指标是对项目进行环境管理的强制性指标之一。

3.1.3 工程分析的原则

当建设项目的规划、可行性研究和设计等技术文件中记载的资料、数据等能够满足工程分析的需要和精度要求时，应通过复核校对后引用。

对于污染物的排放量等可定量表述的内容，应通过分析尽量给出定量的结果。

3.1.4 工程分析的重点与阶段划分

污染型项目工程分析应以工艺过程为重点，并不可忽略污染物的非正常排放。资源、能源的储运、交通运输及土地开发利用是否分析及分析的深度，应根据工程、环境的特点及评价工作等级决定。

生态影响型项目工程分析应以占地和施工方式、运行方式为重点。

根据实施过程的不同阶段，可将建设项目分为建设期、运行期、服务期满后三个阶段进行工程分析。

所有建设项目均应分析生产运行阶段所带来的环境影响。生产运行阶段要分析正常排放和非正常排放两种情况。对随着时间的推移，环境影响有可能增加较大的建设项目，同时它的评价工作等级、环境保护要求均较高时，可将生产运行阶段分为运行初期和运行中后期，并分别按正常排放和非正常排放进行分析，运行初期和运行中后期的划分应视具体工程特性而定。

个别建设项目在建设阶段和服务期满后的影响不容忽视，应对这类项目的这两个阶段进行工程分析。

3.1.5 工程分析的一般方法

当建设项目的规划、可行性研究和设计等技术文件不能满足评价要求时，应根据具体情况选用适当的方法进行工程分析。目前采用较多的工程分析方法有类比分析法、物料平衡计算法、查阅参考资料分析法等。

（1）类比分析法

类比分析法是利用与拟建项目类型相同的现有项目的设计资料或实测数据进行工程分析的方法。是工程分析常用的方法，也是定量结果较为准确的方法。但该方法要求时间长，工作量大。在评价时间允许、评价工作等级较高、又有可资参考的相同或相似的现有工程时，应采用此法。采用此法时，应充分注意分析对象与类比对象之间的相似性，如：

① 工程一般特征的相似性。包括建设项目的性质、建设规模、车间组成、产品结构、工艺路线、生产方法、原料、燃料来源与成分、用水量和设备类型等。

② 污染物排放特征的相似性。包括污染物排放类型、浓度、强度与数量，排放方式与去向，以及污染方式与途径等。

类比法也常用单位产品的经验排污系数计算污染物排放量。但是采用此法必须注意，一定要根据生产规模等工程特征和生产管理等实际情况进行必要的修正。

经验排污系数法公式：

$$A = AD \times M \tag{3-1}$$

式中：A —— 某污染物的排放总量；

$\quad\quad AD$ —— 单位产品某污染物的排放定额；

$\quad\quad M$ —— 产品总产量。

一般可查阅建设项目环境保护实用手册、全国污染源普查课题成果、工业污染源产排污系数、设计手册等技术资料获得排污定额的数据。但要注意数据地区、行业、阶段性等的差异。

例如，天然气燃烧产生的污染物统计数据见表 3-1。

也可利用来源、产生过程相似或相同的同类污染物中污染因子的浓度数据，估算拟建项目的同类污染物的有关污染因子浓度。例如，生活污水的水质，一个地区内差别不大，可以利用已有的统计数据进行类比。表 3-2 列出了我国一般城市生活污水的主要污染物浓度范围。

表 3-1　天然气燃烧时产生的污染物　　　　单位：kg/10⁶ m³

污染物名称	设备类型		
	电厂	工业锅炉	民用采暖设备
颗粒物	80~240	80~240	80~240
硫氧化物①	9.6	9.6	9.6
一氧化碳	272	272	320
碳氢化合物（以 CH_4 计）	16	48	128
氮氧化物（以 NO_2 计）	11 200	1 920~3 680	1 280~1 290②

注：① 天然气平均含硫量以 4.6 kg/10⁶ m³ 计。

　　② 家用取暖设备取 1 280，民用取暖设备取 1 290。

表 3-2　我国城市生活污水水质统计数据

指　标	浓度/（mg/L）		
	高	中	低
总固体（TS）	1 200	720	350
溶解性总固体（TDS）	850	500	250
悬浮物（SS）	350	220	200
生化需氧量（BOD_5）	400	200	100
总有机碳（TOC）	290	160	80
化学需氧量（COD）	1 000	400	250
总氮（TN）	85	40	20
有机氮	35	15	8
游离氮	50	25	12
亚硝酸盐	0	0	0
硝酸盐	0	0	0
总磷（TP）	15	8	4
有机磷	5	3	4
无机磷	10	5	3
氯化物（Cl⁻）	200	100	60
油脂	150	100	50

数据来源：城市污水回用技术手册. 北京：化学工业出版社，2004.

（2）物料平衡计算法

物料平衡计算法以理论计算为基础。此法的基本原则是遵守质量守恒定律，即在生产过程中投入系统的物料总量必须等于产出的产品量、物料流失量及回收量之和。其计算通式如式（3-2）：

$$\sum G_{投入} = \sum G_{产品} + \sum G_{回收} + \sum G_{流失} \tag{3-2}$$

式中：$\sum G_{投入}$ —— 投入系统的物料总量；

　　　　$\sum G_{产品}$ —— 系统产出的产品和副产品总量；

　　　　$\sum G_{流失}$ —— 系统中流失的物料总量；

$\sum G_{回收}$ —— 系统中回收的物料总量。

其中产品量应包括产品和副产品；流失量包括除产品、副产品及回收量以外各种形式的损失量，污染物排放量即包括在其中。

环境影响评价中的物料平衡计算法即是通过这个物料平衡的原理，在计算条件具备的情况下，估算出污染物的排放量。

物料平衡计算包括总物料平衡计算、有毒有害物料平衡计算及有毒有害元素物料平衡计算。

进行有毒有害物料平衡计算时，当投入的物料在生产过程中发生化学反应时，可按下列总量法或定额法公式进行衡算：

$$\sum G_{排放} = \sum G_{投入} - \sum G_{回收} - \sum G_{处理} - \sum G_{转化} - \sum G_{产品} \qquad (3-3)$$

式中：$\sum G_{投入}$ —— 投入物料中的某物质总量；

$\sum G_{产品}$ —— 进入产品结构中的某物质总量；

$\sum G_{回收}$ —— 进入回收产品中的某物质总量；

$\sum G_{处理}$ —— 经净化处理的某物质总量；

$\sum G_{转化}$ —— 生产过程中被分解、转化的某物质总量；

$\sum G_{排放}$ —— 某物质以污染物形式排放的总量。

采用物料平衡法计算污染物排放量时，必须对生产工艺、物理变化、化学反应及副反应和环境管理等情况进行全面了解，掌握原料、辅助材料、燃料的成分和消耗定额、产品的产收率等基本技术数据。

（3）查阅参考资料分析法

此法是利用同类工程已有的环境影响报告书或可行性研究报告等资料进行工程分析的方法。虽然此法较为简便，但所得数据的准确性很难保证。当评价时间短，且评价工作等级较低时，或在无法采用以上两种方法的情况下，方采用此方法，此方法还可以作为以上两种方法的补充。

应当指出，上述三种工程分析的方法，是以估算污染物的排放量为主要目的和任务的，但工程分析的全部内容不局限于污染源强的确定，正如工程分析的目的所阐述的，工程分析还要为项目决策提供依据；为各专题分析预测评价提供基础数据，包括污染源强以外的其他数据；为环保设计提供优化建议（十分重要）；并为项目的环保管理提供数据和依据。工程分析既有定量分析，也有定性分析，然而对于估算污染源强的定量分析，一般不使用查阅参考资料法。如果类比条件成熟，数据可靠，类比法获得的数据优先选用。在计算条件具备的情况下，一般采用物料衡算法对污染物的产生量进行估算，或作为类比法得到数据的修正参考。

3.2　污染型项目工程分析

3.2.1　污染型项目工程分析的主要工作内容

3.2.1.1　项目基本情况分析

　　分析项目建设内容、性质及项目选址；工程组成及总投资、环保投资；主要设备；主要原辅材料及其他物料消耗、原材料理化性质和毒理特征；能源消耗数量、来源及其储运方式；燃料类别、构成与成分，产品及中间体的性质、产品方案，物料平衡，水资源利用指标（总用水量、新鲜用水量、重复用水量、排水量等）、水平衡；工程占地类型及数量，土石方量、取弃土量等，交通运输等情况。核算统计项目的主要技术经济指标和工程技术数据。

　　对于改扩建项目，必须分析现有工程的基本情况，一般包括现有工程主要工程组成和规模、产品方案、主要生产工艺，与改扩建项目有关的环保设施和措施，对现有污染物排放进行调查，核算统计排放量，分析其达标排放情况，明确现存的主要环境问题及工程拟采取的"以新带老"措施。改扩建项目与现有工程的依托关系也要明确。

　　水平衡分析是工程分析的重要内容，也是物料平衡法在工程分析中的典型应用。某过程的用水排水模式图可参见图3-1。

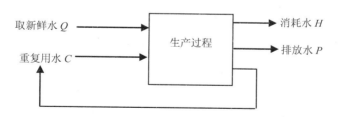

图 3-1　用水排水模式

在任何一个生产过程中：

$$Y = Q + C \tag{3-4}$$

$$Q = H + P \tag{3-5}$$

式中：Y——过程总用水量；

　　　　Q——取新鲜水量；

　　　　C——重复用水量；

　　　　H——消耗水量；

　　　　P——排水量。

对于一个项目，尤其是工业项目，其工业水重复利用率是考察其清洁生产中资源利用水平的重要指标。工业水重复利用率越大，说明项目越节水，清洁生产水平的资源能源利用水平越高。工业水重复利用率计算公式如式（3-6）：

$$R_c = \frac{C}{Y} \times 100\% = \frac{C}{Q+C} \times 100\% \qquad (3-6)$$

式中：R_c —— 工业水重复利用率；

　　　C —— 重复用水量；

　　　Y —— 项目总用水量；

　　　Q —— 项目取新鲜水量。

有些项目使用间接冷却水（冷却用水与被冷介质之间由热交换器壁或设备隔开，如通过盘管或夹套、换热器等）转移过程多余热量。通常该部分冷却水循环使用，称为间接循环冷却水。间接冷却水的循环率是考察项目水资源利用水平的另一个重要指标，其计算公式如式（3-7）：

$$R_L = \frac{C_L}{Y_L} \times 100\% = \frac{C_L}{C_L+Q_L} \times 100\% \qquad (3-7)$$

式中：R_L —— 间接冷却水循环率；

　　　C_L —— 间接冷却水循环量；

　　　Y_L —— 间接循环冷却水系统用水总量；

　　　Q_L —— 间接循环冷却水系统补水量。

3.2.1.2　工艺过程及其产污环节分析

（1）分析项目生产工艺过程，有化学反应的分析研究主要化学反应和副反应方程式；绘制工艺污染流程图，按图逐一分析工艺过程的主要产污环节，明确污染物的类型。

（2）根据评价要求，作物料平衡计算，核算产品和副产品的产量，并计算出污染物的产生量或排放量。在环境影响评价实际工作中，可根据不同行业、不同项目的具体特点，进行不同类型的物料平衡分析（总物料平衡、有毒有害物料平衡和有毒有害元素物料平衡）。

（3）分析核算废气、废水、固体废物和噪声等污染物的排放量或排放强度。

（4）非正常工况分析。建设项目非正常工况是指工艺运行中所有生产运行技术参数未达到设计范围的情况。包括生产运行阶段的开停车、检修，工艺设备的运转异常、污染物排放控制措施达不到应有效率、一般性事故和泄漏等。发生严重的环境事故属于风险评价范畴，应在环境风险评价专题中进行分析评价，不在工程分析专题中涉及。对非正常工况要进行污染分析，确定非正常排放污染物的来源、种类及强度，分析发生的频率。

3.2.1.3　污染物排放核算统计

　　按污染源和污染物类型统计排放量是各专题评价的基础资料，必须按建设期、运行使用期和服务期满后（退役期）三个时期，详细核算和统计。

　　对于污染源分布应根据已经绘制的工艺污染流程图，并按排放点标明污染物排放部位，用代号代表不同污染物类型，并依据在工艺流程中的先后顺序编号，如用 G_i 代表废气，用 W_i 代表废水，用 S_i 代表固体废物等。列表逐点统计各种污染因子的排放浓度、数量、速率、形态。对于泄漏和放散等无组织排放部分，原则上要参照实测资料，用类比法进行定量。缺少实测资料时，可以通过物料平衡进行估算。非正常工况的污染排放也要进行核算统计。

　　对于废气可按点源、面源、线源等进行分析，说明源强、排放方式和排放高度及达标与否等。对于废水应说明种类、成分、浓度、排放方式、达标与否及排放去向等。对于废液和固体废物应按《中华人民共和国固体废物污染环境防治法》对废物进行分类，废液应说明种类、成分、浓度、是否属于危险废物、处置方式和去向等有关问题；废渣应说明有害成分、浸出液浓度、是否属于危险废物、排放量、处理处置方式和贮存方法；属于一般工业固体废物的要明确Ⅰ、Ⅱ类。噪声和放射性应列表说明源强、剂量及分布。

　　对于新建项目污染物排放量统计，要求算清主要污染物排放"两本账"，即生产过程中的污染物产生量和经过污染防治措施实现污染物削减后的最终排放量，见表3-3。

表3-3　新建项目污染物排放量统计　　　　　　单位：t/a

类别	污染物名称	产生量	治理削减量	排放量
废气				
废水				
固体废物				

　　对于改扩建项目污染物排放量统计则要求算清主要污染物排放变化的"三本账"，即某种污染物改扩建前排放量、改扩建项目实施后扩建部分排放量、改扩建完

成后总排放量（扣除"以新带老"削减量），见表 3-4，其相互关系式为：

改扩建前排放量－"以新带老"削减量＋扩建部分排放量＝改扩建完成后总排放量

表 3-4　改扩建项目污染物排放量统计　　　　　　　　单位：t/a

类别	污染物	改扩建前排放量	扩建部分排放量	"以新带老"削减量	改扩建完成后总排放量	增减量变化
废气						
废水						
固体废物						

　　污染物排放量的核算方法，一般有物料衡算法、类比法和反推法。前两种方法前面已经做了介绍，反推法是类比同类工程的无组织排放源强，无法得到直接的无组织排放数据，但可类比其厂界浓度监测数据，根据扩散模式反算源强。其实质也是类比法的一种。污染物排放量的核算，作为工程分析中的定量分析，一般是不使用资料复用法的。

3.2.1.4　其他环节环境影响因素分析

　　对项目工程的其他辅助环节是否存在环境影响因素进行分析，特别是非工艺过程的污染物排放。如果有，也应统计核算在汇总表中。

　　（1）资源、能源、产品、废物等的储运。建设项目资源、能源、产品、废物等的装卸、转运、贮存等环节也可能会产生各种环境影响，应进行分析、识别。

　　（2）交通运输。由于建设项目的建设和运行，可能会使当地及附近地区的交通运输有明显的增加并且给环境带来不可忽视的影响，应予以分析。分析运输方式、物流输入、输出平衡等，明确交通运输过程的主要污染物排放。

　　（3）土地的开发利用。拟建项目对土地的开发利用会影响到原有的生态平衡和附近的环境及居民生活，也应对其进行分析。

3.2.1.5　环保措施方案分析

　　（1）分析建设项目可研阶段环保措施方案并提出改进意见

　　根据建设项目所产生污染物的特点，充分调查同类企业现有的环保处理工程实际，分析建设项目可研阶段提出的环保措施方案的运行可靠程度和先进水平，并提出进一步改进意见。

（2）分析污染物处理工艺有关技术经济参数的合理性

根据现有同类环保设施的运行技术经济指标，结合建设项目环保设施的基本特点，分析论证建设项目环保设施技术经济参数的合理性，并提出进一步改进意见。

（3）改扩建项目应根据现有工程存在的主要环境问题，提出可行的"以新带老"环保措施。

（4）分析环保设施投资构成及其在总投资中占有的比例

汇总建设项目环保措施的各项投资，分析其投资结构，并计算环保投资在总投资中所占比例。环保投资一览表是指导建设项目环保工程竣工验收的重要参考依据。对于改扩建项目，表中还应包括"以新带老"的环保投资内容。

环保投资及"三同时"一览表可参考表3-5。

表3-5　环保投资及"三同时"　　　　　　　单位：万元

序号	项目	环保措施及验收内容	投资估算	备注
一	大气污染防治措施			
1				
2				
……				
二	水污染防治措施			
1				
2				
……				
三	噪声污染防治措施			
1				
2				
……				
四	固体废物处理处置措施			
1				
2				
……				
五	生态环境保护措施			
六	"以新带老"措施			
七	环境监测			
八	其他			
	合计			

3.2.1.6 总图布置方案分析

（1）分析防护距离的保证性

参考国家有关环境、卫生和安全防护距离标准或规范要求，调查、分析厂区各功能单元与周围保护目标之间的距离是否满足有关防护距离的要求。不能满足要求的，应通过调整平面布置或改变选址、搬迁保护目标等措施来满足要求。可绘制总图布置方案与外环境关系图。图中应标明环境敏感点与建设项目的方位、距离和环境敏感的性质。

（2）分析总图布置的环境合理性

在充分掌握项目建设地点的气象、水文和地质资料等条件下，综合考虑不同污染源的污染特性，以满足厂界环境控制要求和对环境敏感点影响最小为原则，合理布置生产装置、仓储、公用工程等各功能单元，以优化总图布置。

（3）分析环境敏感点保护措施的必要性

分析项目产生的污染物特点及其污染特征，结合现有的有关资料，确定建设项目对附近环境敏感点的影响，分析环境敏感点搬迁、防护等保护措施的必要性。

3.2.1.7 清洁生产分析

在环境影响评价阶段，要贯彻清洁生产的原则，以期通过生产全过程控制减少甚至消除污染物产生，有效利用资源能源。工程分析中要从项目生产工艺与装备、资源能源利用、产品、污染物产生、废物回收利用、环境管理等方面进行针对性分析，以从源头开始削减污染，并贯穿生产和产品流通全过程进行节能、降耗和减污，进行全过程控制。

建设项目环境影响评价中的清洁生产分析是预先分析，不同于已建成运行项目的清洁生产审核。因此，必须要求建设项目的清洁生产水平达到二级及以上水平，即国内先进水平以上，以避免工艺设备落后、资源能源利用率低、污染物产生水平高的低清洁生产水平项目的建设。

有关清洁生产分析的主要工作内容详见第 12 章。

3.2.1.8 补充要求与建议措施

为保证当地经济和环境的协调发展，实现污染总量控制、合理布局、持续发展，从工程措施上，要从环保角度提出补充要求或提出合理化建议，对于涉及产业政策符合性、选址与规划符合性、达标排放、总量控制要求、清洁生产水平要求、防护距离要求、环保措施要求等关系项目环境可行性的方面，要提出工程必须实施的改进设计原则要求及方案，并反映到工程分析的成果中；对于其他一些不涉及项目可行性的方面，可提出合理化建议供项目设计参考，以实现项目环境效益最大化。应进一步说明采取这些措施后工程的排污达标情况及对环境的影响情况，论证并确认环保设施（尤其是环境影响评价提出或规定下的环保措施）、对策的技术保证性和经济合理性。主要方面有：

（1）合理的产品结构与生产规模的要求或建议

合理的产品结构和生产规模可以有效地降低单位污染物的处理成本，提高企业的经济效益，有效地降低建设项目对周围环境的不利影响。同时，一定的生产规模也是关系很多项目产业政策符合性的重要指标。

（2）优化总图布置、节约用地要求或建议

总图布置应充分考虑卫生防护距离或安全防护距离的保证性，并保证污染物达标排放或对外环境的影响在可接受水平。项目应充分利用自然条件，合理布置建设项目中的各建（构）筑物，可以有效地减轻建设项目对周围环境的不良影响，降低环境保护投资。根据各个建（构）筑物的工艺特点和结构要求，做到合理布置，有效利用土地。进行多方案比较，确定最优的总图布置方案和选址选线方案。

（3）污染物排放方式改进要求与建议

污染物的排放方式直接关系到污染物对环境的影响，通过对排放方式的改进往往可以有效地降低污染物对环境的不利影响。如新污染源的无组织排放应从严控制，一般情况下不应有无组织排放存在，废水应做到清污分流等，提出污水排放总口位置的设置建议等。

（4）环保措施改进要求与环保设备选型、使用参数建议

根据污染物的排放量和排放规律，以及排放标准的基本要求，根据对已提出环保措施的分析结论，从工艺、设备或运行参数等方面提出必须进一步补充、加强或改进的环保措施要求或建议，直至提出替代方案；进行环境保护措施的多方案比较，得出最佳方案。结合对现有资料的全面分析，提出进一步优化环保措施的方案建议。

（5）清洁生产水平补充措施与建议

从工艺设备、原材料、产品要求、资源有效利用和回收利用、固体废物的综合利用、环境管理等方面提出改进要求或措施建议，以期项目达到应有的清洁生产水平或进一步提高项目清洁生产水平，节约资源，减少污染物产生。如：设备改进要求和建议，先进工艺路线的改进要求和建议，低毒无毒对环境危害小的原材料的替代要求和建议；可燃气体回收利用建议；根据用水平衡图，充分考虑废水回用，一水多用，以节约水资源，减少废水排放；根据固体废弃物的特性，选择有效的方法，进行合理的综合利用。

（6）其他建议

针对具体工程的特征，提出与工程密切相关的、有较大影响的其他建议。

3.2.2 污染型项目环境影响报告中工程分析章节的设置

污染型建设项目工程分析的主要工作成果体现在环评报告中的工程分析部分。污染型建设项目环评报告中工程分析部分应包括以下基本内容：

（1）项目概况

（2）工艺过程及产污环节分析

（3）污染物排放统计

（4）总图布置方案分析

（5）清洁生产分析

对于土地利用、交通运输、资源能源储运等环节带来生态影响等环境影响因素的，还要专门列出。

工程分析中原始数据、全部计算过程等不必在报告书中列出，必要时可编入附录，以使报告书文字简洁，便于审阅。污染物排放统计应是采取规定的必需的环保措施、总图布置和清洁生产水平改进措施后的最终结果。

环保措施技术经济分析是工程分析的重要内容，但按环境影响评价法的要求是独立于项目概况（工程分析）的必需内容，一般应单独设置章节进行论述。对于大型复杂项目，总图布置方案分析和清洁生产分析可单独成章；小型简单项目可在工程分析中列一小节。

对于改扩建项目，应首先交代现有工程的基本情况（可单列一节），重点说明现有工程组成和工艺技术，主要环保措施、现状主要污染物排放及现存主要环境问题，工程拟采取的"以新带老"措施，同时还要在污染物排放统计中给出改扩建前后主要污染物排放量变化的"三本账"。

3.2.3 污染型项目工程分析示例

（1）工程概况

某工程为年产 60 万 t 甲醇项目，项目组成见表 3-6。

表 3-6　项目组成

生产装置	公用工程设施	辅助生产设施
①原料气脱硫工序 ②蒸汽转化和热回收工序 ③压缩工序 ④甲醇合成工序 ⑤甲醇精馏工序 ⑥工艺冷凝液回收工序	①循环水系统（24 000 t/h） ②净水系统（30 000 t/d） ③脱盐水系统（250 t/h） ④消防站 ⑤变电所	①火炬系统 ②主控制室、分析化验室 ③甲醇成品罐区（2×30 000 m³） ④中间罐区（1×25 000 m³，2×1 200 m³） ⑤罐区至港口甲醇运输管线和装船设施 ⑥天然气输送管线

产品方案为年产精甲醇 66.7 万 t（2 000 t/d，83.33 t/h），年操作时数 8 000 h。生产制度为每天三班，每班连续 8 h。主要原材料和公用工程消耗见表 3-7 和表 3-8。

表 3-7 原材料消耗

项　目	消　耗　量		接入方式
工艺天然气	7.745 万 m³/h	61 960.5 万 m³/a	架空管廊接入甲醇装置
燃料天然气	3.365 万 m³/h	26 926.9 万 m³/a	
共计	11.11 万 m³/h	88 887.4 万 m³/a	

表 3-8 公用工程消耗

名　称	消　耗　量		来　源
新鲜水	471.76 t/h	377.4 万 t/a	自建水厂提供
循环水	18 739 t/h	—	自建循环水系统
蒸汽	−1.627 t/h	−1.3 万 t/a	产出
电	2 912 kW·h/h	2 330 万 kW·h/a	二期化肥厂热电站
燃料气	3.36×10^4 m³/h	26 926.9 万 m³/a	输气管天然气

（2）工艺技术和污染源分析

拟建项目采用引进中压法天然气合成甲醇工艺。其工艺过程包括：原料全脱硫、蒸汽转化和热回收、压缩、甲醇合成、精馏以及工艺冷凝液回收。

主化学反应：

天然气脱硫：　　RS（有机硫）$+H_2 \rightarrow H_2S+R$

　　　　　　　　$ZnO+H_2S \rightarrow ZnS+H_2O$

蒸汽转化：　　　$CH_4+H_2O \rightarrow CO+3H_2-Q$

　　　　　　　　$CH_4+2H_2O \rightarrow CO_2+4H_2-Q$

甲醇合成：　　　$CO+2H_2 \rightarrow CH_3OH+Q$

　　　　　　　　$CO_2+3H_2 \rightarrow CH_3OH+H_2O+Q$

副化学反应：　　$2CH_3OH \rightarrow CH_3OCH_3+H_2O$

　　　　　　　　$2CO+2H_2 \rightarrow CH_3COOH$

　　　　　　　　$CH_3OH+CO \rightarrow CH_3COOH$

　　　　　　　　$CH_3OH+CH_3COOH \rightarrow CH_3COOCH_3+H_2O$

　　　　　　　　$2CH_3COOH \rightarrow CH_3COCH_3+CO_2+H_2O$

工艺污染流程见图 3-2。

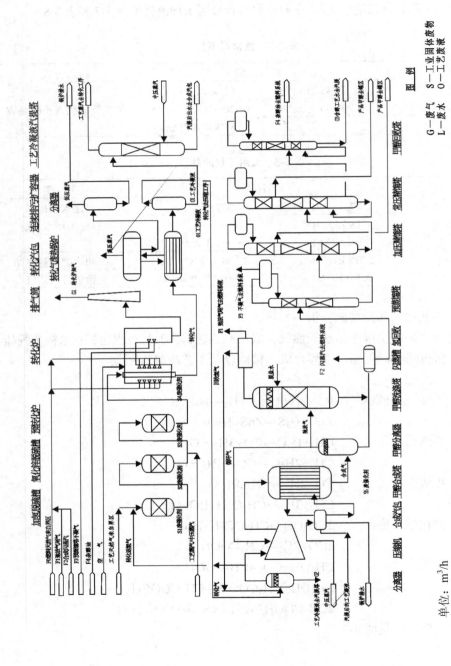

图例　G—废气　S—工业固体废物　L—废水　O—工艺废液

图 3-2　工艺流程及"三废"排放点示意

单位：m³/h

（3）污染源强核算统计

60万t/a甲醇项目物料平衡见图3-3，水平衡见图3-4。

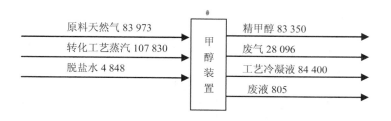

原料天然气83 973

转化工艺蒸汽107 830

脱盐水4 848

甲醇装置

精甲醇83 350

废气28 096

工艺冷凝液84 400

废液805

图3-3　物料平衡（单位：kg/h）

废气污染源、废水污染源和固体废物产生情况见表3-9。

（4）污染物排放总量核算

实施污染物防治措施后，60万t/a甲醇项目污染物产生量、削减量和排放量见表3-10。

3.3　生态影响型项目工程分析

3.3.1　生态影响型项目工程分析的主要内容

生态影响型项目工程分析的内容应结合工程特点，提出工程建设期和运行使用期的影响和潜在影响因素，能量化的要给出量化指标。生态影响型项目工程分析应包括以下主要内容：

3.3.1.1　工程概况

介绍项目的名称、建设地点（线路）、性质、规模和工程特性。给出工程特性表。以及项目组成及施工布置，按项目的工程特点给出工程的项目工程组成表，项目工程组成表应包括主体工程、辅助工程、配套工程、公用工程、环保工程以及大型临时工程等，并说明工程的不同时期的主要工程活动内容与方式。阐明工程的主要设计方案，介绍工程的施工布置，给出施工布置图。项目工程特性表、项目组成表和工程施工布置图是生态影响型项目工程概况不可缺少的内容。利用两表一图也是分析项目组成、布置和工程特点的基本方法。

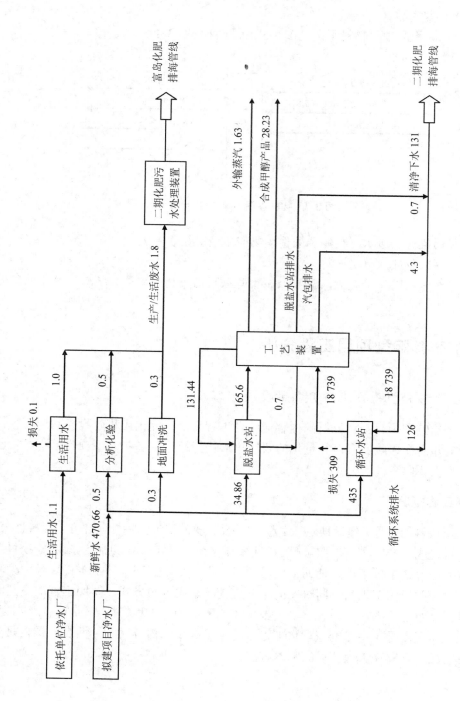

图 3-4　水平衡（单位：kg/h）

表 3-9　60 万 t/a 甲醇项目污染源

种类	污染源编号	污染源名称	排放量	污染物 名称	污染物 浓度/速率	治理措施	排放方式及去向
废气	G₁	转化炉烟气	34 328 m³/h	SO₂	5.5 mg/m³ 1.90 kg/h	高烟囱排放 H: 60 m	连续、排大气
				NOₓ	112 mg/m³ 38.44 kg/h		
	G₂	开工锅炉烟气	39 164 m³/h	SO₂	7.4 mg/m³ 0.29 kg/h	H: 30 m	非正常排放 开车时排大气 排大气
				NOₓ	150 mg/m³ 5.87 kg/h		
	G₃	火炬		NOₓ 等		H: 60 m	间断、排大气
	G₄	无组织排放		甲醇	储运系统 170.5 t/a 工艺装置 333 t/a 合计 489.5 t/a	—	间断、排大气
废水	W₁	设备/地面冲洗水	0.3 t/h	pH	6~9	送污水处理装置 COD 去除率 75%	间断处理后排海
				COD	300 mg/L		
				SS	10 mg/L		
				石油类	100 mg/L		

种类	污染源编号	污染源名称	排放量	污染物 名称	污染物 浓度/速率	治理措施	排放方式及去向
废水	W₂	分析化验排水	0.5 t/h	pH COD SS 石油类	6~9 120 mg/L 50 mg/L 10 mg/L	送污水处理装置 COD去除率75%	间断处理后排海
废水	W₃	生活污水	1.0 t/h	pH COD SS 石油类	6~9 250 mg/L 200 mg/L 50 mg/L	送污水处理装置 COD去除率75%	间断处理后排海
危险废物	S₁	镍钼加氢槽废催化剂	45.6 t/次	Ni-Mo	—	回收	三年一次，送厂家
危险废物	S₂	脱硫槽废脱硫剂	96 t/次	ZnO ZnS	—	危废填埋场	一年一次，送危废处理中心
危险废物	S₃	转化炉废催化剂	29.3 t/次	NiO, NiS	—	回收	三年一次，送厂家
危险废物	S₄	转化炉废催化剂	61.6 t/次	NiO, NiS	—	回收	三年一次，送厂家
危险废物	S₅	甲醇合成塔废催化剂	120 t/次	Cu-Zn	—	回收	三年一次，送厂家
一般固废	S₆	污水处理场污泥	1.2 t/次	—	—	脱水干化，用于绿化	间断

表 3-10 拟建项目污染物排放量核算

类别	项 目	产生量	削减量	最终排放量
废气	废气排放量/（万 m^3/a）	305 913.6	0	305 913.6
	SO_2/（t/a）	17.52	0	17.52
废水	废水排放量/（万 t/a）	106.24	0	106.24
	COD/（t/a）	40.92	2.28	38.64
	石油类/（t/a）	0.24	0.19	0.05
固废	工业固体废物/（t/a）	产生量	综合利用	处理/处置
		447.6	447.6	0

3.3.1.2 施工规划

结合工程的建设进度，介绍施工规划，对生态环境保护有重要关系的规划建设内容和施工进度要做详细分析。

生态影响与建设进度施工规划息息相关。不同时期的施工可能对某一要素的生态影响存在质的区别。如动物繁殖期的施工。

3.3.1.3 生态影响源分析

分析项目建设可能造成生态影响的活动，分析影响的强度、范围、方式；能定量的要给出定量数据。典型工程活动的影响因素如下：

（1）占地。对重要敏感土地类型（湿地、耕地、林地、滩涂）的影响及影响面积，移民量，淹没面积（水利水电项目常涉及淹没区环境影响问题）。

（2）植被破坏。不仅破坏常见的、一般性的植被，特别要关注对珍稀或敏感植被的破坏量。

（3）动物影响。占地、分割、河道截流等对动物迁徙、觅食、栖息、洄游等活动的影响。

（4）水土流失。水土流失量，特别关注由于工程施工而新增的水土流失量。

（5）工程爆破。对敏感动物的影响。

（6）泄洪。主要是水利水电工程营运期泄洪、水土流失、冲沙与淤积、对水生生物影响。

（7）清淤。水利工程清淤对底质的影响。

（8）地表形态改变。如井工开采地表沉陷对景观影响、地表建（构）筑物影响。

3.3.1.4 主要污染物与源强分析

生态影响型项目同样会有污染物排放，尤其在建设期。分析项目建设中及运行使用期或服务期满后主要污染物废水、废气、固体废物的排放方式、排放量和噪声发生源的分布、源强。对事故状态下的污染也要进行分析,如公路或管道项目使用期,运输有毒有害物质过程发生事故,其事故排放有可能对途经的敏感水环境造成严重影响。

3.3.1.5 替代方案的分析比选

分析工程选点、选线和工程设计中不同方案及比选工作,从环保角度分析最终推荐工程选线、选址方案的合理性,或分析不同待选方案,在其他技术经济指标相当的条件下,从环保角度分析推荐最佳方案。

3.3.2 生态影响型项目工程分析的总体要求

3.3.2.1 工程组成须完全

作为环境影响评价对象的某一工程建设,评价人员须弄清所评价对象包含的工程建设内容。即工程组成不漏项,应包括工程投资建设的全部内容。包括主体工程、辅助工程、配套工程、公用工程、环保工程、临时工程等。未包括在本次工程建设的内容或依托的工程内容应予交代或说明。

3.3.2.2 重点工程应明确

一般而言,抓住重点工程就抓住了环境影响评价的重点。因此,重点工程不仅不能遗漏,反而需要特别说明,交代清楚。隧道、桥梁、截水以及涉及较大占地的工程和较大量土石方的工程等是生态影响型项目工程分析应关注的重点,其施工方式和运行方式是工程分析的重点内容。

3.3.2.3 全过程分析

即反映工程施工建设、生产营运及退役或关闭的全部过程。明确施工方案、营运方式等,进而识别其主要环境影响,并进行影响预测或分析、评价。某些生态影响型项目工程分析还需要关注建设前期(选址选线期、初步设计期),如水利水电工程。

3.3.2.4 污染源分析

污染源是排放污染物的设备或装置。以生态影响为主的建设项目也有污染物排放,需要进行污染源分析,并针对其排放的污染物可能造成的环境影响进行分析或评价。项目建设期一般存在施工扬尘及废气、施工废水、施工固体废物和施工噪声的排放,运行使用期也可能产生污染物,如高速公路项目的服务区,存在生活污水或车辆维修、清洗的废水排放问题,北方地区的服务区多配备锅炉,存在烟尘等废气的排放。

3.3.2.5 其他分析

包括环境风险等其他可能存在或发生的环境影响分析。如公路建设项目，在其使用期，运输危险品的车辆经过跨越河流的桥梁段发生交通事故，其危险品泄漏将会对河流造成污染，如果该桥梁段或其下游是饮用水水源地，则其影响更为严重。在环境影响评价时，也需提出风险防范措施和应急预案。

3.4 污染源调查

3.4.1 污染源与污染物

污染源是指对环境产生污染影响的污染物的来源。

在开发建设和生产过程中，凡以不适当的浓度、数量、速率、形态进入环境系统而产生污染或降低环境质量的物质和能量，称为环境污染物，简称污染物。

3.4.1.1 污染源分类

根据污染物的来源、特征、污染源结构、形态和调查研究目的的不同，污染源可分为不同的类型。污染源类型不同，对环境的影响方式和程度也不同。

根据污染物的主要来源，可将污染源分为自然污染源和人为污染源。自然污染源分为生物污染源和非生物污染源。人为污染源分为生产性污染源和生活污染源。

按对环境要素的影响，可将污染源分为大气污染源、水体污染源（地表水污染源、地下水污染源、海洋污染源）、土壤污染源和噪声污染源等。

按污染源几何形状，可分为点源、线源、面源及体源。

按污染物的运动特性，可分为固定源和移动源。

3.4.1.2 污染物分类

污染物按其物理、化学、生物特性，可分为物理污染物、化学污染物、生物污染物、综合污染物。

按环境要素，可分为水污染物、大气污染物、土壤污染物。

大气污染物可通过降水转变为水污染物和土壤污染物；水污染物可通过灌溉转变为土壤污染物，进而可通过蒸发或挥发转变为大气污染物；土壤污染物可通过扬尘转变为大气污染物，可通过径流转变为水污染物。因此，这三者是可以相互转化的。

3.4.2 污染源调查的目的

污染源调查是根据项目评价的需要，对现存的与项目有关的污染源进行调查。

一般在环境现状调查专题工作中进行。

3.4.2.1 环境现状调查中的污染源调查

（1）若单项（水、大气）评价等级较高，需要考虑评价区内现有污染源和项目新增污染源在特定污染气象条件下对关心点的叠加影响时，应需要调查评价区内现存的同类污染源；

（2）若区域内需要对现有某种污染物排放总量进行削减，以平衡地区污染物排放总量，为项目建设提供总量空间，则应对区域内产生该种污染物的污染源源项、源强、排放总量区域削减要求等情况进行调查；

（3）在规划环境影响评价及开发区区域环境影响评价中，需要了解规划区域内主要污染源现状，以便进行规划分析、环境容量分析等。

3.4.2.2 工程分析中的污染源调查

（1）改扩建项目环评，计算"三本账"及确定现有环境问题，需要对现有工程污染源进行调查。

（2）应用类比法进行工程分析时，需要对类比的同类工程污染源进行调查。

3.4.3 污染源调查的一般原则

应根据建设项目的特点和当地环境状况，确定污染源调查的主要对象，如大气污染源、水污染源或固体废物排放源等。其次应根据各专项环境影响评价技术导则确定的环境影响评价工作等级，确定污染源调查的范围。

应选择建设项目可能对环境要素造成明显影响的污染因子（如利用最大落地浓度占标率考察大气污染源中的污染因子、利用 ISE 指数考察水污染源中的污染因子）、评价区已造成严重污染的污染因子以及拟建项目的特殊污染因子作为主要污染因子，注意点源与非点源的分类调查。

3.4.4 污染源调查的一般方法

为搞好污染源调查，可采用点面结合的方法，分为详查和普查两种。重点污染源调查称为详查；对区域内所有的污染源进行全面调查称为普查。各类污染源都应有自己的侧重点。同类污染源中，应选择污染物排放量大、影响范围广、危害程度大的污染源作为重点污染源，进行详查。对详查单位应派调查小组蹲点进行调查，详查的工作内容从广度和深度上都超过普查。重点污染源对一地区的污染影响较大，要认真做好调查。

普查工作一般多以填表方式进行。对于调查表格，可以根据特定的调查目的自行制定。进行一个地区的污染源调查时，要统一调查时间、调查项目、调查方法、调查标准和计算方法等。

3.4.5 污染物排放量的确定方法

污染物排放量的确定是污染源调查的核心工作。确定污染源污染物排放量的方法有三种：物料衡算法、经验计算法（排放系数法、排污系数法）和实测法。

3.4.5.1 物料衡算法

根据物质守恒定律，在生产过程中，投入的物料量应等于产品所含这种物料的量与这种物料流失量的总和。如果物料的流失量全部由烟囱排放或由排水排放，或进入固体废弃物，则污染物排放量就等于物料流失量。

3.4.5.2 经验计算法

根据生产过程中单位产品的排污系数，求得污染物排放量的计算方法称为经验计算法。计算公式为：

$$Q = K \times W \tag{3-8}$$

式中：Q —— 单位时间污染物排放量，kg/h；

K —— 单位产品经验排放系数，kg/t；

W —— 单位产品的单位时间产量，t/h。

各种污染物排放系数，国内外文献中给出很多，它们都是在特定条件下产生的。由于生产技术条件和污染治理措施不同，污染物排放系数和实际排放系数可能有很大差距。因此，在选择时，应根据实际情况加以修正。

3.4.5.3 实测法

实测法是通过对某个污染源现场测定，得到污染物的排放浓度和流量，然后计算出排放量，计算公式为：

$$G = C \times Q \tag{3-9}$$

式中：G —— 实测的污染物单位时间排放量；

C —— 实测的污染物算术平均浓度；

Q —— 废气或废水的流量。

这种方法只适用于已投产的污染源且一定要充分掌握取样的代表性，否则用污染源实测结果统计污染源排放量就会有很大误差。

在实际工作中，经常是物料衡算法、经验计算法、实测法三种方法互相校正、互相补充，取得可靠的污染物排放量结果。

3.4.5.4 煤燃烧过程主要污染物的计算

（1）二氧化硫排放量的计算

煤中的硫有三种贮存状态：有机硫、硫铁矿和硫酸盐。煤燃烧时，只有有机硫和硫铁矿中的硫可以转化为二氧化硫，硫酸盐则以灰分的形式进入灰渣中。一般情况下，可燃硫占全硫量的 80%左右。燃煤产生的二氧化硫的计算公式为：

$$G = B \times S \times D \times 2 \times (1 - \eta) \qquad (3\text{-}10)$$

式中：G —— 二氧化硫的排放量，kg/h；

B —— 燃煤量，kg/h；

S —— 煤的含硫量，%。

D —— 可燃硫占全硫量的百分比，%；

η —— 脱硫设施的二氧化硫去除率。

（2）燃煤烟尘排放量的计算

燃煤烟尘包括黑烟和飞灰两部分，黑烟是未完全燃烧的炭粒，飞灰是烟气中不可燃烧的矿物微粒。烟尘的排放量与炉型和燃烧状况有关，燃烧越不完全，烟气中的黑烟浓度越大，飞灰的量与煤的灰分和炉型有关。一般根据耗煤量、煤的灰分和除尘效率来计算燃烧产生的烟尘量。

$$Y = \frac{B \times A \times D \times (1 - \eta)}{1 - C_{\mathrm{fh}}} \qquad (3\text{-}11)$$

式中：Y —— 烟尘排放量，kg/h；

B —— 燃煤量，kg/h；

A —— 煤的灰分含量，%；

D —— 烟气中烟尘占灰分量的百分数，%，其值与燃烧方式有关；

η —— 除尘器的总效率，%；

C_{fh} —— 烟气中可燃物调整系数，%。

各种除尘器的效率不同，可参照有关除尘器的说明书。若安装了二级除尘器，则除尘器系统的总效率为：

$$\eta = 1 - (1 - \eta_1)(1 - \eta_2) \qquad (3\text{-}12)$$

式中：η_1 —— 一级除尘器的除尘效率，%；

η_2 —— 二级除尘器的除尘效率，%。

燃煤燃烧的污染物排放计算是物料衡算法和经验计算法相结合进行污染物排放估算的实例。

4 大气环境影响评价

4.1 概述

4.1.1 基本概念

4.1.1.1 大气污染

从科学意义上讲，大气污染是指大气因某种物质的介入而导致化学、物理、生物或者放射性等方面的特性改变，从而影响大气的有效利用，危害人体健康或者破坏生态，造成大气质量恶化的现象。法律和法规意义上认定的大气污染是相对环境空气质量标准和污染物排放标准而言的。通常人们所说的大气污染是指由于人类活动而使空气环境质量变坏的现象。

4.1.1.2 大气污染源

一个能够释放污染物到大气中的装置（指排放大气污染物的设施或者排放大气污染物的建筑构造），称为大气污染源（排放源）。大气污染源按预测模式的模拟形式分为点源、面源、线源、体源四种类别。

点源：通过某种装置集中排放的固定点状源，如烟囱、集气筒等。

面源：在一定区域范围内，以低矮密集的方式自地面或近地面的高度排放污染物的源，如工艺过程中的无组织排放、储存堆、渣场等排放源。

线源：污染物呈线状排放或者由移动源构成线状排放的源，如城市道路的机动车排放源等。

体源：由源本身或附近建筑物的空气动力学作用使污染物呈一定体积向大气排放的源，如焦炉炉体、屋顶天窗等。

4.1.1.3 大气污染物

污染源排放到大气中的有害物质称为大气污染物。大气污染物包括常规污染物和特征污染物两类。

常规污染物指《环境空气质量标准》（GB 3095—1996）中所规定的二氧化硫（SO_2）、颗粒物（TSP、PM_{10}）、二氧化氮（NO_2）、一氧化碳（CO）等五种污染物。

特征污染物指项目排放的污染物中除常规污染物以外的特有污染物。主要指项目实施后可能导致潜在污染或对周边环境空气保护目标产生影响的特有污染物。

大气污染源排放的污染物按存在形态分为颗粒物污染物和气态污染物，其中粒径小于 15 μm 的颗粒物污染物也可划为气态污染物。

4.1.1.4 环境空气敏感区

指评价范围内按 GB 3095 规定划分为一类功能区的自然保护区、风景名胜区和其他需要特殊保护的地区，二类功能区中的居民区、文化区等人群较集中的环境空气保护目标，以及对项目排放大气污染物敏感的区域。

4.1.1.5 简单地形

距污染源中心点 5 km 内的地形高度（不含建筑物）低于排气筒高度时，定义为简单地形，见图 4-1。在此范围内地形高度不超过排气筒基底高度时，可认为地形高度为 0 m。

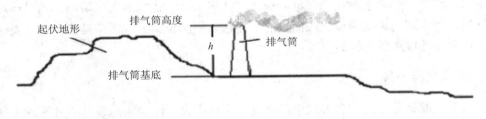

图 4-1　简单地形

4.1.1.6 复杂地形

距污染源中心点 5 km 内的地形高度（不含建筑物）等于或超过排气筒高度时，定义为复杂地形。复杂地形中各参数见图 4-2。

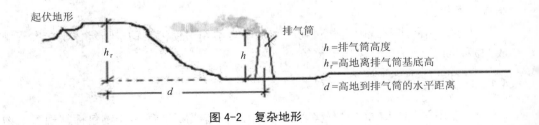

图 4-2　复杂地形

4.1.1.7　推荐模式

指《环境影响评价技术导则—大气环境》（HJ 2.2—2008）附录 A 所列的大气环境影响预测模式。推荐模式原则上采取互联网等形式发布，发布内容包括模式的使用说明、执行文件、用户手册、技术文档、应用案例等。推荐模式清单包括估算模式、进一步预测模式和大气环境防护距离计算模式。

4.1.1.8　长期气象条件

指达到一定时限及观测频次要求的气象条件。

一级评价项目的长期气象条件为：近五年内的至少连续三年的逐日、逐次气象条件。

二级评价项目的长期气象条件为：近三年内的至少连续一年的逐日、逐次气象条件。

4.1.1.9　复杂风场

指评价范围内存在局地风速、风向等因子不一致的风场。一般是由于地表的地理特征或土地利用不一致，形成局地风场或局地环流，如海边、山谷、城市等地带会形成海陆风、山谷风、城市热岛环流等。

4.1.2　常用大气环境标准介绍

4.1.2.1　《环境影响评价技术导则—大气环境》（HJ 2.2—2008）

本标准规定了大气环境影响评价的内容、工作程序、方法和要求。适用于建设项目的大气环境影响评价。区域和规划的大气环境影响评价也可参照使用。本标准是对《环境影响评价技术导则—大气环境》（HJ/T 2.2—93）的第一次修订。主要修订内容有：评价工作分级和评价范围确定方法，环境空气质量现状调查内容与要求，气象观测资料调查内容与要求，大气环境影响预测与评价方法及要求，环境影响预测推荐模式等。

本标准于 2008 年 12 月 31 日发布，2009 年 4 月 1 日实施。自实施之日起，《环境影响评价技术导则—大气环境》（HJ/T 2.2—93）废止。

4.1.2.2　《环境空气质量标准》（GB 3095—1996）

本标准规定了环境空气质量功能区划分、标准分级、污染物项目、取值时间及浓度限值，采样与分析方法及数据统计的有效性规定。适用于全国范围的环境空气质量评价。

2000 年 1 月，国家环境保护总局发布《环境空气质量标准》（GB 3095—1996）修改单的通知，其主要内容有三个方面，一是取消氮氧化物（NO_x）指标；二是对二氧化氮（NO_2）二级标准的年平均浓度限值、日平均浓度限值、小时平均浓度限值进行了修改；三是对臭氧（O_3）的一级标准、二级标准的小时平均浓度限值进行了修改。

（1）环境空气质量功能区分类

一类区为自然保护区、风景名胜区和其他需要特殊保护的地区。

二类区为城镇规划中确定的居住区、商业交通居民混合区、文化区、一般工业区和农村地区。

三类区为特定工业区。

（2）环境空气质量标准分级

一类区执行一级标准。

二类区执行二级标准。

三类区执行三级标准。

（3）常规污染物的浓度限值

表 4-1　常规污染物的浓度限值

污染物名称	取值时间	浓度限值			浓度单位
		一级标准	二级标准	三级标准	
二氧化硫（SO_2）	年平均	0.02	0.06	0.10	mg/m³（标准状态）
	日平均	0.05	0.15	0.25	
	1 小时平均	0.15	0.50	0.70	
总悬浮颗粒物（TSP）	年平均	0.08	0.20	0.30	
	日平均	0.12	0.30	0.50	
可吸入颗粒物（PM_{10}）	年平均	0.04	0.10	0.15	
	日平均	0.05	0.15	0.25	
二氧化氮（NO_2）	年平均	0.04	0.08		
	日平均	0.08	0.12		
	1 小时平均	0.12	0.24		
一氧化碳（CO）	日平均	4.00	4.00	6.00	
	1 小时平均	10.00	10.00	20.00	

注：表中内容由 GB 3095—1996 和 2000 年修改单节选而成。

4.1.2.3　《大气污染物综合排放标准》（GB 16297—1996）

本标准适用于现有污染源大气污染物排放管理，以及建设项目的环境影响评价、设计、环境保护设施竣工验收及其投产后的大气污染物排放管理。国家在控制大气污染物排放方面除本标准为综合性排放标准外，还有若干行业性排放标准共同存在，即除若干行业执行各自的行业性国家大气污染物排放标准外，其余均执行本标准。

（1）指标体系

本标准规定了 33 种大气污染物排放限值，并设置了下列三项指标：

◆ 通过排气筒排放废气的最高允许排放浓度。

◆ 通过排气筒排放的废气，按排气筒高度规定的最高允许排放速率，任何一个气筒必须同时遵守上述两项指标，超过其中任何一项均为超标排放。

◆ 以无组织方式排放的废气，规定无组织排放的监控点及相应的监控浓度限值。

（2）排放速率标准分级

本标准规定的最高允许排放速率，现有污染源（1997 年 1 月 1 日前）分为一、二、三级，新污染源（1997 年 1 月 1 日起）分为二、三级。按污染源所在的环境空气质量功能区类别，执行相应级别的排放速率标准，即：

位于一类区的污染源执行一级标准（一类区禁止新、扩建污染源，一类区现有污染源改建执行现有污染源的一级标准）；

位于二类区的污染源执行二级标准；

位于三类区的污染源执行三级标准。

（3）大气污染物中常规项目的排放限值

表 4-2 现有污染源中常规项目的排放限值

序号	污染物	最高允许排放浓度/（mg/m³）	最高允许排放速率/（kg/h）				无组织排放监控浓度限值	
			排气筒/m	一级	二级	三级	监控点	浓度/（mg/m³）
1	二氧化硫	1 200（硫、二氧化硫、硫酸和其他含硫化合物生产） 700（硫、二氧化硫、硫酸和其他含硫化合物使用）	15 20 30 40 50 60 70 80 90 100	1.6 2.6 8.8 15 23 33 47 63 82 100	3.0 5.1 17 30 45 64 91 120 160 200	4.1 7.7 26 45 69 98 140 190 240 310	无组织排放源上风向设参照点，下风向设监控点①	1 0.50（监控点与参照点浓度差值）
2	氮氧化物	1 700（硝酸、氮肥和火炸药生产） 420（硝酸使用和其他）	15 20 30 40 50 60 70 80 90 100	0.47 0.77 2.6 4.6 7.0 9.9 14 20 24 31	0.91 1.5 5.1 8.9 14 19 27 37 47 61	1.4 2.3 7.7 14 21 29 41 56 72 92	无组织排放源上风向设参照点，下风向设监控点	0.15（监控点与参照点浓度差值）

序号	污染物	最高允许排放浓度/(mg/m³)	最高允许排放速率/(kg/h)				无组织排放监控浓度限值	
			排气筒/m	一级	二级	三级	监控点	浓度/(mg/m³)
3	颗粒物	22 (炭黑尘、染料尘)	15 20 30 40	禁排	0.60 1.0 4.0 6.8	0.87 1.5 5.9 10	周界外浓度最高点②	肉眼不可见
		80 (玻璃棉尘、石英粉尘、矿渣棉尘)③	15 20 30 40	禁排	2.2 3.7 14 25	3.1 5.3 21 37	无组织排放源上风向设参照点,下风向设监控点	2.0 (监控点与参照点浓度差值)
		150 (其他)	15 20 30 40 50 60	2.1 3.5 14 24 36 51	4.1 6.9 27 46 70 100	5.9 10 40 69 110 150	无组织排放源上风向设参照点,下风向设监控点	5.0 (监控点与参照点浓度差值)

注：① 一般应于无组织排放源上风向 2～50 m 设参考点，排放源下风向 2～50 m 设监控点。
　　② 周界外浓度最高点一般应在排放源下风向的单位周界外 10 m 范围内。如果预计无组织排放的最大落地浓度越出 10 m 范围，可将监控点移至该预计浓度最高点。
　　③ 均指含游离二氧化硅 10% 以上的各种尘。

表 4-3　新污染源中常规项目的排放限值

序号	污染物	最高允许排放浓度/(mg/m³)	最高允许排放速率/(kg/h)		无组织排放监控浓度限值	
			排气筒/m	二级	三级	监控点	浓度/(mg/m³)
1	二氧化硫	960 (硫、二氧化硫、硫酸和其他含硫化合物生产) 550 (硫、二氧化硫、硫酸和其他含硫化合物使用)	15 20 30 40 50 60 70 80 90 100	2.6 4.3 15 25 39 55 77 110 130 170	3.5 6.6 22 38 58 83 120 160 200 270	周界外浓度最高点①	0.40
2	氮氧化物	1 400 (硝酸、氮肥和火炸药生产) 240 (硝酸使用和其他)	15 20 30 40 50 60 70 80 90 100	0.77 1.3 4.4 7.5 12 16 23 31 40 52	1.2 2.0 6.6 11 18 25 35 47 61 78	周界外浓度最高点	0.12

序号	污染物	最高允许排放浓度/（mg/m³）	最高允许排放速率/（kg/h）			无组织排放监控浓度限值	
			排气筒/m	二级	三级	监控点	浓度/（mg/m³）
3	颗粒物	18（炭黑尘、染料尘）	15	0.15	0.74	周界外浓度最高点	肉眼不可见
			20	0.85	1.3		
			30	3.4	5.0		
			40	5.8	8.5		
		60（玻璃棉尘、石英粉尘、矿渣棉尘）②	15	1.9	2.6	周界外浓度最高点	1.0
			20	3.1	4.5		
			30	12	18		
			40	21	31		
		120（其他）	15	3.5	5.0	周界外浓度最高点	1.0
			20	5.9	8.5		
			30	23	34		
			40	39	59		
			50	60	94		
			60	85	130		

注：① 周界外浓度最高点一般应设置于无组织排放源下风向的单位周界外 10 m 范围内，若预计无组织排放的最大落地浓度点越出 10 m 范围，可将监控点移至该预计浓度最高点。

② 均指游离二氧化硅超过 10%以上的各种尘。

（4）排气筒高度及排放速率

◆ 排气筒高度应高出周围 200 m 半径范围的建筑 5 m 以上，不能达到该要求的排气筒，应按其高度对应的表列排放速率标准值严格 50%执行。

◆ 两个排放相同污染物（不论其是否由同一生产工艺过程产生）的排气筒，若其距离小于其几何高度之和，应合并视为一根等效排气筒。

◆ 若某排气筒的高度处于本标准列出的两个值之间，其执行的最高允许排放速率以内插法计算；当某排气筒的高度大于或小于本标准列出的最大值或最小值时，以外推法计算其最高允许排放速率。

◆ 新污染源的排气筒一般不应低于 15 m。若新污染源的排气筒必须低于 15 m时，其排放速率标准值按外推计算结果再严格 50%执行。

◆ 新污染源的无组织排放应从严控制，一般情况下不应有无组织排放存在，无法避免的无组织排放应达到规定的标准值。

◆ 工业生产尾气确需燃烧排放的，其烟气黑度不得超过林格曼 1 级。

（5）等效排气筒有关参数计算

① 当排气筒 1 和排气筒 2 排放同一种污染物，其距离小于该两个排气筒的高度之和时，应以一个等效排气筒代表该两个排气筒。

② 等效排气筒的有关参数计算方法如下：

◆ 等效排气筒污染物排放速率按式（4-1）计算：

$$Q = Q_1 + Q_2 \qquad (4-1)$$

式中：Q —— 等效排气筒某污染物排放速率，kg/h；

Q_1，Q_2 —— 排气筒 1 和排气筒 2 的某污染物排放速率，kg/h。

◆ 等效排气筒高度按式（4-2）计算：

$$h = \sqrt{\frac{1}{2}(h_1^2 + h_2^2)} \qquad (4-2)$$

式中：h —— 等效排气筒高度，m；

h_1，h_2 —— 排气筒 1 和排气筒 2 的高度，m。

◆ 等效排气筒的位置

等效排气筒的位置，应于排气筒 1 和排气筒 2 的连线上，若以排气筒 1 为原点，则等效排气筒的位置应距原点为：

$$x = a(Q - Q_1)/Q = aQ_2/Q \qquad (4-3)$$

式中：x —— 等效排气筒距排气筒 1 的距离，m；

a —— 排气筒 1 至排气筒 2 的距离，m。

Q_1，Q_2，Q 同式（4-1）。

（6）确定某排气筒最高允许排放速率的内插法和外推法

◆ 内插法

如某排气筒高度处于表列两高度之间，用内插法计算其最高允许排放速率，按式（4-4）计算：

$$Q = Q_a + (Q_{a+1} - Q_a)(h - h_a)/(h_{a+1} - h_a) \qquad (4-4)$$

式中：Q —— 某排气筒最高允许排放速率，kg/h；

Q_a —— 比某排气筒低的表列限值中的最大值，kg/h；

Q_{a+1} —— 比某排气筒高的表列限值中的最小值，kg/h；

h —— 某排气筒的几何高度，m；

h_a —— 比某排气筒低的表列高度中的最大值，m；

h_{a+1} —— 比某排气筒高的表列高度中的最小值，m。

◆ 外推法

如某排气筒高度高于表列高度的最高值，用外推法计算其最高允许排放速率，按式（4-5）计算：

$$Q = Q_b(h/h_b)^2 \qquad (4-5)$$

式中：Q —— 某排气筒最高允许排放速率，kg/h；

Q_b —— 表列排气筒最高高度对应的最高允许排放速率，kg/h；

h —— 某排气筒的高度，m；

h_b —— 表列排气筒的最高高度，m。

如某排气筒高度低于表列高度的最低值，用外推法计算其最高允许排放速率，按式（4-6）计算：

$$Q = Q_c \left(h/h_c \right)^2 \tag{4-6}$$

式中：Q —— 某排气筒最高允许排放速率，kg/h；

Q_c —— 表列排气筒最低高度对应的最高允许排放速率，kg/h；

h —— 某排气筒的高度，m；

h_c —— 表列排气筒的最低高度，m。

4.1.3 污染气象基础知识

大气污染可看做是污染源排放出的污染物和对污染物起着扩散稀释作用的大气，以及承受污染的物体三者相互关联所产生的一种效应。一个地区的大气污染情况与该地区污染源排放出的污染物总量有关，这个总量不因气象条件的影响而发生变化。但是，排放出的污染物的浓度在时空分布上却是受到气象条件的控制。由于气象条件的不同，污染物作用于承受者的污染程度也就不一样。

4.1.3.1 大气圈

随地球引力而转的大气层叫大气圈。大气圈最外层的界限是很难确切划分的，但大气也不能认为是无限的。在地球场内受引力而旋转的气层高度可达 10 000 km。根据大气圈中大气组成状况及大气在垂直高度上的温度变化，一般情况下，大气圈层可划分为对流层、平流层、中间层、电离层、散逸层。对流层中，由于太阳的辐射以及下垫面特性和大气环流的影响，使得在该层中出现极其复杂的自然现象，有时形成易于扩散的气象特征，有时形成对生态系统产生危害的逆温气象条件，雨、雪、霜、雾、雷电等自然现象也都出现在这一层。

大气边界层：受下垫面影响而湍流化的低层大气，通常为距地面 1~2 km 的大气层。在大气边界层内，风速随高度增加而增大。

大气混合层：在大气边界层内，如果下层空气湍流强，上部空气湍流弱，中间存在着一个湍流特征不连续界面。湍流特征不连续界面以下的大气称为混合层。混合层高度即从地面算起至第一稳定层底的高度。大气混合层表征污染物在垂直方向被热力湍流稀释的范围，即低层空气热力对流与湍流所能达到的高度。

4.1.3.2 主要气象要素

（1）干球温度、湿球温度

气温是指空气冷热程度。干球温度是温度计在普通空气中测出的温度，即我们一般天气预报里常说的气温。在常规标准地面气象站的百叶箱里，安装了一对并列的温度表，用于测量空气温度的称为"干球温度表"；另一支温度表的球部缠着纱布，纱布一端引入水杯，称为"湿球温度表"。根据两温度表的示度，利用湿度查算表可查得观测时空气的绝对湿度、相对湿度、饱和差和露点温度。

（2）云量

云是发生在高空的水汽凝结现象。形成云的基本条件是水蒸气和使水蒸气达到饱和凝结的环境。根据云离地面的高度可以分为高云、中云、低云。

云量是指云遮蔽天空的成数。将天空分为 10 份。这 10 份中被云遮盖的成数称为云量。如在云层中还有少量空隙（空隙总量不到天空的 1/20）记为 10；当天空无云或云量不到 1/20 时，云量为 0。总云量指所有云遮蔽天空的成数，不论云的层次和高度。低云量是指低云掩盖天空的成数。云量的记录方法是：总云量/低云量的形式记录，如 10/7。

（3）风

风是指空气水平方向的流动，风与气压的大小有关。风的特性用风向与风速表示，它是向量。风在不同时刻有着相应的风向和风速，它不仅对污染物起着输送的作用，还起着扩散和稀释的作用。风向决定污染物迁移运动方向，风速决定污染物的扩散稀释程度。

风速是指空气在单位时间内移动的水平距离（m/s）。风速是随时间和高度变化的。从气象台站获得的风速资料有两种表达方式：一种以数值表示；另一种以字母 C 表示，代表风速已小于测风仪的最低阈值，通常称为静风。

风向是指风的来向。气象台站风向资料通常用 16 个风向或风向角来表达，即北风 N、东北偏北风 NNE、东北风 NE、东北偏东风 ENE、东风 E、东南偏东风 ESE、东南风 SE、东南偏南风 SSE、南风 S、西南偏南风 SSW、西南风 SW、西南偏西风 WSW、西风 W、西北偏西风 WNW、西北风 NW、西北偏北风 NNW，静风的风向用 C 表示。在模式计算中，若给静风风速赋一固定值，应同时分配静风一个风向，可利用静风前后观测资料的风向进行插值，或在气象资料比较完整，即日观测次数比较多的情况下，利用静风前一次的观测资料中的风向作为当前静风风向。

风频是指吹某一风向的风的次数占总的观测统计次数的百分比。

风玫瑰图是统计多年地面气象资料，在极坐标中按 16 个风向标出其频率的大小（静风也需表示）。

风廓线：风速随高度变化用风廓线表示，以研究大气边界层内的风速规律。

局地风场是指由于受地形影响引起局地风速、风向发生变化，包括海陆风、山谷风、过山气流、城市热岛环流等。

海陆风：在海滨地区，只要天气晴朗，白天风总是从海上吹向陆地；到夜里，风则从陆地吹向海上。从海上吹向陆地的风，叫做海风；从陆地吹向海上的风，叫做陆风。气象上常把两者合称为海陆风。由于海陆风的交换，有时低层排放的污染物被海陆风输送到一定距离后，又会被高空反气流带回到原地，导致原地污染物浓度增加。

山谷风：在狭长的山谷中，由于地形起伏，造成日辐射强度和辐射冷却不均而引起的热力环流，称为地形风，也称山谷风。白天风从山谷吹向山坡，这种风叫做谷风；到夜晚，风从山坡吹向山谷，这种风叫做山风。

过山气流：由于地形阻碍作用使流场发生局地变化而产生。气流在过小山时流场会发生改变，在强风条件下，贴近小山下风向常会出现空腔区和湍流尾流区，在此处会出现背风区坡底的污染。图 4-3 为过山气流出现的空腔区和湍流尾流区示意图。

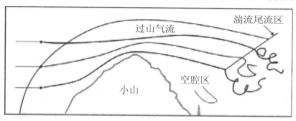

图 4-3　过山气流出现的空腔区和湍流尾流区

城市热岛环流：由于城市热岛而引起城市与郊区之间的大气环流，即空气在城区上升，在郊区下沉，而四周较冷的空气又流向城区，在城市和郊区之间形成一个小型的局地环流，称为热岛环流。城市风对城市空气的污染产生扩散、稀释作用，同时加剧了城市污染向农村的扩散。

（4）能见度

在当时的天气情况下，正常人的眼睛所能看到的最大距离叫能见度。

4.1.3.3　影响大气污染的气象因子

在一个区域或一个城市里即使从污染源排向大气的污染物的量没有很大变化，但对周围环境造成的污染效应却会有很大不同，有时会对人和动植物造成严重危害，有时影响却很轻，这主要是由于在不同的气象条件下大气具有不同的扩散稀释能力。影响大气扩散能力的主要因素有两个：一是气象的动力因子，二是气象的热力因子。

（1）气象的动力因子

气象的动力因子主要是指风和湍流，风和湍流对污染物在大气中的扩散和稀释起着决定性作用。

湍流：大气不规则的运动也称为大气湍流。大气除在水平方向运动外，还会有上、下、左、右运动。

（2）气象的热力因子

气象的热力因子主要是指温度层结、稳定度等。

温度层结：温度随高度的分布情况称为温度层结。它影响大气垂直方向的流动情况，由于地面构筑物不同，温度层结也不同。在对流层内，一般情况下，温度随高度的增加而降低，海拔每上升 100 m 气温下降 0.65℃左右。气温随海拔高度增加而增加的现象称为逆温。具有逆温的大气层是强稳定的大气层。

温廓线是指温度随高度变化的曲线。

大气稳定度：是指整层空气的稳定程度，是大气对在其中做垂直运动的气团加速、遏制还是不影响运动的一种热力学性质。大气不稳定，湍流和对流充分发展，大气污染物扩散稀释能力强，反之，则扩散稀释能力弱。

4.1.4　大气环境影响评价工作任务与程序

4.1.4.1　大气环境影响评价的工作任务

通过调查、预测等手段，对项目在建设施工期及建成后运营期排放的大气污染物对环境空气质量影响的程度、范围和频率进行分析、预测和评估，为项目的厂址选择、排污口设置、大气污染防治措施制定以及其他有关的工程设计、项目实施、环境监测等提供科学依据或指导性意见。

4.1.4.2　大气环境影响评价的工作程序

第一阶段主要工作包括：研究有关文件、环境空气质量现状调查、初步工程分析、环境空气敏感区调查、评价因子筛选、评价标准确定、气象特征调查、地形特征调查、编制工作方案、确定评价工作等级和评价范围等。

第二阶段主要工作包括：污染源的调查与核实、环境空气质量现状监测、气象观测资料调查与分析、地形数据收集和大气环境影响预测与评价等。

第三阶段主要工作包括：给出大气环境影响评价结论与建议、完成环境影响评价文件的编写等。

大气环境影响评价一般工作程序见图 4-4。

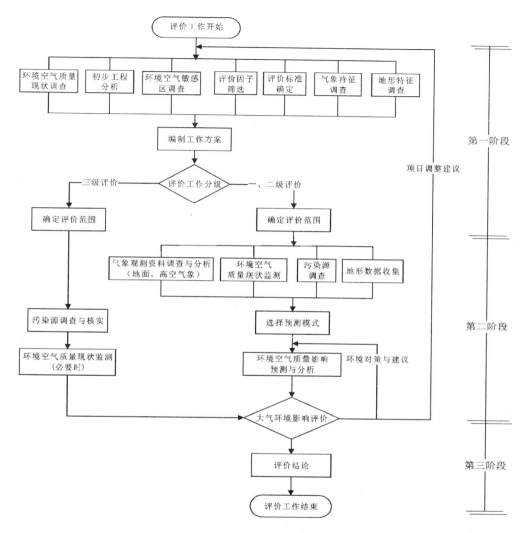

图 4-4　大气环境影响评价工作程序

4.2　大气环境影响评价等级与评价范围

4.2.1　评价工作分级方法

选择《环境影响评价技术导则—大气环境》（HJ 2.2—2008）推荐模式中的估算模式对项目的大气环境评价工作进行分级。结合项目的初步工程分析结果，选择正常排放的主要污染物及排放参数，采用估算模式计算各污染物在简单平坦地形、全气象组合情况条件下的最大影响程度和最远影响范围,然后按评价工作分级判据进行分级。

正常排放下主要污染物的选择标准,应结合污染物毒性、污染物排放量及环境质量标准限值综合判定。对于常规污染物,可参考等标排放量的计算方法,即选择污染物排放量与环境空气质量浓度标准比值较大的污染物作为项目主要污染物。

根据项目的初步工程分析结果,选择 1~3 种主要污染物,分别计算每一种污染物的最大地面浓度占标率 P_i(第 i 个污染物),及第 i 个污染物的地面浓度达到标准限值 10% 时所对应的最远距离 $D_{10\%}$。其中 P_i 定义为:

$$P_i = \frac{C_i}{C_{0i}} \times 100\% \qquad (4\text{-}7)$$

式中:P_i —— 第 i 个污染物的最大地面浓度占标率,%;

C_i —— 采用估算模式计算出的第 i 个污染物的最大地面浓度,mg/m^3;

C_{0i} —— 第 i 个污染物的环境空气质量标准,mg/m^3。

C_{0i} 一般选用《环境空气质量标准》(GB 3095—1996)中 1 小时平均取样时间的二级标准的浓度限值;对于没有小时浓度限值的污染物,可取日平均浓度限值的 3 倍值;对该标准中未包含的污染物,可参照《工业企业设计卫生标准》(TJ 36—79)中的居住区大气中有害物质的最高容许浓度的一次浓度限值。如已有地方标准,应选用地方标准中的相应值。对某些上述标准中都未包含的污染物,可参照国外有关标准选用,但应作出说明,报环保主管部门批准后执行。

估算模式计算结果参见表 4-4,最大地面浓度占标率 P_i 按式(4-7)计算,如污染物数 i 大于 1,取 P 值中最大者(P_{max})和其对应的 $D_{10\%}$。

表 4-4 估算模式计算结果(污染物 i)

距源中心下风向距离 D/m	污染源 1		污染源 2		污染源 n
	下风向预测浓度 $C_{i1}/$(mg/m³)	浓度占标率 $P_{i1}/\%$	下风向预测浓度 $C_{i2}/$(mg/m³)	浓度占标率 $P_{i2}/\%$	……
50					
75					
100					
…					
25 000					
下风向最大浓度					
浓度占标准 10% 距源最远距离 $D_{10\%}$					

评价工作等级按表 4-5 的分级判据进行划分。

表 4-5 评价工作等级

评价工作等级	评价工作分级判据
一级	$P_{max} \geqslant 80\%$，且 $D_{10\%} \geqslant 5\ km$
二级	其他
三级	$P_{max} < 10\%$ 或 $D_{10\%} <$ 污染源距厂界最近距离

评价工作等级的确定还应符合以下规定：

同一项目有多个（两个以上，含两个）污染源排放同一种污染物时，则按各污染源分别确定其评价等级，并取评价级别最高者作为项目的评价等级。

对于高耗能行业的多源（两个以上，含两个）项目，评价等级应不低于二级。

对于建成后全厂的主要污染物排放总量都有明显减少的改、扩建项目，评价等级可低于一级。

如果评价范围内包含一类环境空气质量功能区，或者评价范围内主要评价因子的环境质量已接近或超过环境质量标准，或者项目排放的污染物对人体健康或生态环境有严重危害的特殊项目，评价等级一般不低于二级。

对于以城市快速路、主干路等城市道路为主的新建、扩建项目，应考虑交通线源对道路两侧的环境保护目标的影响，评价等级应不低于二级。

对于公路、铁路等项目，应分别按项目沿线主要集中式排放源（如服务区、车站等大气污染源）排放的污染物计算其评价等级。

可以根据项目的性质，评价范围内环境空气敏感区的分布情况，以及当地大气污染程度，对评价工作等级做适当调整，但调整幅度上下不应超过一级。调整结果应征得环保主管部门同意。

确定评价工作等级的同时应说明估算模式计算参数和选项。

4.2.2 不同评价等级的预测要求

一、二级评价应选择导则推荐模式清单中的进一步预测模式进行大气环境影响预测工作。三级评价可不进行大气环境影响预测工作，直接以估算模式的计算结果作为预测与分析依据。

4.2.3 评价范围的确定

根据项目排放污染物的最远影响范围确定项目的大气环境影响评价范围。即以排放源为中心点，以 $D_{10\%}$ 为半径的圆或 $2 \times D_{10\%}$ 为边长的矩形作为大气环境影响评价范围；当最远距离超过 25 km 时，确定评价范围为半径 25 km 的圆形区域或边长

50km 矩形区域。

评价范围的直径或边长一般不应小于 5 km。

对于以线源为主的城市道路等项目，评价范围可设定为线源中心两侧各 200 m 的范围。

4.3 大气污染源调查与分析

4.3.1 大气污染源调查与分析对象

对于一、二级评价项目，应调查分析项目的所有污染源（对于改、扩建项目应包括新、老污染源）、评价范围内与项目排放污染物有关的其他在建项目、已批复环境影响评价文件的未建项目等污染源。如有区域替代方案，还应调查评价范围内所有的拟替代的污染源。

对于三级评价项目可只调查分析项目污染源。

4.3.2 污染源调查与分析方法

对于新建项目可通过类比调查、物料衡算或设计资料确定；对于评价范围内的在建和未建项目的污染源调查，可使用已批准的环境影响报告书中的资料；对于现有项目和改、扩建项目的现状污染源调查，可利用已有的有效数据或进行实测；对于分期实施的工程项目，可利用前期工程最近 5 年内的验收监测资料、年度例行监测资料或进行实测。评价范围内拟替代的污染源调查方法参考项目的污染源调查方法。

4.3.3 污染源调查内容

4.3.3.1 一级评价项目污染源调查内容

（1）污染源排污概况调查

在满负荷排放下，按分厂或车间逐一统计各有组织排放源和无组织排放源的主要污染物排放量；

对改、扩建项目应给出：现有工程排放量、扩建工程排放量，以及现有工程经改造后的污染物预测削减量，并按上述 3 个量计算最终排放量；

对于毒性较大的污染物还应估计其非正常排放量；

对于周期性排放的污染源，还应给出周期性排放系数。周期性排放系数取值为 0～1，一般可按季节、月份、星期、日、小时等给出周期性排放系数。

（2）点源调查内容

排气筒底部中心坐标，以及排气筒底部的海拔（m）；

排气筒几何高度（m）及排气筒出口内径（m）；

烟气出口速度（m/s）；

排气筒出口处烟气温度（K）；

各主要污染物正常排放量（g/s），排放工况，年排放小时数（h）；

毒性较大物质的非正常排放量（g/s），排放工况，年排放小时数（h）。

（3）面源调查内容

面源起始点坐标，以及面源所在位置的海拔（m）；

面源初始排放高度（m）；

各主要污染物正常排放量[g/（s·m²）]，排放工况，年排放小时数（h）；

矩形面源：初始点坐标，面源长度（m），面源宽度（m），与正北方向逆时针的夹角；

多边形面源：顶点数或边数（3～20），以及各顶点坐标；

近圆形面源：中心点坐标，近圆形半径（m），近圆形顶点数或边数。

（4）体源调查内容

体源中心点坐标，以及体源所在位置的海拔（m）；

体源高度（m）；

体源排放速率（g/s），排放工况，年排放小时数（h）；

体源的边长（m）；

初始横向扩散参数（m），初始垂直扩散参数（m），体源初始扩散参数的估算见表 4-6、表 4-7。

表 4-6　体源初始横向扩散参数的估算

源类型	初始横向扩散参数
单个源	$\sigma_{y0}=$边长/4.3
连续划分的体源	$\sigma_{y0}=$边长/2.15
间隔划分的体源	$\sigma_{y0}=$两个相邻间隔中心点的距离/2.15

表 4-7　体源初始垂直扩散参数的估算

源位置		初始垂直扩散参数
源基底处地形高度 $H_0\approx0$		$\sigma_{z0}=$源的高度/2.15
源基底处地形高度 $H_0>0$	在建筑物上，或邻近建筑物	$\sigma_{z0}=$建筑物高度/2.15
	不在建筑物上，或不邻近建筑物	$\sigma_{z0}=$源的高度/4.3

（5）线源调查内容

线源几何尺寸（分段坐标），线源距地面高度（m），道路宽度（m），街道街谷高度（m）；

　　各种车型的污染物排放速率[g/（km·s）]；

　　平均车速（km/h），各时段车流量（辆/h）、车型比例。

　　（6）其他需调查的内容

　　① 建筑物下洗参数。在考虑由于周围建筑物引起的空气扰动而导致地面局部高浓度的现象时，需调查建筑物下洗参数。建筑物下洗参数应根据所选预测模式的需要，按相应要求内容进行调查。

　　建筑物下洗是指由于周围建筑物引起的空气紊流，导致烟囱排出的污染物迅速扩散至地面，出现高浓度的情况，见图 4-5。

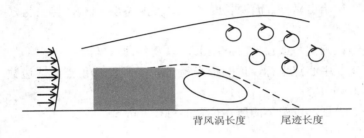

图 4-5　建筑物下洗示意

　　② 颗粒物的粒径分布。颗粒物粒径分级（最多不超过 20 级），颗粒物的分级粒径（μm），各级颗粒物的质量密度（g/cm³），以及各级颗粒物所占质量比（0~1）。

4.3.3.2　二级评价项目污染源调查内容

　　二级评价项目污染源调查内容参照一级评价项目执行，可适当从简。

4.3.3.3　三级评价项目污染源调查内容

　　三级评价项目可只调查污染源排污概况，并对估算模式中的污染源参数进行核实。

4.4　环境空气质量现状调查与评价

4.4.1　环境空气质量现状调查资料来源

　　现状调查资料来源分三种途径，可视不同评价等级对数据的要求结合进行：（1）收集评价范围内及邻近评价范围的各例行空气质量监测点的近三年与项目有关的监测资料。（2）收集近三年与项目有关的历史监测资料。（3）进行现场监测。

4.4.2　现有监测数据达标分析

对照各污染物有关的环境质量标准，分析其长期浓度（年平均浓度、季平均浓度、月平均浓度）、短期浓度（日平均浓度、小时平均浓度）的达标情况。若监测结果出现超标，应分析其超标率、最大超标倍数以及超标原因。此外，还应分析评价范围内的污染水平和变化趋势。

超标率按式（4-8）计算：

$$超标率 = \frac{超标数据个数}{总监测数据个数} \times 100\% \qquad (4-8)$$

式（4-8）中应注意：不符合监测技术规范要求的监测数据不计入监测数据个数。

4.5　气象观测资料调查

4.5.1　气象观测资料调查的基本原则

气象观测资料的调查要求与项目的评价等级有关，还与评价范围内地形复杂程度、水平流场是否均匀一致、污染物排放是否连续稳定有关。常规气象观测资料包括常规地面气象观测资料和常规高空气象探测资料。

对于各级评价项目，均应调查评价范围 20 年以上的主要气候统计资料。包括年平均风速和风向玫瑰图，最大风速与月平均风速，年平均气温，极端气温与月平均气温，年平均相对湿度，年均降水量，降水量极值，日照等。对于一、二级评价项目，还应调查逐日、逐次的常规气象观测资料及其他气象观测资料。

4.5.2　气象观测资料调查要求

4.5.2.1　一级评价项目气象观测资料调查要求

对于一级评价项目，气象观测资料调查基本要求分两种情况：① 评价范围小于 50 km 条件下，须调查地面气象观测资料，并按选取的模式要求，调查必需的常规高空气象探测资料。② 评价范围大于 50 km 条件下，须调查地面气象观测资料和常规高空气象探测资料。

地面气象观测资料调查要求：调查距离项目最近的地面气象观测站近 5 年内的至少连续 3 年的常规地面气象观测资料。如果地面气象观测站与项目的距离超过 50 km，并且地面站与评价范围的地理特征不一致，还需进行补充地面气象观测。

常规高空气象探测资料调查要求：调查距离项目最近的高空气象探测站近 5 年内的至少连续 3 年的常规高空气象探测资料。如果高空气象探测站与项目的距离超过 50 km，高空气象资料可采用中尺度气象模式模拟的 50 km 内的格点气象资料。

4.5.2.2 二级评价项目气象观测资料调查要求

对于二级评价项目，气象观测资料调查基本要求同一级评价项目。对应的气象观测资料年限要求为近 3 年内的至少连续 1 年的常规地面气象观测资料和高空气象探测资料。

4.5.3 气象观测资料调查内容

4.5.3.1 地面气象观测资料

根据所调查地面气象观测站的类别，并遵循先基准站、次基本站、后一般站的原则，收集每日实际逐次观测资料。观测资料的常规调查项目包括：时间（年、月、日、时）、风向（以角度或按 16 个方位表示）、风速、干球温度、低云量、总云量。根据不同评价等级预测精度要求及预测因子特征，可选择调查的观测资料的内容：湿球温度、露点温度、相对湿度、降水量、降水类型、海平面气压、观测站地面气压、云底高度、水平能见度等。

4.5.3.2 常规高空气象探测资料

观测资料的时次根据所调查常规高空气象探测站的实际探测时次确定，一般应至少调查每日 1 次（北京时间 8 点）的距地面 1 500 m 高度以下的高空气象探测资料。观测资料的常规调查项目包括：时间（年、月、日、时）、探空数据层数、每层的气压、高度、气温、风速、风向（以角度或按 16 个方位表示）。

4.5.3.3 补充地面气象观测

如果地面气象观测站与项目的距离超过 50 km，并且地面站与评价范围的地理特征不一致，还需要进行补充地面气象观测。在评价范围内设立补充地面气象观测站，站点设置应符合相关地面气象观测规范的要求。

一级评价的补充观测应进行为期 1 年的连续观测；二级评价的补充观测可选择有代表性的季节进行连续观测，观测期限应在 2 个月以上。观测内容应符合地面气象观测资料的要求。观测方法应符合相关地面气象观测规范的要求。

补充地面气象观测数据可作为当地长期气象条件参与大气环境影响预测。

4.5.4 常规气象资料分析内容

（1）温度。统计长期地面气象资料中每月平均温度的变化情况，并绘制年平均温度月变化曲线图。对于一级评价项目，需酌情对污染较严重时的高空气象探测资料作温廓线的分析，分析逆温层出现的频率、平均高度范围和强度。

（2）风速。统计月平均风速随月份的变化和季小时平均风速的日变化。即根据长期气象资料统计每月平均风速、各季每小时的平均风速变化情况（具体内容分别参见表4-8、表4-9），并绘制平均风速的月变化曲线图和季小时平均风速的日变化曲线图。对于一级评价项目，需酌情对污染较严重时的高空气象探测资料作风廓线的分析，分析不同时间段大气边界层内的风速变化规律。

表4-8　年平均风速的月变化

月份	1月	2月	3月	4月	5月	6月	7月	8月	9月	10月	11月	12月
风速/（m/s）												

表4-9　季小时平均风速的日变化

风速/（m/s）＼小时/h	1	2	3	4	5	6	7	8	9	10	11	12
春季												
夏季												
秋季												
冬季												

风速/（m/s）＼小时/h	13	14	15	16	17	18	19	20	21	22	23	24
春季												
夏季												
秋季												
冬季												

（3）风向、风频。统计所收集的长期地面气象资料中，每月、各季及长期平均各风向风频变化情况。统计所收集的长期地面气象资料中，各风向出现的频率，静风频率单独统计。在极坐标中按各风向标出其频率的大小，绘制各季及年平均风向玫瑰图。风向玫瑰图应同时附当地气象台站多年（20年以上）气候统计资料的统计结果。

（4）主导风向。主导风向指风频最大的风向角的范围。风向角范围一般在45°左右，对于以16方位角表示的风向，主导风向一般是指连续2～3个风向角的范围。某区域的主导风向应有明显的优势，其主导风向角风频之和应≥30%，否则可称该区域没有主导风向或主导风向不明显。在没有主导风向的地区，应考虑项目对全方位的环境空气敏感区的影响。如图4-6所示，该地区全年主导风向即为西南—西南西—西风（SW—WSW—W）范围。

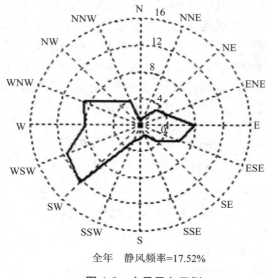

全年　静风频率=17.52%

图 4-6　主导风向示例

4.6 大气环境影响预测

　　大气环境影响预测用于判断项目建成后对评价范围大气环境影响的程度和范围。常用的大气环境影响预测方法是通过建立数学模型来模拟各种气象条件、地形条件下的污染物在大气中输送、扩散、转化和清除等物理、化学机制。

　　大气环境影响预测的步骤一般为：

　　① 确定预测因子。

　　② 确定预测范围。

　　③ 确定计算点。

　　④ 确定污染源计算清单。

　　⑤ 确定气象条件。

　　⑥ 确定地形数据。

　　⑦ 确定预测内容和设定预测情景。

　　⑧ 选择预测模式。

　　⑨ 确定模式中的相关参数。

　　⑩ 进行大气环境影响预测与评价。

4.6.1 预测因子

预测因子应根据评价因子而定，选取有环境空气质量标准的评价因子作为预测因子。

4.6.2 预测范围

预测范围应覆盖评价范围，同时还应考虑污染源的排放高度、评价范围的主导风向、地形和周围环境敏感区的位置等进行适当调整。计算污染源对评价范围的影响时，一般取东西向为 X 坐标轴、南北向为 Y 坐标轴，项目位于预测范围的中心区域。

4.6.3 计算点

计算点可分三类：环境空气敏感区、预测范围内的网格点以及区域最大地面浓度点。应选择所有的环境空气敏感区中的环境空气保护目标作为计算点。

预测网格点的分布应具有足够的分辨率以尽可能精确预测污染源对评价范围的最大影响，预测网格可以根据具体情况采用直角坐标网格或极坐标网格，并应覆盖整个评价范围。预测网格点设置方法见表 4-10。

表 4-10　预测网格点设置方法

预测网格方法		直角坐标网格	极坐标网格
布点原则		网格等间距或近密远疏法	径向等间距或距源中心近密远疏法
预测网格点网格距	距离源中心≤1 000 m	50～100 m	50～100 m
	距离源中心>1 000 m	100～500 m	100～500 m

区域最大地面浓度点的预测网格设置，应依据计算出的网格点浓度分布而定，在高浓度分布区，计算点间距应不大于 50 m。对于邻近污染源的高层住宅楼，应适当考虑不同代表高度上的预测受体。

4.6.4 污染源计算清单

点源、面源、体源和线源源强计算清单参见表 4-11～表 4-16。颗粒物计算清单参见表 4-17。

表 4-11　点源参数调查清单

点源编号	点源名称	X 坐标	Y 坐标	排气筒底部海拔高度	排气筒高度	排气筒内径	烟气出口速度	烟气出口温度	年排放小时数	排放工况	评价因子源强		
单位		m	m	m	m	m	m/s	K	h		g/s		
数据													

表4-12 矩形面源参数调查清单

面源编号	面源名称	面源起始点		海拔高度	面源长度	面源宽度	与正北夹角	面源初始排放高度	年排放小时数	排放工况	评价因子源强		
		X坐标	Y坐标										
单位		m	m	m	m	m	(°)	m	h		g/s·m^2		
数据													

表4-13 多边形面源参数调查清单

面源编号	面源名称	顶点1坐标		顶点2坐标		其他顶点坐标	海拔高度	面源初始排放高度	年排放小时数	排放工况	评价因子源强		
		X坐标	Y坐标	X坐标	Y坐标								
单位		m	m	m	m	m	m		h		g/s·m^2		
数据													

表4-14 近圆形面源参数调查清单

面源编号	面源名称	中心坐标		海拔高度	近圆形半径	顶点数或边数	面源初始排放高度	年排放小时数	排放工况	评价因子源强		
		X坐标	Y坐标									
单位		m	m	m			m	h		g/s·m^2		
数据												

表4-15 体源参数调查清单

体源编号	体源名称	体源中心坐标		海拔高度	体源边长	体源高度	年排放小时数	排放工况	初始扩散参数		评价因子源强
		X坐标	Y坐标						横向	垂直	
单位		m	m	m	m	m	h		m	m	g/s
数据											

表 4-16　线源参数调查清单

线源编号	线源名称	分段坐标 1		分段坐标 2		分段坐标 *n*	道路高度	道路宽度	街道窄谷高度	平均车速	车流量	车型/比例	各车型污染物排放速率
		X 坐标	*Y* 坐标	*X* 坐标	*Y* 坐标								
单位		m	m	m	m		m	m	m	km/h	辆/h		g/km·s
数据													

表 4-17　颗粒物粒径分布调查清单

	粒径分级	分级粒径	颗粒物质量密度	所占质量比
单位		μm	g/cm³	
数据				

4.6.5　气象条件

计算小时平均浓度需采用长期气象条件，进行逐时或逐次计算。选择污染最严重的（针对所有计算点）小时气象条件和对各环境空气保护目标影响最大的若干个小时气象条件（可视对各环境空气敏感区的影响程度而定）作为典型小时气象条件。

计算日平均浓度需采用长期气象条件，进行逐日平均计算。选择污染最严重的（针对所有计算点）日气象条件和对各环境空气保护目标影响最大的若干个日气象条件（可视对各环境空气敏感区的影响程度而定）作为典型日气象条件。

4.6.6　地形数据

在非平坦的评价范围内，地形的起伏对污染物的传输、扩散会有一定的影响。对于复杂地形下的污染物扩散模拟需要输入地形数据。

地形数据的来源应予以说明，地形数据的精度应结合评价范围及预测网格点的设置进行合理选择。

4.6.7　确定预测内容和设定预测情景

大气环境影响预测内容依据评价工作等级和项目的特点而定。

4.6.7.1　预测内容

一级评价项目预测内容一般包括：

（1）全年逐时或逐次小时气象条件下，环境空气保护目标、网格点处的地面浓度和评价范围内的最大地面小时浓度；

（2）全年逐日气象条件下，环境空气保护目标、网格点处的地面浓度和评价范围内的最大地面日平均浓度；

（3）长期气象条件下，环境空气保护目标、网格点处的地面浓度和评价范围内的最大地面年平均浓度；

（4）非正常排放情况，全年逐时或逐次小时气象条件下，环境空气保护目标的最大地面小时浓度和评价范围内的最大地面小时浓度；

（5）对于施工期超过一年的项目，并且施工期排放的污染物影响较大，还应预测施工期间的大气环境质量。

二级评价项目预测内容为一级评价项目预测内容中的（1）、（2）、（3）、（4）项内容。

三级评价项目可不进行上述预测。

4.6.7.2 预测情景

根据预测内容设定预测情景，一般考虑五个方面的内容：污染源类别、排放方案、预测因子、气象条件、计算点。常规预测情景组合见表4-18。

污染源类别分新增加污染源、削减污染源和被取代污染源及其他在建、拟建项目相关污染源。新增污染源分正常排放和非正常排放两种情况。排放方案分工程设计或可行性研究报告中现有排放方案和环境影响评价报告提出的推荐排放方案，排放方案内容根据项目选址、污染源的排放方式以及污染控制措施等进行选择。

表 4-18 常规预测情景组合

序号	污染源类别	排放方案	预测因子	计算点	常规预测内容
1	新增污染源（正常排放）	现有方案/推荐方案	所有预测因子	环境空气保护目标 网格点 区域最大地面浓度点	小时平均浓度 日平均浓度 年平均浓度
2	新增污染源（非正常排放）	现有方案/推荐方案	主要预测因子	环境空气保护目标 区域最大地面浓度点	小时平均浓度
3	削减污染源（若有）	现有方案/推荐方案	主要预测因子	环境空气保护目标	日平均浓度 年平均浓度
4	被取代污染源（若有）	现有方案/推荐方案	主要预测因子	环境空气保护目标	日平均浓度 年平均浓度
5	其他在建、拟建项目相关污染源（若有）		主要预测因子	环境空气保护目标	日平均浓度 年平均浓度

4.6.8　预测模式

采用《环境影响评价技术导则—大气环境》（HJ 2.2—2008）推荐模式清单中的模式进行预测，并说明选择模式的理由。选择模式时，应结合模式的适用范围和对参数的要求进行合理选择。

4.6.8.1　模式介绍

（1）估算模式

估算模式是一种单源预测模式，适用于建设项目评价等级及评价范围的确定工作。可计算点源、面源和体源等污染源的最大地面浓度，以及建筑物下洗和熏烟等特殊条件下的最大地面浓度，估算模式中嵌入了多种预设的气象组合条件，包括一些最不利的气象条件，此类气象条件在某个地区有可能发生，也有可能不发生。经估算模式计算出的最大地面浓度大于进一步预测模式的计算结果。对于小于 1 小时的短期非正常排放，可采用估算模式进行预测。估算模式适用于评价等级及评价范围的确定。

估算模式所需输入基本参数如下：

① 点源参数：点源排放速率（g/s）；排气筒几何高度（m）；排气筒出口内径（m）；排气筒出口处烟气排放速度（m/s）；排气筒出口处的烟气温度（K）。

② 面源参数：面源排放速率[g/（s·m^2）]；排放高度（m）；长度（m）（矩形面源较长的一边），宽度（m）（矩形面源较短的一边）。

③ 体源参数：体源排放速率（g/s）；排放高度（m）；初始横向扩散参数（m），初始垂直扩散参数（m）。

④ 环境温度：评价区域 20 年以上的年平均气温（K）。

⑤ 计算选项：城市或农村选项。

（2）进一步预测模式

① AERMOD 模式系统。AERMOD 是一个稳态烟羽扩散模式，可基于大气边界层数据特征模拟点源、面源、体源等排放出的污染物在短期（小时平均、日平均）、长期（年平均）的浓度分布，适用于农村或城市地区、简单或复杂地形。AERMOD 考虑了建筑物尾流的影响，即烟羽下洗。模式使用每小时连续预处理气象数据模拟 ≥1 h 平均时间的浓度分布。AERMOD 包括两个预处理模式，即 AERMET 气象预处理模式和 AERMAP 地形预处理模式。

AERMOD 适用于评价范围≤50 km 的一级、二级评价项目。

② ADMS 模式系统。ADMS 可模拟点源、面源、线源和体源等排放出的污染物在短期（小时平均、日平均）、长期（年平均）的浓度分布，还包括一个街道窄谷模型，适用于农村或城市地区、简单或复杂地形。模式考虑了建筑物下洗、湿沉降、

重力沉降和干沉降以及化学反应等功能。化学反应模块包括计算 NO、NO_2 和 O_3 等之间的反应。ADMS 有气象预处理程序，可以用地面的常规观测资料、地表状况以及太阳辐射等参数模拟基本气象参数的廓线值。在简单地形条件下，使用该模型模拟计算时，可以不调查探空观测资料。

ADMS-EIA 版适用于评价范围≤50 km 的一级、二级评价项目。

③ CALPUFF 模式系统。CALPUFF 是一个烟团扩散模型系统，可模拟三维流场随时间和空间发生变化时污染物的输送、转化和清除过程。CALPUFF 适用于从 50 km 到几百千米的模拟范围，包括次层网格尺度的地形处理，如复杂地形的影响；还包括长距离模拟的计算功能，如污染物的干沉降、湿沉降、化学转化，以及颗粒物浓度对能见度的影响。

CALPUFF 适用于评价范围＞50 km 的区域和规划环境影响评价等项目。

进一步预测模式可基于评价范围的气象特征及地形特征，模拟单个或多个污染源排放的污染物在不同平均时限内的浓度分布。上述三种进一步预测模式有其不同的数据要求及适用范围。进一步预测模型适用范围及选择要求见表 4-19。

表 4-19　推荐模式一般适用范围

分类	AERMOD	ADMS	CALPUFF
适用评价等级	一级、二级评价	一级、二级评价	一级、二级评价
适用评价范围	≤50 km	≤50 km	＞50 km
对气象数据最低要求	地面气象数据及对应高空气象数据	地面气象观测数据	地面气象数据及对应高空气象数据
适用污染源类型	点源、面源和体源	点源、面源、线源和体源	点源、面源、线源和体源
适用地形条件及风场条件	简单地形、复杂地形	简单地形、复杂地形	简单地形、复杂地形、复杂风场

4.6.8.2 进一步预测模式中的相关参数

在进行大气环境影响预测时，应对预测模式中的有关模型选项及化学转化等参数进行说明。不同预测模式所需主要参数见表 4-20。

在计算 1 h 平均浓度时，可不考虑 SO_2 的转化；在计算日平均或更长时间平均浓度时，尤其是城市区域，应考虑化学转化。SO_2 转化可取半衰期为 4 h。对于一般的燃烧设备，在计算 NO_2 小时或日平均浓度时，可以假定 $NO_2/NO_x=0.9$；在计算年平均浓度时，可以假定 $NO_2/NO_x=0.75$。在计算机动车排放 NO_2 和 NO_x 比例时，应根据不同车型的实际情况而定。

在计算颗粒物浓度时，应考虑重力沉降的影响。

表 4-20   不同预测模式所需主要参数要求

参数类型	ADMS	AERMOD	CALPUFF
地表参数	地表粗糙度，最小 M-O 长度	地表反照率、BOWEN 率、地表粗糙度	地表粗糙度、土地使用类型、植被代码
干沉降	干沉降参数	干沉降参数	干沉降参数
湿沉降	湿沉降参数	湿沉降参数	湿沉降参数
化学反应	化学反应选项	半衰期、NO_x 转化系数、臭氧浓度等	化学反应计算选项

4.7 大气环境影响分析与评价

4.7.1 分析与评价的主要内容

（1）对环境空气敏感区的环境影响分析，应考虑其预测值和同点位处的现状背景值的最大值的叠加影响；对最大地面浓度点的环境影响分析可考虑预测值和所有现状背景值的平均值的叠加影响。

（2）叠加现状背景值，分析项目建成后最终的区域环境质量状况，即新增污染源预测值＋现状监测值－削减污染源计算值（如果有）－被取代污染源计算值（如果有）＝项目建成后最终的环境影响。若评价范围内还有其他在建项目、已批复环境影响评价文件的拟建项目，也应考虑其建成后对评价范围的共同影响。

（3）分析典型小时气象条件下，项目对环境空气敏感区和评价范围的最大环境影响，分析是否超标、超标程度、超标位置，分析小时浓度超标概率和最大持续发生时间，并绘制评价范围内出现区域小时平均浓度最大值时所对应的浓度等值线分布图。

（4）分析典型日气象条件下，项目对环境空气敏感区和评价范围的最大环境影响，分析是否超标、超标程度、超标位置，分析日平均浓度超标概率和最大持续发生时间，并绘制评价范围内出现区域日平均浓度最大值时所对应的浓度等值线分布图。

（5）分析长期气象条件下，项目对环境空气敏感区和评价范围的环境影响，分析是否超标、超标程度、超标范围及位置，并绘制预测范围内的浓度等值线分布图。

（6）分析评价不同排放方案对环境的影响，即从项目的选址、污染源的排放强度与排放方式、污染控制措施等方面评价排放方案的优劣，并针对存在的问题（如果有）提出解决方案。

（7）对解决方案进行进一步预测和评价，并给出最终的推荐方案。

4.7.2　大气环境防护距离

（1）大气环境防护距离确定方法

为保护人群健康，减少正常排放条件下大气污染物对居住区的环境影响，在项目厂界以外设置的环境防护距离称为大气环境防护距离。

采用推荐模式中的大气环境防护距离模式计算各无组织源的大气环境防护距离。计算出的距离是以污染源中心点为起点的控制距离，并结合厂区平面布置图，确定控制距离范围，超出厂界以外的范围，即为项目大气环境防护区域。在大气环境防护距离内不应有长期居住的人群。

当无组织源排放多种污染物时，应分别计算，并按计算结果的最大值确定其大气环境防护距离。

对于属于同一生产单元（生产区、车间或工段）的无组织排放源，应合并作为单一面源计算并确定其大气环境防护距离。

（2）大气环境防护距离参数选择

采用的评价标准应遵循评价等级计算要求中的相关规定。有场界无组织排放监控浓度限值的，大气环境影响预测结果应首先满足无组织排放监控浓度限值要求。如预测结果在场界监控点处（以标准规定为准）出现超标，应要求削减排放源强。计算大气环境防护距离的污染物排放源强应采用削减达标后的源强。

（3）大气环境防护距离计算模式

大气环境防护距离计算模式是基于估算模式开发的计算模式，此模式主要用于确定无组织排放源的大气环境防护距离。

大气环境防护距离一般不超过 2 000 m，如计算无组织排放源超标距离大于2 000 m，则应建议削减源强后重新计算大气环境防护距离。

大气环境防护距离计算模式主要输入参数包括：面源有效高度（m）；面源宽度（m）；面源长度（m）；污染物排放速率（g/s 或 kg/h 或 t/a）；小时评价标准（mg/m³）。

4.8　大气环境保护对策和环境影响评价结论

4.8.1　大气环境保护对策

制定的环境保护对策应力求减轻建设项目对大气质量的不良影响，并使环境效益、社会效益和经济效益达到统一。

（1）改变原燃料结构；

（2）改进生产工艺；

（3）对重点污染源加强环保治理（应提出具体的治理方案）；

（4）加强能源、资源的综合利用；

（5）重点污染源的合理烟囱高度选择；

（6）无组织排放的控制途径；

（7）区域污染物排放的总量控制；

（8）当地土地的合理利用或调整；

（9）厂区及评价区绿化，必要时可提出防护林带的设置方案；

（10）关于生产管理制度和环境监测的建议。

4.8.2 大气环境影响评价结论与建议

（1）项目选址及总图布置的合理性和可行性。根据大气环境影响预测结果及大气环境防护距离计算结果，评价项目选址及总图布置的合理性和可行性，并给出优化调整的建议及方案。

（2）污染源的排放强度与排放方式。根据大气环境影响预测结果，比较污染源的不同排放强度和排放方式（包括排气筒高度）对区域环境的影响，并给出优化调整的建议。

（3）大气污染控制措施。大气污染控制措施必须保证污染源的排放符合排放标准的有关规定，同时最终环境影响也应符合环境功能区划要求。根据大气环境影响预测结果评价大气污染防治措施的可行性，并提出对项目实施环境监测的建议，给出大气污染控制措施优化调整的建议及方案。

（4）大气环境防护距离设置。根据大气环境防护距离计算结果，结合厂区平面布置图，确定项目大气环境防护区域。若大气环境防护区域内存在长期居住的人群，应给出相应的搬迁建议或优化调整项目布局的建议。

（5）污染物排放总量控制指标的落实情况。评价项目完成后污染物排放总量控制指标能否满足环境管理要求，并明确总量控制指标的来源。

（6）大气环境影响评价结论。结合项目选址、污染源的排放强度与排放方式、大气污染控制措施以及总量控制等方面综合进行评价，明确给出大气环境影响可行性结论。

5 地表水环境影响评价

5.1 概述

5.1.1 基本概念

5.1.1.1 地表水

地表水是指陆地表面被水覆盖的水域,主要包括河流(运河)、渠道、湖泊、水库等水体。考虑到地表水与海洋之间的水力联系及位置关系,将海湾(入海河口和近岸海域)也纳入地表水环境影响评价的范畴。

5.1.1.2 水污染源

凡对水环境质量可以造成有害影响的物质和能量输入的来源,统称水污染源;输入的物质和能量,称为污染物或污染因子。

影响地表水环境质量的污染源,按进入环境的空间分布方式可分为点源和非点源(面源),按污染物性质可分为持久性污染物、非持久性污染物、酸碱污染物、废热四类,按照排放持续的时间可分为连续排放源和非连续排放源。

表 5-1 水污染源分类

按空间分布方式	点污染源	污染物产生的源点和进入环境的方式为点
	非点污染源(面源)	污染物产生的源点为面,而进入环境的方式可为面、线或点
按污染物性质	持久性污染物	在地表水中不能或很难由水体自净作用而降(分)解、挥发的污染物
	非持久性污染物	在地表水中由水体自净作用而降(分)解、挥发的污染物
	酸碱污染物	各种废酸、废碱等,水质参数是 pH 值
	废热(热污染)	由排放热量所引起水温变化,水质参数是水温
按排放持续时间	连续排放源	污染源排放量不随时间变化
	非连续排放源	污染源排放量随时间变化,包括间断排放

5.1.2 常用水环境标准介绍

5.1.2.1 《环境影响评价技术导则—地面水环境》（HJ/T 2.3—93）

本标准规定了地面水环境影响评价的原则、方法及要求，适用于厂矿企业、事业单位建设项目的地面水环境影响评价。

5.1.2.2 水环境质量评价标准

（1）《地表水环境质量标准》（GB 3838—2002）

本标准按照地表水环境功能分类和保护目标，规定了水环境质量应控制的项目及限值，以及水质评价、水质项目的分析方法和标准的实施与监督，适用于中华人民共和国领域内江河、湖泊、运河、渠道、水库等具有使用功能的地表水水域。

依据地表水水域环境功能和保护目标，按功能高低依次划分为五类：

Ⅰ类：主要适用于源头水、国家自然保护区；

Ⅱ类：主要适用于集中式生活饮用水地表水源地一级保护区、珍稀水生生物栖息地、鱼虾类产卵场、仔稚幼鱼的索饵场等；

Ⅲ类：主要适用于集中式生活饮用水地表水源地二级保护区、鱼虾类越冬场、洄游通道、水产养殖区等渔业水域及游泳区；

Ⅳ类：主要适用于一般工业用水区及人体非直接接触的娱乐用水区；

Ⅴ类：主要适用于农业用水区及一般景观要求水域。

（2）《海水水质标准》（GB 3097—1997）

本标准规定了海域各类适用功能的水质要求，适用于中华人民共和国管辖的海域。

按照海域的不同使用功能和保护目标，海水水质分为四类：

第一类：适用于海洋渔业水域，海上自然保护区和珍稀濒危海洋生物保护区；

第二类：适用于水产养殖区，海水浴场，人体直接接触海水的海上运动或娱乐区，以及与人类食用直接有关的工业用水区；

第三类：适用于一般工业用水区，滨海风景旅游区；

第四类：适用于海洋港口水域，海洋开发作业区。

其他水环境质量标准还有《渔业水质标准》（GB 11607—89）、《农田灌溉水质标准》（GB 5084—92）、《生活饮用水源水质标准》（CJ 3020—93）等。

5.1.2.3 《污水综合排放标准》（GB 8978—1996）

本标准按照污水排放去向，分年限规定了 69 种水污染物最高允许排放浓度和部分行业最高允许排水量。适用于现有单位水污染物的排放管理，以及建设项目的环境影响评价、建设项目环境保护设施设计、竣工验收及其投产后的排放管理。

（1）标准分级

① 排入《地表水环境质量标准》（GB 3838—2002）标准中Ⅲ类水域（划定的保护区和游泳区除外）和排入《海水水质标准》（GB3097—1997）中二类海域的污水，执行一级排放标准；

② 排入 GB 3838 标准中Ⅳ、Ⅴ类水域和排入 GB 3097 标准中三类海域的污水，执行二级排放标准；

③ 排入设置二级污水处理厂的城镇排水系统的污水，执行三级排放标准；

④ 排入未设置二级污水处理厂的城镇排水系统的污水，必须根据排水系统出水受纳水域的功能要求，分别执行①和②的规定。

⑤ GB 3838 标准中Ⅰ、Ⅱ类水域和Ⅲ类水域中划定的保护区，GB 3097 标准中一类海域，禁止新建排污口，现有排污口按水体功能要求，实行污染物总量控制，以保证受纳水体的水质符合规定用途的水质标准。

（2）污染物分类

按将排放的污染物的性质及控制方式，可分为以下两类：

第一类污染物，不分行业和污水排放方式，也不分受纳水体的功能类别，一律在车间或车间处理设施排放口采样，其最高允许排放浓度必须达到本标准要求（采矿行业的尾矿坝出水口不得视为车间排放口）。

第二类污染物，在排放单位排放口采样，其最高允许排放浓度必须达到本标准要求。

对于排放含有放射性物质的污水，除执行本标准外，还必须符合《辐射防护规定》（GB 8703—88）。

5.1.3 地表水环境影响评价的总体要求

（1）根据地面水环境影响评价技术导则和区域可持续发展的要求，明确包括水质要求和环境效益在内的环境质量目标。

（2）根据国家排污控制标准（排放标准），分析和界定建设项目可能产生的特征污染物和污染源强（水质与水量指标）。

（3）选择合理的水质模型，建立污染源与环境质量目标的关系，根据各种工况下不同的污染源强，进行水环境影响预测评价。

（4）采取社会、环境、经济协调统一的分析方法，优化污染源控制方案，实现建设项目水污染源的"达标排放，总量控制"。

（5）通过综合分析、评价，得出项目建设的环境可行性结论。并针对环境影响提出相应的环境保护对策措施。

5.1.4　地表水环境影响评价的主要任务

5.1.4.1　明确工程项目性质

全面了解建设项目的背景、进度和规模，调查其工程内容、生产工艺和可能造成的环境影响因素，明确工程及环境影响性质。主要是以下三个方面：

（1）拟建工程是否符合产业政策与区域规划。

（2）划分拟建工程的环境影响属性，是环境污染型或生态破坏型。

（3）界定新、改、扩建项目，明确是否有"以新带老"的问题。

5.1.4.2　确定评价工作等级

依据《环境影响评价技术导则—地面水环境》（HJ/T 2.3—93），结合建设项目外排水污染源的特点和当地水环境的特征，确定地表水环境影响评价工作等级。

5.1.4.3　地表水环境现状调查和评价

通过水质与水文调查、现有污染源调查，弄清水环境现状，确定水环境问题的性质和类型，并对水质现状进行评价。

5.1.4.4　建设项目工程分析

（1）明确工程涉及的水环境敏感目标（如生活饮用水水源保护区等）；

（2）工程水环境影响分析；

（3）根据建设项目的生产工艺流程、原辅材料消耗及用水量，通过工程分析及物料平衡和水平衡分析，弄清建设项目产生的各类水污染源强（水质与水量指标），分析论证工程设计采用的废（污）水处理方案的有效性及可靠性，确定不同工况下的外排水污染负荷量（主要是特征污染物的水质与水量指标）；

（4）根据工程分析，确定主要评价因子。

5.1.4.5　建设项目的水环境影响预测与评价

利用现状调查和工程分析的有关数据，确定水质参数和计算条件，选择合适的水质模型，建立水质输入响应关系，针对不同工况下的外排污染负荷量，预测建设项目对地表水环境的影响范围及程度。根据环境影响预测结果，依据国家污染物排放标准和环境质量标准、污染物总量控制指标，结合水环境保护目标，对建设项目的水环境影响进行综合分析评价。

必要时应进行工程涉及水域的水环境容量预测分析。

5.1.4.6 提出控制水污染的方案和保护水环境的措施

根据上述的项目环境影响预测和评价，比较优化建设方案，评价建设项目对地表水影响的范围和程度，预测受影响水体的环境质量变化和达标率，为了实现水环境质量保护目标，提出水环境保护的建议和措施。

5.1.5 地表水环境影响评价的工作程序

地表水环境影响评价工作程序，见图 5-1。

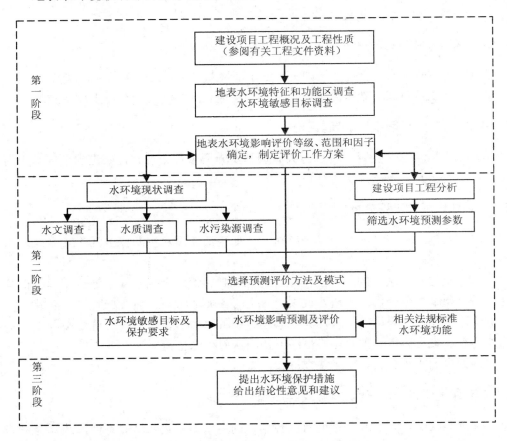

图 5-1 地表水环境影响评价的工作程序

5.1.6 地表水环境影响评价等级与评价范围

依据《环境影响评价技术导则—地面水环境》（HJ/T 2.3—93）规定，地表水环境影响评价工作分为三级，一级评价最详细，二级次之，三级较简略。对于不同级别的地表水环境影响评价，环境现状调查、环境影响预测等的评价工作内容与技术质量要求有所不同。

低于地表水环境影响第三级评价条件的建设项目，不必进行地表水环境影响评价，只需按照环境影响报告表的有关规定，进行简单的水环境影响分析。

5.1.6.1 划分评价等级的依据

（1）确定评价等级判据的原则

所定判据应能反映地表水问题的主要特点，反映建设项目向地表水排放污水的主要特征，与建设项目排污有关的判据定为污水排放量和污水水质特征，与地表水环境有关的判据定为受纳水体的规模和受纳水域的类别及水质要求。

（2）划分评价等级的具体依据

根据以上原则，地表水环境影响评价工作等级的划分，将按照下列依据确定：

① 建设项目污水排放量。考虑到我国各类企业的污水产生及排放情况，将建设项目的污水排放量分为 5 个档次：

a）$\geqslant 20\,000$ m^3/d；

b）$10\,000 \sim 20\,000$ m^3/d；

c）$5\,000 \sim 10\,000$ m^3/d；

d）$1\,000 \sim 5\,000$ m^3/d；

e）$200 \sim 1\,000$ m^3/d。

② 建设项目污水水质的复杂程度。污水水质的复杂程度，按污水中的污染物类型数以及需预测污染因子数的多少，划分为复杂、中等和简单三类。

a）复杂。污染物类型数$\geqslant 3$，或者只有两类污染物，但需预测其浓度的水质因子数目$\geqslant 10$。

b）中等。污染物类型数$=2$，且需预测其浓度的水质因子数目<10；或者只需预测一类污染物，但需预测其浓度的水质因子数目$\geqslant 7$。

c）简单。污染物类型数$=1$，需预测浓度的水质因子数目<7。

③ 地表水域规模（受纳水体的规模）。

a）河流或河口水域规模大小的划分。根据地面水环境影响评价技术导则的相关规定，以多年平均流量作为划分河流或河口水域规模大小的依据。如果没有多年平均流量，则用平水期的平均流量。

按建设项目排污口附近河段的多年平均流量或平水期的平均流量划分为：

大河：>150 m^3/s；　　　中河：$15 \sim 150$ m^3/s；　　　小河：<15 m^3/s。

b）湖泊和水库水域规模大小的划分。根据地面水环境影响评价技术导则的相关规定，以平均水深和对应的水域面积作为划分湖泊和水库水域规模大小的依据，也可以选用平水期的平均水深和对应的水域面积作为划分湖泊和水库水域规模大小的依据。

按枯水期湖泊和水库的平均水深以及水面面积划分为：

当平均水深＜10 m 时

　　　大湖（水库）　水域面积 ≥50 km²

　　　中湖（水库）　水域面积 5～50 km²

　　　小湖（水库）　水域面积 ＜5 km²

当平均水深≥10 m 时

　　　大湖（水库）　水域面积 ≥25 km²

　　　中湖（水库）　水域面积 2.5～25 km²

　　　小湖（水库）　水域面积 ＜2.5 km²

④ 水环境质量要求。按照评价水域划定的水域功能，以《地表水环境质量标准》（GB 3838—2002）为依据确定应执行的水环境质量标准。如受纳水体的实际水域功能与 GB 3838—2002 的分类不一致时，应根据当地的水环境质量状况和环境管理要求确定，水域功能类别及应执行的水质标准。

5.1.6.2 评价等级的划分

（1）评价等级划分的原则

根据上述评价等级划分的依据，可按下面两项原则划分地表水环境影响评价工作的等级。

① 不同的建设项目对地表水环境的影响程度各有不同，这主要是由建设项目污水排放量和污水水质复杂程度的差别引起的。污水排放量越大，水质越复杂，则建设项目对地表水的污染影响就越大，要求地表水环境影响评价做得越仔细，评价等级就越高。

② 对建设项目带来的影响，不同地表水域的承受能力各有不同，这主要反映在水域规模的大小及对其水质要求的高低。地表水域规模越小，其水质要求越严，则对外界污染影响的承受能力越小，因此，相应地对地表水环境影响评价工作的要求越高，评价级别也相应越高。

（2）地表水环境影响评价

地表水环境影响评价工作等级划分见表 5-2。

5.1.6.3 评价范围

地表水环境影响的评价范围，应能包括建设项目对周围地表水环境影响较显著的区域。在此区域内进行的评价，能全面说明与地表水环境相联系的环境基本状况，并能充分满足地表水环境影响评价的要求。

表 5-2　地表水环境影响评价等级

评价级别		一级		二级		三级	
建设项目污水排放量/(m³/d)	建设项目污水水质复杂程度	地表水域规模	地表水水质要求	地表水域规模	地表水水质要求	地表水域规模	地表水水质要求
≥20 000	复杂	大	I～III	大	IV，V		
		中、小	I～IV	中、小	V		
	中等	大	I～III	大	IV，V		
		中、小	I～IV	中、小	V		
	简单	大	I、II	大	IV，V		
		中、小	I～III	中、小	IV，V		
<20 000 ≥10 000	复杂	大	I～III	大	IV，V		
		中、小	I～IV	中、小	V		
	中等	大	I、II	大	III，IV	大	V
		中、小	I、II	中、小	III～V		
	简单			大	I～III	大	IV，V
		中、小	I	中、小	II～IV	中、小	V
<10 000 ≥5 000	复杂	大、中	I、II	大、中	III，IV	大、中	V
		小	I、II	小	III，IV	小	V
	中等			大、中	I～III	大、中	IV，V
		小	I	小	II～IV	小	V
	简单			大、中	I～II	大、中	III～V
				小	I～III	小	IV，V
<5 000 ≥1 000	复杂			大、中	I～III	大、中	IV～V
		小	I	小	II～IV	小	V
	中等			大、中	I～II	大、中	III～V
				小	I～III	小	IV，V
	简单					大、中	I～IV
				小	I	小	II～V
<1 000 ≥200	复杂					大、中	I～IV
						小	I～V
	中等					大、中	I～IV
						小	I～V
	简单					中、小	I～IV

5.2 地表水环境现状调查与评价

掌握评价范围内水体污染源、水文、水质和水体使用功能等方面的环境背景情况，为地表水环境现状评价和影响预测提供基础资料。并以资料收集为主，现场实测为辅，开展地表水环境现状调查。调查的对象（内容）主要为环境水文条件、水污染源和水环境质量。

5.2.1 现状调查的方法

常用的地表水环境现状调查方法有三种，即搜集资料法、现场实测法、遥感遥测法。

5.2.2 调查的范围和时期

5.2.2.1 调查的范围

地表水环境调查的范围，主要是受建设项目排污影响较显著的地表水区域。在此水域内进行的调查，应能充分反映地表水环境的基本状况，并能满足水环境影响预测的要求。有以下两点需要说明。

（1）在确定某具体开发建设项目的地表水环境现状调查范围时，应尽量按照将来污染物排入水体后可能达到地表水环境质量标准的范围，并考虑评价等级后决定，评价等级高时调查范围取偏大值，反之取偏小值。

（2）当拟定评价范围附近有敏感水域（如水源地、自然保护区等）时，调查范围应考虑延长到敏感水域的上游边界，以满足预测敏感水域所受影响的需要。

5.2.2.2 调查的时期

（1）根据当地水文资料初步确定河流、湖泊、水库的丰水期、平水期、枯水期，同时确定最能代表这三个时期的季节或月份。遇气候异常年份，要根据水量实际变化情况确定。对有水库调节的河流，要注意水库放水或不放水时的流量变化情况。

（2）评价等级不同，对调查时间的要求也有所不同。表 5-3 列出了不同评价等级时各类水域的水质调查时期。

（3）当被调查的范围内面源污染严重，丰水期水质劣于枯水期时，一、二级评价的各类水域须调查丰水期，若时间允许，三级评价也应调查丰水期。

（4）冰封期较长的水域，且作为生活饮用水、食品加工用水的水源为渔业用水时，应调查冰封期的水质、水文情况。

表 5-3 各类水域在不同评价等级时水质的调查时期

水域	一级	二级	三级
河流	一般情况为一个水文年的丰水期、平水期、枯水期;若评价时间不够,至少应调查平水期和枯水期	条件许可,可调查一个水文年的丰水期、枯水期和平水期;一般情况可只调查枯水期和平水期;若评价时间不够,可只调查枯水期	一般情况下,可只在枯水期调查
湖泊、水库	一般情况为一个水文年的丰水期、平水期、枯水期;若评价时间不够,至少应调查平水期和枯水期	一般情况可只调查枯水期和平水期;若评价时间不够,可只调查枯水期	一般情况下,可只在枯水期调查
入海河口感潮河段	一般情况为一个潮汐年的丰水期、平水期、枯水期;若评价时间不够,至少应调查平水期和枯水期	一般情况可只调查枯水期和平水期;若评价时间不够,可只调查枯水期	一般情况下,可只在枯水期调查
近岸海域	调查大潮期和小潮期	调查大潮期和小潮期,至少调查小潮期	至少调查小潮期

5.2.3 环境水文调查与水文测量

5.2.3.1 环境水文条件调查的原则

(1)应尽量收集邻近水文站既有水文年鉴资料和其他相关的有效水文观测资料。当上述资料不足时,应进行现场水文调查与水文测量,特别需要进行与水质调查同步的水文调查与水文测量。水文调查与水文测量的方法参照 GB 50179、GB/T 14914、GB 12763 标准的有关规定实施。

(2)一般情况,水文调查与水文测量在枯水期进行。必要时,可在其他时期(丰水期、平水期、冰封期等)进行。调查范围应尽量按照将来建设项目可能影响的水域范围确定。

(3)水文测量的内容应满足拟采用的水环境影响预测模式对水文参数的要求。在采用水环境数学模式时,应根据所选用的预测模式需输入的水文特征值及环境水力学参数决定水文测量内容;在采用物理模型法模拟水环境影响时,水文测量主要应取得足够的制作模型及模型试验所需的水文特征值及环境水力学参数。

(4)与水质调查同步进行的水文测量,原则上只在一个时期(水期)内进行。水文测量的时间、频次和断面可不与水质调查完全相同,但应保证满足水环境影响预测所需的水文特征值及环境水力学参数的要求。

5.2.3.2　环境水文调查与测量的内容

（1）河流水文调查与水文测量的内容应根据评价等级、河流的规模决定，其中主要有：丰水期、平水期、枯水期的划分，河流平直及弯曲情况（如弯曲系数等）、横断面的面积、纵断面的比降（坡度），河宽、水深、水位、流速、流量及其分布，水温、糙率及泥沙含量等，丰水期有无分流漫滩，枯水期有无浅滩、沙洲和断流，北方河流还应了解结冰、封冻、解冻等现象。如采用数学模式预测时，其具体调查内容应根据评价等级及河流规模按照模式和参数的需要决定。河网地区应调查各河段流向、流速、流量的关系，了解流向、流速、流量的变化特点。

（2）湖泊、水库水文调查与水文测量的内容应根据评价等级、湖泊和水库的规模决定，其中主要有：湖泊、水库的面积和形状（附平面图），丰水期、平水期、枯水期的划分，流入、流出的水量，停留时间，水量的调度和贮量，湖泊、水库的水深，水温分层情况及水流状况（湖流的流向和流速，环流的流向、流速及稳定时间）等。如采用数学模式预测时，其具体调查内容应根据评价等级及湖泊、水库的规模按照模式和参数的需要来决定。

（3）感潮河段和河口的水文调查与水文测量的内容应根据评价等级、河流的规模决定，其中除与河流相同的内容外，还有：感潮河段的范围，涨潮、落潮及平潮时的水位、水深、流向、流速及其分布，横断面、水面坡度以及潮间隙、潮差和历时等。如采用数学模型预测时，其具体调查内容应根据评价等级及河流规模按照模式和参数的需要决定。

（4）海湾及近岸海域水文调查与水文测量的内容应根据评价等级及海湾的特点选择下列全部或部分内容：海岸形状，海底地形，潮位及水深变化，潮流状况（小潮和大潮期间的水流变化），流入的河水流量、盐度、水温、波浪的情况以及海水交换周期等。

（5）需要预测建设项目的非点源污染时，应调查历年的降雨资料，并根据预测的需要对资料进行统计分析。

5.2.3.3　河流环境水文条件调查的主要特征参数

调查的水文特征参数主要包括：河宽（B）、水深（H）、流速（u）、流量（Q）、糙率、坡度（I）和弯曲系数等。

$$弯曲系数 = \frac{断面间河段长度}{断面间直线距离}$$

当弯曲系数＞1.3 时，可视为弯曲河流，否则可以简化为平直河流。

5.2.3.4 调查的方法

（1）水文站资料收集利用法。

（2）现场实测法。

（3）判图法（判读地形图）。

水文资料以收集为主，实测和判读地形图为辅。

5.2.4 水污染源调查

在调查范围内能对地表水环境产生污染影响的主要污染源均应进行调查。水污染源包括两类：点污染源（简称点源）和非点污染源（简称非点源或者面源）。

5.2.4.1 点源的调查

（1）调查的原则

① 以搜集现有资料为主，只有在十分必要时才补充现场调查和现场测试。例如在评价改、扩建项目时，对此项目改、扩建前的污染源应详细了解，常需现场调查或测试。

② 点源调查的内容可根据评价级别及其与建设项目的关系而略有不同。如评价级别较高且现有污染源与建设项目距离较近时应详细调查，例如位于建设项目的排水与受纳河流的混合过程段以内，并对预测计算可能有影响的情况。

（2）调查的内容

根据评价工作的需要选择下述全部或部分内容进行调查。有些调查内容可以列成表格。

① 点源的排放：

排放口的平面位置（附污染源平面位置图）及排放方向。

排放口在断面上的位置。

排放形式：分散排放还是集中排放。

② 排放数据。根据现有实测数据、统计报表以及各厂矿的工艺过程等选定的主要水质参数，并调查其现有的废污水排放量、排放速率、污染物排放浓度等数据。

③ 用、排水状况。主要调查取水量、用水量、循环水量、回用水量及排水总量等。

④ 调查排污单位的废、污水处理状况。主要调查废、污水的处理工艺、处理设备、处理效率、处理规模及运行状况等。

5.2.4.2 非点源调查

根据评价工作的需要，选择下述全部或部分内容进行调查。

（1）农业污染源：调查农药、有机肥、化肥种类、施用量、流失率、流失规律、不同季节流失量以及该地区的水土流失情况等。

（2）农村生活污染源：调查人口数量、人均用水量指标、供水方式、污水排放方式和排污负荷量等。

（3）畜禽养殖污染源：调查畜禽的种类、数量、养殖方式、污水收集与处置情况、污水排放方式和排污负荷量等。

（4）工矿污染源：调查原料、燃料、废料、固体废物的堆放位置、堆放面积、堆放形式及防护情况、污水收集与处置情况、污水排放方式和排污负荷量等。

① 概况。原料、燃料、废料、废弃物的堆放位置（即主要污染源，要求附污染源平面位置图）、堆放面积、堆放形式（几何形状、堆放厚度）、堆放点的地面铺装及其保洁程度、堆放物的遮盖方式等。

② 排放方式、排放去向与处理情况。应说明非点源污染物是有组织的汇集还是无组织的漫流；是集中后直接排放还是处理后排放；是单独排放还是与生产废水或生活污水共同排放等。

③ 排放数据。根据现有实测数据、统计报表以及根据引起非点源污染的原料、燃料、废料、废弃物的物理、化学、生物化学性质选定调查的主要水质参数，并调查有关排放季节、排放时期、排放量、排放浓度及其变化等数据。

（5）其他非点污染源

对于山林、草原、农地非点污染源，应调查有机肥、化肥、农药的施用量，以及流失率、流失规律、不同季节的流失量等。对于城市非点源污染，应调查雨水径流特点、初期城市暴雨径流的污染物数量。

5.2.4.3 水污染源资料的整理与分析

对搜集到的和实测的水污染源资料进行检查，找出相互矛盾和错误的资料并予以更正。资料中的缺漏应尽量填补。将这些资料按污染源排入地表水的顺序及特征水质因子的种类列成表格，并从中找出调查水域的主要水污染源和主要水污染物。

5.2.5 水环境质量调查

5.2.5.1 调查的原则

水环境质量调查的原则是尽量利用现有的数据资料，如资料不足时应实测。调查的目的是查清水体评价范围内的水质现状，作为影响预测和评价的基础。

（1）评价工作等级为一、二级时，水质调查以实测为主，并辅以既有水质资料的收集利用；如例行监测资料或有效的既有水质资料满足评价要求时，水质实测工作可适当简化。

（2）评价工作等级为三级时，水质调查宜进行水质实测，如例行监测资料或有效的既有水质资料满足评价要求时，可不进行水质实测。

（3）既有水质资料应为近 3 年的监测数据，同时应分析其代表性、合理性。

5.2.5.2　调查因子的选择

所选择的水质调查因子主要包括两类，一类是常规水质因子，它能反映受纳水域水质的一般状况；另一类是特征水质因子，它能代表建设项目将来排污的水质特征。在某些情况下，还需调查一些其他方面的因子。

（1）常规水质因子

① 河流、渠道、湖泊、水库：以《地表水环境质量标准》（GB 3838—2002）标准中基本项目类为基础，如涉及集中式生活饮用水源地，需考虑补充项目类和特定项目类，根据水域类别、评价工作等级、污染源状况适当删减。

② 河口、近岸海域：以《海水水质标准》（GB 3097—1997）标准中水质因子为基础，根据水域类别、评价工作等级、污染源状况适当删减。

（2）特征水质因子

根据建设项目特点、水域类别及评价等级选定。可按行业编制的特征水质参数表，或参照《污水综合排放标准》（GB 8978—1996）进行选择及适当删减。

① 有行业污水排放标准的，以行业污水排放标准的污染物项目作为特征水质因子；没有行业污水排放标准的，以 GB 8978—1996 中的污染物项目为基础，根据建设项目排污特性合理确定特征水质因子；建设项目排放污染物未在上述标准中列出的，也须作为特征水质因子。

② 如涉及集中式生活饮用水水源地时，还须根据建设项目的排污特性，在《地表水环境质量标准》（GB 3838—2002）的补充项目类（原则上全选）、特定项目类中（有针对性选择）合理确定需调查的相关特征水质因子。

（3）其他方面的因子

① 水生生物调查：当受纳水域的生态敏感、环境保护要求较高（如自然保护区、水生生物种质资源保护区、重要鱼类"三场"区等），且评价等级为一、二级，应考虑进行水生生物、特别是鱼类资源的调查。

② 底质调查：受纳水域污染物的沉积作用明显，且特征污染物涉及重金属等易沉积污染因子时，应考虑进行底质中与拟建工程排水有关的易沉积污染因子调查。

5.2.5.3　各类水域水质取样点位设置

（1）河流水质取样点位设置

① 水质取样断面布设：一般应布设对照断面、控制断面和削减断面。在拟建排污口上游应布置对照断面（一般在 500 m 以内）；调查范围内不同类水环境功能区、

重点保护水域、敏感用水对象附近水域、水文特征突然变化处（如支流汇入处上下游）、水质急剧变化处（如排污口上下游）、涉水构筑物（如闸坝、桥梁等）附近、调查范围的下游边界处、水质例行监测断面处以及其他需要进行水质预测的地点等应布设控制断面；需掌握水质自净规律、通过实测水质数据来估算水质衰减（降解）系数时，应在恰当河段布设削减断面。

② 水质取样断面上取样垂线的布设：

小型河流在取样断面的主流（中泓）线上设一条水质取样垂线；

大、中型河流：河宽≤50 m，在水质取样断面上各距岸边 1/3 水面宽处，分别设一条水质取样垂线（垂线应设在有较明显水流处），共设两条水质取样垂线；50 m<河宽≤200 m，在水质取样断面的主流（中泓）线上以及距两岸不少于 0.5 m 且有明显水流的地方，各设一条水质取样垂线，共设三条水质取样垂线。如需预测污染带分布的，需在拟设置排污口一侧适当增设水质取样垂线。

河宽>200 m 时，可只在主流（中泓）线靠拟设置排污口一侧水域设置水质取样垂线，但水质取样垂线的数量需满足污染带预测的需要。

③ 水质取样垂线上取样点的布设（不包括石油类等易漂浮于水面、岸边等污染物质的取样点设置）：水质取样垂线上的水深≤1.0 m 或者为小型河流时，水质取样点设置在取样垂线的 1/2 水深处；1.0 m<水质取样垂线上的水深≤5.0 m 时，在水面下 0.5 m 处设置一个水质取样点；5.0 m<水质取样垂线上的水深≤10.0 m 时，在水面下 0.5 m 和距河底 0.5 m 处各设置一个水质取样点；水质取样垂线上的水深>10.0 m 时，在水面下 0.5 m、1/2 水深处、距河底 0.5 m 处各设置一个水质取样点。

（2）湖泊、水库水质取样点位设置

① 水质取样涉及水域布置：在湖泊、水库中布设的取样位置应覆盖整个调查水域，并且能切实反映湖泊、水库的水质和水文分布特征（如进水区、出水区、深水区、浅水区、岸边区等水域）。

② 水质取样垂线的布设：在不同水质类别区、水环境敏感区、排污口和需要进行水质预测的水域应布设取样垂线。水质取样垂线的设置可采用以排污口为中心、沿放射线布设或网格布设的方法，根据调查评价的湖泊、水库规模，按照下列原则及方法设置：

a）大、中型湖泊、水库。当建设项目污水排放量<50 000 m³/d 时：一级评价每 1～2.5 km² 布设一条取样垂线；二级评价每 1.5～3.5 km² 布设一条取样垂线；三级评价每 2～4 km² 布设一条取样垂线。

当建设项目污水排放量>50 000 m³/d 时：一级评价每 3～6 km² 布设一条取样垂线；二、三级评价每 4～7 km² 布设一条取样垂线。

b）小型湖泊、水库。当建设项目污水排放量<50 000 m³/d 时：一级评价每 0.5～1.5 km² 布设一条取样垂线；二、三级评价每 1～2 km² 布设一条取样垂线。

当建设项目污水排放量＞50 000 m³/d 时，各级评价均为每 0.5～1.5 km² 布设一条取样垂线。

③ 水质取样垂线上取样点的布设：当水质取样垂线处水深≤5.0 m 时，水质取样点设在水面下 0.5 m 处（其中水深＜1.0 m 时，水质取样点设在 1/2 水深处）；5.0 m＜水质取样垂线处水深≤10.0 m 时，水质取样点设在水面下 0.5 m、距湖（库）底 0.5 m 处，共设置 2 个水质取样点；当水质取样垂线处水深＞10.0 m 时，首先要根据既有水质监测资料查明此湖（库）有无温度分层现象，如无资料可查证，则先测水温，目的是找到斜温层。找到斜温层后，在水面下 0.5 m、斜温层下部、距湖（库）底 0.5 m 处，各设置一个水质取样点，共设置 3 个水质取样点。如没有明显的水温分层现象，在水面下 0.5 m、1/2 水深、距湖（库）底 0.5 m 处，各设置一个水质取样点。

（3）河口、近岸海域水质取样点位设置

① 水质取样断面和取样垂线的设置：一级评价一般布设 5～7 个取样断面；二级评价一般布设 3～5 个取样断面；三级评价一般布设 1～3 个取样断面。各水质取样断面应与主潮流方向或海岸垂直，水质取样的断面宜平行布设。每个水质取样断面一般布设 3～5 条取样垂线。在不同水质类别区、水环境敏感区、海上污染源、排污口、水动力变化大的区域和需要进行水质预测的海域应布设取样垂线。

② 水质取样点的布设：根据垂向水质分布特点，参照《近岸海域环境监测规范》（HJ 442—2008）和《海洋调查规范》（GB 12763）有关规定执行。

③ 排污口位于感潮河段内的，其上游设置的水质取样断面，应根据实际情况参照河流决定，其下游断面的布设与河流相同。

5.2.5.4 各类水域水质调查取样的频次

（1）河流水质取样的频次

① 对于不同评价工作等级的水质调查时期中，每个水期调查取样一次，每次连续调查取样 3～5 天，每个水质取样点每天至少取一组水样。一般情况，每个水质监测因子每天只取一个样，但在水质变化较大时，每间隔一定时间取水样一次。

② 水温观测，一般应每间隔 6 小时观测一次水温，统计计算日平均水温。

（2）湖泊、水库水质取样的频次

① 对于不同规模的湖泊与水库、不同评价工作等级的调查时期中，每个水期调查取样一次，每次连续取样 3～4 天，每个水质取样点每天至少取一组水样，但在水质变化较大时，每间隔一定时间取水样一次。

② 溶解氧和水温每间隔 6 小时取样监测一次，需在调查取样期内适当检测藻类。

（3）感潮河段、河口、近岸海域水质取样的频次

① 对于感潮河段，在不同评价工作等级的调查时期中（表 5-3），原则上每个水期在大潮周日内和小潮周日内分别采高潮水样和低潮水样，给出所采样品所处

潮时，必要时对潮周日内的全部高潮和低潮采样。当上、下层水质变幅较大时，不取混合样。

　　② 河口上游水质取样频次参照感潮河段相关要求执行，下游水质取样频次参照近岸海域相关要求执行。

　　③ 对于近岸海域，在不同评价工作等级的近岸海域水质调查水期中（表5-3），宜在半个太阴月内的大潮期和小潮期分别采样，给出所采样品所处潮时；对所有选取的水质监测因子，在高潮和低潮时各取样一次。

5.2.5.5 水质采样及水质分析的要求

　　（1）一级评价工作等级时，每个采样点的每次水样均应分析；二级评价工作等级时，至少进行每条采样垂线的每次混合样分析；三级评价工作等级时，至少进行每个采样断面的每次混合样分析。

　　（2）湖泊、水库的三级评价工作等级时，至少进行每条采样垂线的每次混合样分析。

5.2.5.6 水温变化过程

　　水温是影响水质的重要指标。各种水质参数值，如溶解氧浓度、非离子氨浓度等，以及水质模型中的许多参数，如耗氧系数、复氧系数等都与水温有关。过高的水温或过快的水温变化速率，都会影响水生生物正常生长和水体的功能。一些企业排放的热水是引起水体水温变化的主要污染源。水体水温除了受工业污染源影响外，还与一系列热交换过程有关，包括同大气的能量交换和河床的热量交换等。

5.2.5.7 资料的搜集、整理

　　现有水质资料主要从当地水质监测部门搜集。搜集的对象是有关水质监测报表、环境质量报告书及建于附近的建设项目的环境影响报告书等技术文件中的水质资料。按照时间、地点和分析项目排列整理所收集的资料，并尽量找出其中各水质参数间的关系及水质变化趋势，同时与可能找到的同步的水文资料一起，分析查找地表水环境对各种污染物的净化能力。

5.2.6 水环境功能调查

5.2.6.1 调查的意义

　　水环境功能调查是地表水环境影响评价的基础资料，一般应由环境保护部门规定。调查的目的是核对及核准评价水域的水环境功能，若还没有规定水环境功能的，则应通过调查水域的实际使用情况，并报当地环境保护部门认可。

5.2.6.2 调查的方法

调查的方法以间接了解为主，并辅以必要的实地踏勘。

5.2.6.3 调查的内容

水资源利用、地表水环境功能、近岸海域环境功能的调查，可根据需要选择下述全部或部分内容：城市、工业、农业、渔业、水产养殖业等各类的用水情况，以及各类用水的供需关系、水质要求和渔业、水产养殖业等所需的水面面积等。此外，对用于排泄污水或灌溉退水的水体也应调查。在水资源利用及水环境功能状况调查时，还应注意地表水与地下水之间的水力联系。

5.2.7 地表水环境现状评价

5.2.7.1 评价原则

现状评价是水质调查的继续。评价水质现状主要采用文字分析与描述，并辅之以数学模式计算的方法进行。在文字分析与描述中，有时可采用检出率、超标率等统计值。数学模式计算分两种情况：一种用于单项水质参数评价，另一种用于多项水质参数综合评价。单项水质参数评价简单明了，可以直接了解该水质参数现状与标准的关系，一般均可采用。多项水质参数综合评价只在调查的水质参数较多时方可应用，此方法只能了解多个水质参数的综合现状与相应标准的综合情况之间的某种相对关系。

5.2.7.2 评价依据

地表水环境质量标准和有关法规及当地的环保要求是评价的基本依据。地表水环境质量标准应采用《地表水环境质量标准》（GB 3838—2002）标准或相应的地方标准；海水水质标准应采用《海水水质标准》（GB 3097—1997）标准；感潮河段应按照当地水环境功能区划的要求选用相应的标准。有些水质参数国内尚无标准，可参照国外标准或建立临时标准；所采用的国外标准和建立的临时标准应经环保部门确认。评价区内不同水环境功能的水域应采用不同类别的水质标准。

5.2.7.3 选择水质评价因子

评价因子从所调查收集的水质参数中选取。根据污染源调查和水质现状调查与水质监测成果，选择：

（1）工程废水排放的主要特征污染物；

（2）对纳污水体污染影响危害大的水质因子；

（3）国家和地方环境保护主管部门要求严格控制的水污染因子。

评价因子的数量须能反映水体评价范围的水质现状。

5.2.7.4 水质评价因子的参数确定

在单项水质参数评价中，一般情况，某水质评价因子的参数可采用多次水质监测数据的平均值，但如该水质评价因子监测数据变幅较大时，为了突出高值的影响可采用内梅罗值、极值或其他计入高值影响的方法。下式为内梅罗值的表达式：

$$C_{内} = \sqrt{\frac{C_{极}^2 + C_{均}^2}{2}} \tag{5-1}$$

式中：$C_内$ —— 某水质评价因子的内梅罗值；

$\quad\quad C_极$ —— 某水质评价因子的监测数据极值；

$\quad\quad C_均$ —— 某水质评价因子的监测数据算术平均值。

5.2.7.5 评价方法

水质评价方法主要采用单项水质指数评价法。单项水质指数评价是将每个污染因子单独进行评价，利用统计得出各自的达标率或超标率、超标倍数、统计代表值等结果。单项水质指数评价能客观地反映水体的污染程度，可清晰地判断出主要污染因子、主要污染时段和水体的主要污染区域，并能较完整地提供监测水域的时空污染变化和比较。

单项水质指数评价计算公式如下：

（1）一般水质因子

$$S_{i,j} = c_{i,j} / c_{si} \tag{5-2}$$

式中：$S_{i,j}$ —— 单项水质因子 i 在第 j 点的标准指数；

$\quad\quad c_{i,j}$ —— （i, j）点的评价因子水质浓度或水质因子 i 在监测点（或预测点）j 的水质浓度，mg/L；

$\quad\quad c_{si}$ —— 水质评价因子 i 的水质评价标准限值，mg/L。

（2）特殊水质因子

① DO 的标准指数

$$S_{DO,j} = | DO_f - DO_j | / (DO_f - DO_s) \quad DO_j \geqslant DO_s \tag{5-3}$$

$$S_{DO,j} = 10 - 9\frac{DO_j}{DO_s} \quad\quad DO_j < DO_s \tag{5-4}$$

式中：$S_{DO,j}$——DO 的标准指数；

DO$_f$—— 某水温、气压条件下的饱和溶解氧质量浓度，mg/L。
计算公式常采用：

$$DO_f = 468/(31.6+T)$$

式中：T——水温，℃；

DO$_j$—— 溶解氧实测值，mg/L；

DO$_s$—— 溶解氧的水质评价标准限值，mg/L。

② pH 的标准指数

$$S_{pH,j} = (7.0-pH_j)/(7.0-pH_{sd}) \quad pH_j \leqslant 7.0 \tag{5-5}$$

$$S_{pH,j} = (pH_j-7.0)/(pH_{su}-7.0) \quad pH_j > 7.0 \tag{5-6}$$

式中：$S_{pH,j}$—— pH 值的标准指数；

pH$_j$—— pH 值实测值；

pH$_{sd}$——《地表水环境质量标准》中规定的 pH 值下限值（一般情况下 pH$_{sd}$
取 6）；

pH$_{su}$——《地表水环境质量标准》中规定的 pH 值上限值（一般情况下 pH$_{su}$
取 9）。

水质评价因子的标准指数＞1，表明该评价因子的水质超过了规定的水质标准，
已经不能满足相应的水域功能要求。

5.3 地表水环境影响预测与评价

地表水环境影响预测是采用一定的技术方法，预测建设项目在不同实施阶段（建
设期、运行期、服务期满后）对地表水的环境影响，为采取相应的环保措施及环境
管理方案提供依据。

5.3.1 水体自净的基本原理

地表水环境影响预测是以一定的预测方法为基础，而这种方法的理论基础是水
体的自净特性。水体中的污染物在没有人工净化措施的情况下，其浓度随时间和空
间的推移而逐渐降低的特性即称为水体的自净特性。从机制方面可将水体自净分为
物理、化学、生物三个过程，它们往往是同时发生而又相互影响的。

5.3.1.1 物理自净

物理自净作用主要指的是污染物在水体中的混合稀释、扩散和自然沉淀过程。

沉淀作用指排入水体的污染物中含有的微小的悬浮颗粒，如颗粒态的重金属、虫卵等由于流速较小而逐渐沉到水底。污染物沉淀对水质来说是净化，但反而使底泥的污染物增加。混合稀释作用只能降低水中污染物的浓度，而不能减少其总量。水体的混合稀释作用主要由下面三部分作用所致：

（1）紊动扩散作用。由水流的紊动特性引起水中污染物自高浓度向低浓度区转移的紊动扩散。

（2）移流作用。由于水流的推动使污染物随水流输移。

（3）离散作用。由于水流方向横断面上流速分布的不均匀（由河岸及河底阻力所致）而引起附加的污染物分散称为离散作用。

5.3.1.2 化学自净

氧化还原反应是水体化学净化的重要作用。流动的水流通过水面波浪不断将大气中的氧气溶入，这些溶解氧与水中的污染物将发生氧化反应，如某些重金属离子可因氧化生成难溶物（如铁、锰等）而沉降析出；硫化物可氧化为硫代硫酸盐或硫而被净化。还原作用对水体净化也有作用，但这类反应多在微生物作用下进行。水体在不同的 pH 值下，对污染物有一定净化作用。某些元素在弱酸性环境中容易溶解得到稀释（如锌、镉、六价铬等），而另一些元素在中性或碱性环境中可形成难溶化合物而沉淀，例如，Mn^{2+}、Fe^{2+} 形成难溶的氢氧化物沉淀而析出。因天然水体接近中性，所以酸碱反应在水体中的作用不大。天然水体中含有各种各样的胶体，如硅、铝、铁等的氢氧化物，黏土颗粒和腐殖质等，由于有些微粒具有较大的表面积，另有一些物质本身就是凝聚剂，这就使得天然水体具有混凝沉淀作用和吸附作用，从而使有些污染物由于这些作用而被从水中去除。

5.3.1.3 生物自净

生物自净的基本过程是水中微生物（尤其是细菌）在溶解氧充分的情况下，将一部分有机污染物当做食饵消耗掉，并将另一部分有机污染物氧化分解成无害的简单无机物。影响生物自净作用的关键是：溶解氧的含量，有机污染物的性质、浓度以及微生物的种类、数量等。生物自净的快慢与有机污染物的数量和性质有关。生活污水、食品工业废水中的蛋白质、脂肪类等是极易分解的。但大多数有机物分解缓慢，更有少数有机物难分解，如造纸废水中的木质素、纤维素等，需经数月才能分解；另有不少人工合成的有机物极难分解并有剧毒，如滴滴涕、六六六等有机氯农药和用做热传导体的多氯联苯等。水生物的状况与生物自净有密切关系，它们担负着分解绝大多数有机物的任务。蠕虫能分解河底有机污泥，并以之为食饵。原生动物除了因以有机物为食饵而对自净有作用外，还和轮虫、甲壳虫等一起维持河道的生态平衡。藻类虽不能分解有机物，但能与其他绿色植物一起在阳光下进行光合作用，将空气中的二氧化碳转化为氧，从而成为水中氧气的重要补给源。其他如水体温度、水流状态、天气、风力等物理和水文条件以及水面有无影响复氧作用的油膜、泡沫等均对生物自净有影响。

5.3.2　预测的原则

（1）对于已确定的评价项目，都应预测建设项目对受纳水域水环境产生的影响，预测的范围、时段、内容及方法均应根据其评价工作等级、工程与水环境特性和当地的环保要求而定。同时应尽量考虑预测范围内，规划的建设项目可能产生的叠加性水环境影响。

（2）对于季节性河流，应依据当地环保部门所定的水体功能，结合建设项目的污水排放特性，确定其预测的原则、范围、时段、内容及方法。

（3）当水生生物保护对地表水环境要求较高时（如珍稀水生生物保护区、经济鱼类养殖区等），应简要分析建设项目对水生生物的影响。分析时一般可采用类比调查法或专业判断法。

5.3.3　预测方法

建设项目地面水环境影响常用的预测方法有以下几种：

（1）数学模式法。此方法是利用表达水体净化机制的数学方程预测建设项目引起的水体水质变化。该法能给出定量的预测结果，在许多水域都有成功应用水质模型的范例。一般情况此法比较简便，应首先考虑。但这种方法需一定的计算条件和输入必要的参数，而且污染物在水中的净化机制，很多方面尚难用数学模式表达。

（2）物理模型法。此方法是依据相似理论，在一定比例缩小的环境模型上进行水质模拟实验，以预测由建设项目引起的水体水质变化。此方法能反映比较复杂的水环境特点，且定量化程度较高、再现性好。但需要有相应的试验条件和较多的基础数据，且制作模型要耗费大量的人力、物力和时间。在无法利用数学模式法预测而评价级别较高、对预测结果要求较严时，应选用此法。但污染物在水中的化学、生物净化过程难以在实验中模拟。

（3）类比分析（调查）法。用于调查与建设项目性质相似，且其纳污水体的规模、水文特征、水质状况也相似的工程。根据调查结果，分析、预估拟建设项目的水环境影响。此种预测属于定性或半定量性质。已建的相似工程有可能找到，但拟建项目有相似的水环境状况的工程则不易找到。所以类比分析（调查）法所得结果往往比较粗略，一般多在评价工作级别较低，且评价时间较短，无法取得足够的参数、数据时，用类比分析（调查）法求得数学模式中所需的若干参数、数据。

5.3.4 预测范围和预测点位

5.3.4.1 预测范围

地表水环境预测的范围与地表水环境现状调查的范围相同或略小（特殊情况下也可以略大），确定预测范围的原则与现状调查相同。

5.3.4.2 预测点位

在预测范围内应选择适当的预测点位，通过预测这些点位所受的水环境影响来全面反映建设项目对该范围内地表水环境的影响。预测点位的数量和预测点位的选择，应根据受纳水体和建设项目的特点、评价等级以及当地的环保要求确定。

对于虽然在预测范围以外、但估计有可能受到影响的重要用水地点，也应选择水质预测点位。

地表水环境现状监测点位应作为预测点位。水文特征突然变化和水质突然变化处的上、下游，重要水工建筑物附近，水文站附近等应选择作为预测点位。当需要预测河流混合过程段的水质时，应在该段河流中选择若干预测点位。

当拟预测水中溶解氧时，应预测最大亏氧点的位置及该点位的浓度，但是分段预测的河段不需要预测最大亏氧点。

排放口附近常有局部超标水域，如有必要应在适当水域加密预测点位，以便确定超标水域的范围。

5.3.5 地表水环境影响时期的划分和预测时段

5.3.5.1 地表水环境影响时期的划分

所有建设项目均应预测生产运行阶段对地表水环境的影响。该阶段的地表水环境影响应按正常排放和不正常排放两种情况进行预测。

建设项目应根据其建设过程阶段的特点和评价等级、受纳水体特点以及当地环保要求决定是否预测该阶段的环境影响。同时具备如下三个特点的大型建设项目应预测建设过程阶段的环境影响：

（1）地表水质要求较高，如要求达到Ⅲ类水域水质标准以上；

（2）可能进入地表水环境的堆积物较多或土方量较大；

（3）建设阶段时间较长，如超过一年。

根据建设项目的特点、评价等级、地表水环境特点和当地环保要求，进行水环境影响预测。

服务期满后地表水环境影响主要来源于水土流失所产生的悬浮物和以各种形式

存在于废渣、废矿中的污染物。对于这类建设项目，如矿山开发项目应预测服务期满后其对地表水环境的影响。

5.3.5.2 地表水环境影响预测时段

地表水环境预测从水体自净能力不同的时段出发，可划分为自净能力最小、中等、最大三个时段。自净能力最小的时段通常在枯水期（结合建设项目设计的要求考虑水量的保证率），个别水域由于面源污染严重也可能在丰水期；冰封期的自净能力很小，情况特殊，如果冰封期较长可单独考虑。自净能力中等的时段通常在平水期。自净能力最大的时段通常在丰水期。海湾的自净能力与时期的关系不明显，可以不分时段。

评价等级为一、二级时应分别预测建设项目在水体自净能力最小和中等两个时段的环境影响。冰封期较长的水域，当其水体功能为生活饮用水、食品工业用水水源或渔业用水时，还应预测此时段的环境影响。评价等级为三级或评价等级为二级但评价时间较短时，可以只预测自净能力最小时段的环境影响。

前面提出的环境影响预测方法大多未考虑污水排放的动量和浮力作用，这对绝大多数地面水环境影响预测中所遇到的排放特点、水流状态及预测范围来说是可行的。但个别情况，如其污水排放量、排放速度相对于水体来说过大，而预测范围又距排放口较近时，应该考虑污水排放的动量和浮力作用。

5.3.6 地表水环境和污染源简化

地表水环境简化包括边界几何形状的规则化和水文、水力要素时空分布的简化等。这种简化应根据水文调查与水文测量的结果和评价等级等进行。

5.3.6.1 河流简化

（1）河流可以简化为矩形平直河流、矩形弯曲河流和非矩形河流。河流的断面宽深比≥20时，可视为矩形河流。

大中河流中，预测河段弯曲较大（如其最大弯曲系数＞1.3）时，可视为弯曲河流，否则可以简化为平直河流。

大中河流预测河段的断面形状沿程变化较大时，可以分段考虑。

大中河流断面上水深变化很大且评价等级较高（如一级评价）时，可以视为非矩形河流并应调查其流场，其他情况均可简化为矩形河流。

小河可以简化为矩形平直河流。

（2）河流水文特征或水质有急剧变化的河段，可在急剧变化之处分段，各段分别进行环境影响预测。

河网应分段进行环境影响预测。

（3）评价等级为三级时，江心洲、浅滩等均可按无江心洲、浅滩的情况对待。

江心洲位于充分混合段、评价等级为二级时，可以按无江心洲对待；评价等级为一级且江心洲较大时，可以分段进行环境影响预测，江心洲较小时可不考虑。

江心洲位于混合过程段时，可分段进行环境影响预测，评价等级为一级时也可以采用数学模式进行环境影响预测。

（4）对于人工控制河流根据水流情况可以视其为水库，也可视其为河流，分段进行环境影响预测。

5.3.6.2　湖泊、水库简化

在预测湖泊、水库环境影响时，可以将湖泊、水库简化为大湖（库）、小湖（库）、分层湖（库）等三种情况进行。

评价等级为一级时，中湖（库）可以按大湖（库）对待，停留时间较短时也可以按小湖（库）对待。评价等级为三级时，中湖（库）可以按小湖（库）对待，停留时间很长时也可以按大湖（库）对待。评价等级为二级时，如何简化可视具体情况而定。

水深＞10 m且分层期较长（如＞30天）的湖泊、水库可视为分层湖（库）。

珍珠串湖泊可以分为若干区，各区分别按上述情况简化。

不存在大面积回流区和死水区且流速较快，停留时间较短的狭长湖泊可简化为河流。其岸边形状和水文要素变化较大时还可以进一步分段。

不规则形状的湖泊、水库可根据流场的分布情况和几何形状分区。

自顶端入口附近排入废水的狭长湖泊或循环利用湖水的小湖，可以分别按各自的特点考虑。

5.3.6.3　河口简化

河口包括河流感潮段，河流汇合部，河流与湖泊、水库汇合部，口外滨海段。

河流感潮段是指受潮汐作用影响较明显的河段。可以将落潮时最大断面平均流速与涨潮时最小断面平均流速之差等于 0.05 m/s 的断面作为其与河流的界限。除个别要求很高（如评价等级为一级）的情况外，河流感潮段一般可按潮周平均、高潮平均和低潮平均三种情况，简化为稳态进行预测。

河流汇合部可以分为支流、汇合前主流、汇合后主流三段分别进行环境影响预测。小河汇入大河时可以把小河看成点源。

河流与湖泊、水库汇合部可以按照河流和湖泊、水库两部分分别预测其环境影响。

河口断面沿程变化较大时，可以分段进行环境影响预测。

口外滨海段可视为海湾。

5.3.6.4 海湾简化

预测海湾水质时一般只考虑潮汐作用，不考虑波浪作用。评价等级为一级且海流（主要指风海流）作用较强时，可以考虑海流对水质的影响。

潮流可以简化为平面二维非恒定流场。当评价等级为三级时可以只考虑潮汐周期的平均情况。

较大的海湾交换周期很长，可视为封闭海湾。

在注入海湾的河流中，大河及评价等级为一、二级的中河应考虑其对海湾流场和水质的影响；小河及评价等级为三级的中河可视为点源，忽略其对海湾流场的影响。

5.3.6.5 污染源简化

污染源简化包括排放形式的简化和排放规律的简化。根据污染源的具体情况和排放形式可简化为点源和非点源。

（1）排入河流的两排放口的间距较近时，可以简化为一个排放口，其位置简化在两排放口之间，其排放量为两者之和。两排放口间距较远时，可分别单独考虑。

（2）排入小湖（库）的所有排放口可以简化为一个，其排放量为所有排放量之和。排入大湖（库）的两排放口间距较近时，可以简化成一个，其位置简化在两排放口之间，其排放量为两者之和。两排放口间距较远时，可分别单独考虑。

（3）当评价等级为一、二级并且排入海湾的两排放口间距小于沿岸方向差分网格的步长时，可以简化成一个，其排放量为两者之和，否则可分别单独考虑。评价等级为三级时，海湾污染源简化与大湖（库）相同。

（4）无组织排放可以简化成非点源。从多个间距很近的排放口排水时，污染源也可以简化为非点源。

5.3.7 点源的环境影响预测

5.3.7.1 一般原则

预测范围内的河段可以分为充分混合段、混合过程段和上游河段。充分混合段是指污染物浓度在断面上均匀分布的河段。当断面上任意一点的浓度与断面平均浓度之差小于平均浓度的 5% 时，可以认为达到均匀分布。混合过程段是指排放口下游达到充分混合以前的河段。上游河段是指排放口上游的河段。

混合过程段的长度可由下式估算：

$$L = \frac{(0.4B - 0.6a)Bu}{(0.058H + 0.006\,5B)(gHI)^{1/2}} \qquad (5\text{-}7)$$

式中：L —— 混合过程段长度，m；

　　　　B —— 河流宽度，m；

　　　　a —— 排放口距近岸水边的距离（岸边排放时为零），m；

　　　　u —— 平均流速，m/s；

　　　　H —— 平均水深，m；

　　　　g —— 重力加速度，9.81 m/s^2；

　　　　I —— 河流及评价河段纵比降（坡度）。

利用数学模型预测河流水质时，充分混合段可以采用一维模型或零维模型预测断面的平均水质状况。大、中河流一、二级评价，且排放口下游 3～5 km 以内有集中取水点或其他特别重要的水环境保护目标时，应采用二维模型预测混合过程段的水质分布情况。其他情况可根据工程、环境特点、评价工作等级及当地环保要求，决定是否采用二维模型。

河流水温可以采用一维模式预测断面平均值或其他预测方法。

除个别要求很高的情况（如评价等级为一级）外，感潮河段一般可以按潮周平均、高潮平均和低潮平均三种情况预测水质。感潮河段下游可能出现上溯流动，此时可按上溯流动期间的平均情况预测水质。感潮河段的水文要素和环境水力学参数（主要指水体混合输移参数及水质模式参数）应采用相应的平均值。

小湖（库）可以采用零维数学模型预测其平衡时的平均水质，大湖应预测排放口附近各点的水质。

海洋应采用二维数学模型预测平面各点的水质。评价等级为一、二级时，首先应计算流场，然后预测水质。大型排污口选址和倾废区选址，可以考虑进行标识质点的拉格朗日数值计算和现场追踪。预测海区内有重要环境敏感区且为一级评价时，也可以采用这种方法。

在数学模型中，解析方程适用于恒定水域中点源连续恒定排放，其中二维解析模式只适用于矩形河流或水深变化不大的湖泊、水库；稳态数值模式适用于非矩形河流、水深变化较大的浅水湖泊、水库形成的恒定水域内的连续恒定排放；动态数值模式适用于各类恒定水域中的非连续恒定排放或非恒定水域中的各类排放。

运用数学模型时的坐标系以排放点为原点，z 轴铅直向上，x 轴、y 轴为水平方向，x 方向与主流方向一致，y 方向与主流垂直。

5.3.7.2 河流和湖库常用数学模型

（1）完全混合水质模型（零维水质模型）

1）点源稀释混合模型

持久性污染物进入水体后，经过混合过程段后，在断面上达到完全均匀混合，此时水体中污染物的浓度可用点源稀释混合模型表示：

$$c = \frac{c_{\mathrm{p}}Q_{\mathrm{p}} + c_{\mathrm{E}}Q_{\mathrm{E}}}{Q_{\mathrm{p}} + Q_{\mathrm{E}}} \qquad (5\text{-}8)$$

式中：c —— 河流水中某污染物浓度，mg/L；

$\quad Q_{\mathrm{p}}$ —— 河流流量，m³/s；

$\quad c_{\mathrm{p}}$ —— 河流来水的水质浓度，mg/L；

$\quad Q_{\mathrm{E}}$ —— 废水排放量，m³/s；

$\quad c_{\mathrm{E}}$ —— 废水排放污染物的浓度，mg/L。

由于污染源作用可线性叠加，因此多个污染源排放对控制点或控制断面的影响，等于各个污染源单个影响作用之和，符合线性叠加关系。单点源计算可叠加使用，计算多点源条件。单断面或单点约束条件，可根据节点平衡，递推多断面或多点约束条件。

对于可概化为完全均匀混合类的排污情况，排污口与控制断面之间水域的允许纳污量计算公式为：

① 单点源排放

$$W_{\mathrm{C}} = S(Q_{\mathrm{p}} + Q_{\mathrm{E}}) - Q_{\mathrm{p}}c_{\mathrm{p}} \qquad (5\text{-}9)$$

式中：W_{C} —— 水域允许纳污量，g/L；

$\quad S$ —— 控制断面水质标准，mg/L。

② 多点源排放

$$W_{\mathrm{C}} = S\left(Q_{\mathrm{p}} + \sum_{i=1}^{n} Q_{\mathrm{E}i}\right) - Q_{\mathrm{p}}c_{\mathrm{p}} \qquad (5\text{-}10)$$

式中：$Q_{\mathrm{E}i}$ —— 第 i 个排污口污水设计排放流量，m³/s；

$\quad n$ —— 排污口个数。

2）非点源稀释混合模型

对于沿程有非点源（面源）分布入流时，可按下式计算河段污染物的平均浓度：

$$c = \frac{c_{\mathrm{p}}Q_{\mathrm{p}} + c_{\mathrm{E}}Q_{\mathrm{E}}}{Q} + \frac{W_{\mathrm{s}}}{86.4Q} \qquad (5\text{-}11)$$

$$Q = Q_{\mathrm{p}} + Q_{\mathrm{E}} + \frac{Q_{\mathrm{s}}}{x_{\mathrm{s}}} \cdot x \qquad (5\text{-}12)$$

式中：W_{s} —— 沿程河段内（$x=0$ 到 $x=x_{\mathrm{s}}$）非点源汇入的污染物总负荷量，kg/d；

$\quad Q$ —— 下游 x 距离处河段流量，m³/s；

$\quad Q_{\mathrm{s}}$ —— 沿程河段内（$x=0$ 到 $x=x_{\mathrm{s}}$）非点源汇入的水量，m³/s；

$\quad x_{\mathrm{s}}$ —— 控制河段总长度，km；

$\quad x$ —— 沿程距离（$0 < x \leqslant x_{\mathrm{s}}$），km。

上游有一点源排放，沿程有面源汇入，点源排污口与控制断面之间水域的容许纳污量按下式计算：

$$W_c = S \cdot (Q_p + Q_E + Q_s) - Q_p c_p \tag{5-13}$$

式中：Q_s —— 控制断面以上沿程河段内面源汇入的总流量，m^3/s。

3）考虑吸附态和溶解态的污染指标耦合模型

上述方程既适合于溶解态、颗粒态的指标，又适合于河流中的总浓度，但是要将溶解态和吸附态的污染指标耦合考虑，应加入分配系数的概念。

分配系数 K_p 的物理意义是在平衡状态下，某种物质在固液两相间的分配比例。

$$K_p = \frac{X}{c} \tag{5-14}$$

式中：c —— 溶解态浓度，mg/L；

X —— 单位质量固体颗粒吸附的污染物质量，mg/kg。

对于需要区分出溶解态浓度的污染物，可用下式计算：

$$c = \frac{c_T}{1 + K_p \cdot \mathrm{SS} \times 10^{-6}} \tag{5-15}$$

式中：c_T —— 总浓度，mg/L；

SS —— 悬浮固体浓度，mg/L；

K_p —— 分配系数，L/mg。

（2）点源一维水质模型

1）模型的应用条件

如果污染物进入河流水域后，在一定范围内经过平流输移、纵向离散和横向混合后达到充分混合，或者根据水质管理的精度要求允许不考虑混合过程而假定在排污口断面瞬时完成均匀混合，即假定水体内在某一断面处或某一区域之外实现均匀混合，均可按一维问题概化计算条件。

在一个深的有强烈热分层现象的湖泊或水库中，一般认为在深度方向的温度分布和水质浓度梯度是重要的，而在水平方向的温度分布和水质浓度梯度则是不重要的，此时湖泊或水库的水质变化可用一维来模拟。

2）河流点源一维模型的基本形式和求解

本节主要以 S-P 模型为例，介绍一维输入响应模型的基本特征。S-P 模型是研究河流溶解氧与 BOD 关系最早的、最简单的耦合模型。S-P 模型迄今仍得到广泛的应用，其也是研究各种修正模型和复杂模型的基础。它的基本假设为：氧化和复氧都是一级反应，反应速率是定常的，氧亏的净变化仅是水中有机物耗氧和通过液—气界面的大气复氧的函数。

在忽略离散作用时，河流的一维稳态混合衰减的微分方程为：

$$u \frac{\mathrm{d}c}{\mathrm{d}x} = -K_1 C \tag{5-16}$$

式中：u —— 河段平均流速，m/s；

　　　x —— 断面间河段长度，m；

　　　K_1 —— 耗氧系数，d^{-1}；

　　　c —— 水质浓度，mg/L。

将 $u = \dfrac{dx}{dt}$ 代入上式，得到：

$$\frac{dc}{dt} = -K_1 c \tag{5-17}$$

积分解得

$$c_t = c_0 e^{-K_1 t} \tag{5-18}$$

式中：c_0 —— 起始断面浓度，mg/L；

　　　t —— 断面之间水团传播的时间，d。

上式说明非持久性污染物中需氧有机物生化降解的速率与此污染物的浓度成正比，与水中的溶解氧浓度无关。如考虑水中的溶解氧只用于需氧有机物的生物降解，而水中溶解氧的补充主要来自大气，则当其他条件一定时，溶解氧的变化取决于有机物的耗氧和大气复氧。复氧速率与水的亏氧量成正比。亏氧量为饱和溶解氧浓度（DO_f）与实际溶解氧浓度（DO）之差，于是得到：

$$\frac{d(DO)}{dt} = -K_1 c_{BOD_5} + K_2 (DO_f - DO) \tag{5-19}$$

式中：DO —— 溶解氧浓度，mg/L；

　　　DO_f —— 饱和溶解氧浓度，mg/L；

　　　c_{BOD_5} —— 五日生化耗氧量，mg/L；

　　　K_1 —— 耗氧系数，d^{-1}；

　　　K_2 —— 复氧系数，d^{-1}。

DO 与 BOD_5 模型为耦合系统，河中有机污染物系统的输出正是溶解氧系统的输入。在 $x = 0$、$BOD_5 = BOD_{5(0)}$、$DO = DO_0$ 的初始条件下，积分上两式，得到：

$$\begin{cases} BOD_x = BOD_0 \cdot \exp\left(-K_1 \dfrac{x}{86\,400 u}\right) \\ D_x = \dfrac{K_1 BOD_0}{(K_2 - K_1)}\left[\exp\left(-K_1 \dfrac{x}{86\,400 u}\right) - \exp\left(-K_2 \dfrac{x}{86\,400 u}\right)\right] + D_0 \cdot \exp\left(-K_2 \dfrac{x}{86\,400 u}\right) \end{cases}$$

$$\tag{5-20}$$

其中，

$$BOD_{5(0)} = (BOD_{5(p)} \cdot Q_p + BOD_{5(E)} \cdot Q_E) / (Q_p + Q_E) \tag{5-21}$$

$$D_0 = (D_p Q_p + D_E Q_E) / (Q_p + Q_E) \tag{5-22}$$

式中：D —— 亏氧量即 $DO_f - DO$，mg/L；

D_0 —— 计算初始断面亏氧量，mg/L；

D_p —— 河流中的溶解氧亏值，mg/L；

D_E —— 污水中的溶解氧亏值，mg/L；

其他符号同前。

设：

$$a = \exp\left(-K_1 \frac{x}{86\,400u}\right) \tag{5-23}$$

$$d = \exp\left(-K_2 \frac{x}{86\,400u}\right) \tag{5-24}$$

$$b = \frac{K_1}{K_2 - K_1}\left[\exp\left(-K_1 \frac{x}{86\,400u}\right) - \exp\left(-K_2 \frac{x}{86\,400u}\right)\right] \tag{5-25}$$

代入 DO 与 BOD_5 耦合模型公式得到：

$$\begin{cases} BOD_x = a \cdot BOD_0 \\ D_x = b \cdot BOD_0 + d \cdot D_0 \end{cases} \tag{5-26}$$

至此，得到了忽略离散作用的一维稳态河流中源与目标的 BOD—DO 输入响应模型。其中 a，b，d 为影响系数，$BOD_{5\,(0)}$、D_0 为源强，源对目标或控制断面的贡献率就等于源强与影响系数的乘积。在污染源负荷优化分配过程中反复应用这一经典关系，在污染源负荷优化分配过程中也将用到影响系数。

水中溶解氧的平衡只考虑有机污染物的耗氧和大气复氧，则沿河水流动方向的溶解氧分布为一悬索型曲线，如图 5-2 所示。氧垂曲线的最低点 C 称为临界氧亏点，临界氧亏点处的亏氧量称为最大亏氧值。在临界亏氧点左侧，耗氧大于复氧，水中的溶解氧逐渐减少，污染物浓度因生物净化作用而逐渐减少；达到临界亏氧点时，耗氧和复氧平衡；临界点右侧，耗氧量因污染物浓度减少而减少，复氧量相对增加，水中溶解氧增多，水质逐渐恢复。如排入的耗氧污染物过多而将溶解氧耗尽，则有机物将受到厌氧菌的还原作用生成甲烷气体，同时水中存在的硫酸根离子将由于硫酸还原菌的作用而成为硫化氢，引起河水发臭，水质严重恶化。由下式可以计算出临界氧亏点 x_C 出现的位置，计算公式为：

$$x_C = \frac{86\,400\,u}{K_2 - K_1}\ln\left[\frac{K_2}{K_1}\left(1 - \frac{D_0}{BOD_0} \cdot \frac{K_2 - K_1}{K_1}\right)\right] \tag{5-27}$$

3）常用河流一维水质模型

① 模型的一般形式。一维水质模型的一般方程式（点源一维模式）为：

$$c_t = c_0 \cdot \exp(-K \cdot t) \qquad (5\text{-}28)$$

或
$$c_x = c_0 \cdot \exp\left(-K \cdot \frac{x}{86\,400 \cdot u}\right) \qquad (5\text{-}29)$$

式中：c_t（或 c_x）—— 预测断面的水质浓度，mg/L；

    c_0 —— 起始断面的水质浓度，mg/L；

    K —— 水质综合衰减系数，d^{-1}；

    x —— 断面间河段长，m；

    t —— 断面间水团传播时间，d；

    u —— 河段平均流速，m/s。

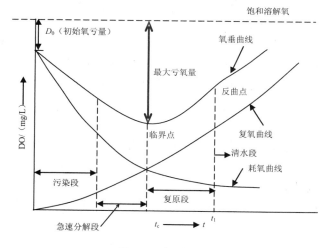

图 5-2　氧垂曲线

② 模型应用条件。模型应用条件为：河流充分混合段；非持久性污染物；河流为恒定流动；废污水为连续稳定排放。

（3）点源二维水质模型

讨论二维水质模型，首先要明确混合区及超标水域的概念。混合区是指工程排污口至下游均匀混合断面之间的水域，对它的影响预测主要是污染带分布问题，常采用混合过程段长度与超标水域范围两项指标反映。

大、中河流由于水量较大，稀释混合能力较强（工程排放的废水量相对较小），因此，此类问题的水质影响预测的重点是超标水域的界定问题，常采用二维模式进行预测。

1）超标水域的含义

在排放口下游指定一个限定区域，使污染物进行初始稀释，在此区域内可以超过水质标准，这个区域称为超标水域。超标水域含有容许的意义，因此，它具有位置、大小和形状三个要素。

① 超标水域位置。对于重要的功能区（敏感水域）均应加以保护，其范围内不允许超标水域存在。

② 超标水域大小。排污口附近形成的超标水域，不应该影响鱼类洄游通道和邻近功能区的水质。一般对水质超标水域的控制为：大江、大河纵向（顺流向）为排污口下游第一个敏感用水对象或水质控制断面的上游，横向不超过 1/3 河宽；湖泊、海湾的水质超标面积不大于 $1\sim3\ km^2$；河口、大江大河的超标水域面积不能超过 $1\sim2\ km^2$。

③ 超标水域形状。超标水域的形状应是一个简单的形状，这种形状应当容易设置在水中，以避免冲击重要功能区。在湖泊中，具有一定半径的圆形或扇形区域，一般是允许的。在河流中，一般允许长窄的区域，整体河段的封闭性区域将不被允许。

2）超标水域范围计算

计算超标水域的目的在于限制混合区，一般来说，只要超标水域外水质能保证功能区水质要求，就不需要对超标水域内的排放口加以更严的排放限制。因为对有毒有害物质在车间或处理装置出口有严格要求，一般污染物有条件利用超标水域的自净能力，很明显，排放污染物导致功能区水质不能满足要求，其实质是超标水域范围侵占了功能区。这就需要定量计算超标水域范围，一方面使水体的自净能力得以体现，另一方面保证下游功能区水质达到标准。为此，在排放口与取水口发生矛盾、预测向大水体排放污水的影响范围以及在研究改变排放方式的效果时，都必须进行超标水域范围计算。

① 根据现状污染物排放总量计算实际超标水域范围：各排污口、各污染物单独排放的超标水域范围；各功能区内，各排放口、各污染物超标水域分布情况；全河段内，各排污口、各污染物超标水域分布情况；各排污口、各污染物叠加影响后的超标水域范围。

② 根据允许污染物混合范围计算污染物应控制总量或削减总量：单一排污口控制和削减量；叠加影响后的削减量并制订分配方案。

③ 建立排污口与控制断面的输入响应关系：重点排污口对典型控制断面的贡献和贡献率；功能区内，各控制断面不同污染物的排放口贡献率。

④ 在改变污染源情况时，可以进行如下预测：重点排放口的超标水域范围预测；功能区控制断面、各项污染物浓度预测；全河段混合区分布预测。

3）模型应用条件概化

污水进入水体后，不能在短距离内（主要考虑在预测断面处的水质）达到全断面浓度混合均匀的预测评价河段均应采用二维模型。

根据不同的分类方法，可以把二维模型按如下分类：

① 按水文特征，分为静止水体二维水质模型、平直河段二维水质模型、弯曲河

段二维水质模型和赶潮河段二维水质模型等。

② 按排放方式，可分为下列两种：

◆瞬时排放：瞬时岸边排放水质模型，瞬时江心排放水质模型。

◆连续排放：点源岸边连续排放水质模型，点源江心连续排放水质模型，线源岸边连续排放水质模型和线源江心连续排放水质模型。

③ 从求解的形式，分为解析解二维水质模型和数值解二维水质模型。

4）常用河流点源二维水质模型

① 二维稳态水质混合模型（平直河段）。

◆岸边排放

$$c(x,y) = c_\mathrm{h} + \frac{c_\mathrm{E}Q_\mathrm{E}}{H\sqrt{\pi M_y xu}}\left\{\exp\left(-\frac{uy^2}{4M_y x}\right) + \exp\left[-\frac{u(2B-y)^2}{4M_y x}\right]\right\} \quad (5\text{-}30)$$

◆非岸边排放

$$c(x,y) = c_\mathrm{h} + \frac{c_\mathrm{E}Q_\mathrm{E}}{H\sqrt{\pi M_y xu}}\left\{\exp\left(-\frac{uy^2}{4M_y x}\right) + \exp\left[-\frac{u(2a+y)^2}{4M_y x}\right] + \right.$$
$$\left. \exp\left[-\frac{u(2B-2a-y)^2}{4M_y x}\right]\right\} \quad (5\text{-}31)$$

式（5-30）和式（5-31）中的 y 均为预测点的岸边距，m；c_h 为河流水质背景浓度，mg/L；其余符号同前。

② 二维稳态水质混合衰减模型（平直河段）。

◆岸边排放

$$c(x,y) = \exp\left(-K\frac{x}{86\,400u}\right)\left\{c_\mathrm{h} + \frac{c_\mathrm{E}Q_\mathrm{E}}{H\sqrt{\pi M_y xu}}\left[\exp(-\frac{uy^2}{4M_y x}) + \exp\left(-\frac{u(2B-y)^2}{4M_y x}\right)\right]\right\}$$
$$(5\text{-}32)$$

◆非岸边排放

$$c(x,y) = \exp\left(-K\frac{x}{86\,400u}\right)\left\{c_\mathrm{h} + \frac{c_\mathrm{E}Q_\mathrm{E}}{2H\sqrt{\pi M_y xu}}\left[\exp(-\frac{uy^2}{4M_y x}) + \exp\left[-\frac{u(2a+y)^2}{4M_y x}\right] + \right.\right.$$
$$\left.\left. \exp\left(-\frac{u(2B-2a-y)^2}{4M_y x}\right)\right]\right\} \quad (5\text{-}33)$$

式中：K——水中可降解污染物的综合衰减系数，1/d；其余符号同前。

（4）模型参数的估算

水质模型参数估算的方法类别有：实验室测定法、公式计算法（包括经验公式法、模型求解法等）、物理模型率定法、现场实测法与示踪剂法等。

1）耗氧系数 K_1 的单独估算法

① 实验室测定法：

$$K_1 = K_1' + (0.11 + 54I) \cdot u/H \qquad (5\text{-}34)$$

② 现场实测法（上、下断面两点法）。

$$K_1 = \frac{86\,400 \cdot u}{\Delta x} \ln \frac{c_A}{c_B} \qquad (5\text{-}35)$$

式中：c_A，c_B—— 断面 A，B 的污染物平均浓度，mg/L。

2）复氧系数 K_2 的单独估值法（经验公式法）

K_2 值多采用经验公式计算，常用的三个经验公式如下：

① 欧康那—道宾斯（O'Conner-Dobbins，简称欧—道）公式：

$$K_{2\,(20℃)} = 294 \frac{(D_m u)^{1/2}}{H^{3/2}}, \quad C_z \geqslant 17 \qquad (5\text{-}36)$$

$$K_{2\,(20℃)} = 824 \frac{D_m{}^{0.5} I^{0.25}}{H^{1.25}}, \quad C_z < 17 \qquad (5\text{-}37)$$

$$C_z = \frac{1}{n} H^{1/6} \qquad (5\text{-}38)$$

$$D_m = 1.774 \times 10^{-4} \times 1.037^{\,(T-20)} \qquad (5\text{-}39)$$

式中：C_z——谢才系数，$m^{-1/2}/s$；

$\quad\quad T$——温度，℃；

$\quad\quad n$——粗糙系数，$m^{-1/3}/s$；

$\quad\quad D_m$——分子扩散系数，m^2/s。

② 欧文斯等人（Owens，et al.）经验式：

$$K_{2\,(20℃)} = 5.34 \frac{u^{0.67}}{H^{1.85}}, \quad 0.1\ m \leqslant H \leqslant 0.6\ m\ 且\ u \leqslant 1.5\ m/s \qquad (5\text{-}40)$$

③ 丘吉尔（Churchill）经验式：

$$K_{2\,(20℃)} = 5.03 \frac{u^{0.696}}{H^{1.673}}, \quad 0.6\ m \leqslant H \leqslant 8\ m\ 且\ 0.6 \leqslant u \leqslant 1.8\ m/s \qquad (5\text{-}41)$$

3）K_1、K_2 的温度校正

K_1、K_2 的数值与水温有关。这两个参数与温度的关系式如下：

$$K_{1\,或\,2\,(T)} = K_{1\,或\,2\,(20℃)} \cdot \theta^{\,(T-20)} \qquad (5\text{-}42)$$

温度常数 θ 的取值范围如下：

对 K_1，$\theta = 1.02 \sim 1.06$，一般取 1.047；

对 K_2，$\theta = 1.015 \sim 1.047$，一般取 1.024。

4）溶解氧平衡模型法（模型求解法）

水流稳定的单一河段，氧亏概化方程为：

$$\frac{\mathrm{d}D}{\mathrm{d}t} = K_1 c_{\mathrm{BOD}_5} - K_2 D \tag{5-43}$$

临界氧亏 D_c 处在氧垂曲线上为 $\dfrac{\mathrm{d}D}{\mathrm{d}t} = 0$，即上式变为：

$$D_c = \frac{K_1}{K_2} c_{\mathrm{BOD}_{5(0)}} \mathrm{e}^{-K_1 \cdot t_c} \tag{5-44}$$

式中：D_c——临界氧亏点的氧亏值；

t_c——由起始点到达临界氧亏点的时间。

5）扩散（离散）系数的估算方法（经验公式法）

泰勒法求横向混合系数 M_y（适用于河流）

$$M_y = (0.058H + 0.006\,5B)\sqrt{gHI} \quad (B/H \leqslant 100) \tag{5-45}$$

费希尔法求纵向离散系数 D_l（适用于河流）

$$D_l = 0.011 u^2 B^2 / hu_* \tag{5-46}$$

6）物理模型率定法

通过物理模型试验的反复研究测试，模拟、率定水质模型相关参数（如沉降或再悬浮系数、扩散系数等）。

7）示踪剂法（特殊的现场实测法）

示踪试验法是向水体中投放示踪物质，追踪测定其浓度变化，据以计算所需要的各环境水力参数的方法。示踪物质有无机盐类、萤光染料和放射性同位素等，示踪物质应满足具有在水体中不沉降、不降解、不产生化学反应；测定简单准确、经济，对环境无害等特点。示踪物质的投放有瞬时投放、有限时段投放和连续恒定投放。

5.3.8 非点源的环境影响预测

5.3.8.1 一般原则

非点源主要是指建设项目在各生产阶段由于降雨径流或其他原因从一定面积上向地面水环境排放的污染源，或称为面源。建设项目面源主要有因水土流失而产生的水土流失面源；由露天堆放原料、燃料、废渣、废弃物等以及垃圾堆放场因冲刷和淋溶而产生的堆积物面源；由大气降尘直接落于水体而产生的降尘面源。

对于一些建设项目，应注意预测其面源环境影响。这些建设项目包括：

（1）矿山开发项目应预测其生产运行阶段和服务期满后的面源环境影响。其影响主要来自水土流失所产生的悬浮物和以各种形式存在于废矿、废渣、废石中的污染物。建设过程阶段是否预测视具体情况而定。

（2）某些建设项目（如冶炼、火力发电、初级建筑材料的生产）露天堆放的原料、燃料、废渣、废弃物（以下统称堆积物）较多。这种情况应预测其堆积物面源的环境影响，该影响主要来自降雨径流冲刷或淋溶堆积物产生的悬浮物及有毒有害成分。

（3）某些建设项目（如水泥、化工、火力发电）向大气排放的降尘较多。对于距离这些建设项目较近且要求保持Ⅰ、Ⅱ、Ⅲ类水质的湖泊、水库、河流，应预测其降尘面源的环境影响。此影响主要来自大气降尘及其所含的有毒有害成分。

（4）需要进行建设过程阶段地面水环境影响预测的建设项目应预测该阶段的面源影响。

（5）水土流失面源和堆积物面源主要考虑一定时期内（例如一年）全部降雨所产生的影响，也可以考虑一次降雨所产生的影响。一次降雨应根据当地的气象条件、降雨类型和环保要求选择。所选择的降雨应能反映产生面源的一般情况，通常其降雨频率不宜过小。

5.3.8.2 非点源源强预测方法

非点源源强预测方法一般采用机理模型法和概念模型法。机理模型法可以模拟水文循环过程中各类非点源污染物的形成、迁移和转化过程。非点源机理模型通常由水文子模型、土壤侵蚀子模型和污染物迁移转化子模型构成，需要大量的下垫面基础数据，并且需要污染物形成、迁移和转化过程相关参数的支持。在资料和技术条件能够得到较好满足的条件下，采用机理模型可以更加精细地预测非点源污染物的时空过程。

在资料有限的情况下，一般采用下列方法对各类非点源的污染物源强进行估算。

（1）农村生活污染物

农村生活污染物产生量的估算，采用人均综合排污系数法计算，污染负荷量等于人口数量与人均污染物排放系数的乘积。污染物排放系数可以根据各地区的实际情况，采用现场调查确定，或者根据相关文献资料并结合专家经验预测得出。

（2）化肥、农药流失污染物

化肥、农药流失量为单位面积流失量与农田面积的乘积。可以利用当地土地利用类型化肥、农药流失量的观测实验结果，或者参考类似区域的观测数据。

（3）畜禽养殖污染物

对于集约化、规模化畜禽养殖业养殖场和养殖区，可直接进行观测获得单位畜禽的排污系数，并根据养殖规模计算污染物排放量。对于分散式养殖，可通过典型调查资料或采用经验系数进行类比分析计算。

（4）城镇地表污染物

计算城镇地表径流中的污染物，可以采用以下公式计算：

$$W = R_h \times C \times A \times 10^{-6} \qquad (5\text{-}47)$$

式中：W —— 年负荷量，kg；

　　　R_h —— 年径流深，mm；

　　　C —— 径流污染物平均浓度，mg/L；

　　　A —— 集水区面积，m²。

径流污染物浓度可以从当地城市径流资料获得，由于不同地区的地表污染状况和气象条件存在差异，不同地区城市地表径流浓度的变化范围很大，因此在对特定城镇的地表径流进行分析时，应慎重选择参数。

（5）土壤侵蚀及水土流失污染物

水土流失污染物负荷估算公式：

$$W = \sum W_i A_i ER_i C_i \times 10^{-6} \qquad (5\text{-}48)$$

式中：W —— 随泥沙运移输出的污染负荷，t；

　　　W_i —— 某一种土地利用类型单位面积泥沙流失量，t/km²；

　　　A_i —— 某一种土地利用类型面积，km²；

　　　ER_i —— 污染物富集系数；

　　　C_i —— 土壤中总氮、总磷平均含量，mg/kg。

总磷富集比为 2.0，总氮富集比为 2.0~4.0。

（6）堆积物淋溶污染物

可利用已有建设项目类似堆积物的实测资料获得单位体积淋溶流失系数，进行类比分析计算。淋溶污染物计算，应根据建设项目实际情况，既可考虑一定时期内全部降雨所产生的影响，也可以考虑一次降雨产生的影响。一次降雨应根据当地的气象条件和环境保护要求选择，应能反映产生淋溶流失污染的一般情况，选择的降雨频率不宜过小。

（7）降尘淋溶污染物

降尘淋溶污染物一般直接采用大气环境影响预测的结果确定。

5.3.8.3 非点源环境影响预测方法

目前尚无实用而成熟的非点源环境影响预测方法，可以在分析拟建项目的面源污染物总量与点源污染物总量或现状面源污染物总量与点源污染物总量之间相关关系的基础上，对其环境影响进行综合分析；或利用现状面源污染物总量与点源污染物总量之间的相关关系，预测分析拟建项目的面源污染影响程度；还可利用类似建设项目面源影响的现场监测资料，进行类比环境影响分析。

5.3.9 地表水环境影响评价

5.3.9.1 基本要求

（1）地表水环境影响评价采用的评价标准、评价方法等，与地表水环境现状评价基本相同。

（2）评价因子原则上同预测因子。确定主要评价因子及特征评价因子对水环境的影响范围和程度，以及最不利影响出现的时段（或时期）和频率。

（3）水环境影响评价的时期与水环境影响预测的时期对应。

（4）建设项目达标排入水质现状超标的水域，或者实现达标排放但叠加背景值后不能达到规定的水域类别及水质标准时，应根据水环境容量提出区域总量削减方案。

（5）向江河、湖库等水域排放水污染物，应符合流域水污染防治规划。

5.3.9.2 主要评价内容

（1）分析环境水文条件及水动力条件的变化趋势与特征，评价水文要素及水动力条件的改变对水环境及各类用水对象的影响程度。

（2）以评价确定的水文条件或最不利影响出现的时段（或水期），确定评价因子的影响范围和影响程度，明确对敏感用水对象及水环境保护目标的影响。

（3）对所有的预测点位、所有的预测因子，均应进行各建设阶段（施工期、运营期、服务期满后）、不同工况（正常、非正常、事故）的水环境影响评价，但应突出重点。影响预测评价的重点点位为：水质急剧变化处、水域功能改变处、敏感水域及特殊用水取水口等。水环境影响评价应包括水文特征值和水环境质量，影响明显的水环境因子应作为评价重点。

（4）明确建设项目可能导致的水环境影响，应给出排污、水文情势变化对水质、水量影响范围和程度的定量或定性结论。

5.3.9.3 分析评价方法

（1）水质影响评价方法

一般采用单因子评价法进行水质影响评价。根据水域类别及水环境功能区划分，选取相应的水环境质量标准，进行水质达标情况分析；对于水质超标的因子应计算超标倍数并说明超标原因。

（2）水温影响分析方法

对于水温影响变化的评价，采用水温变化预测值与水温背景值以及环境所要求的最低（或最高）水温控制值进行对比分析的方法。

（3）水文情势及水动力影响分析方法

对于水文情势影响变化的评价，采用水文水利计算方法，对比说明建设项目实施前后评价水域的流量、水位等水文特征值的变化情况。

对于水动力影响变化的评价，采用水力学计算方法，对比说明建设项目实施前后评价水域水动力条件的变化情况。

（4）水体富营养化评价方法

对于水体富营养化的评价，根据水质预测结果，结合水域特征及其水温、水文情势和水动力条件的分析综合判断。

5.4 水环境污染控制管理

5.4.1 水环境容量与总量控制

水环境容量是指水体在环境功能不受损害的前提下所能接纳的污染物的最大允许排放量。水体一般分为河流、湖泊和海洋，受纳水体不同，其消纳污染物的能力也不同。需要说明的是，环境容量所指的"环境"是一个较大的范围，如果范围很小，由于边界与外界的物质、能量交换量相对于自身所占比例较大，此时通常改称为环境承载能力为妥。

5.4.1.1 水环境容量估算方法

（1）对于拟接纳开发区污水的水体，如常年径流的河流、湖泊、近海水域应估算其环境容量。

（2）污染因子应包括国家和地方规定的重点污染物、开发区可能产生的特征污染物和受纳水体敏感的污染物。

（3）根据水环境功能区划明确受纳水体不同断（界）面的水质标准要求；通过现有资料或现场监测分析清楚受纳水体的环境质量状况；分析受纳水体水质达标程度。

（4）在对受纳水体动力特性进行深入研究的基础上，利用水质模型建立污染物排放和受纳水体水质之间的输入响应关系。

（5）确定合理的混合区，根据受纳水体水质达标程度，考虑相关区域排污的叠加影响；应用输入响应关系，以受纳水体水质按功能达标为前提，估算相关污染物的环境容量（最大允许排放量或排放强度）。

5.4.1.2 水污染物排放总量控制目标的确定

要确定建设项目总量控制目标，应进行以下工作：

（1）确定总量控制因子

建设项目向水环境排放的污染物种类繁多，不能对其全部实施总量控制。确定对哪几种水污染物实施总量控制，是一个非常重要的问题。要根据地区的具体水质要求和项目性质合理选择总量控制因子。

（2）计算建设项目不同排污方案的允许排污量

根据区域环境目标和不同的排污方案，计算建设项目的允许排污量。

（3）分配建设项目总量控制目标

根据各个不同排污方案，通过经济效益和环境效益的综合分析，确定项目总量控制目标。

5.4.1.3 水环境容量与水污染物排放总量控制的主要内容

（1）选择总量控制指标因子：COD、氨氮、总氰化物、石油类等因子以及受纳水体最为敏感的特征因子。

（2）分析基于环境容量约束的允许排放总量和基于技术经济条件约束的允许排放总量。

（3）对于拟接纳开发区污水的水体，如常年径流的河流、湖泊、近海水域，应根据环境功能区划所规定的水质标准要求，选用适当的水质模型分析确定水环境容量（河流/湖泊：水环境容量，河口/海湾：水环境容量/最小初始稀释度，（开敞的）近海水域：最小初始稀释度）；对季节性河流，原则上不要求确定水环境容量。

（4）对于现状水污染物排放实现达标排放、水体无足够的环境容量可资利用的情形，应在制定基于水环境功能的区域水污染控制计划的基础上确定开发区水污染物排放总量。

（5）如预测的各项总量值均低于上述基于技术水平约束下的总量控制和基于水环境容量的总量控制指标，可选择最小的指标提出总量控制方案；如预测总量大于上述二类指标中的某一类指标，则需调整规划，降低污染物总量。

5.4.2 达标分析

在进行水质影响评价时，应进行水污染源的达标分析和受纳水体水环境质量的达标分析。

5.4.2.1 水污染源达标分析

水污染源达标主要包含两个含义：排放的污染物浓度达到国家污染物排放标准，特征污染物的排污总量满足评价水域的地表水环境控制要求。

首先，污染源排放要达标。在不考虑区域或流域环境质量目标管理的要求、不考虑污染源输入和水质响应的关系的情况下，污染源排放浓度要达到相应的污染物排放国家标准，这是环境管理的基本要求。

实际上，仅仅污染源排放达标是不够的，还必须满足区域污染排放总量控制的要求。总量控制是在所有污染排放浓度达标的前提下仍不能实现水质目标时采用的控制路线。根据水质要求和环境容量可以确定污染负荷，确定允许排污量。对区域水污染问题实施污染物排放总量控制，优化确定总量分配方案。

达标分析还包括建设项目生产工艺的先进性分析。应以同类企业的生产工艺进行比较，确定此项目生产工艺的水平，不提倡新建工艺落后、污染大、消耗大的项目，应当大力倡导清洁生产技术。

5.4.2.2 水环境质量达标分析

水环境质量达标分析的目的就是要分清哪一类污染指标是影响水质的主要因素，进而找到引起水质变化的主要污染源和污染指标，了解水体污染对水生生态和人群健康的影响，为水污染综合防治和制定实施污染控制方案提供依据。判断评价水域的水环境质量是否达标，首先要根据水环境功能区划确定的水质类别要求明确水环境质量具体目标，根据不同水期（潮期）的环境水文条件等分析相关水质因子的水质达标情况，然后把各单个水质因子的水质评价结果统计汇总。水质达标分析的水期要与水质调查及水质预测的水期对应，最后以最差的水质指标或最不利水期的水质评价结果为依据，确定评价水域的水环境质量状况。

5.4.3 水环境保护措施

5.4.3.1 污染物削减措施

污染物削减措施建议应尽量做到具体、可行，以便对建设项目的环境工程设计起指导作用。削减措施的评述，主要评述其环境效益（应说明排放物的达标情况），也可以做些简单的技术经济分析。在对项目进行排污控制方案比较之后，可以选择如下的削减措施。

（1）改革工艺，减少排污负荷量。对排污量大或超标排污的生产装置，应提出相应的工艺改革措施，尽量采用清洁生产工艺，以满足达标排放。

（2）节约水资源和提高水的循环使用率。对耗水量大的产品或生产工艺，应明确提出改换产品结构或生产工艺的替代方案。努力提高水的循环回用率，这不仅可大量减少废水排放量，有益于地表水环境保护，而且可以大大减少用水量，节约水资源，这对北方和其他缺水地区尤其具有重要意义。

（3）对项目设计中所考虑的污水处理措施进行论证和补充，并特别注意点源非正常排放的应急处理措施和水质恶劣的降雨初期径流的处理措施。

（4）选择替代方案。靠近特殊保护水域的项目，通过其他措施难以充分克服其环境影响时，应根据具体情况提出改变排污口位置、压缩排放量以及重新选址等替代方案。

5.4.3.2 环境管理措施

环境管理措施建议包括：

（1）环境监测计划，主要是建设项目施工期和运行期的监测计划，如有必要还可提出跟踪监测计划建议。监测计划应含监测点（断面）的布设、监测项目和监测频次等内容。

（2）环境管理机构设置，主要包括环境管理机构、人员组成、职责范围以及相应的环境管理制度等内容。提出工程的水环境保护相关要求。

（3）环境监理措施，应提出工程施工期的环境监理要求。

（4）防止水环境污染事故发生的措施，主要包括污染控制、水污染事故风险防范措施、事故预报预警系统的实施等。

5.4.3.3 环境保护投资估算

根据水环境保护对策措施，估算水环境保护投资。环保投资应包括水土保持投资，可直接将建设项目水土保持方案中的有关水环境保护的投资纳入。

5.5 例题

5.5.1 例题 1

某河段地表水监测结果见表 5-4，请采用单因子水质指数进行评价，评价标准为《地表水环境质量标准》（GB 3838—2002）中Ⅲ类水质标准。

表 5-4　某河段地表水监测结果

指标＼因子	水温	pH	DO/ (mg/L)	BOD$_5$/ (mg/L)	COD$_{Cr}$/ (mg/L)	铬（六价）/ (mg/L)	石油类/ (mg/L)	氨氮/ (mg/L)	Cd/ (mg/L)
水质数据	15.2℃	6.5	4.3	5.2	18.5	0.03	0.06	0.8	0.002
水质标准	—	6～9	≥5	≤4	≤20	≤0.05	≤0.05	≤1.0	≤0.005

解：各项污染物的单因子指数分别为：

$$I_{COD_{Cr}} = \frac{c_i}{c_{i0}} = \frac{18.5}{20} = 0.925$$

$$I_{BOD_5} = \frac{c_i}{c_{i0}} = \frac{5.2}{4} = 1.3$$

$$DO_i = \frac{468}{31.6+t} = \frac{468}{31.6+15.2} = 10$$

$$I_{DO_j} = 10 - 9\frac{DO_j}{DO_s} = 10 - 9 \times \frac{4.3}{5} = 2.26$$

$$I_{pHi,j} = \frac{7-pH_j}{7-pH_{sd}} = \frac{7-6.5}{7-6} = 0.5$$

$$I_{Cr^{6+}} = \frac{c_i}{c} = \frac{0.03}{0.05} = 0.6$$

$$I_{石油类} = \frac{c_i}{c_{i0}} = \frac{0.06}{0.05} = 1.2$$

$$I_{氨氮} = \frac{c_i}{c_{i0}} = \frac{0.8}{1.0} = 0.8$$

$$I_{Cd} = \frac{c_i}{c_{i0}} = \frac{0.002}{0.005} = 0.4$$

5.5.2 例题 2

一河段的上断面处有一岸边污水排放口稳定地向河流排放污水，其污水排放特征参数为：$Q_E = 19\,440$ m³/d，$BOD_{5(E)} = 81.4$ mg/L。河流水环境参数值为：$Q_p = 6.0$ m³/s，$BOD_{5(p)} = 6.16$ mg/L，$B = 50.0$ m，$H = 1.2$ m，$u = 0.1$ m/s，$i = 0.9‰$，$K_1 = 0.3$/d。试计算混合过程段长度。如果忽略污染物质在该段内的降解和沿程河流水量的变化，在距完全混合断面下游 10 km 的某断面处，河水中的 BOD_5 浓度是多少？

解：（1）采用混合过程段计算公式计算混合过程段长度（岸边排放 $a = 0$）

$$L = \frac{(0.4B - 0.6a)Bu}{(0.058H + 0.006\,5B)\sqrt{gHi}} = 2\,463\ (m)$$

（2）采用一维模式计算完全混合断面下游 10 km 处的 BOD_5 浓度

① 统一量纲，换算污水流量：

$$Q_E = 19\,440/86\,400 = 0.225\ (m^3/s)$$

② 采用完全混合模式计算起始点断面（完全混合断面处）的 BOD_5 浓度

$BOD_5(0) = (81.4 \times 0.225 + 6.16 \times 6.0) / (0.225 + 6.0) = 8.88$ （mg/L）

③ 计算传播时间：

$t = (10\,000/0.1)/86\,400 = 1.157\,4$ （d）

④ 采用一维模式计算预测断面（完全混合断面下游 10 km）的 BOD_5 浓度

$BOD_{5(t)} = BOD_{5(0)} \times \exp(-K_1 \cdot t)$

$$= 8.88 \times \exp(-0.3 \times 1.157\,4) = 6.28\ (mg/L)$$

5.5.3 例题3

拟建一造纸厂位于某河右岸 500 m 处，产生的废水通过管网岸边排入该河流。经计算废水与河水在排污口下游 1.8 km 处完全混合，混合后的 BOD_5 质量浓度为 6.5 mg/L，亏氧值为 5.5 mg/L，河流的平均流速为 1.2 m/s。假设在 101 kPa 压力下，混合后的水温为 12℃。经调查，在完全混合断面的下游 8.0 km 处有一个城区饮用水取水口，水环境功能为Ⅲ类水体。河流的 K_1 为 1.2/d，K_2 为 1.4/d。试分析该厂排污对水源的影响。

解：（1）在取水口处的 BOD_5 浓度为：

$$BOD_{5(8km)} = BOD_{5(0)} \exp\left(-K_1 \frac{x}{86\,400 \times u}\right) = 6.5 \exp\left(-1.2 \times \frac{8\,000}{86\,400 \times 1.2}\right)$$

$$= 5.93 \text{（mg/L）}$$

（2）在取水口处的亏氧量：

$$D = \frac{K_1 L_0}{K_2 - K_1}\left[\exp(-K_1 t) - \exp(-K_2 t)\right] + D_0 \exp(-K_2 t) =$$

$$\frac{1.2 \times 6.5}{(1.4 - 1.2)}\left[\exp\left(-1.2 \times \frac{8\,000}{86\,400 \times 1.2}\right) - \exp\left(-1.4 \times \frac{8\,000}{86\,400 \times 1.2}\right)\right]$$

$$+ 5.5 \exp\left(-1.4 \times \frac{8\,000}{86\,400 \times 1.2}\right)$$

$$= 4.94 \text{（mg/L）}$$

当水温为 12℃时的饱和溶解氧浓度为：

$$c(O_s) = \frac{468}{31.6 + T} = \frac{468}{31.6 + 12} = 10.73 \text{（mg）}$$

则在取水口处的溶解氧为 10.73 − 4.94 = 5.79（mg/L）。

计算结果表明，在取水口处的 BOD_5 浓度超过了《地表水环境质量标准》（GB 3838—2002）中Ⅲ类水域水质标准要求，不能满足取水要求。而溶解氧可以满足Ⅲ类水域水质标准要求。

6 地下水环境影响评价

6.1 概述

6.1.1 地下水基本概念

6.1.1.1 什么是地下水

广义上讲地下水是指赋存于地表以下土壤与岩石空隙中的水，狭义上讲地下水是指赋存于地表以下土壤与岩石空隙中的重力水。

6.1.1.2 地下水与水文循环

水文循环是发生于大气水、地表水和地壳岩石空隙中的地下水之间的水循环。地表水、包气带水及饱水带中浅层水通过蒸发和植物蒸腾而变成水蒸气进入大气圈。水汽随风飘移，在适宜条件下形成降水。落到陆地的降水，部分汇集于江河湖沼形成地表水，部分渗入地下。渗入地下的水，部分滞留于包气带中，其余部分渗入饱水带岩石空隙之中，成为地下水。地表水与地下水有的重新蒸发返回大气圈，有的通过地表径流或地下径流返回海洋。

6.1.1.3 地下水的赋存

（1）包气带与饱水带。地表以下一定深度上，岩石中的空隙被重力水所充满，形成地下水面。地下水面以上称为包气带；地下水面以下称为饱水带（图6-1）。

包气带自上而下可分为土壤水带、中间带和毛细水带。包气带中的水来源于大气降水的入渗及地表水体的渗漏。包气带又是饱水带与大气圈、地表水圈联系必经的通道。饱水带通过包气带获得大气降水和地表水的补给，又通过包气带蒸发与蒸腾排泄到大气圈。因此，包气带中水盐的形成及其运移规律对于研究饱水带中水盐的形成具有重要意义。

（2）含水层、隔水层与弱透水层。这是根据饱水带岩层给出与透过水的能力划分的。含水层是地下水在其中储存、渗透并能给出相当数量水的岩层。相反，隔水层是不能给出和不能透过水的岩层，或者是给出与透过水量微不足道的岩层。而弱透水层则是指那些渗透性相当差的岩层。在水文地质的实际工作中，通常是把某一地层单元内饱含重力水的透水岩层，或由其构成统一水力联系的几个地层，称为含水层组或含水岩组。含水层与隔水层的概念是相对的，因为自然界没有绝对不含水的岩层，也没有绝对的隔水层，而且在一定条件下，含水层和隔水层还可以相互转化。

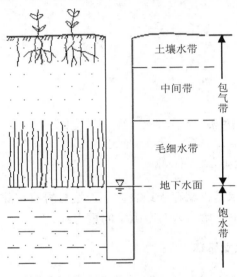

图 6-1　包气带与饱水带

　　（3）地下水的运动。地下水的运动受空隙的影响，如空隙的大小、连通性等。地下水是空隙介质流，以渗流形式运动，控制渗流的因素除水本身的物理化学性质外，还决定于空隙介质的性质。地下水的运动区别于大气水、地表水的运动。

　　（4）地下水分类。通常是指地下水按埋藏条件的分类，也有按地下水的某一种特征（如运动特征、化学特征等）或地下水的形成条件（成因）进行分类的。比较通用的地下水分类：一种是按其埋藏条件划分为上层滞水、潜水和承压水三类，另一种是按其赋存的介质类型划分为孔隙水、裂隙水和岩溶水三种（表 6-1）。

　　上层滞水是聚集在包气带中局部隔水层上面、具有自由水面的重力水，而潜水则是饱水带中第一个稳定隔水层以上具有自由水面的地下水。两者的区别是：前者分布范围常常有限，而且不能终年保持有水；后者分布范围广，常年存在。承压水是充满在两个隔水层之间的含水层中的水，具有承压性质，水量比较稳定。由于承压水在一定条件下能自流溢出地面，故也称自流水。

　　孔隙水是指赋存并运移在未胶结或半胶结松散沉积物中的水，分布较均匀；裂隙水是指赋存并运移于基岩裂隙中的地下水；岩溶水则是赋存并运移于岩溶化岩层中的地下水，其分布一般很不均匀。

表6-1 地下水分类

按埋藏条件分类	按照介质类型分类		
	孔隙水	裂隙水	岩溶水
上层滞水	土壤水；局部黏性土隔水层上季节性存在的重力水（上层滞水）；悬留毛细水及重力水	裂隙岩层浅部季节性存在的重力水及毛细水	裸露岩溶化岩层上部岩溶通道中季节性存在的重力水
潜水	各类松散沉积物浅部的水	裸露于地表的各类裂隙岩层中的水	裸露于地表的岩溶化岩层中的水
承压水	山间盆地及平原松散沉积物深部的水	组成构造盆地、向斜构造或单斜断块的被掩盖的各类裂隙岩层中的水	组成构造盆地、向斜构造或单斜断块的被掩盖的岩溶化岩层中的水

潜水的特点是与大气圈、地表水圈联系密切，积极参与水循环。由于潜水含水层上面不存在完整的隔水或弱透水顶板，而是与包气带直接连通，且在潜水的全部范围内都可以通过包气带接受大气降水和地表水的补给，因此潜水较易受到污染，其动态特征具有明显的季节变化特点。而承压水尽管其主要来源也是大气降水与地表水的入渗，但由于其上部具有连续的隔水层，其主要通过含水层出露于地表的补给区获得补给，并通过有限的排泄区以泉或其他径流方式向地表或地表水体排泄。因此，承压水参与水循环不如潜水积极，且水资源不容易补给、恢复，但由于其含水层厚度通常较大，故其资源往往具有多年调节性能。

6.1.1.4 地下水的补给、径流与排泄

（1）地下水补给。含水层或含水系统从外界获得水量的过程称为补给。地下水的主要补给来源有大气降水、地表水、凝结水和灌溉回归水，以及来自其他含水层中的水和人工补给的水。大气降水是地下水最普遍和最主要的补给来源。降水量的大小对一个地区的地下水补给量起控制作用。降水性质、包气带岩石的透水性与厚度、地形、植被等因素，都影响大气降水对含水层的补给强度。当在含水层之上没有稳定隔水层覆盖而且降水量丰富时，这种补给具有重要意义。河流、湖泊、水库、海洋等地表水体均可补给地下水，只要其底床和边岸岩石为相对透水岩层，便可与其下部含水层中的地下水发生水力联系，而当地表水体水位高于边岸地下水时便会补给地下水。在农田灌溉地区，由于渠道渗漏及田间地面灌溉的灌溉水下渗，浅层地下水获得大量补给。相邻含水层可在水位（头）差的作用下产生相邻含水层间的补给。

（2）地下水径流。地下水由补给区流向排泄区的过程称为径流，是连接补给与排

泄两个作用的中间环节。径流的强弱影响着含水层中的水量与水质。径流强度可用地下水的平均渗透速度衡量。含水层透水性好、地形高差大、切割强烈、大气降水补给量丰沛的地区，其地下径流强度大。同一含水层的不同部位径流强度也有差异。

地下水平均渗透速度的计算公式为：

$$v = K \times I$$

式中：K —— 含水介质的渗透系数，m/d；

I —— 地下水水力坡度，无量纲。

污染物在含水介质的空隙中运移，污染物在含水介质中的运移速度为：

$$v = K \times I / n_e$$

式中：n_e —— 含水介质的有效孔隙度；

其他变量同前。

（3）地下水排泄。含水层或含水系统失去水量的过程称为排泄。地下水的主要排泄方式有：泉排泄、向地表水体排泄、蒸发排泄、人工排泄及向另一含水层排泄等。① 泉是地下水的天然露头，是地下水循环过程中的一种重要排泄方式。② 地下水也可排泄到河流等地表水体中去。地下水位与河水水位相差越大，含水层透水性越好，河床切割的含水层面积越大，则排泄量也越大。地表水与地下水之间的补排关系复杂，有转化交替现象，其主要取决于区域气候、地质构造条件及水文网发育情况。③ 地下水的蒸发排泄包括土壤表面蒸发和植物叶面蒸腾两种方式。这种排泄不但消耗水量，而且往往造成水的浓缩，导致地下水矿化度的增高、水化学类型改变及土壤盐碱化。④ 地下水的人工排泄是指采用集水构筑物（井、钻孔、渠道等）开采或排泄含水层中的地下水。

6.1.1.5 地下水动态与均衡

在各种天然和人为因素影响下，地下水的水位、水量、流速、水温、水质等随时间变化的现象，称为地下水动态。研究地下水动态是为了分析地下水的变化规律，预测地下水的演化趋势，并有助于查明含水层的补给和排泄关系、含水层之间及其与地表水体的水力联系和了解地下水的资源状况等。

地下水量均衡是指地下水的补给量与排泄量之间的相互关系。而地下水化学成分的增加量与减少量之间的相互关系，则称为地下水的盐均衡。

6.1.1.6 水文地质单元

根据水文地质条件的差异性（包括地质结构，岩石性质，含水层和隔水层的产状、分布及其在地表的出露情况，地形地貌，气象和水文因素等）而划分的若干个区域，是一个具有一定边界和统一的补给、径流、排泄条件的地下水分布的区域。

6.1.1.7　水文地质图

反映某地区的地下水分布、埋藏、形成、转化及其动态特征的地质图件，是某地区水文地质调查研究成果的主要表示形式。水文地质图按其表示的内容和应用目的，可概括为三类：① 反映某一区域内总的水文地质规律的综合性水文地质图。以区域内的地质、地形、气候和水文等因素的内在联系为基础，综合反映地下水的埋藏、分布、水质、水量和动态变化等特征，以及区域内地下水的补给、径流、排泄等条件。综合性水文地质图的比例尺常小于 1∶10 万。比例尺不同，则图的内容、要素详简不一。② 为某项具体目的而编制的专门性水文地质图。如地下水开采条件图、供水水文地质图、土壤改良水文地质图等。这类图的内容以水文地质规律为基础，同时又考虑应用目的的经济技术条件。专门性水文地质图多采用大于 1∶10 万的比例尺。③ 表示某一方面水文地质要素的水文地质图。例如，地下水水化学类型图、地下水等水位线图、地下水污染程度图等。

6.1.1.8　地下水污染

地下水污染是指在人为影响下，地下水的物理、化学或生物特性发生不利于人类生活或生产的变化，称为地下水污染。

地下水中的污染物质来源于：① 生活污水与垃圾；② 工业污水与废渣；③ 农业肥料与农药。

地下水的污染途径主要包括：① 由于雨水淋滤，堆放在地面的垃圾、废渣中的有毒物质进入含水层；② 污水排入河、湖、坑塘，再渗入补给含水层；③ 污水灌溉农田；④ 止水不良的井孔，会将浅部的污水导向深层；⑤ 废气溶解于大气降水，形成酸雨补给地下水。

6.1.1.9　地下水（含水层）防污性能及其影响因素

地下水防污性能是指污染物自顶部含水层以上某一位置到达地下水系统中某一特定位置的趋势和可能性。

地下水的防污性能主要取决于地下水埋深、净补给量、含水层介质、土壤介质、地形坡度、包气带影响和水力传导系数七个因子。

（1）地下水埋深

地下水埋深是指地表至潜水位的深度或地表至承压含水层顶部（即隔水层顶板底部）的深度，它是一个很重要的因子，因为它决定污染物到达含水层前要迁移的深度，它有助于确定污染物与周围介质接触的时间。一般来说，地下水埋深越大，污染物迁移的时间越长，污染物衰减的机会越多。此外，地下水埋深越大，污染物受空气中氧的氧化机会也越多。

（2）净补给量

补给水使污染物垂直迁移至潜水并在含水层中水平迁移，从而控制着污染物在包气带和含水层中的弥散和稀释。在潜水含水层地区，垂直补给快，比承压含水层易受污染；在承压含水层地区，由于隔水层渗透性差，污染物迁移滞后，对承压含水层的污染起到一定的保护作用。在承压含水层向上补给上部潜水含水层的地区，承压含水层受污染的机会极少。补给水是淋滤、传输固体和液体污染物的主要载体，入渗水越多，由补给水带给潜水含水层的污染物越多。补给水量足够大而引起污染物稀释时，污染可能性不再增加而是降低。

（3）含水层介质

含水层介质既控制污染物渗流途径和渗流长度，也控制污染物衰减作用（如吸附、各种反应和弥散等）可利用的时间及污染物与含水层介质接触的有效面积。污染物渗透途径和渗流长度明显受含水层介质性质的影响。一般来说，含水层中介质颗粒越大、裂隙或溶隙越多、渗透性越好，污染物的衰减能力越低，防污性能越差。

（4）土壤介质

土壤介质是指包气带顶部具有生物活动特征的部分，它明显影响渗入地下的补给量，所以也明显影响污染物垂直进入包气带的能力。在土壤带很厚的地方，入渗、生物降解、吸附和挥发等污染物衰减作用十分明显。一般来说，土壤防污性能明显受土壤中的黏土类型、黏土胀缩性和颗粒大小的影响，黏土胀缩性小、颗粒小的，防污性能好。此外，有机质也可能是一个重要因素。

（5）地形坡度

地形坡度决定污染物是产生地表径流还是渗入地下。施用的杀虫剂和除草剂是否易于积累于某一地区，地形坡度因素特别重要。地形坡度<2%的地区，因为不会产生地表径流，污染物入渗的机会多；相反，地形坡度>18%的地区，地表径流大，入渗小，地下水受污染的可能性也小。

（6）包气带影响

包气带指的是潜水位以上的非饱水带，这个严格的定义可用于所有的潜水含水层。但在评价承压含水层时，包气带影响既包括以上所述的包气带也包括承压含水层以上的饱水带。承压水的隔水层是包气带中最重要的和影响最大的介质。包气带介质的类型决定土壤层以下、水位以上地段内污染物衰减的性质。生物降解、中和、机械过滤、化学反应、挥发和弥散是包气带内可能发生的所有作用，生物降解和挥发作用通常随深度而降低。介质类型控制着渗透途径和渗流长度，并影响污染物衰减和与介质的接触时间。

（7）水力传导系数

在一定的水力梯度下水力传导系数控制着地下水的流速，同时也控制着污染物离开污染源场地的速度。水力传导系数受含水层中的粒间孔隙、裂隙、层间裂隙等所产生的孔隙的数量和连通性的控制。水力传导系数越高，含水层防污性能越差，因为污染物能快速离开其进入含水层的位置。

6.1.2 常用地下水质量标准

《地下水质量标准》（GB/T 14848—93）规定了地下水的质量分类，地下水的质量监测、评价方法和地下水质量保护，适用于一般地下水，不适用于地下热水、矿水和盐卤水。

依据我国地下水水质现状、人类健康基准值及地下水质量保护目标，并参照生活饮用水、工业、农业用水水质最高要求，将地下水质量划分为五类：

Ⅰ类：主要反映地下水化学组分的天然低背景含量，适用于各种用途；

Ⅱ类：主要反映地下水化学组分的天然背景含量，适用于各种用途；

Ⅲ类：以人体健康基准值为依据，主要适用于集中式生活饮用水水源及工、农业用水；

Ⅳ类：以农业和工业用水要求为依据，除适用于农业和部分工业用水外，适当处理后还可作生活饮用水；

Ⅴ类：不宜饮用，其他用水可根据使用目的选用。

地下水质量评价以调查分析资料或水质监测资料为基础，评价方法分单项组分评价和综合评价两种。单项组分评价，按本标准所列分类指标划分为五类，代号与类别代号相同，不同类别的标准值相同时，从优不从劣。综合评价，采用加附注的评分法。

其他水环境质量标准还有《生活饮用水水源水质标准》（CJ 3020—93）、《生活饮用水卫生标准》（GB 5749—2006）等。

6.1.3 评价基本要求

6.1.3.1 建设项目分类

根据建设项目对地下水环境影响的特征，将建设项目分为以下三类。

（1）在项目建设、生产运行和服务期满后的各个过程中，其主要影响表现为其由于排放污染物而对地下水水质造成影响的建设项目，为Ⅰ类建设项目。较为典型的有工业类建设项目、固体废物填埋场工程、石油开发项目等。

（2）在项目建设、生产运行和服务期满后的各个过程中，其主要影响表现为通过抽取地下水或向含水层注水，引起地下水水位变化而产生环境水文地质问题的建设项目，为Ⅱ类建设项目。较为典型的有各种地下水集中供水水源地开发建设项目、水利水电工程等。

（3）同时具备Ⅰ类和Ⅱ类建设项目环境影响特征的建设项目，为Ⅲ类建设项目，较为典型的有矿山开发项目、污水土地处理工程等。

根据不同类型建设项目对地下水环境的影响程度与范围的大小，将地下水环境影响评价工作分为一、二、三级。

6.1.3.2 地下水环境影响识别

环境影响识别是一项复杂而难度较大的工作，关系到评价工作重点及评价级别判定是否准确等决定评价工作量大小的关键性问题。建设项目对地下水环境影响的识别分析必须在建设项目初步工程分析的基础上进行，应根据建设项目实施过程的三个阶段（建设、生产运行和服务期满后）的工程特征分别识别，并应考虑正常生产运行与事故两种状态下污染物排放可能造成的环境影响。对于一级评价或随着生产运行时间推移对地下水环境影响有可能加剧的建设项目，还应按生产运行初期、中期和后期进行环境影响识别。

建设项目地下水环境影响评价是建设项目或规划环境影响评价的有机组成部分。凡以地下水作为供水水源或对地下水环境可能产生影响的建设项目，均应开展地下水环境影响评价工作。

6.1.3.3 地下水环境影响评价的基本任务

地下水环境影响评价的基本任务包括：进行地下水环境现状评价、建设项目对地下水环境影响预测和评价。针对建设项目实施过程中对地下水环境可能造成的直接影响和间接危害（包括地下水污染，地下水流场或地下水位变化），提出防治对策，预防与控制地下水环境恶化，保护地下水资源，为建设项目选址决策、工程设计和环境管理提供科学依据。

地下水环境影响评价应按本标准划分的评价工作等级，开展相应深度的评价工作。

6.1.3.4 地下水环境影响评价的基本内容

地下水环境影响评价的基本内容包括：建设项目对地下水环境影响识别、地下水环境现状调查与评价、地下水环境影响预测、地下水环境影响评价、地下水环境保护措施和不良影响的防治对策。

6.1.4 评价程序

环境影响评价工作应划分为准备、现状调查与工程分析、预测评价和报告编写四个阶段进行（图 6-2）。各阶段的主要工作内容是：

准备阶段。搜集和研究有关资料、法规文件；了解建设项目工程概况；进行初步工程分析；踏勘现场，对环境状况进行初步调查；初步分析建设项目对地下水环境的影响，确定评价工作等级和评价重点，并在此基础上编制地下水环境影响评价工作方案。

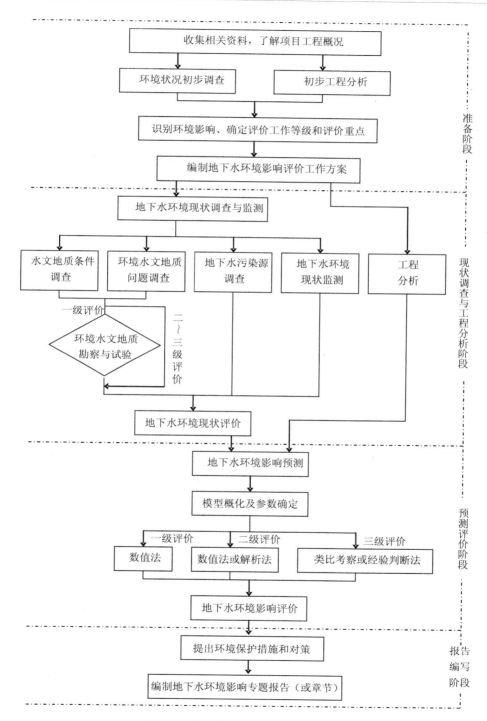

图 6-2 地下水环境影响评价工作流程

现状调查与工程分析阶段。开展现场调查、勘探、地下水监测、取样、分析、室内外试验和室内资料分析等，进行现状评价工作，同时进行工程分析。

预测评价阶段。进行地下水环境影响预测；依据国家、地方有关地下水环境管理的法规及标准，进行影响范围和程度的评价。

报告编写阶段。综合分析各阶段成果，提出地下水环境保护措施与防治对策，编写地下水环境影响专题报告（章节）。

6.1.5 评价工作等级与范围

6.1.5.1 地下水环境影响评价工作等级划分

（1）划分原则

Ⅰ类和Ⅱ类建设项目，分别根据其对地下水环境的影响类型、建设项目所处区域的环境特征及其环境影响程度划定评价工作等级。

Ⅲ类建设项目应根据建设项目所具有的Ⅰ类和Ⅱ类特征分别进行地下水环境影响评价工作等级划分，并按所划定的最高工作等级开展评价工作。

（2）Ⅰ类建设项目工作等级划分

1）划分依据

① Ⅰ类建设项目地下水环境影响评价工作等级的划分，应根据建设项目场地的包气带防污性能、含水层易污染特征、地下水环境敏感程度、污水排放量与污水水质复杂程度等指标确定。建设项目场地包括主体工程、辅助工程、公用工程、储运工程等涉及的场地。

② 建设项目场地的包气带防污性能按包气带中岩（土）层的分布情况分为强、中、弱三级，分级原则见表 6-2。

表 6-2　包气带防污性能分级

分级	包气带岩土的渗透性能
强	岩（土）层单层厚度 $M_b \geqslant 1.0$ m，渗透系数 $K \leqslant 10^{-7}$ cm/s，且分布连续、稳定
中	岩（土）层单层厚度 0.5 m $\leqslant M_b < 1.0$ m，渗透系数 $K \leqslant 10^{-7}$ cm/s，且分布连续、稳定 岩（土）层单层厚度 $M_b \geqslant 1.0$ m，渗透系数 10^{-7} cm/s $< K \leqslant 10^{-4}$ cm/s，且分布连续、稳定
弱	岩（土）层不满足上述"强"和"中"条件

注：表中"岩（土）层"是指建设项目场地地下基础之下第一岩（土）层；包气带渗透系数是指包气带岩土饱水时的垂向渗透系数。

③ 建设项目场地的含水层易污染特征
建设项目场地的含水层易污染特征分为易、中、不易三级，分级原则见表 6-3。

表6-3　建设项目场地的含水层易污染特征分级

分级	项目场地所处位置与含水层易污染特征
易	潜水含水层且包气带岩性（如粗砂、砾石等）渗透性强的地区；地下水与地表水联系密切地区；不利于地下水中污染物稀释、自净的地区
中	多含水层系统且层间水力联系较密切的地区
不易	以上情形之外的其他地区

④ 建设项目场地的地下水环境敏感程度

建设项目场地的地下水环境敏感程度可分为敏感、较敏感、不敏感三级，分级原则见表6-4。

表6-4　地下水环境敏感程度分级

分级	项目场地的地下水环境敏感特征
敏感	集中式饮用水水源地（包括已建成的在用、备用、应急水源地，在建和规划的饮用水水源地）准保护区；除生活供水水源地以外的国家或地方政府设定的与地下水环境相关的其他保护区，如热水、矿泉水、温泉等特殊地下水资源保护区
较敏感	集中式饮用水水源地（包括已建成的在用、备用、应急水源地，在建和规划的饮用水水源地）准保护区以外的补给径流区；特殊地下水资源（如矿泉水、温泉等）保护区以外的分布区以及分散居民饮用水源等其他未列入上述敏感分级的环境敏感区[①]
不敏感	上述地区之外的其他地区

注：① 表中"环境敏感区"是指《建设项目环境影响评价分类管理名录》中所界定的涉及地下水的环境敏感区。

⑤ 建设项目污水排放强度

建设项目污水排放强度可分为大、中、小三级，分级标准见表6-5。

表6-5　污水排放量分级

序号	分类	污水排放总量/（m³/d）
1	大	≥10 000
2	中	1 000～10 000
3	小	≤1 000

⑥ 建设项目或规划污水水质的复杂程度

根据建设项目所排污水中污染物类型和需预测的污水水质指标数量，将污水水质分为复杂、中等、简单三级，分级原则见表6-6。当根据污水中污染物类型所确定的污水水质复杂程度和根据污水水质指标数量所确定的污水水质复杂程度不一致时，取高级别的污水水质复杂程度级别。

表 6-6　污水水质复杂程度分级

序号	污水水质复杂程度级别	污染物类型	污水水质指标（个）
1	复杂	污染物类型数≥2	需预测的水质指标≥6
2	中等	污染物类型数≥2	需预测的水质指标<6
		污染物类型数=1	需预测的水质指标≥6
3	简单	污染物类型数=1	需预测的水质指标<6

2）Ⅰ类建设项目评价工作等级

　　Ⅰ类建设项目地下水环境影响评价工作等级的划分见表 6-7。对于废弃盐岩矿井洞穴或人工专制盐岩洞穴、废弃矿井巷道加水幕系统、人工硬岩洞库加水幕系统、地质条件较好的含水层储油和枯竭的油气层储油等形式的地下储油库以及危险废物填埋场应进行一级评价，不按表 6-7 划分评价工作等级。

表 6-7　Ⅰ类建设项目评价工作等级分级

评价级别	建设项目场地包气带防污性能	建设项目场地的含水层易污染特征	建设项目场地的地下水环境敏感程度	建设项目污水排放量	建设项目水质复杂程度
一级	弱-强	易-不易	敏感	大-小	复杂-简单
	弱	易	较敏感	大-小	复杂-简单
			不敏感	大	复杂-简单
				中	复杂-中等
				小	复杂
		中	较敏感	大-中	复杂-简单
				小	复杂-中等
			不敏感	大	
				中	复杂
		不易	较敏感	大	复杂-中等
				中	复杂
	中	易	较敏感	大	复杂-简单
				中	复杂-中等
				小	复杂
			不敏感	大	复杂
		中	较敏感	大	复杂-中等
				中	复杂
	强	易	较敏感	大	复杂

评价级别	建设项目场地包气带防污性能	建设项目场地的含水层易污染特征	建设项目场地的地下水环境敏感程度	建设项目污水排放量	建设项目水质复杂程度
二级	除了一级和三级以外的其他组合				
三级	弱	不易	不敏感	中	简单
				小	中等-简单
	中	易	不敏感	小	简单
		中	不敏感	中	简单
				小	中等-简单
		不易	较敏感	中	简单
				小	中等-简单
			不敏感	大	中等-简单
				中-小	复杂-简单
三级	强	易	较敏感	小	简单
			不敏感	大	简单
				中	中等-简单
				小	复杂-简单
		中	较敏感	中	简单
				小	中等-简单
			不敏感	大	中等-简单
				中-小	复杂-简单
		不易	较敏感	大	中等-简单
				中-小	复杂-简单
			不敏感	大-小	复杂-简单

（3）Ⅱ类建设项目工作等级划分

1）划分依据

Ⅱ类建设项目地下水环境影响评价工作等级的划分，应根据建设项目地下水供水、排水（或注水）规模，引起的地下水水位变化范围，建设项目场地的地下水环境敏感程度以及可能造成的环境水文地质问题的大小等条件确定。

① 建设项目供水、排水（或注水）规模

建设项目地下水供水、排水（或注水）规模按水量的多少可分为大、中、小三级，分级标准见表6-8。

表6-8 地下水供水、排水（或注水）规模分级

序号	分类	供水、排水（或注水）量/（万 m³/d）
1	大	≥1.0
2	中	0.2～1.0
3	小	≤0.2

② 建设项目引起的地下水水位变化范围

建设项目引起的地下水水位变化范围可用影响半径来表示，分为大、中、小三级，分级标准见表 6-9。

表 6-9　地下水水位变化范围分级

序号	分　级	地下水水位变化影响半径/km
1	大	≥1.5
2	中	0.5～1.5
3	小	≤0.5

③ 建设项目场地的地下水环境敏感程度

建设项目场地的地下水环境敏感程度可分为敏感、较敏感、不敏感三级，分级原则见表 6-10。

表 6-10　地下水环境敏感程度分级

分级	项目场地的地下水环境敏感程度
敏感	集中式饮用水水源地（包括已建成的在用、备用、应急水源地，在建和规划的饮用水水源地）准保护区；除生活供水水源地以外的国家或地方政府设定的与地下水环境相关的其他保护区，如热水、矿泉水、温泉等特殊地下水资源保护区；生态脆弱重点保护区域；地质灾害易发区[①]；重要湿地、水土流失重点防治区、沙化土地封禁保护区等
较敏感	集中式饮用水水源地（包括已建成的在用、备用、应急水源地，在建和规划的饮用水水源地）准保护区以外的补给径流区；特殊地下水资源（如矿泉水、温泉等）保护区以外的分布区以及分散居民饮用水源等其他未列入上述敏感分级的环境敏感区[②]
不敏感	上述地区之外的其他地区

注：① 表中"地质灾害"是指因水文地质条件变化发生的地面沉降、岩溶塌陷等。
　　② 表中"环境敏感区"是指《建设项目环境影响评价分类管理名录》中所界定的涉及地下水的环境敏感区。

④ 建设项目造成的环境水文地质问题

建设项目造成的环境水文地质问题包括：区域地下水水位下降产生的土地次生荒漠化、地面沉降、地裂缝、地面塌陷、海水入侵、湿地退化等，以及灌溉导致局部地下水位上升产生的土壤次生盐渍化、次生沼泽化等，按其影响程度大小可分为强、中等、弱三级，分级原则见表 6-11。

表6-11 环境水文地质问题分类

序号	程度	可能造成的环境水文地质问题
1	强	产生地面沉降、地裂缝、地面塌陷、湿地退化、土地荒漠化等环境水文地质问题，含水层疏干现象明显，产生土壤次生盐渍化、沼泽化
2	中等	出现土壤盐渍化、沼泽化迹象
3	弱	无上述环境水文地质问题

2）Ⅱ类建设项目评价工作等级

Ⅱ类建设项目地下水环境影响评价工作等级的划分见表6-12。

表6-12 Ⅱ类建设项目评价工作等级分级

评价等级	建设项目供水、排水（或注水）规模	建设项目引起的地下水水位变化范围	建设项目场地的地下水环境敏感程度	建设项目造成的环境水文地质问题大小
一级	小-大	小-大	敏感	弱-强
	中等	中等	较敏感	强
		大	较敏感	中等-强
	大	大	较敏感	弱-强
			不敏感	强
		中	较敏感	中等-强
		小	较敏感	强
二级	除了一级和三级以外的其他组合			
三级	小-中	小-中	较敏感-不敏感	弱-中

（4）评价等级的技术要求

1）一级评价要求

通过搜集资料和环境现状调查，了解区域内多年的地下水动态变化规律，详细掌握建设项目场地的环境水文地质条件（给出的环境水文地质资料的调查精度应大于或等于 1/10 000）及评价区域的环境水文地质条件（给出比例尺大于或等于 1/50 000 的相关图件）、污染源状况、地下水开采利用现状与规划，查明各含水层之间以及与地表水之间的水力联系，同时掌握评价区评价期内至少一个连续水文年的枯、平、丰水期的地下水动态变化特征；根据建设项目污染源特点及具体的环境水文地质条件有针对性地开展勘察试验，进行地下水环境现状评价；对地下水水质、水量采用数值法进行影响预测和评价，对环境水文地质问题进行定量或半定量的预测和评价，提出切实可行的环境保护措施。

2）二级评价要求

通过搜集资料和环境现状调查，了解区域内多年的地下水动态变化规律，基本掌握评价区域的环境水文地质条件（给出比例尺大于或等于 1/50 000 的相关图件）、污染源状况、项目所在区域的地下水开采利用现状与规划，查明各含水层之间以及与地表水之间的水力联系，同时掌握评价区至少一个连续水文年的枯、丰水期的地下水动态变化特征；结合建设项目污染源特点及具体的环境水文地质条件有针对性地补充必要的勘察试验，进行地下水环境现状评价；对地下水水质、水量采用数值法或解析法进行影响预测和评价，对环境水文地质问题进行半定量或定性的分析和评价，提出切实可行的环境保护措施。

　　3）三级评价要求

　　通过搜集现有资料，说明地下水分布情况，了解当地的主要环境水文地质条件（给出相关水文地质图件）、污染源状况、项目所在区域的地下水开采利用现状与规划；了解建设项目环境影响评价区的环境水文地质条件，进行地下水环境现状评价；结合建设项目污染源特点及具体的环境水文地质条件有针对性地进行现状监测，通过回归分析、趋势外推、时序分析或类比预测分析等方法进行地下水影响分析与评价；提出切实可行的环境保护措施。

6.1.5.2 地下水环境影响评价工作的范围

　　应根据拟建项目的性质、规模、工程布局、生产工艺和排污特点，结合当地环境水文地质条件、环境功能和评价工作等级等因素综合分析确定。评价范围以能满足保护地下水环境的需要为原则，并应满足环境影响预测和评价的要求。

　　地下水环境影响预测、评价时期和时段的选择，应根据建设项目的类型、开发方式和建设过程不同而确定。预测、评价时期一般应分为工程建设、生产运行和服务期满后三个时期。评价时段可分为地下水丰、枯水期两个时段。

6.2 地下水环境现状调查与评价

6.2.1 调查与评价原则

　　地下水环境现状调查与评价工作应遵循资料搜集与现场调查相结合、项目所在场地调查与类比考察相结合、现状监测与长期动态资料分析相结合的原则，同时应满足相应的工作级别要求。当现有资料不能满足要求时，应组织现场监测及环境水文地质勘察与试验。对一级评价，还可选用不同历史时期地形图以及航空、卫星图片进行遥感图像解译，同时配合地面现状调查与评价。对于地面工程建设项目应监测潜水含水层以及与其有水力联系的含水层，兼顾地表水体；对于地下工程建设项目应监测受其影响的相关含水层。对于改、扩建Ⅰ类建设项目，必要时监测范围还应扩展到包气带。

6.2.2 地下水环境现状调查

6.2.2.1 调查范围

（1）基本要求

地下水环境现状调查与评价的范围以能说明地下水环境的基本状况为原则，并应满足环境影响预测和评价的要求。

（2）Ⅰ类建设项目的调查范围

Ⅰ类建设项目地下水环境现状调查与评价的范围可参考表 6-13 确定。此调查评价范围应包括与建设项目相关的环境保护目标和敏感区域，必要时还应扩展至完整的水文地质单元。

表 6-13   Ⅰ类建设项目地下水环境现状调查评价范围参考

评价等级	调查评价范围/km²	备注
一级	≥50	环境水文地质条件复杂、含水层渗透性能较强的地区（如砂卵砾石含水层、岩溶含水系统等），调查评价范围可取较大值，否则可取较小值
二级	20～50	
三级	≤20	

当Ⅰ类建设项目位于基岩地区时，一级评价以同一地下水文地质单元为调查评价范围，二级评价原则上以同一地下水水文地质单元或地下水块段为调查评价范围，三级评价以能说明地下水环境的基本情况并满足环境影响预测和分析的要求为原则确定调查评价范围。

（3）Ⅱ类建设项目的调查范围

Ⅱ类建设项目地下水环境现状调查与评价的范围应包括建设项目建设、生产运行和服务期满后三个阶段的地下水水位变化的影响区域，其中应特别关注相关的环境保护目标和敏感区域，必要时扩展至完整的水文地质单元，以及可能与建设项目所在的水文地质单元存在直接补排关系的区域。

地下水中水文地质单元是指具有独立的补给、径流、排泄的区域，与地表水中流域的概念相类似，都是独立的汇水区域。同一水文地质单元中上下游存在密切的水力联系。天然条件下，上游补给下游，但在人为活动影响下，如在过量开采条件下形成区域性降落漏斗，下游也可以反过来补给上游。因此，建设项目场地在水文地质单元中所处的位置，直接关系到其对地下水产生影响的范围。如果建设项目场地位于水文地质单元的上游区（图 6-3 中的"位置 1"处），那么就需将环境影响评价的范围扩展至整个水文地质单元。如果建设项目场地位于水文地质单元的下游区（或排泄区）（图 6-3 中的"位置 2"处），则可以根据地下水流向的因素判断其影响评价范围，通常情况下可以不考虑场地以上的上游区域。

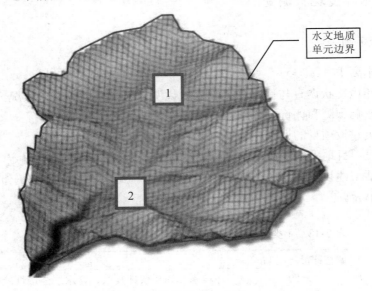

图 6-3　建设项目场地位置

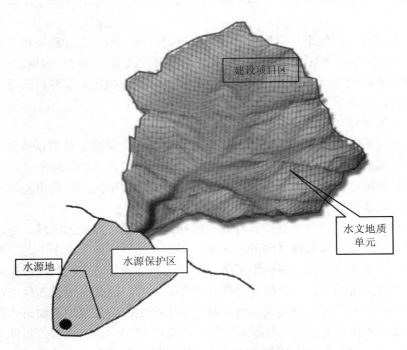

图 6-4　建设项目场地与水源保护区位置

　　另外，如果一个水文地质单元的排泄区恰好位于水源保护区或其他敏感目标保护区的上游（图6-4），上游水文地质单元的地下水排泄补给下游的水源区，此时项目建设若在水文地质单元的上游区进行，则评价范围除要考虑整个水文地质单元外，还必须包括下游的水源保护区。

　　（4）Ⅲ类建设项目的调查范围

　　Ⅲ类建设项目地下水环境现状调查与评价的范围应同时包括Ⅰ类和Ⅱ类所确定的范围。

6.2.2.2　调查内容

　　地下水环境现状调查包括：水文地质条件调查、环境水文地质问题调查、地下水污染调查、地下水环境现状监测、环境水文地质勘察与试验五个部分。

　　（1）水文地质条件调查

　　水文地质条件调查的主要内容包括：

　　① 气象、水文、土壤和植被状况。

　　② 地层岩性、地质构造、地貌特征与矿产资源。

　　③ 包气带岩性、结构、厚度。

　　④ 含水层的岩性组成、厚度、渗透系数和富水程度；隔水层的岩性组成、厚度、渗透系数。

　　⑤ 地下水类型，地下水补给、径流和排泄条件。

　　⑥ 地下水水位、水质、水量和水温。

　　⑦ 泉的成因类型，出露位置，形成条件及泉水流量、水质、水温，开发利用情况。

　　⑧ 集中供水水源地和水源井的分布情况（包括开采层的成井的密度、水井结构、深度以及开采历史）。

　　⑨ 地下水现状监测井的深度、结构以及成井历史、使用功能。

　　⑩ 地下水背景值（或地下水污染对照值）。

　　（2）环境水文地质问题调查

　　环境水文地质问题调查的主要内容包括：

　　① 原生环境水文地质问题：包括天然劣质水分布状况，以及由此引发的地方性疾病等环境问题。

　　② 地下水开采过程中水质、水量、水位的变化情况，以及引起的环境水文地质问题。

　　③ 与地下水有关的其他人类活动情况调查，如保护区划分情况等。

　　（3）地下水污染源调查

　　1）调查原则

① 对已有污染源调查资料的地区，一般可通过搜集现有资料解决。

② 对于没有污染源调查资料，或已有部分调查资料、尚需补充调查的地区，可与环境水文地质问题调查同步进行。

③ 对调查区内的工业污染源，应按原国家环保总局《工业污染源调查技术要求及其建档技术规定》的要求进行调查。对分散在评价区的非工业污染源，可根据污染源的特点，参照上述规定进行调查。

2）调查对象

地下水污染源主要包括工业污染源、生活污染源、农业污染源。

调查重点主要包括废水排放口，渗坑，渗井，污水池，排污渠，污灌区，已被污染的河流、湖泊、水库和固体废物堆放（填埋）场等。

3）不同类型污染源调查要点

① 对工业或生活废（污）水污染源中的排放口，应测定其位置，了解和调查其排放量及渗漏量、排放方式（如连续或瞬时排放）、排放途径和去向、主要污染物及其浓度、废水的处理和综合利用状况等。

② 对排污渠和已被污染的小型河流、水库等，除按地表水监测的有关规定进行流量、水质等调查外，还应选择有代表性的渠（河）段进行渗漏量和影响范围调查。

③ 对污水池和污水库应调查其结构和功能，测定其蓄水面积与容积，了解池（库）底的物质组成或地层岩性以及与地下水的补排关系，进水来源，出水去向和用途，进出水量和水质及其动态变化情况，池（库）内水位标高与其周围地下水的水位差，坝堤、坝基和池（库）底的防渗设施和渗漏情况，以及渗漏水对周边地下水质的污染影响。

④ 对于农业污染源，重点应调查和了解施用农药、化肥情况。对于污灌区，重点应调查和了解污灌区的土壤类型、污灌面积、污灌水源、水质、污灌量、灌溉制度与方式及施用农药、化肥情况。必要时可补做渗水试验，以便了解单位面积渗水量。

⑤ 对工业固体废物堆放（填埋）场，应测定其位置、堆积面积、堆积高度、堆积量等，并了解其底部、侧部渗透性能及防渗情况，同时采取有代表性的样品进行浸溶试验、土柱淋滤试验，以了解废物的有害成分，可浸出量，雨后淋滤水中污染物的种类、浓度和入渗情况。

⑥ 对生活污染源中的生活垃圾、粪便等，应调查了解其物质组成及排放、储存、处理利用状况。

⑦ 对于改、扩建 I 类建设项目，还应对建设项目场地所在区域可能污染的部位（如物料装卸区、储存区、事故池等）开展包气带污染调查，包气带污染调查取样深度一般在地面以下 25～80 cm。但是，当调查点所在位置一定深度之下有埋藏的排污系统或储藏污染物的容器时，取样深度应至少达到排污系统或储藏污染物的容器

的底部以下。

4）调查因子

地下水污染源调查因子应根据拟建项目的污染特征选定。

5）污染源调查资料的整理与分析

对搜集和实测的污染源调查资料检查无误后，根据统计分析结果选择与建设项目关系密切、对地下水环境影响较大的污染因子，作为调查区的评价因子。根据工业污染源调查技术要求中有关废（污）水污染源的评价标准和方法，进行等标污染负荷计算。计算中应包括新建或改、扩建项目污染源的叠加影响。调查结果应整理成文字材料和表格，并附污染源分布图、地下水污染程度图等。

地下水环境现状监测：

1）地下水环境现状监测及地下水水质监测井的设置

① 地下水环境现状监测的主要内容

地下水环境现状监测主要通过对地下水水位、水质的动态监测，了解和查明地下水水流与地下水化学组分的空间分布现状和发展趋势，为地下水环境现状评价和环境影响预测提供基础资料。对于Ⅰ类建设项目应同时监测地下水水位、水质。对于Ⅱ类建设项目应监测地下水水位；涉及可能造成土壤盐渍化的Ⅱ类建设项目，还应监测相应的地下水水质指标。

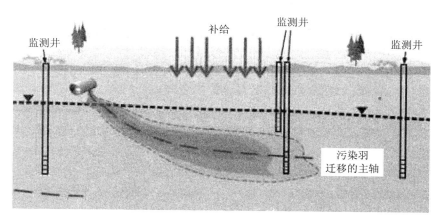

图 6-5 地下水中污染羽状体剖面

② 地下水水质监测井设置的意义

水是污染物运移的载体，一方面地下水的流动方向直接决定了污染物迁移的主方向，另一方面由于岩性介质渗透性能不同，污染物在不同位置的运移速度及运移距离也不一样。这使得污染场地的上游区和下游区，靠近污染场地区和远离污染场地区的地下水中污染物浓度均会有较大差异（图6-5）。因此，地下水水质现状监测井的位置布设，将直接影响对评价区地下水水质现状的认识。

另外，由于污染物理化性质的差异以及污染物在地下渗漏（泄漏）深度的不同，污染物在剖面上浓度分布的差异性非常大：有的是地下水表层浓度高，有的是地下水底层浓度高。因此，即使在同一位置的监测井，不同的取样深度也会产生不同的监测结果（图6-5）。

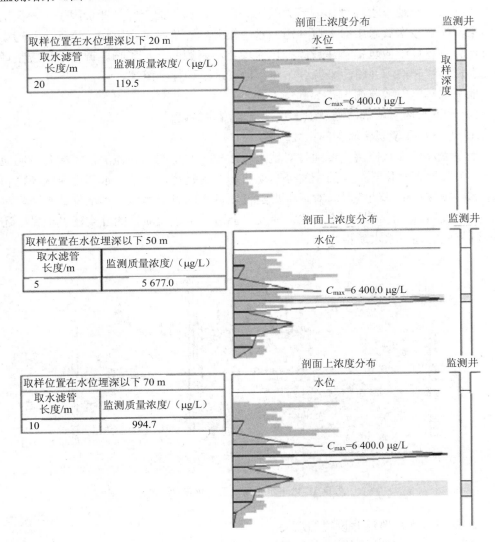

图 6-6　不同深度取样位置监测浓度的差异

因此，对评价区地下水水质监测井的选择、新建监测井位置的布设以及取样深度的设计至关重要，三者直接影响了监测结果与评价结论。

③ 现状监测井点的布设原则

a. 地下水环境现状监测井点采用控制性布点与功能性布点相结合的布设原则。监测井点应主要布设在建设项目场地、周围环境敏感点、地下水污染源、主要现状环境水文地质问题以及对于确定边界条件有控制意义的地点。对于Ⅰ类和Ⅲ类改、扩建项目，当现有监测井不能满足监测位置和监测深度要求时，应布设新的地下水现状监测井。

b. 监测井点的层位应以潜水和可能受建设项目影响的有开发利用价值的含水层为主。潜水监测井不得穿透潜水隔水底板，承压水监测井中的目的层与其他含水层之间应止水良好。

c. 一般情况下，地下水水位监测点数应大于相应评价级别地下水水质监测点数的 2 倍以上。

2）地下水水质监测点布设的具体要求：

① 一级评价项目的含水层的水质监测点应不少于 7 个点/层。评价区面积大于 100 km^2 时，每增加 15 km^2 水质监测点应至少增加 1 个点/层。

一般要求建设项目场地上游和两侧的地下水水质监测点各不得少于 1 个点/层，建设项目场地及其下游影响区的地下水水质监测点不得少于 3 个点/层。

② 二级评价项目的含水层的水质监测点应不少于 5 个点/层。评价区面积大于 100 km^2 时，每增加 20 km^2 水质监测点应至少增加 1 个点/层。

一般要求建设项目场地上游和两侧的地下水水质监测点各不得少于 1 个点/层，建设项目场地及其下游影响区的地下水水质监测点不得少于 2 个点/层。

③ 三级评价项目的含水层的水质监测点应不少于 3 个点/层。

一般要求建设项目场地上游水质监测点不得少于 1 个点/层，建设项目场地及其下游影响区的地下水水质监测点不得少于 2 个点/层。

3）地下水水质现状监测点取样深度的确定

① 评价级别为一级的Ⅰ类和Ⅲ类建设项目，对地下水监测井（孔）点应进行定深水质取样，具体要求：

a. 地下水监测井中水深小于 20 m 时，取 2 个水质样品，取样点深度应分别在井水位以下 1.0 m 之内和井水位以下井水深度约 3/4 处。

b. 地下水监测井中水深大于 20 m 时，取 3 个水质样品，取样点深度应分别在井水位以下 1.0 m 之内、井水位以下井水深度约 1/2 处和井水位以下井水深度约 3/4 处。

② 评价级别为二、三级的Ⅰ类和Ⅲ类建设项目和Ⅱ类建设项目，只取一个水质样品，取样点深度应在井水位以下 1.0 m 之内。

4）现状监测频率

① 评价等级为一级的建设项目，应在评价期内至少分别对一个连续水文年的

枯、平、丰水期的地下水水位、水质各监测一次。

② 评价等级为二级的建设项目，对于新建项目，若有近 3 年内至少一个连续水文年的枯、丰水期监测资料，应在评价期内至少进行一次地下水水位、水质监测。对于改、扩建项目，若掌握现有工程建成后近 3 年内至少一个连续水文年的枯、丰水期观测资料，则应在评价期内至少进行一次地下水水位、水质监测。

若无上述监测资料，应在评价期内分别对一个连续水文年的枯、丰水期的地下水水位、水质各监测一次。

③ 评价等级为三级的建设项目，应至少在评价期内监测一次地下水水位、水质，并尽可能在枯水期进行。

5）地下水水质样品采集与现场测定

① 地下水水质样品应采用自动式采样泵或人工活塞闭合式与敞口式定深采样器进行采集。

② 样品采集前，应先测量井孔地下水水位（或地下水水位埋藏深度）并做好记录，然后采用潜水泵或离心泵对采样井（孔）进行全井孔清洗，抽汲的水量不得小于 3 倍的井筒水（量）体积。

③ 地下水水质样品的管理、分析化验和质量控制按《地下水环境监测技术规范》（HJ/T 164—2004）执行。pH、DO、水温等不稳定项目应在现场测定。

（4）环境水文地质勘察与试验

1）环境水文地质试验的要求

① 环境水文地质勘察与试验是在充分收集已有相关资料和地下水环境现状调查的基础上，针对某些需要进一步查明的环境水文地质问题和为获取预测评价中必要的水文地质参数而进行的工作。

② 除一级评价应进行环境水文地质勘察与试验外，对环境水文地质条件复杂而又缺少资料的地区，二级、三级评价还应在区域水文地质调查的基础上对评价区进行必要的水文地质勘察。

③ 环境水文地质勘察可采用钻探、物探和水土化学分析以及室内外测试、试验等手段，具体参见相关标准与规范。

④ 环境水文地质试验项目通常有抽水试验、注水试验、渗水试验、浸溶试验、土柱淋滤试验、弥散试验、流速试验（连通试验）、地下水含水层储能试验等，有关试验原则与方法参见《环境影响评价技术导则—地下水环境》（HJ 610—2011）附录 E。在地下水环境影响评价工作中可根据评价等级及资料占有程度等实际情况选用。

⑤ 进行环境水文地质勘察时，除采用常规方法外，还可配合地球物理方法进行勘察。

2）环境水文地质试验方法

即为取得岩土的水文地质参数和查明水文地质条件而进行的野外试验。常用的有抽水试验、压水试验、注水试验、渗水试验、弥散试验等。

① 抽水、压水、注水和渗水试验

渗水、注水和抽水试验是水文地质勘察常用的传统工作方法，其中渗水试验较简单，而注水、抽水试验需要打一定数量的钻孔，在环境影响评价工作中因受评价经费的限制，一般很少采用。但是对于地质条件复杂和污染影响较大的一级评价项目，为定量预测污水渗透对地下水的污染影响，注水、抽水试验仍是一种必要的试验手段。

a. 抽水试验

即通过井或钻孔抽取含水层中的水而进行的水文地质试验。抽水试验的目的是求得抽水流量和地下水位降落值的关系；计算含水层的渗透系数、给水度、储水系数等水文地质参数；确定抽水时的地下水位降落漏斗的影响范围；查明地表水与地下水之间或不同含水层之间的水力联系等。

根据要解决的问题，可以进行不同规模和方式的抽水试验。单孔抽水试验只用一个井抽水，不另设置观测孔，取得的资料精度较差；多孔抽水试验是用一个主孔抽水，同时配置若干个监测水位变化的观测孔，以取得比较准确的水文地质参数；群井开采试验是在某一范围内用大量生产井同时长期抽水，以查明群井采水量与区域水位下降的关系，求得可靠的水文地质参数，作为评价地下水开采资源的依据之一。

为确定水文地质参数而进行的抽水试验，有稳定流抽水和非稳定流抽水两类。前者要求试验终了以前抽水流量及抽水影响范围内的地下水位达到稳定不变。后者则只要求抽水流量保持定值而水位不一定到达稳定，或保持一定的水位降深而允许流量变化。

b. 压水试验

即将水压入钻孔以确定岩层渗透性的野外试验（图 6-7）。压水试验可以定性地了解不同深度（包括地下水面以上和以下）的坚硬、半坚硬岩层的透水性和裂隙发育程度，估算水文地质参数。专门设计的压水试验可以用来求出各向异性的岩石的渗透张量。根据压水试验结果可以确定水工建筑物基础和库区岩层防渗及加固的措施。

试验是在用止水栓塞在钻孔中隔离出来的试段中进行的。每个试段均用 3 个不同压力值进行压水。试验过程中，在现场绘出压力和流量随时间变化的过程线。

试验结果整理成压力水头（S）与压力流量（Q）的关系曲线，计算单压流量 q（$q=Q/S$）和单位吸水量（W）。最后根据相应公式近似求出岩层渗透系数（K）。单位吸水量（W）是透水岩层在单位压力作用下单位试段长度上每分钟漏过的水量，即：

$$Q = \frac{W}{SL} \tag{6-1}$$

式中：Q —— 压水流量，L/（min·m²）；

S —— 压力水头，m；

L —— 试段长度，m。

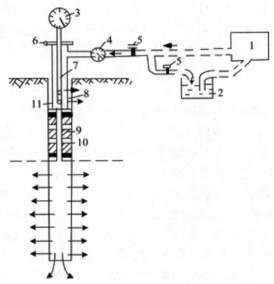

1—水泵；2—水箱；3—压力表；4—流量表；5—开关；6—千斤顶；7—内管；

8—外管；9—出水栓塞；10—铁垫圈；11—送水孔

图 6-7　压水试验装置

c. 注水试验

即向钻孔中注水，利用水柱本身的压力确定岩石渗透性的野外试验。当地下水位埋藏过深，或为干的透水岩层时，可在钻孔中进行注水试验以代替抽水试验。试验的原理与压水试验相似。

d. 渗水试验

在野外测定包气带渗透系数最简单的方法，包括渗坑、单环和双环法，其中双环法可以排除侧向渗流的误差，精度较高，在环境水文地质评价中常被采用，试验装置见图 6-8。

选择潜水位埋藏深度较大的地方，在地表挖一试坑。在试坑底部嵌入内外两个铁皮环（试坑底部要高出地下水位不少于 3 m），外环直径可取 0.5 m，内环直径可取 0.25 m。试验时用专门的倒立水瓶（马利奥特瓶）向铁皮内外环注水，使水面始终保持同一高度，则内环中的水便垂直下渗。每隔 30 min 测定一次渗水量，当渗水量稳定一定时间后，试验即可停止。由于外环排除了侧向渗流带来的误差，能保证内环水的垂直渗入，因此可以根据内环所测得的数据计算得出包气带地层的渗透系数（K）值。即：

$$K = \frac{QL}{F\left(H_k + Z + L\right)} \tag{6-2}$$

式中：K——渗透系数，m/s；

Q——稳定渗入水量，m³/s；

F——内环渗水面积，m²；

H_k——毛细压力水头（一般等于毛细上升高度的一半、毛细上升高度见表6-14），m；

Z——内环水层厚度，m；

L——试验结束时的渗水深度（由试验后实地开挖确定），m。

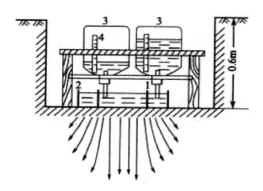

1—内环（直径0.25 m）；2—外环（直径0.5 m）；3—自动补充水瓶；4—水量标尺

图6-8 双环法渗水试验装置

表6-14 松散岩层最大毛细上升高度

序号	岩石名称	最大毛细上升高度/cm
1	粗砂（粒径＝1～2 mm）	2～4
2	中砂（粒径＝0.5～1 mm）	12～35
3	细砂（粒径＝0.25～0.5 mm）	35～120
4	亚砂土	125～250
5	亚黏土	250～350
6	黏土	350～600

② 弥散试验

目的是研究污染物在地下水中运移时其浓度的时空变化规律，并通过试验获得进行地下水环境质量定量评价的弥散参数。

试验可用示踪剂（如食盐、氯化铵、电解液、荧光染料、放射性同位素 ^{131}I 等）进行。试验方法可依据当地水文地质条件、污染源的分布以及污染源同地下水的相互关系确定。一般可采用污染物的天然状态法、附加水头法、连续注水法、脉冲注入法。试验场地应选择在对地质、水文地质有足够了解的代表性地区，其基本水文地质参数齐全。观测孔布设一般可采用以试验孔为中心的"+"形剖面，孔距可根据水文地质条件、含水层岩性等考虑，一般可采用 5 m 或 10 m；也可采用试验孔为中心的同心圆布设方法，同心圆半径可采用 3 m、5 m 或 8 m 布设观测孔，在卵砾石含水层中半径一般以 7 m、15 m、30 m 为宜。试验过程中定时、定深在试验孔和观测孔中采取水、土样，进行水、土化学分析。确定弥散参数。

弥散试验的步骤及技术要求见试验方法 B。

6.2.3 地下水环境现状评价

（1）污染源数据整理与分析

按评价中所确定的地下水质量标准对污染源进行等标污染负荷比计算；将累计等标污染负荷比大于 70%的污染源（或污染物）定为评价区的主要污染源（或主要污染物）；通过等标污染负荷比分析，列表给出主要污染源和主要污染因子，并附污染源分布图。

① 等标污染负荷（P_{ij}）计算公式为：

$$P_{ij} = \frac{c_{ij}}{c_{0ij}} Q_j \qquad (6\text{-}3)$$

式中：P_{ij} —— 第 j 个污染源废水中第 i 种污染物等标污染负荷，m^3/a；

c_{ij} —— 第 j 个污染源废水中第 i 种污染物排放的平均质量浓度，mg/L；

c_{0ij} —— 第 j 个污染源废水中第 i 种污染物排放的标准质量浓度，mg/L；

Q_j —— 第 j 个污染源废水的年排放量，m^3/a。

若第 j 个污染源共有 n 种污染物参与评价，则该污染源的总等标污染负荷计算公式为：

$$P_j = \sum_{i=1}^{n} P_{ij} \qquad (6\text{-}4)$$

式中：P_j —— 第 j 个污染源的总等标污染负荷，m^3/a。

若评价区共有 m 个污染源，其中含有第 i 种污染物，则该污染物的总等标污染负荷计算公式为：

$$P_i = \sum_{j=1}^{m} P_{ij} \qquad (6\text{-}5)$$

式中：P_i —— 第 i 种污染源的总等标污染负荷，m^3/a。

若评价区共有 m 个污染源和 n 种污染物，则评价区污染物的总等标污染负荷计算公式为：

$$P = \sum_{j=1}^{m} \sum_{i=1}^{n} P_{ij} \qquad (6-6)$$

式中：P —— 评价区污染物的总等标污染负荷，m^3/a。

② 等标污染负荷比（K_{ij}）计算公式为：

$$K_{ij} = \frac{P_{ij}}{P} \qquad (6-7)$$

式中：K_{ij} —— 第 j 个污染源中第 i 种污染物的等标污染负荷比，量纲为 1；

P_{ij} —— 第 j 个污染源废水中第 i 种污染物的等标污染负荷，m^3/a；

P —— 评价区污染物的总等标污染负荷，m^3/a。

$$K_j = \sum_{i=1}^{n} K_{ij} = \frac{\sum_{i=1}^{n} P_{ij}}{P} \qquad (6-8)$$

式中：K_j —— 评价区第 j 个污染源的等标污染负荷比，量纲为 1；

P_{ij} —— 第 j 个污染源废水中第 i 种污染物的等标污染负荷，m^3/a；

P —— 评价区污染物的总等标污染负荷，m^3/a。

$$K_i = \sum_{j=1}^{m} K_{ij} = \frac{\sum_{j=1}^{m} P_{ij}}{P} \qquad (6-9)$$

式中：K_i —— 评价区第 i 个污染源的等标污染负荷比，量纲为 1；

P_{ij} —— 第 j 个污染源废水中第 i 种污染物的等标污染负荷，m^3/a；

P —— 评价区污染物的总等标污染负荷，m^3/a。

③ 包气带污染分析

对于改、扩建 I 类和III类建设项目，应根据建设项目场地包气带污染调查结果开展包气带水、土污染分析，并作为地下水环境影响预测的基础。

（2）地下水水质现状评价

地下水水质现状评价应以地下水水质调查分析资料及水质监测资料为基础，采用标准指数法进行。

① 对于评价标准为定值的水质因子，其标准指数计算公式为：

$$P_i = \frac{c_i}{c_{si}} \qquad (6-10)$$

式中：P_i —— 第 i 个水质因子的标准指数，量纲为 1；

      c_i —— 第 i 个水质因子的监测浓度值，mg/L；

      c_{si} —— 第 i 个水质因子的标准浓度值，mg/L。

② 对于评价标准为区间值的水质因子（如 pH），其标准指数计算公式为：

$$P_{pH} = \frac{7.0 - pH}{7.0 - pH_{sd}} \qquad pH \leqslant 7 \ 时 \qquad (6\text{-}11)$$

$$P_{pH} = \frac{pH - 7.0}{pH_{su} - 7.0} \qquad pH > 7 \ 时 \qquad (6\text{-}12)$$

式中：P_{pH} —— pH 的标准指数，量纲为 1；

      pH —— pH 监测值；

      pH_{sd} —— 标准中 pH 的下限值；

      pH_{su} —— 标准中 pH 的上限值。

评价时，标准指数 >1，表明该水质参数已超过了规定的水质标准，指数值越大，超标越严重。

（3）环境水文地质问题的分析

① 环境水文地质问题的分析应根据水文地质条件及环境水文地质调查结果进行。

② 区域地下水水位降落漏斗状况分析，应叙述地下水水位降落漏斗的面积、漏斗中心水位的下降幅度、下降速度及其与地下水开采量时空分布的关系，单井出水量的变化情况，含水层疏干面积等，阐明地下水降落漏斗的形成、发展过程，为发展趋势预测提供依据。

③ 地面沉降、地裂缝状况分析，应叙述沉降面积、沉降漏斗的沉降量（累计沉降量、年沉降量）等及其与地下水降落漏斗、开采（包括回灌）量时空分布变化的关系，阐明地面沉降的形成、发展过程及危害程度，为发展趋势预测提供依据。

④ 岩溶塌陷状况分析，应叙述与地下水相关的塌陷发生的历史过程、密度、规模、分布及其与人类活动（如采矿、地下水开采等）时空变化的关系，并结合地质构造、岩溶发育等因素，阐明岩溶塌陷的发生、发展规律及危害程度。

⑤ 土壤盐渍化、沼泽化、湿地退化、土地荒漠化分析，应叙述与土壤盐渍化、沼泽化、湿地退化、土地荒漠化发生相关的地下水位、土壤蒸发量、土壤盐分的动态分布及其与人类活动（如地下水回灌过量、地下水过量开采）时空变化的关系，并结合包气带岩性、结构特征等因素，阐明土壤盐渍化、沼泽化、湿地退化、土地荒漠化的发生、发展规律及危害程度。

6.3 地下水环境影响预测与评价

6.3.1 地下水环境影响预测

6.3.1.1 预测原则

建设项目地下水环境影响预测应遵循《环境影响评价技术导则—总纲》（HJ/T 2.1—93）中确定的原则进行。考虑到地下水环境污染的隐蔽性和难恢复性，还应遵循环境安全性原则，为评价各方案的环境安全和环境保护措施的合理性提供依据。

预测的范围、时段、内容和方法均应根据评价工作等级、工程特征与环境特征，结合当地环境功能和环保要求确定，应以拟建项目对地下水水质、水位、水量动态变化的影响及由此而产生的主要环境水文地质问题为重点。Ⅰ类建设项目，对工程可行性研究和评价中提出的不同选址（选线）方案或多个排污方案等所引起的地下水环境质量变化应分别进行预测，同时给出污染物正常排放和事故排放两种工况的预测结果；Ⅱ类建设项目，应遵循保护地下水资源与环境的原则，对工程可行性研究中提出的不同选址方案或不同开采方案等所引起的水位变化及其影响范围应分别进行预测；Ⅲ类建设项目，应同时满足Ⅰ类和Ⅱ类的要求。

6.3.1.2 预测范围

地下水环境影响预测的范围可与现状调查范围相同，但应包括保护目标和环境影响的敏感区域，必要时扩展至完整的水文地质单元，以及可能与建设项目所在的水文地质单元存在直接补排关系的区域。

预测重点应包括：
① 已有、拟建和规划的地下水供水水源区。
② 主要污水排放口和固体废物堆放处的地下水下游区域。
③ 地下水环境影响的敏感区域（如重要湿地、与地下水相关的自然保护区和地质遗迹等）。
④ 可能出现环境水文地质问题的主要区域。
⑤ 其他需要重点保护的区域。

6.3.1.3 预测时段

地下水环境影响预测时段应包括建设项目建设、生产运行和服务期满后三个阶段。

6.3.1.4 预测因子

Ⅰ类建设项目预测因子应选取与拟建项目排放的污染物有关的特征因子，选取重点应包括：

① 改、扩建项目已经排放的及将要排放的主要污染物。

② 难降解、易生物蓄积、长期接触对人体和生物产生危害作用的污染物，持久性有机污染物。

③ 国家或地方要求控制的污染物。

④ 反映地下水循环特征和水质成因类型的常规项目或超标项目。

Ⅱ类建设项目预测因子应选取水位及与水位变化所引发的环境水文地质问题相关的因子。

6.3.1.5 预测方法

预测方法包括数学模型法和类比预测法。数学模型法包括数值法、解析法、均衡法、回归分析、趋势外推、时序分析等方法。常用的地下水预测模型参见 HJ 610—2011 附录 F。

一级评价应采用数值法；二级评价中水文地质条件复杂时应采用数值法，水文地质条件简单时可采用解析法；三级评价可采用回归分析、趋势外推、时序分析或类比预测法。

采用数值法或解析法预测时，应先进行参数识别和模型验证。

采用解析模型预测污染物在含水层中的扩散时，一般应满足以下条件：

① 污染物的排放对地下水流场没有明显的影响。

② 预测区内含水层的基本参数（如渗透系数、有效孔隙度等）不变或变化很小。

采用类比预测法时，应给出具体的类比条件。类比分析对象与拟预测对象之间应满足以下要求：

① 二者的环境水文地质条件、水动力场条件相似。

② 二者的工程特征及对地下水环境的影响具有相似性。

6.3.1.6 预测模型概化

（1）水文地质条件概化

应根据评价等级选用的预测方法，结合含水介质结构特征，地下水补、径、排条件，边界条件及参数类型来进行水文地质条件概化。

（2）污染源概化

污染源概化包括排放形式与排放规律的概化。根据污染源的具体情况，排放形式可以概化为点源或面源；排放规律可以简化为连续恒定排放或非连续恒定排放。

（3）水文地质参数值的确定

对于一级评价建设项目，地下水水量（水位）、水质预测所需的含水层渗透系数、释水系数、给水度和弥散度等参数值应通过现场试验获取；对于二、三级评价建设项目，水文地质参数可从评价区以往的环境水文地质勘察成果资料中选定，或依据相邻地区和类比区最新的勘察成果资料确定。

6.3.1.7 地下水环境影响预测模型

（1）地下水流场影响预测

1）地下水流场影响预测模型

① 解析法。应用地下水流解析法可以给出在各种参数值的情况下渗流区中任何一点上的水位（水头）值。但是，这种方法有很大的局限性，只适用于含水层几何形状规则、方程式简单、边界条件单一的情况。

稳定运动条件下的潜水含水层无限边界群井开采情况：

$$H_0^2 - h^2 = \frac{1}{\pi K} \sum_{i=1}^{n} \left(Q_i \ln \frac{R_i}{r_i} \right) \tag{6-13}$$

稳定运动条件下的承压含水层无限边界群井开采情况：

$$s = \sum_{i=1}^{n} \left(\frac{Q_i}{2\pi T} \cdot \ln \frac{R_i}{r_i} \right) \tag{6-14}$$

式中：H_0 —— 潜水含水层初始厚度，m；

$\quad\quad h$ —— 预测点稳定含水层厚度，m；

$\quad\quad K$ —— 含水层渗透系数，m/d；

$\quad\quad i$ —— 开采井编号，1～n；

$\quad\quad Q_i$ —— 第 i 开采井开采量，m³/d；

$\quad\quad r_i$ —— 预测点到抽水井 i 的距离，m；

$\quad\quad R_i$ —— 第 i 开采井的影响半径，m；

$\quad\quad s$ —— 预测点水位降深，m；

$\quad\quad T$ —— 承压含水层的导水系数，m²/d。

非稳定运动条件下的潜水含水层无限边界群井开采情况：

$$H_0^2 - h^2 = \frac{1}{2\pi K} \sum_{i=1}^{n} Q_i W(u_i) \tag{6-15}$$

$$u_i = r_i^2 \mu / 4K\overline{M}t \qquad (6\text{-}16)$$

非稳定运动条件下的承压水含水层无限边界群井开采情况：

$$s = \frac{1}{4\pi T} \sum_{i=1}^{n} Q_i W(u_i) \qquad （6\text{-}17）$$

$$W(u_i) = \int_{u_i}^{\infty} \frac{\mathrm{e}^{-y}}{y} \mathrm{d}y \qquad （6\text{-}18）$$

$$u_i = \frac{\mu^* r_i^2}{4Tt} \qquad （6\text{-}19）$$

式中：H_0 —— 潜水含水层初始厚度，m；

h —— 预测点稳定含水层厚度，m；

K —— 含水层渗透系数，m/d；

Q_i —— 第 i 开采井开采量，m^3/d；

$W（u_i）$ —— 井函数，可通过查表的方式获取；

μ —— 给水度，量纲为 1；

$\overline{M}$ —— 含水层平均厚度，m；

t —— 自抽水开始到计算时刻的时间；

i —— 开采井编号，从 1 到 n。

s —— 预测点水位降深，m；

T —— 承压含水层的导水系数，m^2/d；

r_i —— 预测点到抽水井 i 的距离，m；

μ^* —— 含水层的贮水系数，量纲为 1。

② 数值法。用数值法评价对地下水环境的影响，有着其他方法无法比拟的优点：a）数值法可以解决复杂水文地质条件和地下水开发利用条件下的地下水流场演化问题，如非均质含水层、各类复杂边界含水层、多层含水层地下水开采问题等；b）用数值法可进行地下水补给资源量和可开采资源量的评价；c）通过对已知地下水动态（地下水位）的拟合，可以识别水文地质条件，如水文地质参数、边界条件和均衡项等，有助于进一步认识水文地质条件；d）可以预测各种开采方案条件下地下水位的变化。

符合达西定律的地下水流问题可以用如下地下水流动微分方程定解问题：

$$
\begin{cases}
S\dfrac{\partial h}{\partial t} = \dfrac{\partial}{\partial x}\left(K\dfrac{\partial h}{\partial x}\right) + \dfrac{\partial}{\partial y}\left(K\dfrac{\partial h}{\partial y}\right) + \varepsilon & x,\ y \in \Omega\ ,\ t \geqslant 0 \\[3mm]
\mu\dfrac{\partial h}{\partial t} = K\left(\dfrac{\partial h}{\partial x}\right)^2 + K\left(\dfrac{\partial h}{\partial y}\right)^2 + p & x,\ y \in \Gamma_0\ ,\ t \geqslant 0 \\[3mm]
h(x,\ y,\ t)\big|_{t=0} = h_0 & x,\ y \in \Omega\ ,\ t \geqslant 0 \\[3mm]
\dfrac{\partial h}{\partial t}\bigg|_{\Gamma_1} = 0 & x,\ y \in \Gamma_1\ ,\ t \geqslant 0 \\[3mm]
K_n\dfrac{\partial h}{\partial \vec{n}}\bigg|_{\Gamma_2} = q(x,\ y,\ t) & x,\ y \in \Gamma_2\ ,\ t \geqslant 0
\end{cases} \quad (6\text{-}20)
$$

式中：Ω —— 渗流区域；

S —— 含水层的储水系数，1/m；

K —— 渗透系数，m/d；

h —— 含水层的水位标高，m；

ε —— 源汇项，1/d；

μ —— 重力给水度；

p —— 潜水面的蒸发和降水等，1/d；

Γ_0 —— 渗流区域的上边界，即地下水的自由表面；

h_0 —— 含水体的初始水位分布，m；

Γ_1 —— 含水体的一类边界；

K_n —— 边界面法向方向的渗透系数，m/d；

Γ_2 —— 渗流区域的侧向边界；

$\vec{n}$ —— 边界面的法线方向；

$q(x,\ y,\ z,\ t)$ —— 二类边界的单宽流量，流入为正，流出为负，m³/（d·m）。

2）地下水流场影响预测的一般步骤

① 水文地质条件分析。研究和了解计算区域的地质和水文地质条件，是运用数值法进行地下水资源评价的基础。根据评价区的地质、水文地质条件、评价的任务、取水工程的类型、布局等，合理地确定计算区域以及边界的位置和性质。此外，对区域水文地质条件的了解，还有助于下一步识别模型。为此应查明含水介质条件、水的流动条件以及边界条件。

a）查明含水层在空间的分布形状（可用顶底板等值线图来表示）；查明含水介质厚度的变化（可用含水层厚度等值线图表示）；查明含水层透水性、储水性的变化情况，做出含水层非均质分区图，即根据渗透系数和贮水系数（或给水度）进行分区；查明主含水层与其他含水层的水力关系，是否有天窗、断层等沟通，还要查明弱透水层及相邻含水层的空间分布和厚度的变化。以上资料尽可能通过各种勘察手段来取得。如果为取得这些资料需要花费很昂贵的代价，那也没有必要；有的资料可以先有一个粗略的数值，再由下一步识别模型时来反求参数；如果条件十分复杂，可以进行适当的概化。

b）查明是承压水还是无压水流，或是承压转为无压区域；是层流还是紊流；是一维流、二维流还是三维流；对复杂的岩溶水如存在管流、非连续流时，也应进行概化，以便于选择相应的数学模型。

c）区域边界定义了计算区的范围，而边界的性质对地下水资源评价结果有着较大的影响，因而查明边界的空间分布形状以及边界的性质，给出边界值，是运用数值法进行地下水资源评价的重要工作。一般而言，应把一个完整的地下水系统作为计算和评价区域，且最好以天然边界作为计算域的边界，如地表分水岭、地表水体、断层接触、侵入岩体接触、地层界线等。定水位边界对计算结果的影响是很大的，故将地表水体作为定水位边界时要十分慎重，只有当地表水与含水层有密切的水力联系、经动态观测证明有统一的水位、地表水对含水层有很强的补给能力、降落漏斗不可能超越此边界线时，才可以确定为定水位边界。如果只是季节性的地表水，只能定为季节性的定水头边界；若只有某河段与地下水有水力联系，则只划定这一段为定水头边界；如果水力联系不强，仅仅是垂直入渗补给地下水，则单独计算垂直入渗量。断层接触可以是隔水边界、流量边界，也可能是定水头边界。如果断层本身是不透水的，或断层的另一盘是隔水层，则构成隔水边界。如果断裂带本身是导水的，计算区内为强含水层，区外为弱含水层，则形成流量边界。如果断裂带本身是导水的，计算区内为导水性较弱的含水层，而区外为强导水的含水层时，则可以定为补给边界。岩体或岩性接触边界一般多属隔水边界或流量边界。凡是流量边界，应测得边界处岩石的导水系数及边界内外的水头差，即测得水力坡度，计算出补给量或流出量。地下水的天然分水岭可以作为隔水边界。模拟期或特殊情况下，可将适当位置的地下水流面作为隔水边界处理。含水层分布面积很大或在某一方向延伸很远时，由于资料和计算工作量所限，不可能将整个含水层分布范围作为计算区。这种情况下，可取距离重点评价区足够远的地段（这里是指重点评价区内地下水补排量的变化对该处的影响可以忽略不计），根据长观资料，人为处理为水位边界或流量边界。在进行水位中长期预报时，可根据人为边界附近的地下水长期动态观测资料，给定预测期边界值。此外，还可用缓冲带方法处理人为边界。边界条件对计算结果影响是很大的，在勘探工作中必须重视。当边界条件复杂、要给出定量数据有困难时，应通过专门的抽水试验来了解，也可以留待计算中识别模型时来验证或修正边界条件。

在应用数值法计算之前，要用均衡法对全区进行均衡计算。这样可以在总体上把握地下水的均衡情况，使数值计算结果更趋合理，然后把地下水的各均衡项分配到各抽水时期和各剖分单元或结点上。有关地下水的均衡项以及均衡计算在前面已介绍。在地下水均衡分析中，要特别注意与地下水位有关的均衡量的确定，如降水入渗量、蒸发量和越流量等，有时这些量需要在计算程序中处理。

② 建立水文地质概念模型和数学模型。实际水文地质条件是十分复杂的，要想完善地建立描述计算区地下水系统的数值模型是困难的。因此，应根据水文地质条件和工作的目的，对实际的水文地质条件进行简化，抽象出能用文字、表格或图形等简洁方式表达地下水运动规律的水文地质概念模型。这一过程称为水文地质条件的概化，其原则为：a）根据评价的目的要求，所概化的水文地质概念模型应能反映地下水系统的主要功能和特征；b）概念模型应尽量简单明了；c）概念模型应能被用于进一步的定量描述，以便于建立描述符合评价区地下水运动规律的微分方程的定解问题。

水文地质条件的概化通常包括以下几个方面：a）计算区几何形状的概化；b）含水层性质的概化，如承压、潜水或承压转无压含水层，单层或多层含水层系统等；c）边界性质的概化；d）参数性质（均质或非均质、各向同性或各向异性）的概化；e）地下水流状态的概化，如二维流或三维流。

③ 确定模拟期和预报期。根据资料情况和评价的要求确定模拟期和预测期。模拟期主要用来识别水文地质条件和计算地下水补给量，而预测期用于评价地下水可开采量和预测一定开采量条件下的地下水位。对于地下水量评价，一般取一个水文年或若干个水文年作为模拟期，这样可最大限度地避免前期水文因素对地下水系统的影响。预测期的确定主要取决于评价的目的和要求。

在确定模拟期后，应给出初始时刻的地下水流场，并将其内插到各结点上。为了反映模拟期内的水位动态变化，还应将模拟期划分为若干个抽水时期。在一个抽水时期内，地下水的均衡项被认为是均匀的，不同的抽水时期各均衡项可以不同。因此，应按地下水的影响因素随时间的变化情况确定抽水时期。如在降水补给量较大地区，将丰水期和枯水期划归不同的抽水时期；在因农业灌溉大量开采地下水的地区，将灌溉期和非灌溉期区别开。此外，还要考虑资料的精度。

④ 水文地质条件识别。为了验证所建立的数值模型是否符合实际，还要根据抽水试验的水位动态来检验其是否正确，即在给定参数、各补排量和边界、初始条件下，通过比较计算水位与实际观测水位，验证该数值模型的正确性。这一过程，称为模型识别或水文地质条件识别。识别既可以对水文地质参数进行识别，也可以对水文地质边界性质、含水层结构做进一步的确认。

识别的判别准则为：a）计算的地下水流场应与实际地下水流场基本一致，即两者的地下水位等值线应基本吻合；b）模拟期计算的地下水位应与实际变化趋势一致，即要求两者的水位动态过程基本吻合（图6-9）；c）实际地下水补排差应接近计算的含水层储存量的变化值；d）识别后的水文地质参数、含水层结构和边界条件符合实际水文地质条件。满足以上准则，则认为数值模型反映了评价区的地下水流动规律，可用于地下水环境影响预测和评价。反之，则需要对水文地质概念模型进行适当修改，以达到上述要求。识别过程不仅仅是对参数进行调整，而且包括适当调整地下水的补排量、含水层结构和边界条件及边界值。识别在数学运算中称为解逆问题，由于参数、补排量和边界条件等可以存在多种组合，故一般解逆问题具有多解性。在识别过程中，识别因素越少，则识别越容易。识别方法有直接法和间接法，目前一般多用间接法，即试算法。

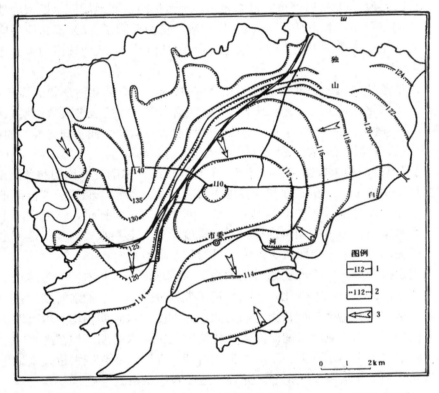

1—实测等水位线（m）；2—计算等水位线（m）；3—地下水流向

图 6-9　地下水流场拟合状况

试算法就是在给定参数，各补给排泄量和边界、初始条件下，按正演运行计算程序，模拟各观测孔的水位随时间的变化过程和流场情况。如果不符合以上判别准则，则对概念模型（参数、补排量、边界条件等）进行适当调整，再一次进行以上模拟计算，如此反复调试，直到拟合误差小于某一给定标准为止，这时所用的一套参数和边界条件就认为是符合客观实际的。识别过程耗费较长时间，要通过反复调试才能得到较满意的结果。在调试过程中，切记不能单纯从数字上或仅对个别点去修改调整，而应将重点放在对水文地质条件的正确认识上。在识别过程中，充分发挥水文地质人员的能动作用是很重要的。有时由于资料的不充分及对条件的认识不确切，无论如何识别，效果均不理想，在这种情况下，应补充部分水文地质基础工作。

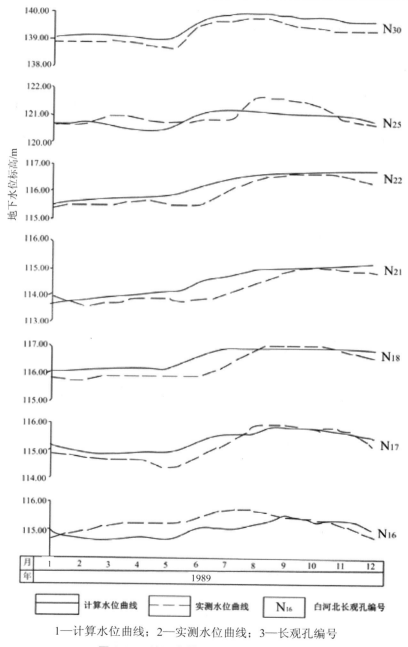

1—计算水位曲线；2—实测水位曲线；3—长观孔编号

图6-10　地下水长观孔水位拟合曲线

　　⑤ 地下水水位预测。经过验证的模型只能说是符合勘探试验阶段实际情况的模型，用来进行开采动态预报时，还应考虑开采条件下可能出现的变化。一般来说，含水介质的水文地质参数变化不大，但边界条件和地下水的补给排泄条件可能会随开采发生变化。特别是在抽水试验降深不够大和延续时间不够长时，边界条件的时变问题尚未充分暴露，此时若运用识别后的模型进行地下水开采动态的水位预报，要依据边界条件的可能变化情况做出修正。变水头边界应推算出各时刻的水头值；流量边界应给出各计算时刻的流量；补给排泄量有变化时，也应推算出各时刻的补给排泄量。这些外推量的准确程度，影响到数值计算的精度。因此，只有在边界条件和补给排泄条件不随气候、水文条件而变化时，数值法的结果才是较精确的。在其他条件下，做短期预报较精确，做长期预报时则依赖于对气候、水文因素的预报精度。

（2）地下水污染影响预测

1）地下水污染影响预测模型

地下水污染预测模型的解析解法

a）一维弥散解析模式

Ⅰ瞬时污染源解析模式：

$$C(x,t) = \frac{m/w}{2n\sqrt{\pi D_L t}} e^{-\frac{(x-ut)^2}{4D_L t}} \qquad (6\text{-}21)$$

Ⅱ连续污染源解析模式：

$$\frac{C}{C_0} = \frac{1}{2} \mathrm{erfc}(\frac{x-ut}{2\sqrt{D_L t}}) + \frac{1}{2} e^{\frac{ux}{D_L}} \mathrm{erfc}(\frac{x+ut}{2\sqrt{D_L t}}) \qquad (6\text{-}22)$$

式中：x —— 距注入点的距离，m；

　　　　t —— 时间，d；

　　　　C（x, t）—— t 时刻 x 处的示踪剂浓度，mg/L；

　　　　m —— 注入的示踪剂质量，kg；

　　　　w —— 横截面面积，m²；

　　　　u —— 水流速度，m/d；

　　　　n —— 有效孔隙度，量纲为 1；

　　　　D_L —— 纵向弥散系数，m²/d；

　　　　π —— 圆周率；

　　　　C_0 —— 注入的示踪剂浓度，mg/L；

　　　　erfc（）—— 余误差函数（可查《水文地质手册》获得）。

b）二维弥散解析法

Ⅰ 瞬时污染源解析式：

$$C(x,y,t) = \frac{m_M / M}{4\pi n \sqrt{D_L D_T} t} e^{-\left[\frac{(x-ut)^2}{4D_L t} + \frac{y^2}{4D_T t}\right]} \qquad (6\text{-}23)$$

Ⅱ 连续污染源解析式：

$$C(x,y,t) = \frac{m_t}{4\pi M n \sqrt{D_L D_T}} e^{\frac{xu}{2D_L}} \left[2K_0(\beta) - W\left(\frac{u^2 t}{4D_L}, \beta\right)\right] \qquad (6\text{-}24)$$

$$\beta = \sqrt{\frac{u^2 x^2}{4D_L^2} + \frac{u^2 y^2}{4D_L D_T}} \qquad (6\text{-}25)$$

式中：x，y —— 计算点处的位置坐标；

$\quad$ t —— 时间，d；

$\quad$ $C(x, y, t)$ —— t 时刻点 x，y 处的示踪剂浓度，mg/L；

$\quad$ M —— 承压含水层的厚度，m；

$\quad$ m_M —— 长度为 M 的线源瞬时注入的示踪剂质量，kg；

$\quad$ m_t —— 单位时间注入示踪剂的质量，kg/d；

$\quad$ u —— 水流速度，m/d；

$\quad$ n —— 有效孔隙度，量纲为 1；

$\quad$ D_L —— 纵向弥散系数，m²/d；

$\quad$ D_T —— 横向 y 方向的弥散系数，m²/d；

$\quad$ π —— 圆周率；

$\quad$ $K_0(\beta)$ —— 第二类零阶修正贝塞尔函数（可查《地下水动力学》获得）；

$\quad$ $W\left(\frac{u^2 t}{4D_L}, \beta\right)$ —— 第一类越流系统井函数（可查《地下水动力学》获得）。

2）地下水污染预测模型的数值法

$$\begin{cases} -\dfrac{\partial}{\partial x_i}(v_i C) + \dfrac{\partial}{\partial x_i}\left(D_{ij}\dfrac{\partial C}{\partial x_j}\right) - \lambda\left(C + \rho_b\dfrac{S}{\theta}\right) \pm \dfrac{q_s}{\theta}C_s = R\dfrac{\partial C}{\partial t} & x,y \in \Omega,\ t \geqslant 0 \\[2mm] C(x,y,z,t)\big|_{t=0} = C_0(x,y,z) & x,y \in \Omega,\ t \geqslant 0 \\[2mm] C(x,y,z,t)\big|_{\Gamma_0} = C_1(x,y,z) & x,y \in \Gamma_0,\ t \geqslant 0 \\[2mm] m \cdot (c\vec{v} - D\mathrm{grad}c) \cdot \vec{n}\big|_{\Gamma_1,\Gamma_2} = \phi(x,y,t) & x,y \in \Gamma_1, \Gamma_2,\ t \geqslant 0 \end{cases} \qquad (6\text{-}26)$$

式中：v_i —— 实际渗流速度，m/d；

D_{ij} —— 弥散系数分量，m^2/d；

λ —— 一阶反应速率常数，1/d；

S —— 吸附相浓度，kg/kg；

ρ_b —— 体积密度，kg/m^3；

C_s —— 源汇项的浓度，kg/m^3；

θ —— 有效孔隙度，量纲为 1；

R —— 阻滞系数；

m —— 含水层的厚度，m；

$\vec{n}$ —— Γ_1，Γ_2 单位外法向量；

$\phi(x, y, t)$ —— 单位宽度的溶质通量。

a）初始条件

求解与时间有关的偏微分方程，需要给定初始条件。一般形式的初始条件为：

$$C(x, y, z, t)\big|_{t=0} = C_0(x, y, z) \tag{6-27}$$

b）边界条件

边界条件可分三种类型，即：

Ⅰ Dirichlet 边界条件，已知边界上的浓度分布：

$$C = C_0(x, y, z, t) \tag{6-28}$$

Ⅱ Neumann 边界条件，已知边界上浓度的法向梯度：

$$\left[D_{ij} \frac{\partial C}{\partial X_i} \right]_{ni} = C(x, y, z, t) \tag{6-29}$$

Ⅲ Cauchy 边界条件，已知边界上的浓度和它的梯度：

$$\left[D_{ij} \frac{\partial C}{\partial X_i} - V_i C \right]_{ni} = C(x, y, z, t) \tag{6-30}$$

式中：C_0、C 为已知函数。

3）地下水污染影响预测的一般步骤

① 资料收集及概念模型的建立。

a）建立野外场地地下水流和污染迁移模型的第一步工作是调查、收集、整理分析该场地以及区域的相关资料。常见的资料来源包括已有的场地地质、水文地质、地球化学报告、钻探记录、物探数据、岩芯、土样及水样的化学分析报告等。然后，对场地内的总体水流和迁移过程做简化假定以及定性解释，并将这些资料综合成概念模型。建立概念模型实际上等同于场地特征化。

b）在建立概念模型时，可以首先通过简单的基本关系或解析解进行初步估算，这有助于认识污染物迁移的主要作用过程。例如，如果估算出地下水的流速并且已知污染的相关数据，那么就可以计算在纯对流作用下污染物在梯度下降方向的运动范围。如果观测污染晕明显小于计算得出的范围，可以判断或许有延迟作用或生物降解作用影响了浓度，这时应该检验污染物的特性以确定最有可能控制该系统的过程。抑或是在计算污染晕范围的上游方向含水层中有井或其他汇项在对流计算中未被表示出来，但它们起到了去除污染物的作用。另外，如果观测污染晕明显大于对流计算得出的范围，则可能有显著的弥散作用，或者估算的地下水流速和记录的污染物事件发生时刻有误，或者有事先未预料到的优势通道。

任何一项模拟研究工作中最重要的步骤就是对所研究的问题建立一个恰当的概念模型。为实际野外体系建立恰当的概念模型关键在于避免过于简单或复杂。一个过于简单的概念模型不能反映实际体系的本质特征，致使数值模型不能模拟观测到的野外状况。但是，过于复杂的概念模型，其数值问题往往过于复杂并且计算要求过高，以至于不能作为有效的工具。

② 计算程序的选择。模拟工作计划阶段的一项重要决定是选择计算程序。由于要考虑的因素很多，要选定一个迁移计算程序往往很困难。一方面，该决定取决于模拟目的。如果模拟仅仅只要一个近似解，一个简单的程序也许就合适了，针对大量简化假定运用这样的程序在某种意义上来说是恰当的，尤其是当只有很少的资料可供利用时。另一方面，如果模拟被用做一种管理工具，并将依此模型进行重要决策，采用更复杂的程序以便详细地表达场地的条件则更为合适。

大多数迁移模拟应用研究均针对流体密度均匀的、完全饱和带中的污染迁移问题。但是，如果预计到浓度变化会引起流体密度的显著变化，则必须选用能模拟变密度水流与迁移的计算程序。同样，如果预计到在问题中非饱和带作用显著，水流与迁移计算程序应该能解决不饱和流。

在实际选择计算程序时应考虑的其他内容包括：a）所使用的计算程序是否有清楚的文件资料和说明书；b）计算程序的成本，用户培训、硬件和软件等的费用；c）出版记录的计算程序的可靠性，它在用户界的接受程度，以及管理部门的认可度。

③ 建立污染物迁移模型。概念模型构成后，将其转换成数值模型还需要加入控制方程、边界条件、初始条件、含水层和隔水层的空间分布、外部应力（汇/源），以及孔隙介质和其中流体与污染物的物理化学性质。应该把场地的具体数据编制为输入文件，提供给计算程序做具体数值计算，于是，计算程序和输入文件一起构成具体场地的模型。

④ 模型校准。用输入参数的初始估计值建立了数值模型之后，要在校准中调整

这些输入参数（有时还包括初始和边界条件）直到模型的模拟结果与野外观测值能很好地对应。

一些模型在模型校准时已有足够的水力和化学数据可以支持其采用正规优化技术；在其他情况下则要用非正规的试错法。在任何情况下，确定校准策略时都要先确定校准是稳定的（水流模型校准的情形）还是非稳定的，或是二者兼有；需要对比哪些数据；需要调整哪些参数。哪些参数是明确的，并可以作为确定的模型输入项；哪些参数应作为校准目标，这些都必须做出决定。通常，校准工作应该在稳定与非稳定模式之下，以及水力（水流模型）和化学（迁移模型）结果之间反复进行，直到所确定的未知参数值总体上能"最好"地对应于观测结果。

⑤ 预测。污染迁移模型通过校准达到一定的满意度后，通常就会用于模拟将来的污染物迁移或采用治理措施后污染物的去除情况。换句话说，就是用它进行预测模拟。用污染迁移模型进行预测模拟时，要假定将来的应力条件，例如源的浓度和流量，并运行模型至将来某指定时刻。所模拟的污染物分布变化将被记录以对未来的情况进行预测。

6.3.2 地下水环境影响评价

6.3.2.1 评价原则

（1）评价应以地下水环境现状调查和地下水环境影响预测结果为依据，对建设项目不同选址（选线）方案、各实施阶段（建设、生产运行和服务期满后）不同排污方案及不同防渗措施下的地下水环境影响进行评价，并通过评价结果的对比，推荐地下水环境影响最小的方案。

（2）地下水环境影响评价采用的预测值未包括环境质量现状值时，应叠加环境质量现状值后再进行评价。

（3）Ⅰ类建设项目应重点评价建设项目污染源对地下水环境保护目标（包括已建成的在用、备用、应急水源地，在建和规划的水源地，生态环境脆弱区域和其他地下水环境敏感区域）的影响。评价因子同影响预测因子。

（4）Ⅱ类建设项目应重点依据地下水流场变化，评价地下水水位（水头）降低或升高诱发的环境水文地质问题的影响程度和范围。

6.3.2.2 评价范围

地下水环境影响的评价范围应与环境影响预测范围相同。

6.3.2.3 评价方法

（1）Ⅰ类建设项目的地下水水质影响评价，可采用标准指数法进行评价，具体方法见 6.2.3。

（2）Ⅱ类建设项目评价其导致的环境水文地质问题时，可采用预测水位与现状调查水位相比较的方法进行评价，具体方法如下：

① 地下水位降落漏斗：对水位不能恢复、持续下降的疏干漏斗，采用中心水位降和水位下降速率进行评价。

② 土壤盐渍化、沼泽化、湿地退化、土地荒漠化、地面沉降、地裂缝、岩溶塌陷：根据地下水水位变化速率、变化幅度、水质及岩性等分析其发展的趋势。

6.3.2.4 评价要求

（1）Ⅰ类建设项目

评价Ⅰ类建设项目对地下水水质的影响时，可采用以下判据评价水质能否满足地下水环境质量标准要求。

1）以下情况应得出可以满足地下水环境质量标准要求的结论：

① 建设项目在各个不同生产阶段、除污染源附近小范围以外的地区，均能达到地下水环境质量标准要求。

② 在建设项目实施的某个阶段，有个别水质因子在较大范围内出现超标，但采取环保措施后，可满足地下水环境质量标准要求。

2）以下情况应做出不能满足地下水环境质量标准要求的结论：

① 新建项目将要排放的主要污染物，改、扩建项目已经排放的及将要排放的主要污染物，在采取防治措施后，仍然造成评价范围内的地下水环境质量超标。新建项目将要排放的主要污染物，改、扩建项目已经排放的及将要排放的主要污染物，在采取防治措施后，仍然造成评价范围内的地下水环境质量超标。

② 污染防治措施在技术上不可行，或在经济上明显不合理。

（2）Ⅱ类建设项目

评价Ⅱ类建设项目对地下水流场或地下水水位（水头）的影响时，应依据地下水资源补采平衡的原则，评价地下水开发利用的合理性及可能出现的环境水文地质问题的类型、性质及其影响的范围、特征和程度等。

（3）Ⅲ类建设项目

Ⅲ类建设项目的环境影响分析应按照上述Ⅰ类和Ⅱ类建设项目的评价要求进行。

6.3.2.5 评价结论

建设项目或规划对地下水环境影响评价的最终结果，应得出建设项目在不同实施阶段，能否满足预定的地下水环境质量要求的结论；正确说明建设项目对地下水环境的正、负影响的性质、特征、范围、程度以及对完善环保措施的对策与建议。

6.4 地下水环境保护措施与对策

6.4.1 基本要求

（1）地下水保护措施与对策应符合《中华人民共和国水污染防治法》的相关规定，按照"源头控制，分区防治，污染监控，应急响应"、突出饮用水安全的原则确定。

（2）环保对策措施建议应根据Ⅰ类、Ⅱ类和Ⅲ类建设项目各自的特点以及建设项目所在区域环境现状、环境影响预测与评价结果，在评价工程可行性研究中提出的污染防治对策有效性的基础上，提出需要增加或完善的地下水环境保护措施和对策。

（3）改、扩建项目还应针对现有的环境水文地质问题、地下水水质污染问题，提出"以新带老"的对策和措施。

（4）给出各项地下水环境保护措施与对策的实施效果，列表明确各项具体措施的投资估算，并分析其技术、经济可行性。

6.4.2 建设项目地下水环境保护措施与对策

（1）Ⅰ类建设项目场地污染防治对策应从以下方面考虑：

① 源头控制措施。主要包括提出实施清洁生产及各类废物循环利用的具体方案，减少污染物的排放量；提出工艺、管道、设备、污水储存及处理构筑物应采取的控制措施，防止污染物的跑、冒、滴、漏，将污染物泄漏的环境风险事故降到最低限度。

② 分区防治措施。结合建设项目各生产设备、管廊或管线、贮存与运输装置、污染物贮存与处理装置、事故应急装置等的布局，根据可能进入地下水环境的各种有毒有害原辅材料、中间物料和产品的泄漏（含跑、冒、滴、漏）量及其他各类污染物的性质、产生量和排放量，划分污染防治区，提出不同区域的地面防渗方案，给出具体的防渗材料及防渗标准要求，建立防渗设施的检漏系统。

③ 地下水污染监控。建立场地区地下水环境监控体系，包括建立地下水污染监控制度和环境管理体系、制订监测计划、配备先进的检测仪器和设备，以便及时发现问题，及时采取措施。

地下水监测计划应包括监测孔位置、孔深、监测井结构、监测层位、监测项目和监测频率等。

④ 风险事故应急响应。制定地下水风险事故应急响应预案，明确风险事故状态下应采取的封闭、截流等措施，提出防止受污染的地下水扩散和对受污染的地下水

进行治理的具体方案。

（2）Ⅱ类建设项目地下水保护与环境水文地质问题减缓措施

① 以均衡开采为原则，提出防止地下水资源超量开采的具体措施，以及控制资源开采过程中地下水水位变化诱发的湿地退化、地面沉降、岩溶塌陷、地面裂缝等环境水文地质问题的具体措施。

② 建立地下水动态监测系统，并根据项目建设所诱发的环境水文地质问题制定相应的监测方案。

③ 针对建设项目可能引发的其他环境水文地质问题提出应对预案。

6.4.3 环境管理对策

（1）提出合理、可行、操作性强的防治地下水污染的环境管理体系，包括环境监测方案和向环境保护行政主管部门报告等制度。

（2）环境监测方案应包括：

① 对建设项目的主要污染源、影响区域、主要保护目标和与环保措施运行效果有关的内容提出具体的监测计划。一般应包括：监测井点布置及取样深度、监测的水质项目和监测频率等。

② 根据环境管理对监测工作的需要，提出有关环境监测机构和人员装备的建议。

（3）向环境保护行政主管部门报告的制度应包括：

① 报告的方式、程序及频次等，特别应提出污染事故的报告要求。

② 报告的内容一般应包括：所在场地及其影响区地下水环境监测数据，排放污染物的种类、数量、浓度，以及排放设施、治理措施运行状况和运行效果等。

（4）地下水污染的监测预警系统

不合理的开发利用，特别是废物排放，导致地下水的污染，而且有越来越严重的趋势。此外，我国北方有很多地区天然状态下地下水的水质状态不断恶化，如高矿化、高氟、高铁、高锰等。基于防患于未然的原则，预测地下水水质的变化趋势，进而提出防止水质进一步恶化和改善地下水环境质量的技术对策是非常重要的。因此，很有必要对地下水资源的状态进行分析和预警，为水资源的科学管理提供依据。

长期以来，国土资源部门对我国地下水的水质进行了系统的监测，水利部门也开始了监测和分析，拥有大量的系列监测资料，但对这些资料的充分开发利用还不够，缺少对地下水质量发展变化趋势实时预报和预警方面的工作。虽然地下水数值模型的发展很快，可以对水量、水质进行三维模拟预报，但数值模型要求有足够的地层岩性、水文地质条件等方面的资料，要有较高的研究程度，而且建立数值模型的费用很大，所以，在条件具备的地区才能够使用数值模型。

实际上，利用长系列的地下水动态资料对地下水质量进行分析研究也是一种切实可行的方法。可根据预警理论，利用随机、非确定性模型对地下水水质进行预警，并建立计算机软件系统，为合理利用和管理地下水资源提供依据。通过开发地下水的预警系统软件，使地下水监测资料的分析具有实时性、动态性，同时，也加强了地下水监测为国民经济服务的功能。此外，还可以利用这一系统进行反馈分析，为地下水资源的保护和开发利用提供决策支持。

地下水动态监测网络的建立与优化是实现动态预警的关键。发达国家的地下水监测网络比较完善，研究者可以共享其动态监测资料，甚至实现了网络化，使国家的监测资料得到了充分的利用。我国尚需要在现有的基础上，完善和优化全国地下水监测网络，并实现资料的共享。

试验方法 A： 抽水试验

A.1 抽水试验的分类和各种抽水试验方法的主要用途

按抽水试验所依据的井流公式原理和主要的目的与任务，可将抽水试验划分为表 A-1 所示的各种类型。

表 A-1 抽水试验方法分类表

分类依据	抽水试验类型	亚类		主要用途
I 按井流理论	I-1 稳定流抽水试验			(1) 确定水文地质参数 K、$H(r)$、R (2) 确定水井的 Q-S 曲线类型 　①判断含水层类型及水文地质条件 　②下推设计降深时的开采量
	I-2 非稳定流抽水试验	I-2-1 定流量非稳定流抽水试验		(1) 确定水文地质参数 μ^*、μ、K'/m'（越流系数）、T、a、B（越流因素）、$1/a$（延迟指数） (2) 预测在某一抽水量条件下，抽水流场内任一时刻任一点的水位下降值
		I-2-2 定降深非稳定流抽水试验		
II 按干扰和非干扰理论	II-1 单孔抽水试验	按有无水位观测孔	II-1-1 无观测孔的单孔抽水试验	同 I
			II-1-2 带观测孔的单孔抽水试验（带观测孔的多孔抽水试验；带观测孔的孔组抽水试验）	(1) 提高水文地质参数的计算精度 　①提高水位观测精度 　②避开抽水孔三维流影响 (2) 准确求解水文地质参数 (3) 了解某一方向上水力坡度的变化，从而认识某些水文地质条件
	II-2 干扰抽水试验	按试验目的规模	II-2-1 一般干扰抽水试验	(1) 求取水工程干扰出水量 (2) 求井间干扰系数和合理井距
			II-2-2 大型群孔干扰抽水试验	(1) 求水源地允许开采量 (2) 暴露和查明水文地质条件 (3) 建立地下水流（开采条件下）模拟模型
III 按抽水试验的含水层数目	III-1 分层抽水试验	单独求取含水层的水文地质参数		
	III-2 混合抽水试验	求多个含水层综合的水文地质参数		

一般应根据水文地质调查工作的目的和任务确定抽水试验类型。比如，在区域性地下水资源调查及专门性地下水资源调查的初始阶段，抽水试验的目的主要是获取含水层具代表性的水文地质参数和富水性指标（如钻孔的单位涌水量或某一降深

条件下的涌水量），故一般选用单孔抽水试验即可。当只需要取得含水层渗透系数和涌水量时，一般多选用稳定流抽水试验；当需要获得渗透系数、导水系数、释水系数及越流系数等更多的水文地质参数时，则须选用非稳定流的抽水试验方法。进行抽水试验时，一般不必开凿专门的水位观测孔，但为提高所求参数的精度和了解抽水流场特征，应尽量用更多已有的水井作为试验的水位观测孔。当已有观测孔不能满足要求时，则需开凿专门水位观测孔。

A.2 抽水孔和观测孔的布置要求

A.2.1 抽水孔（主孔）的布置要求

（1）布置抽水孔的主要依据是抽水试验的目的和任务，目的和任务不同，其布置原则也各异：① 为求取水文地质参数的抽水孔，一般应远离含水层的透水、隔水边界，布置在含水层的导水及储水性质、补给条件、厚度和岩性条件等有代表性的地方。② 对于探采结合的抽水井（包括供水详勘阶段的抽水井），要求布置在含水层（带）富水性较好或计划布置生产水井的位置上，以便为将来生产孔的设计提供可靠信息。③ 欲查明含水层边界性质、边界补给量的抽水孔，应布置在靠近边界的地方，以便观测到边界两侧明显的水位差异或查明两侧的水力联系程度。

（2）在布置带观测孔的抽水井时，要考虑尽量利用已有水井作为抽水时的水位观测孔。

（3）抽水孔附近不应有其他正在使用的生产水井或其他与地下水有联系的排灌工程。

（4）抽水井附近应有较好的排水条件，即抽出的水能无渗漏地排到抽水孔影响半径区以外，特别应注意抽水量很大的群孔抽水的排水问题。

A.2.2 水位观测孔的布置要求

A.2.2.1 布置抽水试验水位观测孔的意义

（1）利用观测孔的水位观测数据，可以提高井流公式所计算出的水文地质参数的精度。这是因为：① 观测孔中的水位不受抽水孔水跃值和抽水孔附近三维流的影响，能更真实地代表含水层中的水位。② 观测孔中的水位，由于不存在抽水主孔"抽水冲击"的影响，水位波动小，水位观测数据精度较高。③ 利用观测孔水位数据参与井流公式的计算，可避开因 R、a 值选值不当给参数计算精度造成的影响。

（2）利用观测孔的水位，可用多种作图方法求解稳定流和非稳定流的水文地质参数。

（3）利用观测孔水位，可绘制出抽水的人工流场图（等水位线或下降漏斗），可分析判明含水层的边界位置与性质、补给方向、补给来源及强径流带位置等水文地质条件。

A.2.2.2 水位观测孔的布置原则

不同目的的抽水试验，其水位观测孔布置的原则是不同的。

（1）为求取含水层水文地质参数的观测孔，一般应和抽水主孔组成观测线，所求水文地质参数应具有代表性。因此，要求通过水位观测孔观测所得到的地下水位降落曲线，对于整个抽水流场来说，应具有代表性。一般应根据抽水时可能形成的水位降落漏斗的特点来确定观测线的位置。

第一，均质各向同性、水力坡度较小的含水层，其抽水降落漏斗的平面形状为圆形，即在通过抽水孔的各个方向上，水力坡度基本相等，但一般上游侧水力坡度小于下游侧水力坡度，故在与地下水流向垂直方向上布置一条观测线即可（图A-1（a））。

第二，均质各向同性、水力坡度较大的含水层，其抽水降落漏斗形状为椭圆形，下游一侧的水力坡度远较上游一侧大，故除垂直地下水流向布置一条观测线外，尚应在上、下游方向上各布置一条水位观测线（图A-1（b））。

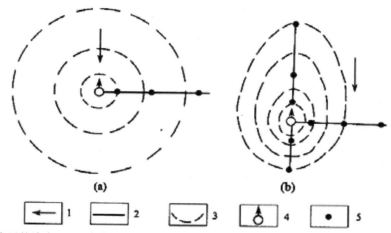

1—地下水天然流向；2—水位观测线；3—抽水时的等水位线；4—抽水主孔；5—水位观测孔

图A-1 抽水试验水位观测线布置

第三，均质各向异性的含水层，抽水水位降落漏斗常沿着含水层储、导水性质好的方向发展（延伸），该方向水力坡度较小；储、导水性差的方向为漏斗短轴，水力坡度较大。因此，抽水时的水位观测线应沿着不同储、导水性质的方向布置，以分别取得不同方向的水文地质参数。

第四，对观测线上观测孔数目的布置要求。观测孔数目：只为求参数，1个即可；为提高参数的精度则需2个以上，如欲绘制漏斗剖面，则需2～3个。观测孔距主孔距离：①按抽水漏斗水面坡度变化规律，愈靠近主孔距离应愈小，愈远离主孔距离应愈大。②为避开抽水孔三维流的影响，第一个观测孔距主孔的距离一般应约等于含水层的厚度（至少应大于10 m）。③最远的观测孔，要求观测到的水位降深应大于 20 cm。④相邻观测孔距离，也应保证两孔的水位差必须大于 20 cm。

（2）当抽水试验的目的在于查明含水层的边界性质和位置时，观测线应通过主孔、垂直于欲查明的边界布置，并应在边界两侧附近均布置观测孔。

（3）对欲建立地下水水流数值模拟模型的大型抽水试验，应将观测孔比较均匀地布置在计算区域内，以便能控制整个流场的变化和边界上的水位和流量，应在每个参数分区内都布置观测孔，便于流场拟合。

（4）当抽水试验的目的在于查明垂向含水层之间的水力联系时，则应在同一观测线上布置分层的水位观测孔。

（5）观测孔深度：要求揭露含水层，至少深入含水层 10～15 m。

A.3 抽水试验的主要技术要求

这里仅讨论如何确定对抽水水量、水位降深和抽水延续时间的要求。有关试验所用的水泵和流量，水位观测仪器的选择，流量、水位的观测时间间隔和观测精度的具体要求，可参阅有关的生产规范（规程）。

A.3.1 稳定流单孔抽水试验的主要技术要求

A.3.1.1 对水位降深的要求

为提高水文地质参数的计算精度和预测更大水位降深时井的出水量，正式的稳定流抽水试验一般要求进行 3 次不同水位降深（落程）的抽水，要求各次降深的抽水连续进行；对于富水性较差的含水层或非开采含水层，可只做一次最大降深的抽水试验。对松散孔隙含水层，为有助于在抽水孔周围形成天然的反滤层，抽水水位降深的次序可由小到大排列；对于裂隙含水层，为了使裂隙中充填的细粒物质（天然泥沙或钻进产生的岩粉）尽早吸出，增加裂隙的导水性，抽水降深次序可由大到小排列。

一般抽水试验所选择的最大水位降深值（S_{max}）：潜水含水层，$S_{max}=$（1/3～1/2）H（H 为潜水含水层厚度）；承压含水层，S_{max} 小于或等于承压含水层顶板以上的水头高度。当进行 3 次不同水位降深抽水试验时，其余两次试验的水位降深，应分别等于最大水位降深值的 1/3 和 1/2。但是，在一般情况下，当含水层富水性较好，而勘探中使用的水泵出水量又有限时，则很难达到上述抽水降深的要求。此时，要求 S_{max} 等于水泵的最大扬程（或吸程）即可。当 S_{max} 降深值不太大时，相邻两次水位降深之间的水头差值也不应小于 1 m。

根据抽水试验所求得的水文地质参数代表了抽水降落漏斗范围内含水层体积的平均参数，因此，抽水降深越大，所求得的水文地质参数代表性越好，但抽水投资会越大。应根据实际水文地质条件和经济条件确定适当的水位降深。

A.3.1.2 抽水试验流量的设计

由于水井流量的大小主要取决于水位降深的大小，因此一般以求得水文地质参数为主要目的的抽水试验，无须专门提出抽水流量的要求。但为保证达到试验规定的水位降深，试验进行前仍应对最大水位降深时对应的出水量有所了解，以便选择适合的水泵。其最大出水量，可根据同一含水层中已有水井的出水量推测，或根据含水层的经验渗透系数值和设计水位降深值估算，也可根据洗井时的水量来确定。

欲作为生产水井使用的抽水试验钻孔，其抽水试验的流量最好能和需水量一致。

A.3.1.3　对抽水试验孔水位降深和流量稳定后延续时间的要求

按稳定流抽水试验所求得的水文地质参数的精度，主要影响因素之一是抽水试验时抽水井的水位和流量是否真正达到了稳定状态。生产规范（规程）一般是通过规定的抽水井水位和流量稳定后的延续时间来做保证。如果抽水试验的目的仅为获得含水层的水文地质参数，水位和流量的稳定延续时间达到 24 h 即可；如抽水试验的目的，除获取水文地质参数外，还必须确定出水井的出水能力，则水位和流量的稳定延续时间至少应达到 48～72 h 或者更长。当抽水试验带有专门的水位观测孔时，距主孔最远的水位观测孔的水位稳定延续时间应不少于 2～4 h。此外，在确定抽水试验是否真正达到稳定状态时，还必须注意：① 稳定延续时间必须从抽水孔的水位和流量均达到稳定后开始计算。② 要注意抽水孔和观测孔水位或流量微小而有趋势性的变化。比如，有时间隔两次观测到的水位或流量差值，可能已小于生产规程规定的稳定标准。但是，这种微小的水位下降现象，却连续地出现在以后各次的水位观测中。此种水位或流量微小而有趋势性的变化，说明抽水试验尚未真正进入稳定状态。如果抽水试验地段水位虽出现匀速的缓慢下降，其下降的速度又与受抽水影响地段的含水层水位的天然下降速度基本相同，则可认为抽水试验已达到稳定状态。

A.3.1.4　水位和流量观测时间的总要求

抽水主孔的水位和流量与观测孔的水位，都应同时进行观测，不同步的观测资料，可能给水文地质参数的计算带来较大误差。水位和流量的观测时间间隔，应由密到疏，停抽后还应进行恢复水位的观测，直到水位的日变幅接近天然状态为止。

A.3.2　非稳定流抽水试验的主要技术要求

非稳定流抽水试验，按泰斯井流公式原理，可设计成定流量抽水（水位降深随时间变化）或定降深抽水（流量随时间变化）两种试验方法。由于在抽水过程中流量比水位容易固定（因水泵出水量一定），在实际生产中一般多采用定流量的非稳定流抽水试验方法。只有在利用自流钻孔进行涌水试验（即水位降低值固定为自流水头高度，而自流量逐渐减少、稳定），或当模拟定降深的疏干或开采地下水时，才进行定降深的抽水试验。故本节将以定流量抽水为例，介绍非稳定流抽水试验的技术要求。

A.3.2.1　对抽水流量值的选择要求

在定流量的非稳定流抽水中，水位降深是一个变量，故不必提出一定的要求，而对抽水流量值的确定则是重要的。在确定抽水流量值时，应考虑两种情况：①对于主要目的在于求得水文地质参数的抽水试验，选定抽水流量时只需考虑对该流量抽水到抽水试验结束时，抽水井中的水位降深不致超过所用水泵的吸程。②对于探采结合的抽水井，可考虑按设计需水量或按设计需水量的 1/3～1/2 的强度来确定抽水量。③可参考勘探井洗井时的水位降深和出水量来确定抽水流量。

A.3.2.2 对抽水流量和水位的观测要求

当进行定流量的非稳定流抽水时，要求抽水量自始至终均保持定值，而不只是在参数计算取值段的流量为定值。对定降深抽水的水位定值要求亦如此。

同稳定流抽水试验要求一样，流量和水位观测应同时进行；观测的时间间隔应比稳定流抽水小；抽水停抽后恢复水位的观测，应一直进行到恢复水位变幅接近天然水位变幅时为止。由于利用恢复水位资料计算的水文地质参数，常比利用抽水观测资料求得的可靠，故非稳定流抽水恢复水位观测工作，更有重要意义。

A.3.2.3 抽水试验延续时间的要求

对非稳定流抽水试验的延续时间，目前还没有公认的科学规定。但可根据试验的目的、任务和参数计算方法的需要，对抽水延续时间作出规定。

当抽水试验的目的主要是求得含水层的水文地质参数时，抽水延续时间一般不必太长，只要水位降深（S）-时间对数（$\lg t$）曲线的形态比较固定和能够明显地反映含水层的边界性质即可停抽。我国一些水文地质学者，在研究含水层导水系数（T）随抽水延续时间的变化规律后得出结论：根据非稳定流抽水初期观测资料所计算出的不同时段的导水系数值变化较大；而当抽水延续到 24 h 后所计算的 T 值与延续 100 h 后计算的 T 值之间的相对误差，绝大多数情况下均小于 5%。故从参数计算的结果考虑，以求参为目的的非稳定流抽水试验的延续时间，一般不必超过 24 h。

抽水试验的延续时间，有时也需考虑求参方法的要求。例如，当试验层为无界承压含水层时，常用配线法和直线图解法求解参数。前者虽然只要求抽水试验的前期资料，但后者从简便计算取值出发，则要求 S-$\lg t$ 曲线的直线段（即参数计算取值段）至少能延续两个以分钟为单位的对数周期，故总的抽水延续时间达到 3 个对数周期，即达 1 000 min。如有多个水位观测孔，则要求每个观测孔的水位资料均符合此要求。

当有越流补给时，如用拐点法计算参数，抽水至少应延续到能可靠判定拐点（S_{max}）为止。如需利用稳定状态时段的资料，则水位稳定段的延续时间应符合稳定流抽水试验稳定延续时间的要求。

当抽水试验目的主要在于确定水井的涌水量（对定流量抽水来说，应为在某一涌水量条件下，水井在设计使用年限内的水位降深）时，试验延续时间应尽可能长一些，最好能从含水层的枯水期末期开始，一直抽到雨季初期；或抽水试验至少进行到 S-$\lg t$ 曲线能可靠地反映出含水层边界性质为止。如为定水头补给边界，抽水试验应延续到水位进入稳定状态后的一段时间为止；有隔水边界时，S-lg$t$ 曲线的斜率应出现明显增大段；当无限边界时 S-lg$t$ 曲线应在抽水期内出现匀速的下降。

A.4 抽水试验资料的整理

在抽水试验进行过程中，需要及时对抽水试验的基本观测数据——抽水流量（Q）、水位降深（S）及抽水延续时间（t）进行现场检查与整理，并绘制出各种规定的关系曲线。现场资料整理的主要目的是：①及时掌握抽水试验是否按要求正常地进行，水位和流量的观测成果是否有异常或错误，并分析异常或错误现象出现的原因。需及时纠正错误，采取补救措施，包括及时返工及延续抽水时间等，以保证抽水试验顺利进行。②通过所绘制的各种水位、流量与时间关系曲线及其与典型关系曲线的对比，判断实际抽水曲线是否达到水文地质参数计算的要求，并决定抽水试验是否需要缩短、延长或终止，并为水文地质参数计算提供基本的可靠的原始资料。

不同方法的抽水试验，对资料整理的具体要求也有所区别。

（1）稳定流单孔（或孔组）抽水试验现场资料整理的要求

对于稳定流抽水试验，除及时绘制出 Q-t 和 S-t 曲线外，还需绘制出 Q-S 和 q-S 关系曲线（q 为单位降深涌水量）。Q-t 和 S-t 曲线可以及时帮助我们了解抽水试验进行得是否正常；而 Q-S 和 q-S 关系曲线则可以帮助我们了解曲线形态是否正确地反映了含水层的类型和边界性质，检验试验是否有人为错误。

（2）非稳定流单孔（或孔组）抽水试验现场资料整理的要求

对于定流量的非稳定流抽水试验，在抽水试验过程中主要是编绘水位降深和时间的各类关系曲线，这些曲线，除用于及时掌握抽水试验进行得是否正常和帮助确定试验的延续、终止时间外，主要是为计算水文地质参数服务的。故须在抽水试验现场编绘出能满足所选用参数计算方法要求的曲线形式。在一般情况下，首先编绘的是 S-lg$t$ 或 lg$S$-lg$t$ 曲线；当水位观测孔较多时，还需编绘 S-lg$r$ 或 S-lgt/r^2 曲线（r 为观测孔至抽水主孔距离）；对于恢复水位观测资料，需编绘出 S'-lg（$1+t_p/t'$）和 S^*-lg（t/t'）曲线，其中：S' 为剩余水位降深；S^* 为水位回升高度；t_p 为抽水主井停抽时间；t' 为从主井停抽后算起的水位恢复时间；t 为从抽水试验开始至水位恢复到某一高度的时间。

试验方法 B：野外弥散试验

野外弥散试验是在沿着地下水流向上布置的试验井组中进行。在上游的投源井（又称主井）中投放示踪剂，通过下游的监测井（接收井或取样井）观测示踪剂在水流方向上空间、时间的变化，根据观测记录资料，选择相应的简化数学模型计算水动力弥散系数。主要的方法有单井脉冲法、多井法和单井地球物理法等。本文主要介绍一维天然流场瞬时注入示踪剂的二维弥散试验的原理及方法。

B.1 数学模型及其解

设在含水层的 xy 平面上，存在达西流速的一维流动。x 轴方向与流速方向一致。当 $t=0$，在原点（0,0）处有一注入井，向单位厚度含水层中瞬时注入质量为 m 的示踪剂，这一问题的数学模型是：

$$\begin{cases} \dfrac{\partial C}{\partial t} = D_L \dfrac{\partial^2 C}{\partial x^2} + D_T \dfrac{\partial^2 C}{\partial y^2} - u \dfrac{\partial C}{\partial x}, & (x,y) \in \Omega, t \geqslant 0 \\ C(x,y,t) = 0, & x, y \neq 0, t = 0 \\ C(\pm\infty, y, t) = C(x, \pm\infty, t) = 0, & t \geqslant 0 \\ \displaystyle\int_{-\infty}^{+\infty}\int_{-\infty}^{+\infty} n \cdot C \mathrm{d}x\mathrm{d}y = m, & t \geqslant 0 \end{cases} \tag{B-1}$$

式中：t —— 示踪剂投放后的某时刻；

$C(x,y,t)$ —— 在 t 时刻的 (x,y) 处减去背景值的示踪剂浓度；

u —— 地下水实际流速；

D_L —— 纵向弥散系数；

D_T —— 横向弥散系数；

n —— 含水介质的孔隙度；

m —— 单位厚度含水层上投放示踪剂的质量。

上述一维稳定流场中瞬时注入示踪剂的二维弥散问题的解析解为：

$$C(x,y,t) = \frac{m/n}{4\pi t\sqrt{D_L \cdot D_T}} \exp\left\{ -\frac{(x-ut)^2}{4D_L t} - \frac{y^2}{4D_T t} \right\} \tag{B-2}$$

B.2 试验方法

（1）试验井组布置。为保证捕捉到来自投源井的示踪晕并提高试验精度，一般布置 1～3 层，每层布置 3 口监测井（图 B-1）。由于示踪晕沿地下水流方向的扩散范围常常远大于与流向垂直方向的范围，故主流向两侧的监测井不能距主流线轴太远。由主流线上监测井、投源井、与侧面监测井构成的夹角一般不宜大于 15°，而是沿着地下水主流向两侧与主流向夹角 7°～8° 方向上布置，这样可以用较少的观测孔，获得不同规模条件下的 C-t 曲线观测值。

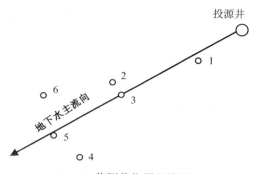

1～6：监测井位置及编号

图 B-1　野外弥散试验井孔布置

（2）示踪剂的选择。示踪剂必须满足如下要求：示踪剂无毒或毒性很小，其试验浓度不会危害人体健康；示踪剂和地下水混合后，在要求的时空范围内，应保持化学稳定性，并不改变地下水的物理性质、渗透速度及流向；示踪剂的投放与检测仪器应简单、操作方便。一般采用一定浓度的氯化钠或 ^{131}I 溶液作为示踪剂。

（3）投放示踪剂。示踪剂一定要投放在目的层中，可通过水文地质勘察成果资料确定。示踪剂的注入方式有脉冲式和连续式。示踪剂注入投源井后，使示踪剂溶液与含水层段地下水混合均匀。

（4）示踪剂浓度变化监测。在主井中注入示踪剂后，要严格定时测量投源井与监测井中水位变化，用定深探头（或用定深取样分析方法）观测试验井中示踪剂浓度随时间的变化规律；同时，注意观测监测井中示踪剂的出现过程，待示踪剂晕的前缘在监测井中出现后，应加密观测（取样）次数，以准确测定出示踪剂前缘和峰值到达监测井的时间。在采用氯化钠溶液作为示踪剂时，一般采用电导率仪测量各监测井各时刻的电导率值。

B.3　资料整理

根据监测井中示踪剂浓度随时间的变化资料，利用有关的理论公式，便可计算出地下水的流速和水动力弥散系数。

根据投源井到监测井的距离和示踪剂从投源井到监测井的时间（一般选取监测井中示踪剂初值与峰值出现时间的中间值）可近似地计算出地下水流速。

根据监测井中示踪剂的浓度随时间变化的监测数据，绘制各监测井示踪剂浓度 C（或某时刻浓度/峰值浓度）与监测时间 t 关系的 $C(t)$-t 曲线。对不同水文地质条件及示踪剂投放方式的弥散试验可选择不同的方法求解水动力弥散系数。

对于前述的一维稳定流场瞬时注入示踪剂的二维弥散试验，可根据逐点求参法、直线图解法与标准曲线法等方法求解水动力弥散系数。逐点求参法的原理为：设有2个时刻 t_1、t_2，对应的浓度为 C_1、C_2，利用式（B-2）可以得纵向、横向水动力弥散系数：

$$D_L = \frac{(t_1 - t_2)(x^2 - u^2 t_1 t_2)}{4 t_1 t_2 \ln\left(\dfrac{C_1 t_1}{C_2 t_2}\right)} \tag{B-3}$$

$$D_T = \left\{ \frac{m}{2\pi n C_1 t_1 \sqrt{D_L}} \exp\left[-\frac{(x - u t_1)^2}{4 D_L t_1} \right] \right\}^2 \tag{B-4}$$

式中：u —— 渗流的实际速度，m/d；

　　　C_1 —— t_1 时刻示踪剂浓度，mol/L；

　　　C_2 —— t_2 时刻示踪剂浓度，mol/L。

根据各监测井的监测数据，利用式（B-3）、式（B-4）便可得到 D_L 与 D_T。

利用野外弥散试验监测资料求取水动力弥散系数的其他方法可参考相关文献，本教材不再赘述。

7 声环境影响评价

7.1 概述

7.1.1 基本概念

（1）声

在物理学上，声有双重含义，一方面指弹性介质传播的压力、应力、质点位移和质点速度等变化或几种变化的综合（指客观存在的能量波），另一方面指上述变化作用于人耳所引起的感觉（指主观听觉）。为清楚起见，前者称为声波，后者则称为声音。

（2）噪声

物理学中噪声指的是由不同频率和强度的声波无规则、杂乱组合的声音，以区别于乐音。环境科学中噪声指的是人们不需要的声音，它不仅包括杂乱无章不协调的声音，而且也包括影响他人工作、休息、睡眠、谈话和思考的乐音等声音。

（3）环境噪声

环境噪声是指在工业生产、建筑施工、交通运输和社会生活中所产生的干扰周围生活环境的声音。

（4）环境噪声污染

环境噪声污染是指所产生的环境噪声超过国家规定的环境噪声排放标准，并干扰他人正常生活、工作和学习的现象。

7.1.2 环境噪声的主要特征

（1）主观感觉性

声环境影响是种感觉性公害，原因是它不仅取决于噪声强度的大小，而且取决于受影响人当时的行为状态，并与本人的生理（感觉）与心理（感觉）因素有关。不同的人，或同一人在不同的行为状态下对同一种噪声会有不同的反应。

（2）局地性和分散性

声环境影响的局地性和分散性表现在如下两个方面：其一，任何一个环境噪声源，由于距离发散衰减等因素只能影响一定的范围，超过一定距离的人群就不会受到该声源的影响；其二，环境的噪声源是分散的，可以认为噪声源是无处不在的，人群可受到不同地点的噪声影响。

（3）暂时性

声环境影响的暂时性表现在噪声源一旦停止发声，周围声环境即可恢复原来状态，其影响可随即消除。

7.1.3　噪声的分类

7.1.3.1　按产生机理分类

按声波产生的机理来划分，噪声可分为：

（1）机械噪声：是由于机械设备运转时，机械部件间的摩擦力、撞击力或非平衡力，使机械部件和壳体产生振动而辐射的噪声。

（2）空气动力性噪声：是由于气体流动过程中的相互作用，或气流和固体介质之间的相互作用而产生的噪声。如空压机、风机等进气和排气产生的噪声。

（3）电磁噪声：由电磁场交替变化引起某些机械部件或空间容积震动而产生的噪声。

对产生机理不同的噪声应采用不同的噪声控制措施。

7.1.3.2　按噪声随时间的变化分类

按噪声随时间的变化可分成稳态噪声和非稳态噪声两大类。非稳态噪声中又可有瞬态的、周期性起伏的、脉冲的和无规则的噪声之分。在环境噪声现状监测中应根据噪声随时间的变化来选定恰当的测量和监测方法。

7.1.3.3　按噪声的来源分类

环境噪声按其来源可分为以下四类：

（1）工业噪声：在工业生产活动中使用固定的设备时所产生的干扰周围生活环境的声音。

（2）建筑施工噪声：在建筑施工过程中所产生的干扰周围生活环境的声音。

（3）交通运输噪声：机动车辆、铁路机车、机动船舶、航空器等交通运输工具在运行时所产生的干扰周围生活环境的声音。

（4）社会生活噪声：人为活动所产生的除工业噪声、建筑施工噪声和交通运输噪声之外的干扰周围生活环境的声音。

7.1.3.4 声环境影响评价的声源类型确定

在声环境影响评价中，按实际噪声源的辐射特性及其和敏感点之间的距离，可将其分别视为点声源、线声源和面声源三种声源类型，不同类型声源应采用相应的预测公式进行计算。

点声源是指以球面波形式辐射声波的声源，辐射声波的声压幅值与声波传播距离（r）成反比。任何形状的声源，只要声波波长远远大于声源几何尺寸，该声源可视为点声源。在声环境影响评价中，声源中心到预测点之间的距离超过声源最大几何尺寸 2 倍时，可将该声源近似为点声源。

线声源是指以柱面波形式辐射声波的声源，辐射声波的声压幅值与声波传播距离的平方根（$\sqrt{r}$）成反比。

面声源是指以平面波形式辐射声波的声源，辐射声波的声压幅值不随传播距离改变（不考虑空气吸收）。

实际声源的近似：实际的室外声源组，可以用处于该组中部的等效点声源来描述。一般要求组内的声源具有大致相同的强度和离地面的高度；到接收点有相同的传播条件；从单一等效点声源到接收点间的距离 r 超过声源的最大几何尺寸 H_{max} 2倍（$r>2\ H_{max}$）。假若距离 r 较小（$r\leqslant2\ H_{max}$），或组内的各点声源传播条件不同时（例如加屏蔽），其总声源必须分为若干分量点声源。

一个线源或一个面源也可分为若干线的分区或若干面积分区，而每一个线或面的分区可用处于中心位置的点声源表示。

7.1.4 噪声的影响

噪声对人的影响主要有以下几个方面：

（1）听力损伤。长期在高噪声环境下工作和生活，可导致噪声性耳聋。根据统计，在 80 dB 以下工作 40 年不会导致耳聋；80 dB 以上，每增 5 dB，噪声性耳聋发病率增加约 10%。

（2）睡眠干扰。睡眠对人是极其重要的，它能够使人的新陈代谢得到调节，使人的大脑得到休息，从而使人恢复体力和消除疲劳，保证睡眠是人体健康的重要因素。噪声会影响人的睡眠质量和数量。连续噪声可以加快熟睡到轻睡的回转，使人熟睡时间缩短；突然的噪声可使人惊醒。一般 40 dB 连续噪声可使 10%的人受到影响，70 dB 可使 50%的人受到影响；而突然的噪声在 40 dB 时，可使 10%的人惊醒；60 dB 时可使 70%的人惊醒。

（3）对交谈、工作思考的干扰。环境噪声会掩蔽语言声，使语言清晰度降低。当噪声级比语言声级低很多时，噪声对语言交谈几乎没有影响；噪声级与语言声级相当时，正常交谈受到干扰；噪声级高于语言声级 10 dB 时，谈话声就会被完全掩蔽；噪声级大于 90 dB 时，即使大声叫喊也难以进行正常交谈。另外，国内外大量的主观评价的调查表明，噪声超过 55 dB 时，人们会感到吵闹。

（4）对人体的生理影响。噪声会对人的神经系统、消化系统、心血管系统产生不良影响，健康水平相对下降。据统计，吵闹环境中儿童智力发育比安静环境中低 20%。

（5）噪声引起的心理影响主要是烦恼，使人激动、易怒、甚至失去理智，因噪声干扰引发民间纠纷等事件是常见的。

另外，噪声导致胎儿畸形、鸟类不产卵都有事例。

一般来说，环境噪声对人的影响是以造成对正常生活的干扰和引起烦恼为主，不会形成听力损伤或者其他疾病伤害。

7.1.5 有关的环境噪声标准

7.1.5.1 声环境质量标准

（1）《声环境质量标准》（GB 3096—2008）

该标准规定了城市五类声环境功能区的环境噪声限值（表 7-1）及测量方法，适用于声环境质量评价与管理。机场周围区域受飞机通过（起飞、降落、低空飞越）的噪声的影响，不适用于该标准。

表 7-1　环境噪声限值　　　　　　　单位：dB（A）

声环境功能区类别	时段	昼间	夜间
0 类		50	40
1 类		55	45
2 类		60	50
3 类		65	55
4 类	4a 类	70	55
	4b 类	70	60

说明：① 表中 4b 类声环境功能区环境噪声限值，适用于 2011 年 1 月 1 日起环境影响评价文件通过审批的新建铁路（含新开廊道的增建铁路）干线建设项目两侧区域。

② 在下列情况下，铁路干线两侧区域不通过列车时的环境背景噪声限值，按昼间 70 dB（A）、夜间 55 dB（A）执行：

a）穿越城区的既有铁路干线；

b）对穿越城区的既有铁路干线进行改建、扩建的铁路建设项目。

既有铁路是指 2010 年 12 月 31 日前已建成运营的铁路或环境影响评价文件已通过审批的铁路建设项目。

③ 各类声环境功能区夜间突发噪声，其最大声级超过环境噪声限值的幅度不得高于 15 dB（A）。

按区域的使用功能特点和环境质量要求，声环境功能区分为以下五种类型：

0 类声环境功能区：指康复疗养区等特别需要安静的区域。

1 类声环境功能区：指以居民住宅、医疗卫生、文化教育、科研设计、行政办公为主要功能，需要保持安静的区域。

2 类声环境功能区：指以商业金融、集市贸易为主要功能，或者居住、商业、工业混杂，需要维护住宅安静的区域。

3 类声环境功能区：指以工业生产、仓储物流为主要功能，需要防止工业噪声对周围环境产生严重影响的区域。

4 类声环境功能区：指交通干线两侧一定距离之内，需要防止交通噪声对周围环境产生严重影响的区域，包括4a类和4b类两种类型。4a类为高速公路、一级公路、二级公路、城市快速路、城市主干路、城市次干路、城市轨道交通（地面段）、内河航道两侧区域；4b类为铁路干线两侧区域。

（2）《机场周围飞机噪声环境标准》（GB 9660—88）

该标准规定了机场周围飞机噪声的环境标准，适用于机场周围受飞机通过所产生噪声影响的区域，见表7-2。

表7-2　机场周围飞机噪声环境标准值和适用区域　　单位：dB

适用区域	标准值
一类区域	≤70
二类区域	≤75

一类区域：特殊住宅区；居住、文教区。二类区域：除一类区域以外的生活区。

标准采用一昼夜的计权等效连续感觉噪声级作为评价量，用 L_{WECPN} 表示，单位为dB。该标准是户外允许噪声级。

7.1.5.2 环境噪声排放标准

（1）《工业企业厂界环境噪声排放标准》（GB 12348—2008）

该标准规定了工业企业和固定设备厂界环境噪声排放限值及其测量方法，适用于工业企业噪声排放的管理、评价及控制。机关、事业单位、团体等对外环境排放噪声的单位也按该标准执行。排放限值见表7-3～表7-5。

表7-3　工业企业厂界环境噪声排放限值　　单位：dB（A）

厂界外声环境功能区类别	时段 昼间	夜间
0	50	40
1	55	45

时段 厂界外声环境功能区类别	昼间	夜间
2	60	50
3	65	55
4	70	55

说明：① 夜间频发噪声的最大声级超过限值的幅度不得高于 10 dB（A）。

② 夜间偶发噪声的最大声级超过限值的幅度不得高于 15 dB（A）。

③ 工业企业若位于未划分声环境功能区的区域，当厂界外有噪声敏感建筑物时，由当地县级以上人民政府参照 GB 3096 和 GB/T 15190 的规定确定厂界外区域的声环境质量要求，并执行相应的厂界环境噪声排放限值。

④ 当厂界与噪声敏感建筑物距离小于 1 m 时，厂界环境噪声应在噪声敏感建筑物的室内测量，并将表 7-3 中相应的限值减 10 dB（A）作为评价依据。

表 7-4　结构传播固定设备室内噪声排放限值（等效声级）　　单位：dB（A）

房间类型 时段 噪声敏感建筑物所处声环境功能区类别	A 类房间		B 类房间	
	昼间	夜间	昼间	夜间
0	40	30	40	30
1	40	30	45	35
2、3、4	45	35	50	40

说明：A 类房间是指以睡眠为主要目的，需要保持夜间安静的房间，包括住宅卧室、医院病房、宾馆客房等。

B 类房间是指主要在昼间使用，需要保持思考与精神集中、正常讲话不被干扰的房间，包括学校教室、会议室、办公室、住宅中卧室以外的其他房间等。

表 7-5　结构传播固定设备室内噪声排放限值（倍频带声压级）　　单位：dB

噪声敏感建筑物所处声环境功能区类别	时段	倍频带中心频率，Hz 房间类型	室内噪声倍频带声压级限值				
			31.5	63	125	250	500
0	昼间	A、B 类房间	76	59	48	39	34
	夜间	A、B 类房间	69	51	39	30	24
1	昼间	A 类房间	76	59	48	39	34
		B 类房间	79	63	52	44	38
	夜间	A 类房间	69	51	39	30	24
		B 类房间	72	55	43	35	29
2、3、4	昼间	A 类房间	79	63	52	44	38
		B 类房间	82	67	56	49	43
	夜间	A 类房间	72	55	43	35	29
		B 类房间	76	59	48	39	34

（2）《社会生活环境噪声排放标准》（GB 22337—2008）

该标准规定了营业性文化娱乐场所、商业经营活动中使用的向环境排放噪声的设备、设施边界噪声排放限值和测量方法，适用于向环境排放噪声的设备、设施的管理、评价与控制。其边界噪声排放限值见表 7-6，结构传播固定设备室内噪声限值同表 7-4 和表 7-5。

表 7-6　社会生活噪声排放源边界噪声排放限值　　　　单位：dB（A）

边界外声环境功能区类别　　　时段	昼间	夜间
0	50	40
1	55	45
2	60	50
3	65	55
4	70	55

① 在社会生活噪声排放源边界处无法进行噪声测量或测量的结果不能如实反映其对噪声敏感建筑物的影响程度的情况下，噪声测量应在可能受影响的敏感建筑物窗外 1 m 处进行。

② 当社会生活噪声排放源边界与噪声敏感建筑物距离小于 1 m 时，应在噪声敏感建筑物的室内测量，并将表 7-6 中相应的限值减 10 dB（A）作为评价依据。

（3）《建筑施工场界噪声限值》（GB 12523—90）

该标准适用于城市建筑施工期间施工场地产生的噪声，不同施工阶段作业噪声限值见表 7-7。如有几个施工阶段同时进行，以高噪声阶段的限值为准。

表 7-7　建筑施工场界噪声限值（等效声级 L_{eq}）

施工阶段	主要噪声源	噪声限值/dB（A）	
		昼间	夜间
土石方	推土机、挖掘机、装载机等	75	55
打桩	各种打桩机等	85	禁止施工
结构	混凝土搅拌机、振捣棒、电锯等	70	55
装修	吊车、升降机等	65	55

表 7-7 中所列噪声值是指与敏感区相应的建筑施工场地边界线处的限值。

（4）《铁路边界噪声限值及其测量方法》（GB 12525—90）

该标准规定了城市铁路边界处铁路噪声的限值及其测量方法，适用于对城市铁路边界噪声的评价。铁路边界是指距铁路外侧轨道中心线 30 m 处。2008 年环保部对该标准进行了修改，修改方案自 2008 年 10 月 1 日起实施。

① 既有铁路边界铁路噪声按表 7-8 的规定执行。既有铁路是指 2010 年 12 月 31 日前已建成运营的铁路或环境影响评价文件已通过审批的铁路建设项目。

② 改、扩建既有铁路，铁路边界铁路噪声按表 7-8 的规定执行。

③ 新建铁路（含新开廊道的增建铁路）边界铁路噪声按表 7-9 的规定执行。新建铁路是指 2011 年 1 月 1 日起环境影响评价文件通过审批的铁路建设项目（不包括改、扩建既有铁路建设项目）。

④ 昼间和夜间时段的划分按《中华人民共和国环境噪声污染防治法》的规定执行，或按铁路所在地人民政府根据环境噪声污染防治需要所做的规定执行。

表 7-8　既有铁路边界铁路噪声限值（等效声级 L_{eq}）

时段	噪声限值/dB（A）
昼间	70
夜间	70

表 7-9　新建铁路边界铁路噪声限值（等效声级 L_{eq}）

时段	噪声限值/dB（A）
昼间	70
夜间	60

7.1.5.3 声环境评价有关技术规范

（1）《环境影响评价技术导则—声环境》（HJ 2.4—2009）

该导则规定了声环境影响评价的一般性原则、内容、工作程序、方法和要求。适用于建设项目声环境影响评价及规划环境影响评价中的声环境影响评价。

本培训教材在后续章节中将介绍其中的有关内容，具体应用以导则规定的技术要求为准。

（2）《城市区域环境噪声适用区划分技术规范》（GB/T 15190—94）

该技术规范规定了城市五类环境噪声标准适用区域划分的原则和方法，适用于城市规划区。其主要规定参见表 7-10 和表 7-11。

自从该规范颁布实施以来，我国各县级以上城市均已按照要求进行了城市的环境噪声适用区（也称环境噪声功能区）划分，并按照《环境噪声污染防治法》规定由当地人民政府颁布。在进行声环境影响评价时应依照执行。在评价中特别注意，噪声功能区划不能任意改变，若需调整得由当地人民政府同意批准。

表 7-10 噪声区划指标——三类城市用地统计方法

噪声区划指标名称	GBJ 137 表 2.0.5 中对应用地的分类		
	大类	中类	类别名称
A 类用地	R		居民用地
	C		公共设施用地
		C_1	行政办公用地
		C_5	医疗卫生用地
		C_6	教育科研设施用地
B 类用地	M		工业用地
	W		仓储用地
C 类用地	T		对外交通用地
	S		道路广场用地
	U		市政公用设施用地
		U_2	交通设施用地

表 7-11 不同功能区的噪声区划方法（指标条件）

0 类标准适用区域	适用于特别需要安静的疗养院、高级宾馆和别墅区，无明显噪声源，原则上面积不得小于 0.5 km²		
1 类标准适用区域	a	A 类用地 ≥70%（含 70%）	
	b	A 类用地 60%～70%（含 60%）	
		B+C 类用地 <20%±5%	
2 类标准适用区域	a	A 类用地 60%～70%（含 60%）	
		B+C 类用地 >20%±5%	
	b	A 类用地 35%～60%（含 35%）	
	c	A 类用地 20%～35%（含 20%）	
		B+C 类用地 <60%±5%	
3 类标准适用区域	a	A 类用地 20%～35%（含 20%）	
		B+C 类用地 >60%±5%	
	b	A 类用地 <20%	
4 类标准适用区域	道路交通干线两侧	邻街建筑高于三层（含三层）	邻街第一排建筑物面向道路一侧区域
		低于三层（含开阔地）	相邻为一类标准的区域，距离为 45 m±5 m
			相邻为二类标准的区域，距离为 30 m±5 m
			相邻为三类标准的区域，距离为 20 m±5 m
	铁路（含轻轨）两侧		划分方法同邻街建筑物低于三层的确定方法
	内河航道两侧		划分方法同道路交通干线两侧的划分方法

7.2 噪声评价的物理基础

7.2.1 声音的物理量

7.2.1.1 声波、声速、波长、频率（周期）

（1）声波

声音是由物体振动而产生的。物体振动引起周围媒质的质点位移，使媒质密度产生疏、密变化，这种变化的传播就是声波。它是弹性介质中传播的一种机械波。

（2）声速（C）

声波在弹性媒质中的传播速度，即振动在媒质中的传递速度称为声速，单位为 m/s。

在任何媒质中，声速的大小只取决于媒质的弹性和密度，而与声源无关。比如常温下，在空气中的声速为 340 m/s；在钢板中的声速为 5 000 m/s。在空气中声速（C）与温度（t）间的关系为：

$$C = 331.4 + 0.607\,t \quad -30℃ \leqslant t \leqslant 30℃ \tag{7-1}$$

（3）波长（λ）

一声波相邻的两个压缩层（或稀疏层）之间的距离称为波长，单位为 m。

（4）频率（f）、倍频带和周期（T）

频率（f）：为每秒钟媒质质点振动的次数，单位为赫兹（Hz）。人耳能感觉到的声波频率为 20～20 000 Hz，低于 20 Hz 的叫次声，高于 20 000 Hz 的称为超声。环境声学中研究的声波一般为可听声波。

可听声波的频率范围较宽，国际上统一按下述公式将可听声波划分为 10 个频带。

$$\frac{f_2}{f_1} = 2^n \tag{7-2}$$

式中：f_1——下限频率，Hz；

　　　f_2——上限频率，Hz。

　　　$n=1$ 时就是倍频带。

倍频带中心频率 f_0 可按下式进行计算。

$$f_0 = \sqrt{f_1 \cdot f_2} \tag{7-3}$$

对于倍频带，实际使用时通常可用 8 个倍频带进行分析。倍频带的划分范围和中心频率见表 7-12。

表 7-12 倍频带中心频率和上下限频率

下限频率（f_1）	中心频率（f_0）	上限频率（f_2）
22.3	31.5	44.5
44.6	63	89
89	125	177
177	250	354
354	500	707
707	1 000	1 414
1 414	2 000	2 828
2 828	4 000	5 656
5 656	8 000	11 312
11 312	16 000	22 624

周期（T）：波行经一个波长的距离所需要的时间，即质点每重复一次振动所需的时间就是周期，单位为秒（s）。

对正弦波来说，频率和周期互为倒数，即：

$$T=\frac{1}{f} \text{ 或 } f=\frac{1}{T} \tag{7-4}$$

频率（周期）、声速和波长三者之间的关系为：

$$C=f\lambda \text{ 或 } C=\frac{\lambda}{T} \tag{7-5}$$

7.2.1.2 声压、声强、声功率

（1）声压（p）

当有声波存在时，媒质中的压强超过静止压强，两个压强的差值称为声压。单位为 Pa，1 Pa=1 N/m²。

描述声压可以用瞬时声压和有效声压等。瞬时声压是指某瞬时媒质中内部压强受到声波作用后的改变量，即单位面积的压力变化。瞬时声压对时间取均方根值称为有效声压，用 p_e 表示。通常所说（一般应用时）的声压即指有效声压。

$$p_e=\sqrt{\frac{1}{T}\int_0^T p^2(t)\mathrm{d}t} \tag{7-6}$$

式中：p_e——某时段的有效声压，Pa；

$p(t)$——某时刻的瞬时声压，Pa；

T——取平均的时间间隔，s。

人耳能听到的最微弱声音的声压，声压值为 2×10^{-5} Pa，称为人耳的听阈，如蚊子飞过的声音。使人耳产生疼痛感觉的声压，声压为 20 Pa，称为人耳的痛阈，如飞

机发动机的噪声。

（2）声强（I）

指在单位时间内，声波通过垂直于声波传播方向单位面积的声能量，单位为 W/m^2。声压与声强有密切关系。在自由声场中，对于平面波来说，某处的声强与该处声压的平方成正比，即：

$$I = \frac{p^2}{\rho c} \qquad (7-7)$$

式中：p —— 有效声压，Pa；

　　　ρ —— 介质密度，kg/m^3；

　　　c —— 声速，m/s。常温时，ρc 为 408 N·s/m^3。

（3）声功率（W）

声源在单位时间内辐射的声能量称为声功率，单位为 W 或 μW。一台机器在运转时，其总功率只有极少的一部分转化为声功率。声功率与声强之间的关系为：

$$W = IS \qquad (7-8)$$

式中：S —— 声波垂直通过的面积，m^2。

7.2.2 声压级、声功率级、声强级

（1）声压级

声压从听阈到痛阈，即 $2 \times 10^{-5} \sim 20 \times 10^{-5}$ Pa，声压的绝对值相差非常之大，达 100 万倍。因此，用声压的绝对值表示声音的强弱是很不方便的。再者，人对声音响度感觉是与声音的强度的对数成比例的。为了方便起见，引进了声压比或者能量比的对数来表示声音的大小，这就是声压级。

声压级的单位是分贝，记为 dB，分贝是一个相对单位，将有效声压（p）与基准声压（p_0）的比，取以 10 为底的对数，再乘以 20，就是声压级的分贝数。即：

$$L_p = 20 \lg \frac{p}{p_0} \qquad (7-9)$$

式中：L_p —— 声压级，dB；

　　　p —— 有效声压，Pa；

　　　p_0 —— 基准声压，即听阈，$p_0 = 2 \times 10^{-5}$ Pa。

如测量得到的是某一中心频率倍频带上限和下限频率范围内的声压级，则可称为某中心频率倍频带的声压级，由可听声范围内各个中心频率倍频带的声压级经能量叠加（对数叠加）可得到总声压级。

表 7-13　典型环境的声压和声压级

典型环境	声压/Pa	声压级/dB	典型环境	声压/Pa	声压级/dB
喷气式飞机喷气口附近	630	150	繁华街道上	0.063	70
喷气式飞机附近	200	140	普通说话	0.02	60
锻锤、铆钉操作位置	63	130	微电机附近	0.006 3	50
大型球磨机旁	20	120	安静房间	0.002	40
8-18 型鼓风机附近	6.3	110	轻声耳语	0.000 63	30
纺织车间	2	100	树叶落下的沙沙声	0.000 2	20
4-72 型风机附近	0.63	90	农村静夜	0.000 063	10
公共汽车内	0.2	80	人耳刚能听到	0.000 02	0

（2）声强级

$$L_I = 10\lg\frac{I}{I_0} \qquad (7\text{-}10)$$

式中：L_I —— 声强级，dB；

　　　　I —— 声强，W/m²；

　　　　I_0 —— 基准声强，$I_0 = 10^{-12}$ W/m²，$\rho_0 c_0 = 400$ N·s/m³。

根据公式 $I = \dfrac{p^2}{\rho c}$，有：

$$L_I = 10\lg\frac{I}{I_0} = 10\lg\frac{\dfrac{p^2}{\rho c}}{\dfrac{p_0^2}{\rho_0 c_0}} = L_p + 10\lg\frac{400}{\rho c} = L_p + \Delta L \qquad (7\text{-}11)$$

一般情况下，$\Delta L = 10\lg(400/\rho c)$ 很小，因此声压级可近似于声强级。

（3）声功率级

$$L_W = 10\lg\frac{W}{W_0} \qquad (7\text{-}12)$$

式中：L_W —— 声功率级，dB；

　　　　W —— 声功率，W；

　　　　W_0 —— 基准声功率，$W_0 = 10^{-12}$ W。

根据公式 $I = \dfrac{W}{S}$，有：

$$L_I = 10\lg\left(\frac{W}{S}\frac{1}{I_0}\right) = 10\lg\left(\frac{W}{W_0}\frac{W_0}{I_0}\frac{1}{S}\right) = L_W - 10\lg S \qquad (7\text{-}13)$$

公式（7-13）的适用条件是自由声场或半自由声场，声源无指向性，其他声源的声音均可小到忽略。

自由声场指均匀各向同性的媒质中，边界影响可以忽略不计时的声场。在自由声场中，声波将声源的辐射特性向各个方向不受阻碍和干扰地传播。

半自由声场指声源位于广阔平坦的刚性反射面上，向下半个空间的辐射声波也全部反射到上半空间来的声场。

7.2.3　噪声级（分贝）的计算

7.2.3.1　噪声级（分贝）的相加

如果已知两个声源在某一预测点单独产生的声压级（L_{p_1}，L_{p_2}），这两个声源合成的声压级（L_{p_r}）就要进行级（分贝）的相加。

（1）公式法

根据声压级的定义，分贝相加一定要按能量（声功率或声压平方）相加，求合成的声压级（L_{p_r}），可按下列步骤计算：

① 因 $L_{p_1} = 20\lg\dfrac{p_1}{p_0}$ 和 $L_{p_2} = 20\lg\dfrac{p_2}{p_0}$，运用对数计算法则，计算得：

$$p_1 = p_0 \cdot 10^{L_{p_1}/20} \quad 和 \quad p_2 = p_0 \cdot 10^{L_{p_2}/20} \tag{7-14}$$

② 合成声压 p_T，按能量相加则 $(p_T)^2 = p_1^2 + p_2^2$

即：
$$(P_T)^2 = P_0^2 \left(10^{L_{p_1}/10} + 10^{L_{p_2}/10}\right)$$

或
$$(P_T/P_0)^2 = 10^{L_{p_1}/10} + 10^{L_{p_2}/10} \tag{7-15}$$

③ 按声压级的定义合成的声压级

$$L_{p_T} = 20\lg\frac{p_T}{p_0} = 10\lg\frac{p_T^2}{p_0^2} \tag{7-16}$$

即：
$$L_{p_T} = 10\lg\left(10^{0.1L_{p_1}} + 10^{0.1L_{p_2}}\right) \tag{7-17}$$

几个声压级相加的通用式为：

$$L_总 = 10\lg\left(\sum_{i=1}^{n} 10^{0.1L_{p_i}}\right) \tag{7-18}$$

式中：$L_总$——几个声压级相加后的总声压级，dB；

　　　　L_{p_i}——某一个声压级，dB。

若上式的几个声压级均相同，即可简化为：

$$L_总 = L_p + 10\lg N \qquad (7\text{-}19)$$

式中：L_p——单个声压级，dB；

　　　　N——相同声压级的个数。

（2）查表法

例如 $L_1＝100$ dB，$L_2＝98$ dB，求 $L_{1+2}＝$？。先算出两个声音的分贝差，$L_1－L_2＝2$ dB，再查表 7-14 找出 2 dB 相对应的增值 $\Delta L＝2.1$ dB，然后加在分贝数大的 L_1 上，得出 L_1 与 L_2 的和 $L_{1+2}＝100＋2.1＝102.1$，取整数为 102 dB。

表 7-14　分贝和的增值表

声压级差 （$L_1－L_2$）/dB	0	1	2	3	4	5	6	7	8	9	10
增值 ΔL	3.0	2.5	2.1	1.8	1.5	1.2	1.0	0.8	0.6	0.5	0.4

7.2.3.2 噪声级（分贝）的相减

如果已知两个声源在某一预测点产生的合成声压级（L_{p_T}）和其中一个声源在预测点单独产生的声压级 L_{p_2}，则另一个声源在此点单独产生的声压级 L_{p_1} 可用下式计算：

$$L_{p_1} = 10\lg\left(10^{0.1L_{p_T}} - 10^{0.1L_{p_2}}\right) \qquad (7\text{-}20)$$

7.2.4 环境噪声评价量

7.2.4.1 导则中采用的评价量

（1）声环境质量评价量

根据《声环境质量标准》（GB 3096—2008），声环境功能区的环境质量评价量为昼间等效声级（L_d）、夜间等效声级（L_n），突发噪声的评价量为最大 A 声级（L_{max}）。

根据《机场周围飞机噪声环境标准》（GB 9660—88），机场周围区域受飞机通过（起飞、降落、低空飞越）噪声环境影响的评价量为计权等效连续感觉噪声级（L_{WECPN}）。

（2）声源源强表达量

A 声功率级（L_{AW}），或中心频率为 63 Hz～8 kHz 8 个倍频带的声功率级（L_W）；

距离声源 r 处的 A 声级（L_A（r））或中心频率为 63 Hz～8 kHz 8 个倍频带的声压级（L_P（r））；有效感觉噪声级（L_{EPN}）。

（3）厂界、场界、边界噪声评价量

根据《工业企业厂界环境噪声排放标准》（GB 12348—2008）、《建筑施工场界噪声限值》（GB 12523—90），工业企业厂界、建筑施工场界噪声评价量为昼间等效声级（L_d）、夜间等效声级（L_n）、室内噪声倍频带声压级，频发、偶发噪声的评价量为最大 A 声级（L_{max}）。

根据《铁路边界噪声限值及测量方法》（GB 12525—90）、《城市轨道交通车站站台声学要求和测量方法》（GB 14227—2006），铁路边界、城市轨道交通车站站台噪声评价量为昼间等效声级（L_d）、夜间等效声级（L_n）。

根据《社会生活环境噪声排放标准》（GB 22337—2008），社会生活噪声源边界噪声评价量为昼间等效声级（L_d）、夜间等效声级（L_n），室内噪声倍频带声压级、非稳态噪声的评价量为最大 A 声级（L_{max}）。

由此可见，声环境评价中的有关的评价量为 A 声功率级、倍频带声功率级，倍频带声压级，某一距离处的 A 声级，最大 A 声级，等效感觉噪声级，等效声级，计权等效连续感觉噪声级。

7.2.4.2　A 声级（L_A）

环境噪声的度量，不仅与噪声的物理量有关，还与人对声音的主观听觉有关。人耳对声音的感觉不仅和声压级大小有关，而且也和频率的高低有关。声压级相同而频率不同的声音，听起来不一样响，高频声音比低频声音响，这是人耳听觉特性所决定的。为了能用仪器直接测量出人的主观响度感觉，研究人员为测量噪声的仪器——声级计设计了一种特殊的滤波器，叫 A 计权网络。通过 A 计权网络测得的噪声值更接近人的听觉，这个测得的声压级称为 A 计权声级，简称 A 声级，记为 L_A。

声级也叫计权声级，指声级计上以分贝表示的读数，即声场内某一点的声级。声级计读数相当于全部可听声范围内按规定的频率计权的积分时间而测得的声压级。通常有 A、B、C 和 D 计权声级。其中 A 声级是模拟人耳对 55 dB 以下低强度噪声的频率特性而设计的，以 L_{PA} 或 L_A 表示，单位为 dB。由于 A 声级能较好地反映出人们对噪声吵闹的主观感觉，因此，它几乎已成为一切噪声评价的基本值。

设可听声范围内各个倍频带声压级为 L_{p_i}，则 A 声级为：

$$L_A = 10 \lg \left[\sum_{i=1}^{n} 10^{0.1(L_{p_i} + \Delta L_i)} \right] \tag{7-21}$$

式中：ΔL_i —— 第 i 个倍频带的 A 计权网络修正值，dB；

　　　　n —— 总倍频带数。

中心频率为 63～1 000 Hz 范围内倍频带的 A 计权网络修正值见表 7-15。

表 7-15　计权网络修正值

频率/Hz	63	125	250	500	1 000	2 000	4 000	8 000	16 000
ΔL_i/ dB	−26.2	−16.1	−8.6	−3.2	0	1.2	1.0	−1.1	−6.6

7.2.4.3 等效连续 A 声级（$L_{\text{Aeq, T}}$）

A 声级用来评价稳态噪声具有明显的优点，但是在评价非稳态噪声时又有明显的不足。因此，人们提出了等效连续 A 声级（简称"等效声级"），即将某一段时间内连续暴露的不同 A 声级变化，用能量平均的方法以 A 声级表示该段时间内的噪声大小，可记为 $L_{\text{Aeq, T}}$，单位为 dB（A），简写为 L_{eq}。

等效连续 A 声级的数学表示：

$$L_{\text{eq}} = 10 \lg \left(\frac{1}{T} \int_0^T 10^{0.1 L_{\text{A}}(t)} \mathrm{d}t \right) \qquad (7\text{-}22)$$

式中：L_{eq}—— 在 T 段时间内的等效连续 A 声级，dB（A）；

$L_{\text{A}}(t)$—— t 时刻的瞬时 A 声级，dB（A）；

T—— 连续取样的总时间，min。

进行实际噪声测量时采用的噪声测量方法，应根据噪声的实际情况而定。如果一日之内的声级变化较大，而每天的变化规律相同，则应选择有代表性的一天测量其等效连续 A 声级。若噪声级不但在日内变化，而且日间变化也较大，但却有周期性的变化规律，也可选择有代表性的一周测量其等效连续 A 声级。

由于噪声测量实际上是采取等间隔取样的，所以等效连续 A 声级又按下列公式计算：

$$L_{\text{eq}} = 10 \lg \left(\frac{1}{N} \sum_{i=1}^{N} 10^{0.1 L_i} \right) \qquad (7\text{-}23)$$

式中：L_i—— 第 i 次读取的 A 声级，dB；

N—— 取样总数。

7.2.4.4 昼夜等效声级（L_{dn}）

昼夜等效声级是考虑了噪声在夜间对人影响更为严重，将夜间噪声另增加 10 dB 加权处理后，用能量平均的方法得出 24 h A 声级的平均值，单位为 dB，记为 L_{dn}。

计算公式为：

$$L_{dn} = 10 \lg \left[\frac{T_d \times 10^{0.1 L_d} + T_n \times 10^{0.1(L_n+10)}}{24} \right] \qquad (7\text{-}24)$$

式中：L_d—— 昼间 T_d 个小时（一般昼间小时数取 16）的等效声级，dB；

L_n—— 夜间 T_n 个小时（一般夜间小时数取 8）的等效声级，dB。

7.2.4.5 计权有效连续感觉噪声级（L_{WECPN} 或 WECPNL）

计权有效连续感觉噪声级是在有效感觉噪声级的基础上发展起来，用于评价航空噪声的方法，其特点在于既考虑了在 24 h 的时间内飞机通过某一固定点所产生的总噪声级，同时也考虑了不同时间内的飞机对周围环境所造成的影响。

一日计权有效连续感觉噪声级的计算公式如下：

$$WECPNL = \overline{EPNL} + 10 \lg (N_1 + 3N_2 + 10N_3) - 39.4 \qquad (7\text{-}25)$$

式中：$\overline{EPNL}$—— N 次飞行的有效感觉噪声级的能量平均值，dB；

N_1—— 7 时～19 时的飞行次数；

N_2—— 19 时～22 时的飞行次数；

N_3—— 22 时～7 时的飞行次数。

7.2.5 噪声在传播过程中的衰减

7.2.5.1 声的衰减、声的吸收和声音的三要素

（1）声波在传播过程中其强度随距离的增加而逐渐减弱的现象称做声的衰减。引起声的衰减有以下原因：第一，由于声波不是平面波，其波阵面面积随距离增加而增大，致使通过单位面积的声功率减小；第二，由于媒质的不均匀性引起声波的折射和散射，使部分声能偏离传播方向；第三，由于媒质具有耗散特性，使一部分声能转化为热能，即产生所谓声的吸收；第四，由于媒质的非线性使一部分声能转移到高次谐波上，即所谓非线性损失。这四部分损失构成声衰减的主要原因。

（2）声的吸收是指声波传播经过媒质或遇到表面时声能量减少的现象。吸声的机制是由于黏滞性、热传导和分子弛豫吸收而把入射声能最终转变为热能。利用吸声机制可以用来设计生产各种吸声材料。

（3）声音是由物体振动而产生的，物体振动产生的声能，通过周围介质（可以是气体、液体或者固体）向外界传播（传播途径），并且被感受目标所接收（受体）。在声学中，把声源、介质、接受器称为声音的三要素。

7.2.5.2 噪声在传播过程中的衰减（户外声传播衰减计算）

声源辐射的声波在传播过程中，其波阵面会随距离的增加而增大（点声源、线声源），声能量扩散，因而声压或声强随距离的增加而衰减。除此之外，空气吸收、地面吸收、阻挡物的反射与屏障等因素的影响，也会使其产生衰减。这里介绍声环境影响评价技术导则中关于噪声传播声级衰减计算方法。

（1）噪声户外传播声级衰减计算的基本公式

在环境影响评价中，经常是根据靠近声源某一位置（参考位置）处的已知声级（如实测得到）来计算距声源较远处预测点的声级。在预测过程中遇到的声源往往是复杂的，需根据其空间分布形式作简化处理。噪声户外传播声级衰减计算的步骤如下：

计算预测点的倍频带声压级,根据各倍频带声压级合成计算出预测点的 A 声级。预测点的倍频带声压级按下式计算：

$$L_p\,(r) = L_p\,(r_0) - (A_{\mathrm{div}} + A_{\mathrm{bar}} + A_{\mathrm{atm}} + A_{\mathrm{gr}} + A_{\mathrm{misc}}) \tag{7-26}$$

式中：A_{div} —— 几何发散引起的倍频带衰减，dB；

$\qquad A_{\mathrm{bar}}$ —— 遮挡物引起的倍频带衰减，dB；

$\qquad A_{\mathrm{atm}}$ —— 空气吸收引起的倍频带衰减，dB；

$\qquad A_{\mathrm{gr}}$ —— 地面效应引起的倍频带衰减，dB；

$\qquad A_{\mathrm{misc}}$ —— 其他方面效应引起的倍频带衰减，dB。

在倍频带声压级测试有困难时，可用 A 声级计算：

$$L_{p\mathrm{A}}\,(r) = L_{p\mathrm{A}}\,(r_0) - (A_{\mathrm{div}} + A_{\mathrm{bar}} + A_{\mathrm{atm}} + A_{\mathrm{gr}} + A_{\mathrm{misc}}) \tag{7-27}$$

式中：$L_{p\mathrm{A}}\,(r_0)$ —— 参考点 r_0 处的 A 计权声压级，dB；

$\qquad A_{\mathrm{div}}$ —— 几何发散引起的 A 计权声衰减，dB；

$\qquad A_{\mathrm{bar}}$ —— 遮挡物引起的 A 计权声衰减，dB；

$\qquad A_{\mathrm{atm}}$ —— 空气吸收引起的 A 计权声衰减，dB；

$\qquad A_{\mathrm{gr}}$ —— 地面效应引起的 A 计权声衰减，dB；

$\qquad A_{\mathrm{misc}}$ —— 其他方面效应引起的 A 计权声衰减，dB。

在只考虑几何发散衰减时，一般噪声衰减可用 A 声级计算方法计算；考虑其他衰减时，可选择对 A 声级影响最大的倍频带计算，一般可选中心频率为 500 Hz 倍频带估算。特殊噪声源（如窄频带噪声）应用倍频带声压级方法计算。

（2）几何发散衰减

1）点声源几何发散衰减

① 无指向性点声源几何发散衰减

如果已知点声源的倍频带声功率级 L_w 或 A 声功率级 L_{AW},且声源处于自由空间，则离声源任一距离处的倍频带声压级或 A 声级可由下边公式求出：

$$L_p(r) = L_W - 20\lg r - 11 \tag{7-28}$$

$$L_A(r) = L_{AW} - 20\lg r - 11 \tag{7-29}$$

如果已知点声源处于半自由空间，则有等效式：

$$L_p(r) = L_W - 20\lg r - 8 \tag{7-30}$$

$$L_A(r) = L_{AW} - 20\lg r - 8 \tag{7-31}$$

如果已知点声源 r_0 距离处的倍频带声压级 $L_p(r_0)$ 或 A 声级 $L_A(r_0)$，距离声源 r 处的倍频带声压级 $L_p(r)$ 或 A 声级 $L_A(r)$ 可由下边公式求出。

$$L_p(r) = L_p(r_0) - 20\lg \frac{r}{r_0} \tag{7-32}$$

$$L_A(r) = L_A(r_0) - 20\lg \frac{r}{r_0} \tag{7-33}$$

式中：$L(r), L(r_0)$ —— 分别是 r，r_0 的声级，dB；

r —— 点声源到受声点的距离，m。

上两式中第二项代表了点声源的几何发散衰减：

$$A_{\text{div}} = 20\lg \frac{r}{r_0} \tag{7-34}$$

② 具有指向性点声源几何发散衰减

声源在自由空间中辐射声波时，其强度分布的一个主要特性是指向性。例如，喇叭发声，其喇叭正前方声音大，而侧面或背面就小。对于自由空间的点声源，其在某一 θ 方向上距离 r 处的倍频带声压级 $L_p(r)_\theta$：

$$L_p(r)_\theta = L_W - 20\lg(r) + D_{I_\theta} - 11 \tag{7-35}$$

式中：D_{I_θ} —— θ 方向上的指向性指数，$D_{I_\theta} = 10\lg R_\theta$；

R_θ —— 指向性因素，$R_\theta = I_\theta / I$；

I —— 所有方向上的平均声强，W/m²；

I_θ —— 某一 θ 方向上的声强，W/m²。

按公式（7-32）和公式（7-33）计算具有指向性点声源几何发散衰减时，公式中的 $L_p(r)$ 与 $L_p(r_0)$ 必须是在同一方向上的倍频带声压级。

2）线声源几何发散衰减

① 无限长线声源

无限长线声源几何发散衰减基本公式是：

$$L_p(r) = L_p(r_0) - 10\lg(\frac{r}{r_0}) \qquad (7\text{-}36)$$

如果已知 r_0 处的 A 声级，则等效为：

$$L_A(r) = L_A(r_0) - 10\lg(\frac{r}{r_0}) \qquad (7\text{-}37)$$

式中：r, r_0 —— 垂直于线状声源的距离，m。

上两式中第二项表示了无限长线声源的几何发散衰减：

$$A_{\text{div}} = 10\lg\frac{r}{r_0} \qquad (7\text{-}38)$$

② 有限长线声源

如图 7-1 所示，设线声源长为 l_0，单位长度线声源辐射的倍频带声功率级为 L_W。

在线声源垂直平分线上距声源 r 处的声压级为：

$$L（r）= L_W + 10\lg[\frac{1}{r}\,\text{arctg}\,(\frac{l_0}{2r})] - 8 \qquad (7\text{-}39)$$

或

$$L（r）= L（r_0）+ 10\lg\left[\frac{\dfrac{1}{r}\,\text{arctg}(\dfrac{l_0}{2r})}{\dfrac{1}{r_0}\,\text{arctg}(\dfrac{l_0}{2r_0})}\right] \qquad (7\text{-}40)$$

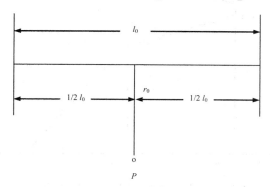

图 7-1 有限长线声源

当 $r > l_0$ 且 $r_0 > l_0$ 时，公式（7-39）和公式（7-40）近似简化为：

$$L（r）= L（r_0）- 20\lg（\frac{r}{r_0}） \qquad (7\text{-}41)$$

即在有限长线声源的远场，有限长线声源可当做点声源处理。

当 $r < l_0/3$ 且 $r_0 < l_0/3$ 时，公式（7-39）和公式（7-40）可近似简化为：

$$L(r) = L(r_0) - 10 \lg \left(\frac{r}{r_0}\right) \qquad (7\text{-}42)$$

即在近场区，有限长线声源可当做无限长线声源处理。

当 $l_0/3 < r < l_0$，且 $l_0/3 < r_0 < l_0$ 时，公式（7-39）和公式（7-40）可作近似计算：

$$L(r) = L(r_0) - 15 \lg \left(\frac{r}{r_0}\right) \qquad (7\text{-}43)$$

3）面声源的几何发散衰减

一个大型机器设备的振动表面，车间透声的墙壁，均可以认为是面声源。如果已知面声源单位面积的声功率为 W，各面积元噪声的位相是随机的，面声源可看做由无数点声源连续分布组合而成，其合成声级可按能量叠加法求出。

图 7-2 给出了长方形面声源中心轴线上的声衰减特性曲线。假定面声源的宽度为 a，长度为 b（$b > a$），r 为预测点到面声源的垂直距离。当 $r < a/\pi$ 时，几乎不衰减；当 $a/\pi < r < b/\pi$，距离加倍衰减 3 dB 左右，类似线声源衰减特性；当 $r > b/\pi$ 时，距离加倍衰减趋近于 6 dB，类似点声源衰减特性。

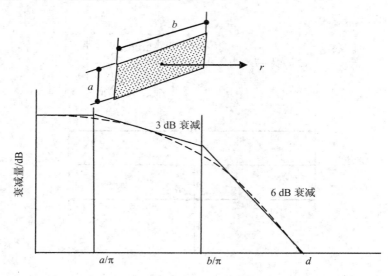

图 7-2　长方形面声源中心轴线上的衰减特性

（3）空气吸收引起的衰减

大气吸收引起的衰减量按公式（7-44）计算：

$$A_{\mathrm{atm}} = \frac{\alpha(r - r_0)}{1\,000} \qquad (7\text{-}44)$$

式中：r —— 预测点距声源的距离，m；

$\quad\;\; r_0$ —— 参考位置距离，m；

α—— 每 1 000 m 空气吸收系数，dB。

α 为温度、湿度和声波频率的函数，预测计算中一般根据项目所处区域常年平均气温和湿度选择相应的空气吸收衰减系数（表 7-16）。

表 7-16　倍频带噪声的大气吸收衰减系数 α

温度/ ℃	相对 湿度/ %	大气吸收衰减系数 α							
		倍频带中心频率/Hz							
		63	125	250	500	1 000	2 000	4 000	8 000
10	70	0.1	0.4	1.0	1.9	3.7	9.7	32.8	117.0
20	70	0.1	0.3	1.1	2.8	5.0	9.0	22.9	76.6
30	70	0.1	0.3	1.0	3.1	7.4	12.7	23.1	59.3
15	20	0.3	0.6	1.2	2.7	8.2	28.2	28.8	202.0
15	50	0.1	0.5	1.2	2.2	4.2	10.8	36.2	129.0
15	80	0.1	0.3	1.1	2.4	4.1	8.3	23.7	82.8

（4）遮挡物引起的衰减

位于声源和预测点之间的实体障碍物，如围墙、建筑物、土坡或地堑等都起声屏障作用。声屏障的存在使声波不能直达某些预测点，从而引起声能量的较大衰减。在环境影响评价中，一般可将各种形式的屏障简化为具有一定高度的薄屏障。

如图 7-3 所示，S，O，P 三点在同一平面内且垂直于地面。

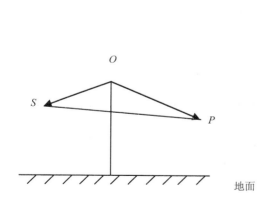

图 7-3　声屏障示意图

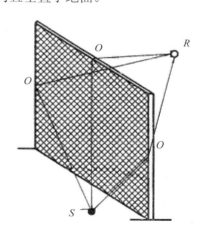

图 7-4　在屏障上不同的声传播路径

定义 $\delta = SO + OP - SP$ 为声程差，$N = 2\delta/\lambda$ 为菲涅尔数，其中 λ 为声波波长。

声屏障插入损失的计算方法很多，大多是半理论半经验的，有一定的局限性。因此在噪声预测中，需要根据实际情况作简化处理。

1）薄屏障在点声源声场中引起的声衰减计算

如图 7-3、图 7-4 所示，推荐的计算方法是：

首先，计算三个传播途径的声程差 δ_1，δ_2，δ_3 和相应的菲涅尔数 N_1，N_2，N_3。

然后，声屏障引起的衰减量按公式（7-45）计算：

$$A_{\text{bar}} = -10\lg\left[\frac{1}{3+20N_1} + \frac{1}{3+20N_2} + \frac{1}{3+20N_3}\right] \tag{7-45}$$

当屏障很长（作无限长处理）时，则：

$$A_{\text{bar}} = -10\lg\left[\frac{1}{3+20N_1}\right] \tag{7-46}$$

2）薄屏障在无限长线声源声场中引起的衰减计算

无限长薄屏障在无限长线声源声场中引起的衰减可以按公式（7-47）计算：

$$A_{\text{bar}} = \begin{cases} 10\lg\left[\dfrac{3\pi\sqrt{(1-t^2)}}{4\text{arctg}\sqrt{\dfrac{(1-t)}{(1+t)}}}\right] & t = \dfrac{40f\delta}{3c} > 1 \\[6mm] 10\lg\left[\dfrac{3\pi\sqrt{(t^2-1)}}{2\ln(t+\sqrt{t^2-1})}\right] & t = \dfrac{40f\delta}{3c} > 1 \end{cases} \tag{7-47}$$

式中：f —— 声波频率，Hz；

　　　δ —— 声程差，m；

　　　c —— 声速，m/s。

有限长声屏障计算时，先由公式（7-47）计算。然后根据图 7-5 进行修正。修正后值取决于遮蔽角 β/θ。

图 7-5（a）中虚线表示：无限长屏障声衰减为 8.5 dB，若有限长声屏障对应的遮蔽角百分率为 92%，则有限长声屏障的声衰减为 6.6 dB。

（5）地面效应引起的衰减

地面类型可分为：

1）坚实地面，包括铺筑过的路面、水面、冰面以及夯实地面。

2）疏松地面，包括被草或其他植物覆盖的地面，以及农田等适合于植物生长的地面。

3）混合地面，由坚实地面和疏松地面组成。

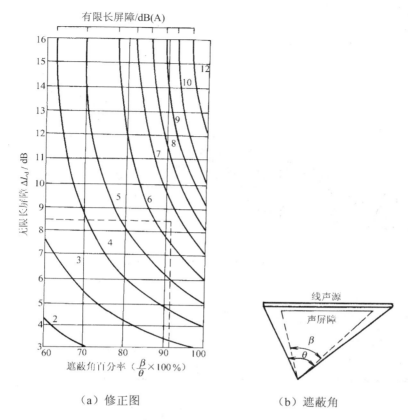

（a）修正图　　　　　　　　　　（b）遮蔽角

图 7-5　有限长声屏障噪声衰减量修正图

声波越过疏松地面传播时，或大部分为疏松地面的混合地面，在预测点仅计算 A 声级前提下，地面效应衰减可用公式（7-48）计算。

$$A_{gr}=4.8-（2h_m/d）[17+（300/d）] \tag{7-48}$$

式中：A_{gr}——地面效应引起的衰减值，dB；

　　　d——声源到预测点的距离，m；

　　　h_m——传播路径的平均离地高度，m；$h_m=F/d$，如图 7-6 所示，F 为面积。

若 A_{gr} 计算出负值，则 A_{gr} 可用"0"代替。其他情况可参照 GB/T 17247.2 进行计算。

（6）绿化林带噪声衰减计算

绿化林带的附加衰减量与树种、林带结构和密度等因素有关。在声源附近的绿化林带，或在预测点附近的绿化林带，或两者均有的情况都可以使声波衰减，见图 7-7。但树和灌木的叶只产生少量的衰减，除非树叶足够密使其能阻断传播路线，即不能透过树叶看到一定距离外的某一预测点。

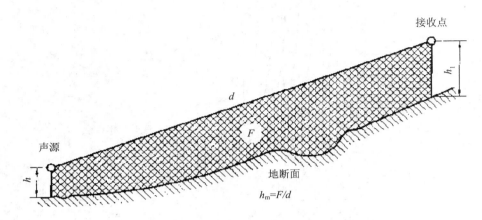

图 7-6　估计平均高度 h_m 的方法

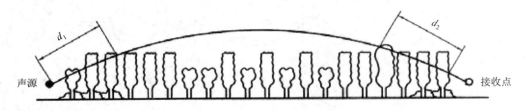

图 7-7　通过树和灌木时噪声衰减

通过树叶传播造成的噪声衰减随通过树叶传播距离 d_f 的增长而增加，其中 $d_f = d_1 + d_2$，为了计算 d_1 和 d_2，可假设弯曲路径的半径为 5 km。

表 7-17 中的第一行给出了通过总长度为 10～20 m 的密叶时，产生的由密叶引起的衰减量；第二行为通过总长度 20～200 m 密叶时的衰减系数；当通过密叶的路径长度大于 200 m 时，可使用 200 m 的衰减值。

表 7-17　倍频带噪声通过密叶传播时产生的衰减

项目	传播距离 d_f/ m	倍频带中心频率/Hz							
		63	125	250	500	1 000	2 000	4 000	8 000
衰减/dB	$10 \leqslant d_f < 20$	0	0	1	1	1	1	2	3
衰减系数/ （dB/m）	$20 \leqslant d_f < 200$	0.02	0.03	0.04	0.05	0.06	0.08	0.09	0.12

（7）反射体引起的修正

如图 7-8 所示，当点声源与预测点处在反射体同侧附近时，到达预测点的声级是直达声与反射声叠加的结果，从而使预测点声级增高（增高量用 ΔL_r 表示）。

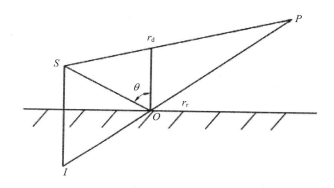

图 7-8　反射体的影响

当满足下列条件时，需考虑反射体引起的声级增加：

1）反射体表面平整光滑，坚硬的。

2）反射体尺寸远远大于所有声波波长 λ。

3）入射角 $\theta < 85°$，$r_r - r_d \gg \lambda$，反射引起的增加量 ΔL_r 与 r_r/r_d 有关，可按表 7-18 计算。

表 7-18　反射体修正量

r_r/r_d	$\Delta L_r/dB$
≈1	3
≈1.4	2
≈2	1
>2.5	0

（8）其他方面原因引起的衰减

其他衰减包括通过工业场所的衰减；通过房屋群的衰减等。在声环境影响评价中，一般不考虑风、温度梯度以及雾引起的附加衰减。

工业场所的衰减、房屋群的衰减等可参照《声学—户外声传播的衰减—第二部分：一般计算方法》（GB/T 17247.2—1998）进行计算。

7.3 声环境影响评价

7.3.1 声环境影响评价的基本任务和工作程序

（1）评价建设项目实施引起的声环境质量的变化和外界噪声对需要安静建设项目的影响程度；

（2）提出合理可行的防治措施，把噪声污染降低到允许水平；从声环境影响角度评价建设项目实施的可行性；

（3）为建设项目优化选址、选线、合理布局以及城市规划提供科学依据。

7.3.2 声环境影响评价工作等级和范围

7.3.2.1 声环境影响评价工作等级的划分依据

（1）建设项目所在区域的声环境功能区类别；

（2）建设项目建设前后所在区域的声环境质量变化程度；

（3）受建设项目影响人口的数量。

7.3.2.2 声环境影响评价工作等级划分的基本原则

声环境影响评价工作等级一般分为三级，一级为详细评价，二级为一般性评价，三级为简要评价。

（1）一级评价：评价范围内有适用于《声环境质量标准》（GB 3096—2008）规定的 0 类声环境功能区域，以及对噪声有特别限制要求的保护区等敏感目标，或建设项目建设前后评价范围内敏感目标噪声级增高量达 5 dB(A)以上[不含 5 dB(A)]，或受影响人口数量显著增多时，按一级评价进行工作。

（2）二级评价：建设项目所处的声环境功能区为《声环境质量标准》（GB 3096—2008）规定的 1 类、2 类地区，或建设项目建设前后评价范围内敏感目标噪声级增高量达 3～5 dB（A）[含 5 dB（A）]，或受噪声影响人口数量增加较多时，按二级评价进行工作。

（3）三级评价：建设项目所处的声环境功能区为《声环境质量标准》（GB 3096—2008）规定的 3 类、4 类地区，或建设项目建设前后评价范围内敏感目标噪声级增高量在 3dB（A）以下[不含 3dB（A）]，且受影响人口数量变化不大时，按三级评价进行工作。

在确定评价工作等级时，如建设项目符合两个以上级别的划分原则，按较高级别的评价等级评价。

7.3.2.3 声环境影响的评价范围

声环境影响的评价范围一般根据评价工作等级确定。

（1）对于以固定声源为主的建设项目（如工厂、港口、施工工地、铁路站场等）：

满足一级评价的要求，一般以建设项目边界向外 200 m 为评价范围；二级、三级评价范围可根据建设项目所在区域和相邻区域的声环境功能区类别及敏感目标等实际情况适当缩小。如依据建设项目声源计算得到的贡献值到 200 m 处，仍不能满足相应功能区标准值时，应将评价范围扩大到满足标准值的距离。

（2）城市道路、公路、铁路、城市轨道交通地上线路和水运线路等建设项目：

满足一级评价的要求，一般以道路中心线外两侧 200 m 以内为评价范围；二级、三级评价范围可根据建设项目所在区域和相邻区域的声环境功能区类别及敏感目标等实际情况适当缩小。如依据建设项目声源计算得到的贡献值到 200 m 处，仍不能满足相应功能区标准值时，应将评价范围扩大到满足标准值的距离。

（3）机场周围飞机噪声评价范围应根据飞行量计算到 WECPNL 为 70 dB 的区域。

满足一级评价的要求，一般以主要航迹离跑道两端各 6～12 km、侧向各 1～2 km 的范围为评价范围；二级、三级评价范围可根据建设项目所处区域的声环境功能区类别及敏感目标等实际情况适当缩小。

7.3.3 声环境影响评价工作基本要求

7.3.3.1 一级评价工作基本要求

（1）在工程分析中，给出建设项目对环境有影响的主要声源的数量、位置和声源源强，并在标有比例尺的图中标识固定声源的具体位置或流动声源的路线、跑道等位置。在缺少声源源强的相关资料时，应通过类比测量取得，并给出类比测量的条件。

（2）评价范围内具有代表性的敏感目标的声环境质量现状需要实测。对实测结果进行评价，并分析现状声源的构成及其对敏感目标的影响。

（3）噪声预测应覆盖全部敏感目标，给出各敏感目标的预测值及厂界（或场界、边界）噪声值。固定声源评价、机场周围飞机噪声评价、流动声源经过城镇建成区和规划区路段的评价应绘制等声级线图，当敏感目标高于（含）三层建筑时，还应绘制垂直方向的等声级线图。给出建设项目建成后不同类别的声环境功能区内受影响的人口分布、噪声超标的范围和程度。

（4）当工程预测的不同代表性时段噪声级可能发生变化的建设项目，应分别预测其不同时段（如建设期，投产后的近期、中期、远期）的噪声级。

（5）对工程可行性研究和评价中提出的不同选址（选线）和建设布局方案，应根据不同方案噪声影响人口的数量和噪声影响的程度进行比选，并从声环境保护角度提出最终的推荐方案。

（6）针对建设项目的工程特点和所在区域的环境特征提出噪声防治措施，并进行经济、技术可行性论证，明确防治措施的最终降噪效果和达标分析。

7.3.3.2　二级评价工作基本要求

（1）在工程分析中，给出建设项目对环境有影响的主要声源的数量、位置和声源源强，并在标有比例尺的图中标识固定声源的具体位置或流动声源的路线、跑道等位置。在缺少声源源强的相关资料时，应通过类比测量取得，并给出类比测量的条件。

（2）评价范围内具有代表性的敏感目标的声环境质量现状以实测为主，可适当利用评价范围内已有的声环境质量监测资料，并对声环境质量现状进行评价。

（3）噪声预测应覆盖全部敏感目标，给出各敏感目标的预测值及厂界（或场界、边界）噪声值，根据评价需要绘制等声级线图。给出建设项目建成后不同类别的声环境功能区内受影响的人口分布、噪声超标的范围和程度。

（4）当工程预测的不同代表性时段噪声级可能发生变化的建设项目，应分别预测其不同时段的噪声级。

（5）从声环境保护角度对工程可行性研究和评价中提出的不同选址（选线）和建设布局方案的环境合理性进行分析。

（6）针对建设项目的工程特点和所在区域的环境特征提出噪声防治措施，并进行经济、技术可行性论证，给出防治措施的最终降噪效果和达标分析。

7.3.3.3　三级评价工作基本要求

（1）在工程分析中，给出建设项目对环境有影响的主要声源的数量、位置和声源源强，并在标有比例尺的图中标识固定声源的具体位置或流动声源的路线、跑道等位置。在缺少声源源强的相关资料时，应通过类比测量取得，并给出类比测量的条件。

（2）重点调查评价范围内主要敏感目标的声环境质量现状，可利用评价范围内已有的声环境质量监测资料，若无现状监测资料时应进行实测，并对声环境质量现状进行评价。

（3）噪声预测应给出建设项目建成后各敏感目标的预测值及厂界（或场界、边界）噪声值，分析敏感目标受影响的范围和程度。

（4）针对建设项目的工程特点和所在区域的环境特征提出噪声防治措施，并进行达标分析。

7.3.4 环境噪声现状调查与评价

7.3.4.1 主要调查内容

（1）影响声波传播的环境要素

调查建设项目所在区域的主要气象特征：年平均风速和主导风向，年平均气温，年平均相对湿度等。收集评价范围内 1：2 000～50 000 地理地形图，说明评价范围内声源和敏感目标之间的地貌特征、地形高差及影响声波传播的环境要素。

（2）声环境功能区划

调查评价范围内不同区域的声环境功能区划情况，调查各声环境功能区的声环境质量现状。

（3）敏感目标

调查评价范围内的敏感目标的名称、规模、人口的分布等情况，并以图、表相结合的方式说明敏感目标与建设项目的关系（如方位、距离、高差等）。

（4）现状声源

建设项目所在区域的声环境功能区的声环境质量现状超过相应标准要求或噪声值相对较高时，需对区域内的主要声源的名称、数量、位置、影响的噪声级等相关情况进行调查。

有厂界（或场界、边界）噪声的改、扩建项目，应说明现有建设项目厂界（或场界、边界）噪声的超标、达标情况及超标原因。

7.3.4.2 调查方法

环境现状调查的基本方法是：① 收集资料法；② 现场调查法；③ 现场测量法。评价时，应根据评价工作等级的要求确定需采用的具体方法。

7.3.4.3 现状监测

监测布点原则：

（1）布点应覆盖整个评价范围，包括厂界（或场界、边界）和敏感目标。当敏感目标高于（含）三层建筑时，还应选取有代表性的不同楼层设置测点。

（2）评价范围内没有明显的声源（如工业噪声、交通运输噪声、建设施工噪声、社会生活噪声等），且声级较低时，可选择有代表性的区域布设测点。

（3）评价范围内有明显的声源，并对敏感目标的声环境质量有影响，或建设项目为改、扩建工程，应根据声源种类采取不同的监测布点原则。

① 当声源为固定声源时，现状测点应重点布设在可能既受到现有声源影响，又受到建设项目声源影响的敏感目标处，以及有代表性的敏感目标处；为满足预测需

要，也可在距离现有声源不同距离处设衰减测点。

②　当声源为流动声源，且呈现线声源特点时，现状测点位置选取应兼顾敏感目标的分布状况、工程特点及线声源噪声影响随距离衰减的特点，布设在具有代表性的敏感目标处。为满足预测需要，也可选取若干线声源的垂线，在垂线上距声源不同距离处布设监测点。其余敏感目标的现状声级可通过具有代表性的敏感目标实测噪声的验证和计算求得。

③　对于改、扩建机场工程，测点一般布设在主要敏感目标处，测点数量可根据机场飞行量及周围敏感目标情况确定，现有单条跑道、二条跑道或三条跑道的机场可分别布设 3～9，9～14 或 12～18 个飞机噪声测点，跑道增多可进一步增加测点。其余敏感目标的现状飞机噪声声级可通过测点飞机噪声声级的验证和计算求得。

7.3.4.4　监测执行的标准

声环境质量监测执行《声环境质量标准》（GB 3096—2008）；

机场周围飞机噪声测量执行《机场周围飞机噪声测量方法》（GB 9661—88）；

工业企业厂界环境噪声测量执行《工业企业厂界噪声排放标准》（GB 12348—2008）；

社会生活环境噪声测量执行《社会生活环境噪声排放标准》（GB 22337—2008）；

建筑施工场界噪声测量执行《建筑施工场界噪声测量方法》（GB 12524—90）；

铁路边界噪声测量执行《铁路边界噪声限值及其测量方法》（GB 12525—90）；

城市轨道交通车站站台噪声测量执行《城市轨道交通车站站台声学要求和测量方法》（GB 14227—2006）。

7.3.4.5　现状评价

环境噪声现状评价的主要内容：

（1）以图、表结合的方式给出评价范围内的声环境功能区及其划分情况，以及现有敏感目标的分布情况。

（2）分析评价范围内现有主要声源种类、数量及相应的噪声级、噪声特性等，明确主要声源分布。

（3）分别评价不同类别的声环境功能区内各敏感目标的超、达标情况，说明其受到现有主要声源的影响状况。

（4）给出不同类别的声环境功能区噪声超标范围内的人口数及分布情况。

7.3.5 声环境影响预测

7.3.5.1 基本要求

（1）预测范围

噪声预测范围应与评价范围相同。

（2）预测点的确定原则

建设项目厂界（或场界、边界）和评价范围内的敏感目标应作为预测点。

（3）预测需要的基础资料

建设项目噪声预测应掌握的基础资料包括建设项目的声源资料和室外声波传播条件、气象参数及有关资料等。

1）声源资料

主要包括声源种类、数量、空间位置、噪声级、频率特性、发声持续时间和对敏感目标的作用时间段等。

2）影响声波传播的各种参量

影响声波传播的各类参量应通过资料收集和现场调查取得，各类参量如下：

① 建设项目所处区域的年平均风速和主导风向，年平均气温，年平均相对湿度。

② 声源和预测点间的地形、高差。

③ 声源和预测点间障碍物（如建筑物、围墙等；若声源位于室内，还包括门、窗等）的位置及长、宽、高等数据。

④ 声源和预测点间树林、灌木等的分布情况，地面覆盖情况（如草地、水面、水泥地面、土质地面等）。

7.3.5.2 预测步骤

首先，建立坐标系，确定各声源坐标和预测点坐标，并根据声源性质以及预测点与声源之间的距离等情况，把声源简化成点声源、线声源或面声源。

其次，根据已获得的声源源强的数据和各声源到预测点的声波传播条件资料，计算出噪声从各声源传播到预测点的声衰减量，由此计算出各声源单独作用在预测点时产生的 A 声级（L_{Ai}）或等效感觉噪声级（L_{EPN}）。

各噪声源在预测点处产生的噪声影响值 L_{Aeq}，按下式计算：

$$L_{Aeq} = 10\lg\left(\frac{\sum_{i=1}^{n} t_i \cdot 10^{0.1L_{pAi}}}{T}\right) \tag{7-49}$$

式中：T —— 预测计算的时间段，s；

t_i —— 各声源持续发声的时间，s。

将噪声影响值与预测点处的噪声现状值叠加作为该预测点的值：

$$L_{eq} = 10\lg\left(10^{0.1L_{eq,a}} + 10^{0.1L_{eq,b}}\right) \tag{7-50}$$

式中：$L_{eq, a}$ —— 预测点处噪声源所产生的噪声影响值，dB；

$L_{eq, b}$ —— 预测点处噪声现状值，dB。

然后，按工作等级要求绘制等声级线图。计算各网格点上的噪声级，采用数学方法（如双三次拟合法，按距离加权平均法，或按距离加权最小二乘法）计算并绘制声级线图。等声级线的间隔应不大于 5 dB（一般选 5 dB）。对于 L_{eq}，等声级线最低值应与相应功能区夜间标准值一致，最高值可为 75 dB；对于 L_{WECPN} 一般应有 70 dB、75 dB、80 dB、85 dB、90 dB 的等声级线。

7.3.5.3 噪声预测模式

（1）工业噪声预测模式

1）室外声源

首先，若已知声源的倍频带声功率级或某点的倍频带声压级，可计算单个声源在预测点的倍频带声压级，根据 7.2.5.2 中给出的方法计算。然后，再由各倍频带声压级合成计算出预测点的 A 声级。

在不能取得声源的倍频带声压级或倍频带声功率级，可用 A 声功率级或某点的 A 声级近似计算。

2）室内声源

如图 7-9 所示，室内声源可采用等效室外声源声功率级法进行预测。

首先，计算出某个室内声源靠近围护结构处产生的倍频带声压级：

$$L_{p1} = L_W + 10\lg\left(\frac{Q}{4\pi r^2} + \frac{4}{R}\right) \tag{7-51}$$

式中：Q —— 指向性因数，通常对无指向性声源；当声源放在房间中心时，$Q=1$；当放在一面墙的中心时，$Q=2$；当放在两面墙夹角处时，$Q=4$；当放在三面墙夹角处时，$Q=8$；

R —— 房间常数；$R=S\bar{\alpha}/(1-\bar{\alpha})$，$S$ 为房间内表面面积，m^2，$\bar{\alpha}$ 为平均吸声系数；

r —— 室内某个声源到靠近围护结构某点处的距离，m。

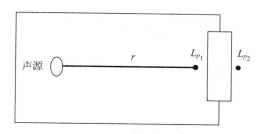

图 7-9　室内声源等效为室外声源图例

　　然后，按公式（7-52）计算出所有室内声源在围护结构处产生的 i 倍频带叠加声压级。

$$L_{p1_i}(T) = 10\lg(\sum_{i=1}^{N}10^{0.1L_{p1_{ij}}})\qquad(7\text{-}52)$$

式中：L_{p1_i}（T）—— 靠近围护结构处室内 N 个声源 i 倍频带的叠加声压级，dB；

　　　　$L_{p1_{ij}}$ —— 室内 j 声源 i 倍频带的声压级，dB；

　　　　N —— 室内声源总数。

　　在室内近似为扩散声场时，可按公式（7-53）计算出靠近室外围护结构处的声压级。

$$L_{p2_i}(T) = L_{p1_i}(T) - (TL_i + 6)\qquad(7\text{-}53)$$

式中：L_{p2_i}（T）——室外 N 个声源 i 倍频带的叠加声压级，dB；

　　　　TL_i —— 围护结构 i 倍频带的隔声量，dB。

　　按公式（7-54）将室外声源的声压级和透过面积换算成等效的室外声源，计算出中心位置位于透声面积（S）处的等效声源的倍频带声功率级。

$$L_W = L_{p2}(T) + 10\lg S\qquad(7\text{-}54)$$

式中：S —— 透声面积，m²。

　　然后按室外声源预测方法计算预测点处的倍频带声压级，最后再由各倍频带声压级合成计算出预测点的 A 声级。

　　3）计算总声压级

　　设第 i 个室外声源在预测点产生的 A 声级为 $L_{A\text{ in},i}$，在 T 时间内该声源工作时间为 $t_{\text{in},i}$；第 j 个等效室外声源在预测点产生的 A 声级为 $L_{A\text{ out},j}$，在 T 时间内该声源工作时间为 $t_{\text{out},j}$，则预测点的影响声级为：

$$L_{eq(T)} = 10 \lg \left(\frac{1}{T} \right) \left[\sum_{i=1}^{N} t_{in,i} 10^{0.1 L_{A in,i}} + \sum_{j=1}^{M} t_{out,j} 10^{0.1 L_{A out,j}} \right] \qquad (7\text{-}55)$$

式中：T —— 计算等效声级的时间，s；

　　　N —— 室外声源个数；

　　　M —— 等效室外声源个数。

（2）公路（道路）交通噪声预测基本模式

1）车型分类

车型分类（大、中、小型车）方法见表 7-19。

表 7-19　车型分类

车型	总质量（GVM）/t	所属类别
小	≤3.5	M_1，M_2，N_1
中	3.5～12	M_2，M_3，N_2
大	>12	N_3

注：M_1，M_2，M_3，N_1，N_2，N_3 为按《机动车辆及挂车分类》（GB 15089—2001）规定的汽车类别。摩托车、拖拉机等应另外归类。

2）基本预测模式

① 第 i 类车等效声级的预测模式

$$L_{eq}(h)_i = \left(\overline{L_{0E}} \right)_i + 10 \lg \left(\frac{N_i}{V_i T} \right) + 10 \lg \left(\frac{7.5}{r} \right) + 10 \lg \left(\frac{\varphi_1 + \varphi_2}{\pi} \right) + \Delta L - 16 \qquad (7\text{-}56)$$

式中：$L_{eq}(h)_i$ —— 第 i 类车的小时等效声级，dB（A）；

　　　$\left(\overline{L_{0E}} \right)_i$ —— 第 i 类车速度为 V_i；水平距离为 7.5 m 处的能量平均声级，dB（A）；

　　　N_i —— 昼间，夜间通过某预测点的第 i 类车平均小时车流量，辆/h；

　　　r —— 从车道中心线到预测点的距离，m；

　　　V_i —— 第 i 类车的平均车速，km/h；

　　　T —— 计算等效声级的时间，h；

　　　φ_1、φ_2 —— 预测点到有限长路段两端的张角（rad 弧度），见图 7-10。

其他因素引起的修正量 ΔL 包括有道路因素引起的修正量、声波传播途径引起的衰减和修正量两部分。其中，声波传播途径引起的衰减和修正量按 7.2.5 节中给出的方法计算。道路因素引起的修正量包括纵坡修正量和路面修正量。具体的修正量计算可参见《环境影响评价技术导则—声环境》（HJ 2.4—2009）（以下简称《导则》）。

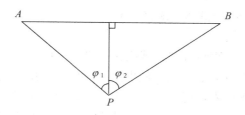

（A、B 为路段，P 为预测点）

图 7-10 有限路段的修正函数

② 总车流等效声级为：

$$L_{eq}(T) = 10\lg\left(10^{0.1L_{eq}(h)大} + 10^{0.1L_{eq}(h)中} + 10^{0.1L_{eq}(h)小}\right) \tag{7-57}$$

如某预测点受多条道路交通噪声影响（如高架桥周边预测点受桥上和桥下多条车道的影响，路边高层建筑预测点受地面多条车道的影响），应分别计算每条道路对该预测点的声级，经叠加后得到影响值。

（3）铁路噪声预测模式

预测点铁路列车运行引起的等效声级 L_{Aeq} 的预测计算模式为：

$$L_{Aeq} = 10\lg\left[\frac{1}{T}\sum_{i}^{n}n_i t_{eq,i}10^{0.1(L_{p_0,i}+C_i)}\right] \tag{7-58}$$

式中：T —— 预测时段内的时间，s；

n_i —— T 时间内通过的第 i 类列车列数，列；

$t_{eq,i}$ —— 第 i 类列车通过的等效时间，s；

$L_{p_0,i}$ —— 第 i 类列车最大垂向指向性方向上的噪声辐射源强,列车中部通过时的声级，dB；

C_i —— 第 i 类列车噪声修正量，dB。修正量 ΔL 包括车辆和线路条件引起的修正量、声波传播途径引起的衰减和修正量两部分。其中，声波传播途径引起的衰减和修正量按 7.2.5 节中给出的方法计算。车辆和线路条件引起的修正量包括速度修正量、线路条件引起的声级修正、列车运行噪声垂向性修正三部分。具体的修正量计算可参见《导则》。

列车通过的等效时间 $t_{eq,i}$，按下式计算：

$$t_{eq,i} = \frac{l_i}{v_i}\left(1 + 0.8\frac{d}{l_i}\right) \tag{7-59}$$

式中：l_i —— 第 i 类列车的长度，m；

v_i —— 第 i 类列车的运行速度，m/s；

d —— 预测点到线路的水平距离，m。

（4）机场噪声预测模式

飞机噪声可用噪声距离特性曲线或噪声—功率—距离数据表达，预测时一般利用国际民航组织、其他有关组织或飞机生产厂提供的数据，在必要情况下应按有关规定进行实测。由于飞机噪声资料是在一定的飞行速度和设定功率下获取的，当实际预测情况和资料获取时的条件不一致，使用时应作必要修正。在飞机噪声特性确定，即经过必要的修正后（参见《导则》），计算各预测点的噪声需按如下步骤进行。

1）飞行剖面的确定

在进行噪声预测时，首先应确定单架飞机的飞行剖面。典型的飞行剖面示意见图 7-11。

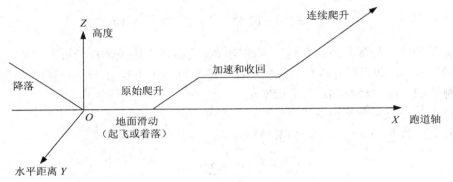

图 7-11　单架飞机的飞行剖面示意

2）斜距确定

从网格预测点到飞行航线的垂直距离可由下式计算：

$$R = \sqrt{l^2 + h^2 \cos r} \qquad (7-60)$$

式中：R —— 预测点到飞行航线的垂直距离，m；

l —— 预测点到地面航迹的垂直距离，m；

h —— 飞行高度，m；

r —— 飞机的爬升角，（°）。

各种符号的具体意义见图 7-12。

3）查出各飞机飞行的等效感觉噪声级数据

根据飞机机型、起飞或降落、斜距，可以查出飞机飞过预测点时在预测点产生的等效感觉噪声级 L_{EPN}。查出一天当中所有飞行事件的 L_{EPN}。

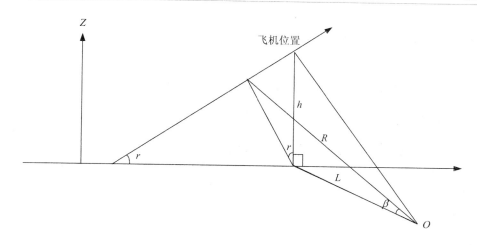

图 7-12　不同符号的具体意义

4）计算平均等效感觉噪声级

$$\overline{L_{\text{EPN}}} = 10\lg\left(\frac{1}{N_1 + N_2 + N_3}\sum_{i=1}^{N}10^{0.1L_{\text{EPN}i}}\right) \tag{7-61}$$

式中：N_1，N_2，N_3——白天（7:00～19:00）、晚上（19:00～22:00）和夜间（22:00 至次日 7:00）通过该点的飞行次数，$N= N_1+N_2+N_3$；

$L_{\text{EPN}i}$——某次飞行对某预测点引起的有效感觉噪声级。

5）计算出计权等效感觉噪声级

$$L_{\text{WECPN}} = \overline{L_{\text{EPN}}} + 10\lg(N_1 + 3N_2 + 10N_3) - 39.4 \tag{7-62}$$

7.3.6　声环境影响评价的基本内容

7.3.6.1　评价方法和评价量

根据噪声预测结果和环境噪声评价标准，评价建设项目在施工、运行期噪声的影响程度、影响范围，给出边界（厂界、场界）及敏感目标的达标分析。

进行边界噪声评价时，新建建设项目以工程噪声贡献值作为评价量；改扩建建设项目以工程噪声贡献值与受到现有工程影响的边界噪声值叠加后的预测值作为评价量。

进行敏感目标噪声环境影响评价时，以敏感目标所受的噪声贡献值与背景噪声值叠加后的预测值作为评价量。对于改扩建的公路、铁路等建设项目，如预测噪声贡献值时已包括了现有声源的影响，则以预测的噪声贡献值作为评价量。

7.3.6.2 影响范围、影响程度分析

给出评价范围内不同声级范围覆盖下的面积，主要建筑物类型、名称、数量及位置，影响的户数、人口数。

7.3.6.3 噪声超标原因分析

分析建设项目边界（厂界、场界）及敏感目标噪声超标的原因，明确引起超标的主要声源。对于通过城镇建成区和规划区的路段，还应分析建设项目与敏感目标间的距离是否符合城市规划部门提出的噪声防护距离要求。

7.3.6.4 对策建议

分析建设项目的选址（选线）、规划布局和设备选型等的合理性，评价噪声防治对策的适用性和防治效果，提出需要增加的噪声防治对策、噪声污染管理、噪声监测及跟踪评价等方面的建议，并进行技术、经济可行性论证。

7.3.7 噪声防治对策和措施

7.3.7.1 噪声防治措施的一般要求

（1）工业（工矿企业和事业单位）建设项目噪声防治措施应针对建设项目投产后噪声影响的最大预测值制订，以满足厂界（或场界、边界）和厂界外敏感目标（或声环境功能区）的达标要求。

（2）交通运输类建设项目（如公路、铁路、城市轨道交通、机场项目等）的噪声防治措施应针对建设项目不同代表性时段的噪声影响预测值分期制定，以满足声环境功能区及敏感目标功能要求。其中，铁路建设项目的噪声防治措施还应同时满足铁路边界噪声排放标准要求。

7.3.7.2 防治途径

在声环境影响评价中，噪声防治对策和措施首先应该考虑规划的合理性，以及从声源上降低噪声和从传播途径上降低噪声几个主要环节，以使环境噪声达到规定要求。而从受体上采取免受噪声影响的措施只是不得已的选择。

（1）规划防治对策

主要指从建设项目的选址（选线）、规划布局、总图布置和设备布局等方面进行调整，提出减少噪声影响的建议。如采用"闹静分开"和"合理布局"的设计原则，使高噪声设备尽可能远离噪声敏感区；建议建设项目重新选址（选线）或提出城乡规划中有关防止噪声的建议等。

（2）技术防治措施

1）声源上降低噪声的措施

主要包括：

① 改进机械设计，如在设计和制造过程中选用发声小的材料来制造机件，改进设备结构和形状、改进传动装置以及选用已有的低噪声设备等。

② 采取声学控制措施，如对声源采用消声、隔声、隔振和减振等措施。

③ 维持设备处于良好的运转状态。

④ 改革工艺、设施结构和操作方法等。

2）噪声传播途径上降低噪声措施

主要包括：

① 在噪声传播途径上增设吸声、声屏障等措施。

② 利用自然地形物（如利用位于声源和噪声敏感区之间的山丘、土坡、地堑、围墙等）降低噪声。

③ 将声源设置于地下或半地下的室内等。

④ 合理布局声源，使声源远离敏感目标等。

3）敏感目标自身防护措施

主要包括：

① 受声者自身增设吸声、隔声等措施，如：敏感目标安装隔声门窗或隔声通风窗。

② 合理布局噪声敏感区中的建筑物功能和合理调整建筑物平面布局。

（3）管理措施

主要包括提出环境噪声管理方案（如制定合理的施工方案、优化飞行程序等），制定噪声监测方案，提出降噪减噪设施的运行使用、维护保养等方面的管理要求，提出跟踪评价要求等。

7.4　典型工程项目的声环境影响评价

7.4.1　工矿企业声环境影响评价

7.4.1.1　基础资料的收集

（1）声源分析

1）主要噪声源的确定

依据工程可行性研究报告分析工程使用的设备类型、型号，数量，并结合设备类型、设备和工程边界、敏感目标的相对位置确定工程的主要噪声源。

2）噪声源的空间分布

依据平面布置图及有关工程资料，标明主要噪声源的位置。建立坐标系，确定主要噪声源的三维坐标。

3）噪声源的分类：将主要噪声源划分为室内声源和室外声源两类。

当有多个室外声源时，可视情况简化为声源组团，然后按等效声源进行计算。确定室外声源的源强和运行的时间、时间段。

对于室内声源，需分析围护结构的尺寸及使用的建筑材料，确定室内声源的源强和运行的时间、时间段。

4）主要噪声源汇总：列表汇总确定主要噪声源的名称、型号、数量、坐标位置；声功率级或某一距离处的倍频带声压级、A 声级。

（2）声源强度的确定

1）声源强度的表达方法：倍频带声功率级或 A 声功率级，某一距离处倍频带声压级或 A 声级。

2）声源强度的来源

声源强度可通过设备生产厂家提供、类比调查、公式计算和资料查询获得。由于国内明确标注声源强度的设备较少，因此声源强度多数应依据类比调查获得。特别是改扩建工程更应注重同类型设备的类比监测。主要声源利用公式计算或资料查询获得时，必须指明资料的出处和使用的计算公式。

（3）周围环境调查

确定项目所在区域声环境功能，保护目标，人口分布和主要声源。

（4）声波传播路径分析

列表给出主要声源和敏感目标的坐标或相互间的距离、高差，分析主要声源和敏感目标之间声波的传播路径，给出影响声波传播的地面状况、障碍物、树林等。

7.4.1.2 噪声现状调查和评价

改扩建项目需调查现有车间和厂区的噪声现状，新建项目需调查厂界及评价区域内的噪声水平。一般可依据《工业企业噪声测量规范》（GBJ 122—88）、《工业企业厂界环境噪声排放标准》（GB 12348—2008）、《声环境质量标准》（GB 3096—2008）进行。

（1）现有车间的噪声现状调查。重点调查处于 85 dB 以上的噪声源。调查方法按《工业企业噪声调查规程（草案）》的有关规定进行。

测量仪器采用精密声级计或二级以上的声级计及积分式声级计。

（2）厂区噪声水平调查。采用网格法测量，每隔 10～50 m（大厂每隔 50～100 m）划正方网格，每个网格的交点即为测点，若测点位置遇有建筑物、河沟等障碍时，可改到旁边易测位置。敏感点和声源附近的测点可加密测量。

（3）生活居住区噪声现状水平调查

可设固定点监测或采用网格法测量。

（4）现状评价

调查结果经统计、计算，针对最终结果对照相关标准评价达标或超标情况，并分析原因，同时评述受其影响的人口分布情况。

7.4.1.3 声环境影响预测

（1）预测点的布置

厂界预测点应能预测到厂界噪声最大值。

环境噪声预测点：在评价范围内的主要敏感点均为预测点。

等值线预测点：为便于绘制等声级线图，可以用网格法确定预测点。网格尺寸根据具体情况确定，一般距声源越近网格尺寸越小，距声源越远网格尺寸可越大。对于线源，平行于线源网格尺寸可大些（如 100～350 m），垂直于线源的网格尺寸可小些（如 20～60 m）。对于点源，网格尺寸一般在 20 m×20 m～100 m×100 m 范围。

（2）预测内容

按不同评价工作等级的基本要求，选择以下工作内容分别进行预测，给出相应的预测结果。

1）厂界（或场界、边界）噪声预测

预测厂界噪声，给出厂界噪声的最大值及位置。

2）敏感目标噪声预测

预测敏感目标的贡献值、预测值、预测值与现状噪声值的差值，敏感目标所处声环境功能区的声环境质量变化，敏感目标所受噪声影响的程度，确定噪声影响的范围，并说明受影响人口分布情况。

当敏感目标高于（含）三层建筑时，还应预测有代表性的不同楼层所受的噪声影响。

3）绘制等声级线图

绘制等声级线图，说明噪声超标的范围和程度。

4）根据厂界（场界、边界）和敏感目标受影响的状况，明确影响厂界（场界、边界）和周围声环境功能区声环境质量的主要声源，分析厂界和敏感目标的超标原因。

7.4.1.4 噪声环境影响评价

评价应着重说明下列问题：

（1）按厂区周围敏感目标所处的声环境功能区类别，评价噪声影响的范围和程度，说明受影响人口分布情况。

（2）分析主要影响的噪声源，说明厂界和界外声环境功能区超标原因。

（3）评价厂区总图布置和控制噪声措施方案的合理性与可行性，提出必要的替代方案。

（4）明确必须增加的噪声控制措施及其降噪效果。

7.4.1.5 工业噪声防治对策

（1）应从选址、总图布置、声源、声传播途径及敏感目标自身等方面分别给出噪声防治的具体方案。主要包括：选址的优化方案及其原因分析，总图布置调整的具体内容及其降噪效果（包括边界和敏感目标）；给出各主要声源的降噪措施、效果和投资。

（2）设置声屏障和对敏感建筑物进行噪声防护等的措施方案、降噪效果及投资，并进行经济、技术可行性论证。

（3）在符合《城乡规划法》中规定的可对城乡规划进行修改的前提下，提出厂界（或场界、边界）与敏感建筑物之间的规划调整建议。

（4）提出噪声监测计划等对策建议。

7.4.2 公路、铁路噪声环境影响评价

7.4.2.1 预测参数

（1）工程参数

公路：通过可行性研究报告或初步设计分段给出公路、道路结构、坡度、路面材料、标高、地面材料，交叉口、道桥的数量。分段给出公路、道路昼间和夜间各类型车辆的比例、昼夜比例、平均车流量、高峰车流量、车速。在缺少相应昼夜比例和车型比例的预测参数时，可通过附近类似道路的类比调查获取。

铁路：依据可研报告或初步设计分段给出线路条件，其中包括路基、桥梁、道床、轨枕、扣件、钢轨类型等。分段给出列车昼间和夜间的对数、编组及运行速度，列车可分为客车、货车，牵引类型分为内燃机车、电力机车、蒸汽机车等。

确定车辆，列车运行的噪声级。噪声级计算原则上应采用类比实测数据，实测有困难时可利用经过筛选和验证的有关资料进行选用。

（2）声波传播路径参数

列表给出噪声源和预测点间的距离、高差，分析噪声源和预测点之间的传播路径状况，给出影响声波传播的相关参量。

（3）敏感点参数

根据现场实际调查，给出沿线敏感点的名称、类型、所在路段、桩号（里程）、和路基的相对高差、人口数量、沿线分布情况、建筑物的朝向、层数等。

7.4.2.2 公路、铁路环境噪声现状调查

沿线的敏感目标——城镇、学校、医院、居民集中区或农村生活区建筑物的分布及所在的功能区。

根据噪声敏感区域分布状况和工程特点，贯彻"以点代线，点段结合，反馈全线"的原则，确定若干有代表性的典型噪声测量断面和代表性的敏感点进行测量。若有噪声源（固定源、流动源）应调查其分布情况和敏感点受其影响情况。

调查结果经统计、计算，针对最终结果对照相应标准进行评价分析。

7.4.2.3 预测内容

按评价工作等级要求，分别计算各个预测点的噪声贡献值、预测值、预测值与现状噪声值的差值，预测高层建筑不同代表楼层所受的噪声影响。按预测值绘制代表性路段的等声级线图。给出能满足相应声环境功能区标准要求的距离。必要时绘制交叉路口或桥梁周围的等声级线图。

7.4.2.4 预测评价

根据预测结果，采用噪声控制标准评述下列问题：针对项目建设期和不同运行阶段，评价沿线评价范围内各敏感目标（包括城镇、学校、医院、生活集中区等）按标准要求评价其达标及超标状况，并分析受影响人口的分布情况。

对工程沿线两侧的城镇规划受到噪声影响的范围绘制等声级曲线，明确合理的噪声控制距离和规划建设控制要求。

结合工程选线和建设方案布局，评述其合理性和可行性，必要时提出环境替代方案。

对提出的各种噪声防治措施应进行经济、技术可行性论证，在多方案比选后确定应采取的措施，并说明其降噪效果。

7.4.2.5 公路、道路交通噪声防治对策

公路、城市道路交通噪声防治措施可通过不同选线方案的声环境影响预测结果，分析敏感目标受影响的程度，提出优化的选线方案建议；根据工程与环境特征，给出局部线路调整、敏感目标搬迁、临路建筑物使用功能变更、改善道路结构和路面材料、设置声屏障和对敏感建筑物进行噪声防护等具体的措施方案及其降噪效果，并进行经济、技术可行性论证；在符合《城乡规划法》中规定的可对城乡规划进行修改的前提下，提出城镇规划区段线路与敏感建筑物之间的规划调整建议；给出车辆行驶规定及噪声监测计划等对策建议。

7.4.2.6 铁路、城市轨道噪声防治对策

铁路、城市轨道噪声防治措施可通过不同选线方案声环境影响预测结果，分析敏感目标受影响的程度，提出优化的选线方案建议；根据工程与环境特征，给出局部线路和站场调整，敏感目标搬迁或功能置换，轨道、列车、路基（桥梁）、道床的优选，列车运行方式、运行速度、鸣笛方式的调整，设置声屏障和对敏感建筑物进行噪声防护等具体的措施方案及其降噪效果，并进行经济、技术可行性论证；在符合《城乡规划法》中明确的可对城乡规划进行修改的前提下，提出城镇规划区段铁路（或城市轨道交通）与敏感建筑物之间的规划调整建议；给出车辆行驶规定及噪声监测计划等对策建议。

7.4.3 机场飞机噪声环境影响评价

7.4.3.1 预测参数

（1）机场跑道参数：跑道的长度、宽度、坐标、坡度、数量、间距、方位及海拔高度。

（2）飞行参数：机场年日平均飞行架次；机场不同跑道和不同航向的飞机起降架次，机型比例，昼间、晚间、夜间的飞行架次比例；飞行程序——起飞、降落、转弯的地面航迹；爬升、下滑的垂直剖面。

（3）气象参数：机场的年平均风速、年平均温度、年平均湿度、年平均气压。

（4）地面参数：分析飞机噪声影响范围内的地面状况（坚实地面，疏松地面，混合地面）。

（5）敏感点参数：敏感点的名称、类型、坐标位置、高度、人口数量、建筑物占地面积、层数。

（6）各类飞机的噪声参数：利用国际民航组织和飞机生产厂家提供的资料，获取不同型号发动机飞机的功率—距离—噪声特性曲线，或按国际民航组织规定的监测方法进行实际测量。

7.4.3.2 环境现状调查和评价

（1）周围环境调查

调查评价范围内声环境功能区划、敏感目标和人口分布，噪声源种类、数量及相应的噪声级。

（2）现状评价

改扩建工程应分别说明各声级下的面积，建筑物功能、面积、人口数，主要敏感点的超标情况。

7.4.3.3 声环境影响预测

在 1:50 000 或 1:10 000 地形图上给出计权等效连续感觉噪声级（L_{WECPN}）为 70 dB、75 dB、80 dB、85 dB、90 dB 的等声级线图。同时给出评价范围内敏感目标的计权等效连续感觉噪声级（L_{WECPN}）。给出不同声级范围内的面积、户数、人口。

依据评价工作等级要求，给出相应的预测结果。

7.4.3.4 声环境影响评价

重点评述机场噪声对周围地区环境影响范围和程度，给出评价范围内不同声级范围覆盖下的面积，主要建筑物、影响的人口数，并提出建设性意见和要求、防治措施和回答评价中要求回答的其他问题。

7.4.3.5 机场噪声防治对策

机场噪声防治措施可通过不同机场位置、跑道方位、飞行程序方案的声环境影响预测结果，分析敏感目标受影响的程度，提出优化的机场位置、跑道方位、飞行程序方案建议；根据工程与环境特征，给出机型优选，昼间、傍晚、夜间飞行架次比例的调整，对敏感建筑物进行噪声防护或使用功能变更、拆迁等具体的措施方案及其降噪效果，并进行经济、技术可行性论证；在符合《城乡规划法》中明确的可对城乡规划进行修改的前提下，提出机场噪声影响范围内的规划调整建议；给出飞机噪声监测计划等对策建议。

7.5 规划环境影响评价中声环境影响评价要求

7.5.1 资料分析

收集规划文本、规划图件和声环境影响评价的相关资料，分析规划方案的主要声源及可能受影响的敏感目标的分布等情况。

7.5.2 现状调查、监测与评价

（1）现状调查以收集资料为主，当资料不全时，可视情况进行必要的补充监测。

（2）现状调查的主要内容如下：

① 调查规划范围内现有主要声源的数量、种类、分布及噪声特性。

② 调查规划及其影响范围内主要敏感目标的类型、分布及规模等。

③ 以图、表结合的方式说明规划及其影响范围内不同区域的土地使用功能和声环境功能区划，以及各功能区的声环境质量状况。

④ 对规划及其影响范围内环境噪声、工业噪声、交通运输噪声、建筑施工噪声和不同声环境功能区代表点分别进行昼间和夜间监测。

⑤ 根据现状调查与噪声监测结果进行规划及其影响范围内的声环境现状评价。

7.5.3 声环境影响分析

通过规划资料及规划区内环境规划资料的分析，预测规划实施后区域声环境质量的时空变化。包括规划的交通运输噪声影响预测、区域环境噪声影响预测、主要敏感目标噪声影响预测等。预测方法参见 7.3.5 节。

7.5.4 声环境功能区划分和调整

根据规划区内主要敏感目标的分布、声环境影响评价结果和区域总体规划，按 GB/T 15190 的要求提出声环境功能区划分和调整的建议。

7.5.5 噪声污染防治对策和建议

规划环评的噪声污染防治对策和建议可在"闹静分隔"和"以人为本"的原则指导下，从区域土地使用功能调整、交通运输线路布局调整、设置合理的噪声防护距离、建设隔声屏障、声环境敏感建筑物的隔声要求等方面提出相应的对策和建议。

8 振动环境影响评价

随着我国建设事业的不断发展，铁路、公路、城市轨道交通（地铁、城铁）、大型动力设备等工业振动源引起的环境振动，已成为普遍关注的环境问题。本章以铁路、城市轨道交通振动环境影响评价为主要内容。

振动环境影响评价包括施工期和运营期对应阶段，根据有关法规、标准，对环境振动进行监测、预测评价并提出相应的防治措施，以满足相关标准要求，将振动环境影响降到最低程度。

8.1 概述

8.1.1 振动的基本评价量

8.1.1.1 振动位移、速度和加速度

简谐振动的瞬时位移为 $\chi = A\sin(\omega t)$，对其进行一次时间求导，即 $\dfrac{\mathrm{d}\chi}{\mathrm{d}t}$ 则可以得到瞬时速度：

$$v = \frac{\mathrm{d}\chi}{\mathrm{d}t} = \omega A\sin(\omega t + \frac{\pi}{2}) \tag{8-1}$$

从上式可以看出速度振幅比位移振幅大 ω 倍，振动速度相位超前位移 $\dfrac{\pi}{2}$。

对振动速度再进行一次时间求导，即 $\dfrac{\mathrm{d}v}{\mathrm{d}t}$，则可以求到瞬时加速度：

$$a = \omega^2 A\sin（\omega t + \pi） \tag{8-2}$$

可见简谐振动加速度的振幅比位移振幅大 ω^2 倍，比速度振幅大 ω 倍。振动加速度的相位超前位移为 π，超前速度为 $\dfrac{\pi}{2}$。

8.1.1.2 振动加速度与加速度级

（1）振动加速度峰值与有效值

在涉及影响人体的振动问题和环境振动中，表明振动大小的量常用加速度，而不用振动位移和振动速度。

振动加速度是一个随时间变化的量，表示振动加速度值的大小通常使用峰值、平均值和有效值。为了明确说明这三个值的意义，以简谐振动为例定义峰值、平均值和有效值（图 8-1）。

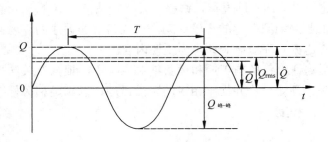

图 8-1　简谐振动加速度的瞬时值

设瞬时加速度　　　　　　　　$a(t) = A\sin(\omega t)$

则其峰值为 $\hat{a} = A$，即加速度振幅；

平均值为一个振动周期内瞬时绝对值的平均量：

$$\overline{a} = \int_0^T \frac{|a(t)|}{T}\mathrm{d}t = \frac{2}{\pi}A \qquad (8\text{-}3)$$

式中 T 为简谐振动的周期。

有效值为一个振动周期内瞬时平方值的平均量的平方根：

$$a_{\text{rms}} = \sqrt{\overline{a^2(t)}} = \sqrt{\int_0^T \frac{a^2}{T}\mathrm{d}t} = \frac{A}{\sqrt{2}} \qquad (8\text{-}4)$$

对于简谐振动，峰值、平均值与有效值的关系为：

$$a_{\text{rms}} = \frac{\hat{a}}{\sqrt{2}} = \frac{\pi}{2\sqrt{2}}\overline{a}$$

上述关系式更通用的形式为：

$$a_{\text{rms}} = F_f\overline{a} = \frac{\hat{a}}{F_c}$$

式中：$F_f = \dfrac{a_{\text{rms}}}{\overline{a}}$ 称为波形因数；

$F_c = \dfrac{\hat{a}}{a_{\text{rms}}}$ 称为波峰因数。

关于峰值、有效值和平均值之间关系的分析，不仅适用于振动加速度，亦适用于振动位移和速度。

因为有效值直接与振动强度有关，所以，在环境振动问题中，振动加速度有效值是最重要的表明振动大小的量。除非特别指明，一般讲振动加速度均指有效值。振动有效值适用于简谐振动、周期振动，更适用于非周期振动。

振动加速度的单位一般取米制，即 m/s²。有时在振动工程中也以海平面高度的重力加速度 g 为单位（g=9.81 m/s²）。

（2）振动加速度级

从人体刚刚感觉到的微弱振动（振动加速度约为 10^{-3}m/s²）到人体能承受的最强振动（约为 10^3m/s²），振动加速度变化高达百万倍，这给振动加速度的测量、运算和表达带来极大的不便，为方便起见，国内及国际上有关振动的标准，采用振动加速度级代替振动加速度。

振动加速度 a（m/s²）的加速度级是按下式定义的：

$$V_aL = 20\lg \frac{a}{a_0}(\text{dB}) \tag{8-5}$$

式中：$a_0 = 10^{-6}$ m/s²，为参考振动加速度。

对于 $a = 10^{-3}$m/s²，其加速度级为 $20\lg\dfrac{10^{-3}}{10^{-6}} = 60(\text{dB})$；

对于 $a = 10^3$m/s²，其加速度级为 $20\lg\dfrac{10^3}{10^{-6}} = 180(\text{dB})$。

可见采用以 dB 为单位的振动加速度级代替振动加速度，将给振动测量、运算和表达带来很大方便。

振动加速度与振动加速度级的关系还可以用作图法表示，如图 8-2 所示。

（3）振动加速度级的运算

在环境振动问题中常常遇到振动加速度级的加、减和平均等运算。如，通过已知振动源的振动加速度级计算两个或两个以上振动源引起的合成振动加速度级；从合成振动加速度级中清除某一振动因素（如本底振动）的影响，以及对某一振动源求平均振动加速度级等。

在环境振动中经常发生的振动是一种宽频带（或多频率）的无规振动，在这种情况下振动的合成不能按简谐振动的叠加方法进行计算。而是只考虑合成振动能量的大小，不计其频率和相位的精确变化。同理，振动加速度级相减和平均也只是考虑振动能量大小的变化。

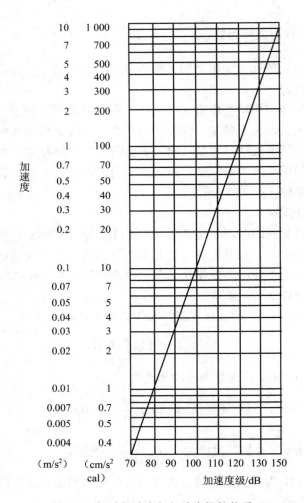

图 8-2 振动加速度与加速度级的关系

1）振动加速度级的和

如距离甲、乙两台相同的机器等远的地面上一点 A，甲、乙两台机器单独运转时，两台机器的加速度级均为 90 dB，那么两台机器同时开动时，A 点加速度级为多少呢？

设甲、乙两台机器在 A 点产生的加速度分别为 $a_甲$、$a_乙$。

则：

$$V_a L_甲 = 10\lg \frac{a_甲^2}{a_0^2} = 90$$

$$V_a L_乙 = 10\lg \frac{a_乙^2}{a_0^2} = 90$$

$$a_甲^2 = a_0^2 \lg^{-1} \frac{90}{10}$$

$$a_乙^2 = a_0^2 \lg^{-1} \frac{90}{10}$$

则合成加速度：

$$a_合 = \sqrt{a_甲^2 + a_乙^2} \tag{8-6}$$

合成加速度级为：

$$V_A L_合 = 10\lg \frac{a_合^2}{a_0^2} = 10\lg 2 + 20 \times \left(\frac{90}{20}\right) = 93(\text{dB})$$

从以上算例可知，加速度级相加不是算术上的数字简单相加，而是一种级（单位：分贝）的运算相加。其过程是先将待加的加速度级进行反对数运算，得到振动加速度平方的绝对值；然后，再将这些加速度的平方值一一相加（能量指数叠加），按公式（8-6）计算合成加速度级，最后把合成后的振动加速度按公式（8-6）进行运算，即得到合成加速度级。上例还表示 2 个相等的加速度级相加增加 3dB，4 个相等的振动加速度级相加增加 6 dB，10 个相等的加速度级相加增加 10 dB，n 个相等的振动加速度级相加增加 $10\lg n$ dB。

为了便于不同振动加速度级的相加运算，可以按表 8-1 计算合成振动加速度级，合成值应等于两个相加加速度级中较大的一个与增量的算术和。

表 8-1　振动加速度级相加增量

$\|\Delta L\|$/dB	0，1	2，3，4	5～9	10
增量 a/dB	3	2	1	0

表中，$\|\Delta L\|$ 为两个待加的加速度级差值的绝对值；a 为增量。

如两个振动加速度级分别为 80 dB 和 85 dB，则合成加速度级为：$V_A L_合 = 85 + 1 = 86(\text{dB})$。对于多个振动加速度级合成，可按公式（8-7）计算得到。

$$V_A L = 10 \lg \left[\sum_{i=1}^{n} 10^{0.1 V_A L_i} \right] \qquad (8\text{-}7)$$

2）振加速度级相减

这类问题常常出现在本底振动影响下产生的振动，求单纯振源引起的振动加速度级的情况下，此时就需要从合成振动中减去本底振动的影响，显然这种运算是前述加速度级相加的反运算：

$$a_{差} = \sqrt{|a_1^2 - a_2^2|} \qquad (8\text{-}8)$$

式中 $a_差$ 表示相减后的振动加速度，相减后的加速度级仍按公式（8-5）计算。

为便于不同振动加速度级的相减运算，可以按表 8-2 计算相减后的加速度级，相减后值等于两个相减加速度级中较大的一个与表 8-2 中所列相应的减量 β 之差。

表 8-2 振动加速度级相减的减量

$|\Delta L|$/dB	3	4，5	6～9	10 以上
减量 β/dB	3	2	1	0

表中，$|\Delta L|$ 为两个相减的加速度级差值的绝对值；β 为减量。

如两个加速度级分别为 85 dB 和 80 dB，则相减的加速度级为 83 dB。

3）多个振动加速度级取平均

设有 n 个振动加速度级，$V_a L_1$，$V_a L_2$，…，$V_a L_n$，其平均振动级为：

$$\overrightarrow{V_A L} = 10 \lg \left[\frac{1}{n} \sum_{i=1}^{n} 10^{0.1 V_A L_i} \right] \qquad (8\text{-}9)$$

如果 $V_A L_i$ 之间最大差值不超过 5 dB，则可以采用算术平均值。

8.1.1.3 振动频率

可以说任何物理现象均和"振动"有关，如地球自身的脉动频率远远低于 1 Hz，光波的高端频率可达到 10^9 Hz，音频范围内的振动为 20～20 000 Hz，而就我们关心的环境振动（直接作用于人体）则集中在 1～100 Hz 的范围内。

8.1.2 振动的主观评价

在一定条件下，振动可引起人的主观感觉，当振动强度大到一定程度时，振动可引起人的不良主观感觉，进而可对人体产生较大的心理影响和生理影响，危害人体健康。所以，振动对人的影响是复杂的心理学、生理学，乃至社会学问题。所以研究振动的评价要综合各种因素加以考虑。

8.1.2.1 建立描绘振动的物理量和振动对人的影响程度之间的关系

描绘振动的物理量可以通过测量，但物理量的尺度和人对振动响应的程度并不是 1:1 的关系。因此建立振动的物理量和人对其响应程度之间的定量关系，是研究振动评价的关键。

当振动超过一定强度，则振动对人体的健康产生危害。然而描绘振动的物理量和人体健康受损程度之间的定量关系是比较难的，目前这方面的研究还很不够。因而振动评价问题的关键，一是要给出保护人体健康和置人于危险状态的界限；二是要建立振动的物理量与人对振动从开始感觉至无法忍受这一区间响应之间的定量关系，即建立振动的物理量与人的主观评价之间的关系。

然而，影响人对振动的感觉的因素是复杂的，不同的人对同一振动的感觉会不一样，甚至可能差异很大。这与人的年龄、身体状况、文化水平、职业、生理和心理特点等均有关系。例如，心脏病患者要比健康人对振动更敏感；老年人一般要比青年人对振动更敏感等。此外，对同一个人，当其身态姿势不同，即直接接触振动的部位不同时，对振动的感觉也不一样。这样就使得振动的主动的主观评价研究十分复杂。对此，各国学者广泛采用实验方法和调查统计的方法来进行研究。

实验的方法，即让受试者位于振动台上，当振动的强度、频率等因素改变时，受试者报告自己的主观感觉，并且对某些生理反应做有关测试。

调查统计的方法主要是采用流行病学的调查方法，对劳动环境里的工人和生活环境里居民对振动的生理反应和心理反应做调查。

在研究过程中，评价量的选取，不仅要注意它和人对振动的反应相关性要好，而且评价量的测定方法应力求准确、简单和易于掌握。

8.1.2.2 建立统一的评价方法

在研究振动的评价方法时，应该确立被国际承认的统一的评价方法。所以，在以往各国学者研究的基础上，国际标准化组织（ISO）对全身振动和局部振动的评价制定了相应标准。

（1）人体对振动的感觉——等振感曲线

人体对不同频率、不同强度的振动有不同的感觉。这一点和噪声是类似的。图 8-3 表示人体对不同振动频率的感觉和痛觉阈。

在实验条件下，不同的振动强度（位移、速度或加速度）和不同的频率相结合，可具有相同的感觉。这样可以得到许多等感觉点，将这些点相连结即得等振感曲线，如图 8-4 所示。在等振感曲线上，虽然各点的频率和强度不同，但其引起的人体主观感觉是相同的。

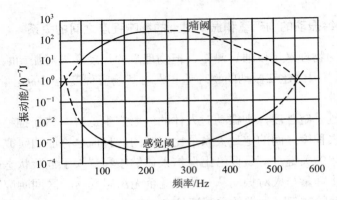

图 8-3　振动频率与感觉阈、痛阈

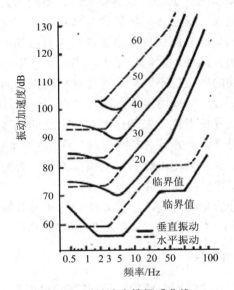

图 8-4　对加速度等振感曲线

（2）计权振动加速度级和 Z 振级

国际标准化组织早在 20 世纪 70 年代初就根据各国学者就人全身接受振动反应的评价制定了人类承受全身振动的允许标准。该标准和相应的评价方法的基础，就是计权振动加速度级。如图 8-5 所示的等振感曲线，反映了人体受到垂直和水平振动时的主观判断，类似噪声评价中模仿等响曲线，而出现的计权声压级一样，为求得简单化的单一评价量，学者们在科研实践的基础上提出了计权振动加速度级的概念。其定义为：

$$VL = 10 \lg \left[10^{(L_1 + a_1)/10} + 10^{(L_2 + a_2)/10} + \cdots + 10^{(L_i + a_i)/10} \right]$$

$$VL = 10\lg \sum_{i=1}^{n} 10^{(L_i + a_i)/10}$$　　　　　(8-10)

式中：VL —— 振动计权加速度级，dB，可简称振动级或振级；

L_i —— 每个频带的振动加速度级，dB；

a_i —— 各个频带的计权因子，dB，见表 8-3。

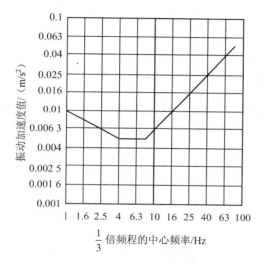

（a）建筑物振动在 Z 轴上的基础曲线

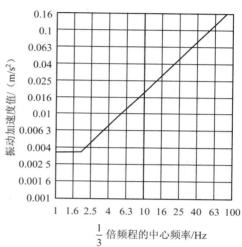

（b）建筑物振动在 X 和 Y 轴上的基础曲线

图 8-5　ISO 2631-2：1989 基础曲线

表 8-3　频带计权因子

频带序号 i	频率（1/3 倍频程的中心频率）/Hz	加权因子 a_i	
		对纵向振动	对横向振动
1	1.0	0.50＝−6 dB	1.00＝0 dB
2	1.25	0.56＝−5 dB	1.00＝0 dB
3	1.6	0.63＝−4 dB	1.00＝0 dB
4	2.0	0.71＝−3 dB	1.00＝0 dB
5	2.5	0.80＝−2 dB	0.80＝−2 dB
6	3.15	0.90＝−1 dB	0.63＝−4 dB
7	4.0	1.00＝0 dB	0.5＝−6 dB
8	5.0	1.00＝0 dB	0.4＝−8 dB
9	6.3	1.00＝0 dB	0.315＝−10 dB
10	8.0	1.00＝0 dB	0.25＝−12 dB
11	10.0	0.80＝−2 dB	0.2＝−14 dB

频带序号 i	频率（1/3 倍频程的中心频率）/Hz	加权因子 a_i	
		对纵向振动	对横向振动
12	12.5	0.63=−4 dB	0.16=−16 dB
13	16.0	0.50=−6 dB	0.125=−18 dB
14	20.0	0.40=−8 dB	0.1=−20 dB
15	25.0	0.315=−10 dB	0.08=−22 dB
16	31.5	0.25=−12 dB	0.063=−24 dB
17	40.0	0.20=−14 dB	0.05=−26 dB
18	50.0	0.16=−16 dB	0.04=−28 dB
19	63.0	0.125=−18 dB	0.0315=−30 dB
20	80.0	0.10=−2 dB	0.025=−32 dB

我国在环境振动评价中，采用垂向计权振动加速度级作为单值评价量，即 Z 振级。

8.2 振动产生的环境影响

8.2.1 振动对居民生活的干扰

振动能够沿介质传播到居民的住房内，使居民感受到这一现象。一般说来，传播到居民室内的振动强度不是很大，但由于居民需要较好的环境睡眠、休息、学习和娱乐等，因而环境振动也能够使居民的正常生活受到干扰，心理上受到压抑，精神上烦躁不安等。

值得注意的是，振动能够产生噪声，而且振动在传播过程中，传播介质也会再次辐射噪声，即振动往往伴随噪声。这样，由于振动和噪声的双重作用，则会加剧振动对人正常生活的影响。振动对居民生活的干扰是多方面的，其中，影响最大是干扰睡眠，日本的调查也有相似的结果，见图 8-6。

对于居民来说，感受振动的主要方式是全身振动。如居民站在室内地面上、坐在椅子上，则振动会由脚或臀部向全身传递；人躺在床上，头部或身体其他接触床面的部分都会感受振动。除此之外，振动引发室内家具、摆设、门窗等物品的振动，尤其是当振动频率和这些东西的固有频率接近时，会发生共振，此类振动可能产生间接影响。

8.2.2 振动对工作效率的影响

在振动作业环境里，尤其是振动和噪声共存的环境，人的大脑思维会受到干扰，难以集中精力进行判断、思考、运算和操作，从而造成工作效率下降，差错率提高。

尤其是对视觉和手的灵巧性要求较高的行业，由于振动使他们视觉受到干扰，手的动作受妨碍和精力难以集中等原因，造成了操作速度大幅下降、生产效率降低，并且可能出现质量事故。

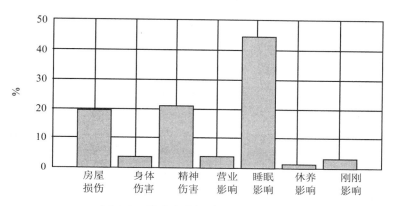

图 8-6   道路交通振动对居民的影响

8.2.3 振动对建筑物的损害

强烈的地震能对建筑物造成严重破坏。除此之外，工厂某些设备等引起的振动、建筑施工振动和交通振动也会对建筑物造成不同程度的损害或影响。当然，这与强烈的地震相比要小得多。

在工厂中，锻锤、落锤、冲床等振动强度较大，故其所在的车间的房屋结构要有抗震考虑；同时对这些设备也应尽量采取隔振措施。如果这些设备离居民房屋较近，则要考虑居民房屋受损问题。

在建筑施工中，打桩机的振动强度较大，并且影响范围广。所以在打桩时，对周围的建筑物要采取保护性措施。

对于交通振动，主要是铁路、轨道交通、重型车、拖拉机等在线路上行驶时，则会产生较大的振动，对周围的敏感建筑物产生一定的影响。

一般说来，居民住房离振源总有一定的距离，环境振动对居民居住的建筑物影响较小。但当振动强度较高或者与建筑物发生共振，则某些陈旧的房屋会受到一定程度的损害。环境振动对古建筑物的损害也是值得注意的一个问题。

振动施于建筑物，即机械能施于建筑物结构，将造成建筑物结构变形。长期作用的结果可能造成建筑结构受到破坏。常见的破坏现象表现为基础和墙壁龟裂、墙皮剥落、石块滑动、地板裂缝、地基变形和下沉等，重者可使建筑物倒塌。

不同性质的振动对建筑物不同部分的影响可用表 8-4 表示。

表 8-4　振动种类和建筑物结构关系

影响程度 \ 振动结构	室外设备振动	交通振动	建筑施工振动	室内设备振动	社会生活振动
地基	大	大	大	中	小
基础	大	中	中	中	小
柱子、梁	小	小	小	中	中
结构板材	中	大	大	大	大
建筑物整体	中	小	小	中	小

室外振动向建筑物传播可用图 8-7 表示。

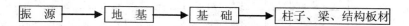

图 8-7　室外振动向建筑物传播

振源引起的振动，在传播过程中由于距离衰减和土壤等的吸收作用，振动强度会减弱；同时，由于建筑物的基础和其周围地基性质不同，振动由地基向基础传播时，振动也会减弱。然而，当传至建筑物基础的振动频率和建筑物基础、建筑物整体或建筑物某一部分结构的固有频率相近或相同时，则会发生共振现象，引起建筑物有关部分振动增强。不同的建筑物，由于结构、大小不同，其固有频率差异很大。

归纳起来，振动对建筑物的危害主要取决于以下几个因素：

① 振源的幅频特性；

② 振源至建筑物的距离和地基的性质；

③ 地基至建筑物基础的传递特性；

④ 建筑物整体的振动特性；

⑤ 建筑物的各个部分，如柱、梁、结构板材的特性；

⑥ 建筑物陈旧程度。

8.2.4　振动激发二次结构噪声

众所周知，噪声起源于物体的振动。如果振源的频率处在可闻声（20～2 000 Hz）范围内，则振动物体可直接向空间辐射噪声，这就是空气声。该振源同时也是一个噪声源。声音以空气为介质传播，称之为空气传声。为了减弱空气传声，通常可采用吸声、隔声和消声等措施。

振源振动，部分能量以波动形式向地基、地层，同时会引起基础振动。基础振动又会沿地基、管道等传至其他建筑物，引起其他建筑基础、墙体、梁柱、门窗以及室内家具等振动。上述各物体的振动会再次辐射噪声。这种振动沿固体传递，在传递过程中固体再次辐射噪声的形式叫固体传声。

如果由振源传递而来的振动频率小于 20 Hz，则辐射出的噪声也小于 20 Hz，人耳听不到。然而低于 20 Hz 的振动在激发地面、墙体、门窗等的振动时，除了激起小于 20 Hz 的基频振动外，往往还能激发建筑结构产生一系列基频整数倍的谐振频率的振动。这些振动频率一般大于 20 Hz，可辐射出噪声。

值得注意的是，固体声在结构中传递衰减比较弱，可以传递较远的距离，因而不论从振动控制角度，还是从噪声控制角度，都应对振动的物体采取隔离措施。

8.3 振动环境影响评价标准

8.3.1 《城市区域环境振动标准》（GB 10070—88）

我国于 1988 年颁布，1989 年 7 月开始实施《城市区域环境振动标准》（GB 10070—88）。该标准从环境保护的角度，规定了位于住宅建筑物外部各种振动源对住宅建设物的容许振动限值标准，见表 8-5。

表 8-5 城市区域环境振动标准（dB）

适用地带范围	昼间	夜间
特殊住宅区	65	65
居民、文教区	70	67
混合区、商业中心区	75	72
工业集中区	75	72
交通干线道路两侧	75	72
铁路干线两侧	80	80

（1）该标准适用于连续发生的稳态振动、冲击振动和无规振动。

（2）每日发生几次的冲击振动，其最大值昼间不允许超过标准值 10 dB，夜间不超过 3 dB。

（3）适用地带范围的划定

① "特殊住宅区" 是指特别需要安宁的住宅区。

② "居民、文教区" 是指纯居民区和文教、机关区。

③ "混合区" 是指一般商业与居民混合区；工业、商业、少量交通与居民混合区。

④ "商业中心区" 是指商业集中的繁华地区。

⑤ "工业集中区" 是指在一个城市或区域内规划明确确定的工业区。

⑥ "交通干线道路两侧" 是指车流量每小时 100 辆以上的道路两侧。

⑦ "铁路干线两侧" 是指每日车流量不少于 20 列的铁道外轨 30 m 外两侧的住宅区。

⑧ 该标准适用的地带范围，由地方人民政府划定。

（4）该标准昼间、夜间的时间由当地人民政府按当地习惯和季节变化划定。

8.3.2 《住宅建筑室内振动限值及其测量方法标准》（GB/T 50355—2005）

建设部与国家质量监督检验检疫总局于 2005 年 7 月 15 日联合发布的《住宅建筑室内振动限值及其测量方法标准》（GB/T 50355—2005），该标准规定了安装在住宅建筑物内部的各种振动源（如电梯、水泵、风机等）对建筑内部的容许振动限值标准，以确保居住者有一个良好而又必备的居住条件，同时该标准也为住宅建筑内部各种振动源的控制提供了可靠的依据。

表 8-6　住宅建筑室内振动限值

1/3 倍频程中心频率/Hz			1	1.25	1.6	2	2.5	3.15	4	5	6.3	8
L_a 限值/dB	1 级限值	昼间	76	75	74	73	72	71	70	70	70	70
		夜间	73	72	71	70	69	68	67	67	67	67
	2 级限值	昼间	81	80	79	78	77	76	75	75	75	75
		夜间	78	77	76	75	74	73	72	72	72	72
1/3 倍频程中心频率/Hz			10	12.5	16	20	25	31.5	40	50	63	80
L_a 限值/dB	1 级限值	昼间	72	74	76	78	80	82	84	86	88	90
		夜间	69	71	73	75	77	79	81	83	85	87
	2 级限值	昼间	77	79	81	83	85	87	89	91	93	95
		夜间	74	76	78	80	82	84	86	88	90	92

（1）该标准适用于住宅建筑（含商住楼）室内振动的评价与测量。

（2）该标准规定的振动频率范围为 1～80 Hz；振动方向取地面（或楼层地面）的铅垂方向，测量量为 1/3 倍频程铅垂向振动加速度级（L_a），单位为分贝，dB。

（3）各类限值适用范围划分，1 级限值为适宜达到的限值；2 级限值为不得超过的限值。

（4）时间适用范围，昼间为 6:00～22:00；夜间为 22:00 至次日 6:00。也可按当地人民政府的规定划分。

8.3.3 《古建筑防工业振动技术规范》（GB/T 50452—2008）

为防止工业振源引起的地面振动对古建筑（历代留传下来对研究社会政治、经济、文化发展有价值的建筑物，如殿堂、楼阁、古塔等）结构产生有害影响，保护历史文化遗产，住房和城乡建设部与国家质量监督检验检疫总局于 2008 年 9 月 24 日联合发布了《古建筑防工业振动技术规范》（GB/T 50452—2008），该规范于 2009

年 1 月 1 日起实施。规范中对古建筑结构动力特性和响应测试与计算、古建筑结构的容许振动标准、评估方法等均有详细的说明。

古建筑结构的容许振动以结构的最大动应变为控制标准，以振动速度表示（mm/s）。

表 8-7 古建筑砖结构的容许振动速度 $[v]$（mm/s）

保护级别	控制点位置	控制点方向	砖结构 $V_P/$（m/s）		
			<1 600	1 600~2 100	>2 100
全国重点文物保护单位	承重结构最高处	水平	0.15	0.15~0.20	0.20
省级文物保护单位	承重结构最高处	水平	0.27	0.27~0.36	0.36
市、县级文物保护单位	承重结构最高处	水平	0.45	0.45~0.60	0.60

注：当 V_P 介于 1 600~2 100 m/s 时，$[v]$ 采用插入法取值。

表 8-8 古建筑石结构的容许振动速度 $[v]$（mm/s）

保护级别	控制点位置	控制点方向	石结构 $V_P/$（m/s）		
			<2 300	2 300~2 900	>2 900
全国重点文物保护单位	承重结构最高处	水平	0.20	0.20~0.25	0.25
省级文物保护单位	承重结构最高处	水平	0.36	0.36~0.45	0.45
市、县级文物保护单位	承重结构最高处	水平	0.60	0.60~0.75	0.75

注：当 V_P 介于 2 300~2 900 m/s 时，$[v]$ 采用插入法取值。

表 8-9 古建筑木结构的容许振动速度 $[v]$（mm/s）

保护级别	控制点位置	控制点方向	顺木纹 $V_P/$（m/s）		
			<4 600	4 600~5 600	>5 600
全国重点文物保护单位	顶层柱顶	水平	0.18	0.18~0.22	0.22
省级文物保护单位	顶层柱顶	水平	0.25	0.25~0.30	0.30
市、县级文物保护单位	顶层柱顶	水平	0.29	0.29~0.35	0.35

注：当 V_P 介于 4 600~5 600 m/s 时，$[v]$ 采用插入法取值。

8.3.4 《爆破安全规程》（GB 6722—2003）

我国《爆破安全规程》（GB 6722—2003）中，采用地面垂直最大振动速度作为爆破作业可能产生的建筑物破坏判据，对于地面建筑物采用保护对象所在地质点峰值振动速度和主频率；对于水工隧道、交通隧道、矿山巷道、电站（厂）中心控制室设备、新浇大体积混凝土等建筑物，采用保护对象所在地质点峰值振动速度确定安全允许标准，见表 8-10。

表 8-10　爆破振动安全允许标准

序号	保护对象类别	安全允许振速/（cm/s）		
		<10Hz	10～50Hz	50～100Hz
1	土窑洞、土坯房、毛石房屋 a	0.5～1.0	0.7～1.2	1.1～1.5
2	一般砖房、非抗震的大型砌块建筑物 a	2.0～2.5	2.3～2.8	2.7～3.0
3	钢筋混凝土框架房屋 a	3.0～4.0	3.5～4.5	4.2～5.0
4	一般古建筑与古迹 b	0.1～0.3	0.2～0.4	0.3～0.5
5	水工隧道 c	7～15		
6	交通隧道 c	10～20		
7	矿山巷道 c	15～30		
8	水电站及发电厂中心控制室设备	0.5		
9	新浇大体积混凝土 d： 龄期：初凝～3 d 龄期：3～7 d 龄期：7～28 d	2.0～3.0 3.0～7.0 7.0～12		

注：（1）表列频率为主频率，是指最大振幅所对应的频率。
　　（2）频率范围根据类似工程或现场实测波形选取。选取频率时也可参考下列数据：硐室爆破 <20 Hz；深孔爆破 10～60 Hz；浅孔爆破 40～100 Hz。
　　（3）a— 选取建筑物安全允许振速时，应综合考虑建筑物的重要性、建筑质量、新旧程度、自振频率、地基条件等因素。
　　　　 b— 省级以上（含省级）重点保护古建筑与古迹的安全允许振速，应经专家论证选取，并报相应文物管理部门批准。
　　　　 c— 选取隧道、巷道安全允许振速时，应综合考虑构筑物的重要性、围岩状况、断面大小、深埋大小、爆源方向、地震振动频率等因素。
　　　　 d— 非挡水新浇大体积混凝土的安全允许振速，可按本表给出的上限值选取。

8.4 振动环境影响评价

8.4.1 振动源特性

振动存在于人们生产、生活中的每一时刻，它是由于物体随时间在其平衡位置做往复交替运动而产生的。振动的影响可能是正面、积极的，也可能是负面、消极的，甚至被认为是公害。振动的环境影响通常是对后者的研究，并且是对除自然力引起的"地震"以外的，由于人类生产、生活过程造成的振动影响的研究。

城市区域环境振动污染源是广泛而复杂的，但就其形式而言基本可分为固定式单一振源和集合源两类。固定源影响通常在以一定距离为半径圆周范围内；集合源由各种振源综合作用，例如厂界环境振动、施工厂界振动、交通振动等，其影响通常为厂界处及交通线路两侧一定距离的带状范围。目前对环境影响较大的振动源主要是集合源，尤以轨道交通类的振动为主。

环境振动源按动态特性则可分成四类，见表 8-11。

表 8-11　环境振动污染源动态特性

振动特性	稳态振动	冲击振动	无规则振动	轨道振动
定义	观测时间内振级变化不大的环境振动	具有突发性振级变化的环境振动	未来任何时刻不能确定振级的环境振动	由列车运行所产生的轨道两侧的环境振动
振动污染源举例	通风机、发电机、电动机、空压机等	锻压机、冲床、打桩机等	道路交通振动、居民生活振动等	列车运行

8.4.2　振动传播途径

以轨道交通振动传播途径为例，其基本传播途径为振源→传播途径（结构及围护土层）→受振对象，与噪声的传播具有相似性。在不同线路条件下传播途径略有不同，大体如下：

地下区段：由于列车在轨道上行驶，车轮偏心，车轮与道岔、钢轨的碰撞，线路不平顺等原因，引起车轮的振动，经钢轨→扣件→轨枕→道床→隧道结构→围护地层→地面→建筑物、人体、设备；

地面及路堑区段：由于列车在轨道上行驶，车轮偏心，车轮与道岔、钢轨的碰撞，线路不平顺等原因，引起车轮的振动，经钢轨→扣件→轨枕→道床→地面→建筑物、人体、设备；

高架区段：由于列车在轨道上行驶，车轮偏心，车轮与道岔、钢轨的碰撞，线路不平顺等原因，引起车轮的振动，经钢轨→扣件→轨枕→道床→梁、柱结构→地面→建筑物、人体、设备。

研究资料和实验结果表明：轨道交通环境振动的主要影响因素包括车辆、轮轨条件、轨道结构、隧道结构、隧道埋深、地质条件、地面建筑物类型、敏感建筑物距线路的距离等。传播途径如图 8-8 所示。

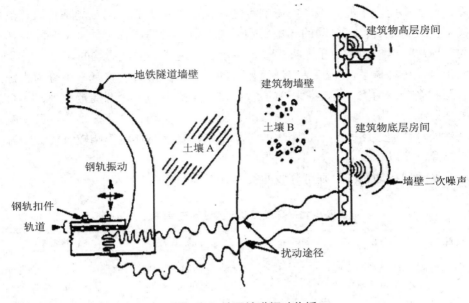

图 8-8　地下铁道振动传播

8.4.3　环境振动测量方法

在《城市区域环境振动测量方法》（GB 10071—88）中，对相关的环境振动测量方法规定如下：

（1）测量量

测量量为铅垂向 Z 振级。

（2）测量方法和评价量

采用仪器时间常数为 1 s。

对于稳态振动，每个测点测量一次，取 5 s 内的平均示数作为评价量。

对于冲击振动，取每次冲击过程中的最大示数作为评价量；对于重复出现的冲击振动，以 10 次读数的算数平均值作为评价量。

对于无规振动，每个测点等间隔地读取瞬时示数，采样间隔不大于 5 s，连续测量时间不少于 1 000 s，以测量数据的 $VL_{z, 10}$ 值为评价量。

对于铁路振动，读取每列车通过过程中的最大示数，每个测点连续测量 20 列车，以 20 次读值的算术平均值作为评价量。

（3）测点位置

测点置于建筑物室外 0.5 m 以内振动敏感处。必要时，测点置于建筑物室内。

（4）振动传感器的放置

1）振动传感器应平稳地安放在平坦、坚实的地面上。避免置于如草地、砂地、雪地或地毯等松软的地面上。

2）振动传感器的灵敏度主轴方向应与测量方向一致。

（5）测量条件

测量时振源应处于正常工作状态，测量应避免足以引起环境振动测量值的其他环境因素，如剧烈的温度梯度变化、强电磁场、强风、地震或其他非振动污染源引起的干扰。

（6）测量方法

针对铁路环境振动，在《铁路环境振动测量》（TB/T 3152—2007）中，对相关的环境振动测量方法规定如下：

1）测量量

测量的量为铅垂向的 $VL_{Z,\ max}$、$VL_{Z,\ eq}$ 和 $VL_{Z,\ 10}$。

2）测量内容

测量内容应包括：

① 各测点每次列车通过时段的 $VL_{Z,\ max}$。

② 各测点每次列车通过时段的 $VL_{Z,\ eq}$，不采用等效 Z 振级作为评价量和参考量时，可不做此项测量。

③ 各测点背景振动的 $VL_{Z,\ 10}$。

3）测点布设

测点的选择应具有代表性，能够使测量结果正确反映所代表区段的铁路振动状况。测点布设分为 2 类：

① 距铁路外轨中心线 30 m 处测点——反映铁路两侧 30 m 处的振动状况；每个典型位置和典型区段至少应设 1 个测点。对于仅用于评价敏感点或敏感区的测量，可不布设距铁路外轨中心线 30 m 处测点。

② 敏感测点——布设在敏感点或敏感区内的测点，反映敏感点或敏感区的铁路振动状况。敏感区内应在相应的距铁路外轨中心线 30 m 测点位置设置垂直于铁路走向的测量断面，每个测量断面上应布设 2～3 个敏感测点。距离铁路最远的测点位置不宜大于 100 m。同一测量断面内的测点，应采用同步测量的方法。

划定典型区段和典型位置时，应考虑以下因素：

与振动源变化有关的因素，如列车运行速度、轨道类型、路堤、路堑、桥梁、道岔群、弯道位置及列车类型、机车牵引类型、地质条件等。

敏感区和敏感点的分布情况。

沿线两侧地面状况。

建筑物分布和类型。

其他特殊要求：

根据铁路列车类型、运行速度、线路状况、地面状况及周围环境条件等情况，基本相同的区段可划定为一个典型区段。

对于振动源有显著变化的位置，如铁路桥梁、线路交汇处、道岔群等，可以划定为一个典型位置。

4）测点位置

测点置于建筑物室外 0.5 m 以内振动敏感处。必要时，测点置于建筑物室内。

测点布设宜远离公路、工厂、施工现场等非铁路振动源。当无法远离时，应在测量时间上避开这些非铁路振动的干扰。

5）测量方法

测量每次列车车头至车尾通过测点时的 $VL_{Z, \max}$ 和 $VL_{Z, eq}$。每个测点分别连续测量昼、夜间 20 次列车；对于车流密度较低的线路，可以测量昼间不小于 4 h、夜间不小于 2 h 内通过的列车。测量结果以昼间、夜间所测数据的算术平均值表示。

测量时，每个测点测量时间不少于 1 000 s。为避免铁路振动的影响，允许采用间断测量的方法，但累计测量时间应不少于 1 000 s。

铁路振动与背景振动的差值小于 10 dB 时，测量结果应按表 8-12 进行修正。若背景振动低于 5 dB 以下，测量结果仅作参考值。

表 8-12　背景振动修正值　　　　　　　　单位：dB

铁路环境振动与背景振动差值	试验读数的修正值
≥10	0
6～9	−1
5	−2

8.4.4　典型项目振动环境影响评价

本节以城市轨道交通及铁路项目为例，给出其振动环境影响评价方法。

8.4.4.1　城市轨道交通建设项目振动环境影响评价

城市轨道交通工程通常包括地上线和地下线两大类线路形式，其可能产生的振动环境影响具有代表性。本节以城市轨道交通作为典型项目，根据《环境影响评价技术导则—城市轨道交通》（HJ 453—2008）规定的技术要求，就运营期评价内容、现状监测与评价、预测与评价加以介绍。

（1）评价内容

运营期环境振动评价内容包括列车运行振动对评价范围内的振动环境保护目标的振动影响评价；对于隧道上方或距外轨中心线两侧 10 m 范围内的振动环境保护目标应进行室内二次结构噪声影响评价，对于评价范围内的文物保护目标应进行振动速度评价，并提出运营期振动防护措施及效果分析。

（2）评价工作等级及范围

评价工作等级根据项目工程特点、工程运营前后振动级变化程度，以及环境敏感程度及其环境振动标准确定，一般分为两级。

对于地下线路，评价范围内各类振动适用地带的沿线敏感建筑或重点文物保护建筑，其工程运营前后振动级变化量为 5 dB 以上（不含 5 dB），应按一级评价开展工作；对于地上线路，评价范围内沿线敏感建筑，其工程运营前后振动级变化量为 5 dB 以下（含 5 dB），应按二级评价开展工作。

评价范围：距离地下线路为外轨中心线 60 m 范围内的敏感建筑及文物保护建筑；室内二次结构噪声影响评价范围为隧道垂直上方至外轨中心线两侧 10 m。必要时可根据工程及环境特点，适当扩大评价范围。

（3）评价基本要求

1）一级评价要求

环境振动现状调查应覆盖评价范围内的全部敏感目标，除环境条件相同点位的监测数据可类比采用外，各敏感点的振动现状均应实测；采用类比测量法确定振动源强，对于隧道正上方至外轨中心线两侧 10 m 以内的振动敏感建筑物及重点文物保护建筑应进行振动类比测量；振动环境影响预测应覆盖评价范围内的全部敏感目标，给出全部敏感点运营期的振动预测量、现状变化量及超标量；针对环境敏感目标的振动环境影响范围及程度，提出防护措施，并进行技术经济可行性论证，给出减振效果及投资估算。

2）二级评价要求

环境振动现状调查应覆盖评价范围内的全部敏感目标，各振动敏感点的振动现状值可适当利用环境条件相同点位的类比监测资料，但重要敏感点的振动现状必须实测；振动源强的确定以资料调查为主，可参阅相关文献资料引用源强等类比测量数据；振动环境影响预测应覆盖评价范围内的全部敏感目标，给出全部敏感点运营期的振动预测量、现状变化量及超标量；针对环境敏感目标提出防护措施，并给出减振效果及投资估算。

（4）现状评价

根据现状监测结果，按照相关规定对各敏感点进行达标评价，并对超标点的超标程度及原因进行分析。对评价范围内的交通、施工、工业、社会生活等振动源的特点及分布情况加以说明。

通过环境振动现状调查和监测数据了解评价范围内的环境振动现状情况，为运营期振动环境影响预测提供背景数值并进行对比分析，以了解运营期的环境振动变化程度。

（5）预测评价

城市轨道交通运营期振动环境影响预测与评价，其重点内容为评价范围内振动环境保护目标的环境振动影响预测，包括地下隧道两侧各敏感点的振动预测，对于隧道下穿或距外轨中心线两侧 10 m 以内的敏感建筑，还要进行室内二次结构噪声预测，以及文物保护目标的振动速度预测。振动预测结果将为振动防治措施的设计与实施提供依据，也将为城市建设规划与环境规划提供依据。

1）列车运行振动预测

当列车运行时，车辆和轨道系统的耦合振动，经钢轨通过扣件和道床传到线路基础，再由周围的地表土壤介质传递到受振点，如敏感建筑物，较大的振动会产生环境振动污染。影响地铁环境振动的因素主要包括车辆类型、线路结构、轮轨条件、地质条件、建筑物类型等。

城市轨道交通振动传播特性比较复杂，预测方法的选择应根据工程的具体特点确定。预测方法可采用模式预测法、类比预测法等。以下主要说明模式预测法的使用要求和计算方法。

模式预测法原则上适用所有项目。选用计算模式时，应特别注意模式的使用条件和参数的选取，如实际情况不能充分满足模式的应用条件时，要对主要模式进行修正并进行必要的验证。模式预测法中的计算模式同噪声预测模式一样，也需要在工程环境影响评价应用中，不断补充和完善。

列车运行振动 VL_z 基本预测计算式如公式（8-11）所示：

$$VL_Z = \frac{1}{n}\sum_{i=1}^{n} VL_{Z0,i} \pm C \qquad (8-11)$$

式中：$VL_{Z0,i}$——列车振动源强，列车通过时段的参考点 Z 计权振动级，dB；

　　　n——列车通过列数，$n \leqslant 5$；

　　　C——振动修正项，dB。

振动源强值可通过类比测量取得。对于地下线路，传感器应置于道床上部近轨外侧 0.5～1.0 m 处；对于地上线路，传感器应置于外轨中心线 7.5 m 的地面处。在 60 km/h 速度下，测量列车通过时段的 VL_{Z10} 和 VL_{Zmax} 值，取不少于 5 次算术平均值，作为其源强值。

影响环境振动的因素主要包括车辆类型、线路结构、轮轨条件、地质条件、建筑物类型，以及敏感点与振源的相对位置等，预测参数见表 8-13。振动修正项主要根据影响环境振动的主要因素给出。

表 8-13　振动影响预测参数

影响因素		预测参数
车辆条件	车辆类型、车辆轴重	车辆轴重修正量 C_W

	列车速度	速度修正量 C_V
轮轨条件	扣件、轨枕、道床	轨道结构修正量 C_L
	车轮圆整度、车轮平滑度、钢轨平滑度、钢轨接缝	轮轨条件修正量 C_R
隧道结构	隧道尺寸、隧道形状、隧道材料、隧道厚度、隧道埋深	隧道结构修正量 C_H
桥梁条件	高架梁、高架桥桩基础	
地质条件	土壤和岩石类型	
敏感点特性	敏感点至振源的水平距离、垂直高度、建筑类型、环境功能区划和执行标准等	地面衰减修正量 C_D、建筑结构修正量 C_B

振动修正项 C，按公式（8-12）计算。

$$C=C_V+C_W+C_L+C_R+C_H+C_D+C_B \qquad (8\text{-}12)$$

式中：C_V —— 速度修正，dB；

C_W —— 轴重修正，dB；

C_L —— 轨道结构修正，dB；

C_R —— 轮轨条件修正，dB；

C_H —— 隧道结构修正，dB；

C_D —— 距离修正，dB；

C_B —— 建筑物类型修正，dB。

① 速度修正 C_V。列车运行振动的速度修正可以对振动源强进行修正，也可直接给出不同速度下的振动源强值。预测时的列车运行计算速度，应尽量接近预测点对应区段列车通过时的实际运营速度。列车速度的确定应考虑不同列车类型、启动加速、制动减速、区间通过、限速运行等因素的影响。速度修正 C_V 可按公式（8-13）计算。

$$C_V = 20\lg\frac{v}{v_0} \qquad (8\text{-}13)$$

式中：v_0 —— 源强的参考速度，km/h；

v —— 列车通过预测点的运行速度，km/h。

② 轴重修正 C_W。当列车轴重与源强给出的轴重不同时，其轴重修正 C_W 可按公式（8-14）计算。

$$C_W = 20\lg\frac{w}{w_0} \qquad (8\text{-}14)$$

式中：w_0 —— 源强的参考轴重，t；

w —— 预测车辆的轴重，t。

③ 轨道结构修正 C_L 可参考选用表 8-14。

表 8-14　不同轨道结构的减振量　　　　　　　　　　　　单位：dB

轨道结构类型	减振量（振动加速度级）
普通钢筋混凝土整体道床	0
轨道减振器式整体道床	$-3 \sim -5$
弹性短轨枕式整体道床	$-8 \sim -12$
橡胶浮置板式整体道床	$-15 \sim -25$
钢弹簧浮置板式整体道床	$-20 \sim -30$

④ 轮轨条件修正 C_R 可参考选用表 8-15。

表 8-15　不同轮轨条件的减振量　　　　　　　　　　　　单位：dB

轮轨条件	减振量（振动加速度级）
无缝线路、车轮圆整、钢轨表面平顺	0
短轨线路、车轮不圆整、钢轨表面不平顺	$5 \sim -10$

⑤ 隧道结构修正 C_H。隧道结构尺寸、形状及隧道结构厚度都直接影响列车运行振动的传播。由于各类隧道结构差别较大，情况比较复杂，建议尽量采用类比测量法，即选择类似的隧道结构，通过类比方法确定修正值。

⑥ 桥梁结构修正 C_Q。桥梁结构不同，振动影响存在差异。建议尽量采用类比测量法，即选择类似的桥梁结构，通过类比方法确定修正值。

⑦ 距离修正 C_D。距离衰减修正 C_D 与工程条件、地质条件有关，建议采用类比方法确定修正值。当地质条件接近时，可选择工程条件类似的既有轨道交通线路进行实测，按公式（8-15）～公式（8-18）计算。

a. 地下线

隧道垂直上方预测点（当 $L \leqslant 5$ m 时）

$$C_D = -a \lg \left(\frac{H}{H_0} \right) \tag{8-15}$$

式中：H_0—— 隧道顶面至轨顶面的距离，m；

　　　H—— 预测点至轨顶面的距离，m。

隧道两侧预测点（当 $L > 5$ m 时）：

$$C_D = -a \lg(R) + b \tag{8-16}$$

式中：R—— 预测点至轨顶面外轨中心线的直线距离，m，采用下式计算得出：

$$R = \sqrt{L^2 + H^2} \tag{8-17}$$

L —— 预测点至外轨中心线的水平距离，m；

b. 地上线

$$C_{D} = -c\lg\left(\frac{L}{7.5}\right) \tag{8-18}$$

式中：L —— 预测点至外轨中心线的水平距离，m。

公式（8-15）～公式（8-18）中 a、b、c 三项可通过类比测量及回归计算得到。

⑧ 建筑物修正 C_B。预测建筑物室内振动时，应根据建筑物类型进行修正。不同建筑物室内振动响应不同，一般将建筑物划分为三种类型进行修正，见表 8-16。

表 8-16　不同类型建筑物的振动修正值　　　　　单位：dB

建筑物类型	建筑结构及特性	振动修正值
Ⅰ类	基础良好框架结构建筑（高层建筑）	$-6 \sim -13$
Ⅱ类	基础一般的砖混、砖木结构建筑 （中层建筑或质量较好的低层建筑）	$-3 \sim -8$
Ⅲ类	基础较差的轻质、老旧房屋 （质量较差的低层建筑或简易临时建筑）	$-3 \sim +3$

由于各类建筑物差别较大，情况比较复杂，建议尽量采用类比测量方法，即选择类似建筑物，通过实测室内外振动的传递衰减，确定修正值。

2）二次结构噪声预测

对于隧道垂直上方或距外轨中心线两侧 10 m 范围内的振动环境保护目标，其列车运行时建筑物内最低楼层室内中部的二次结构噪声预测计算式如公式（8-19）和公式（8-20）所示。

$$L_{p,i}(f) = VL_i(f) - 20\lg(f_i) + 37 \tag{8-19}$$

$$L_p = 10\lg\sum_{i=1}^{n} 10^{0.1[L_{p_i}(f) + C_{f,i}]} \tag{8-20}$$

式中：L_p —— 建筑物内的 A 计权声压级，dB（A）；

　　$L_{p_i}(f)$ —— 未计权的建筑物内的声压级，dB；

　　$VL_i(f)$ —— 与频率相对应的建筑物内的振动加速度级，dB；

　　$C_{f,i}$ —— 第 i 个频带的 A 计权修正值，dB；

　　f —— 1/3 倍频带中心频率（16～200 Hz），Hz；

　　n —— 1/3 倍频带数。

（6）防治措施

轨道交通振动减振措施以振源控制为主，其中轨道减振措施为振源控制措施之一，目前在城市轨道交通振动控制措施中广泛采用。主要措施有如下几方面：

1) 重型钢轨、无缝线路和减振型钢轨

采用重型钢轨（例如 60 kg/m 及以上），垂向刚度和质量的增大，可以降低钢轨的振动。例如把 50 kg/m 钢轨换成 60 kg/m 钢轨，可降低振动 10%。由于无缝线路大大减少钢轨接头，有效减少接头处轮轨间的冲击引起的脉冲型激扰源振动，从而减少了振动和噪声。

2) 轨道不平顺管理

轨道不平顺包括钢轨的波浪磨耗、不平顺、钢轨接头等。大量研究表明，轮轨不平顺是引起轮轨振动的主要原因之一。在列车运行过程中，轨道不平顺使得车轮踏面与轨面不规则接触、轮轨关系恶化，引起动荷载明显增大，动荷载的变化加速了轨道磨耗、破坏，导致轮轨振动增大。国外还普遍采用用仿型打磨机打磨轨面不平顺，在频率范围 8~100 Hz 内，振动加速度级下降 4~8 dB。控制轨道不平顺是降低轮轨之间振动的有效措施。

3) 高弹性扣件

轨道的弹性，尤其是整体道床，主要取决于扣件弹性，国内外都做了大量研究工作，研制开发了满足不同减振要求的扣件。

科隆蛋（又称轨道减振器扣件）是最早应用的城市轨道交通的高弹性扣件。北京、上海、广州等地铁采用了此种扣件。

英国潘德罗尔—先锋（Pandrol-Vanguard）扣件，利用悬空的钢轨和轨座底板的缝隙，解决轨道的振动和噪声控制问题。在轨头下颚及轨腰支撑钢轨，钢轨呈悬空状态，改变了传统的轨底支撑方式，扣件的支撑刚度很低，可以减小振动。

我国的地铁铺设较多的扣件有 JD-1、DT-I、DT-III、DT-IV、DT-VI、DT-VI-2、DT-VII-2 型、单趾弹簧、弹条 II 型分开式、WJ-II、科隆蛋、潘德罗尔—先锋等。

4) 弹性支承块

弹性支承块—由钢筋混凝土支承块、块下橡胶垫板、橡胶靴套组成。弹性支承块提高了无砟轨道的弹性，可使轨道的垂向组合刚度接近有砟轨道；支承块外设橡胶套靴提供了轨道的纵、横向弹性变形，使无砟轨道在承载、动力传递和振动能量吸收方面接近有砟轨道。可以减小 30~50 Hz 频率范围的振动影响。

5) 浮置板

浮置板轨道各地铁也大量采用。其隔振效果显著，与普通整体道床相比，可以对 15~35 Hz 的振动减小加速度级 13~32 dB。各国采用的浮置板轨道形式较多，大体可分为橡胶（或玻璃丝垫）隔振器支承浮置板（以下简称橡胶支承浮置板）和钢螺旋圆柱弹簧隔振器支承浮置板（以下简称弹簧支承浮置板）两大类。

8.4.4.2 铁路建设项目振动环境影响评价

本节以铁路建设项目作为典型项目，根据《铁路建设项目环境影响评价噪声振动源强取值和治理原则指导意见（2010 年修订稿）》规定铁路环境振动预测方法，加以介绍。

铁路列车运行振动传播特性与轨道交通振动列车运行传播特性相似。影响铁路环境振动的主要因素有列车类型、运行速度、线路结构、地质条件、建筑物类型等。

铁路环境振动预测方法的选择应根据工程特点确定，预测方法一般有：模式预测法、类比预测法及模式类比结合法。本文重点介绍铁路环境振动模式预测法。

（1）铁路环境振动模式预测法

模式预测法主要依据振动传播理论建立经验预测公式，给出定量预测结果。采用模式预测铁路环境振动时，主要需考虑铁路振动源的特点以及在传播过程中各种因素引起的衰减。

模式预测法原则上适用所有工程项目，选用计算模式时应特别注意模式的使用条件和参数的选择，如果实际情况不能很好地满足模式的应用条件时，要对主要模式进行修正，并作必要的验证。

模式预测法中的计算模式需要在铁路建设项目环境影响评价应用中，不断补充和完善。

铁路环境振动 VL_Z 的基本预测计算式如公式（8-21）所示：

$$VL_Z = \frac{1}{n}\sum_{i=1}^{n}\left(VL_{Z0,i} + C_i\right) \qquad (8\text{-}21)$$

式中：$VL_{Z0,i}$ —— 振动源强，列车通过时段的最大 Z 计权振动级，dB；

C_i —— 第 i 类列车的振动修正项，dB；

n —— 列车通过的列数。

振动修正项 C_i 按公式（8-22）计算。

$$C_i = C_V + C_W + C_L + C_R + C_G + C_D + C_B \qquad (8\text{-}22)$$

式中：C_V —— 速度修正，dB；

C_W —— 轴重修正，dB；

C_L —— 线路类型修正，dB；

C_R —— 轨道类型修正，dB；

C_G —— 地质修正，dB；

C_D —— 距离修正，dB；

C_B —— 建筑物类型修正，dB。

1）关于速度修正 C_V

　　列车运行振动的速度修正可以对振动源源强进行修正，也可直接给出不同速度下的振动源强值。预测时的列车运行计算速度，应尽量接近预测点对应区段正式运营时的列车通过速度。列车速度的确定应考虑不同列车类型、启动加速、制动减速、区间通过、限速运行等因素的影响。预测计算速度可按设计最高速度的 90%确定。

　　2）关于轴重修正 C_W

　　当列车轴重与源强表中给定的轴重不同时，其修正 C_W 可按公式（8-23）计算。

$$C_W = 20\lg\frac{W}{W_0} \qquad (8\text{-}23)$$

式中：W_0 —— 参考轴重；

　　　　W —— 预测车辆的轴重。

　　3）关于线路类型修正 C_L

　　距线路中心线 30～60 m，对于冲积层地质，普速铁路路堑振动相对于路堤线路 C_L=2.5 dB；高速铁路路堑振动相对于路堤线路 C_L=0 dB。

　　由于路堑条件较为复杂，鼓励采用类比监测的方法确定修正量。

　　由于目前缺乏不同路堤高度振动影响实测数据，鼓励采用类比监测的方法确定修正量。

　　4）关于轨道类型修正 C_R

　　轨道结构修正 C_R 的取值如下：

　　高速铁路无砟轨道相对于有砟轨道：

$$C_R = -3 \text{ dB}$$

　　如对具体轨道类型的修正值，在其他规范中有规定的，应执行相应规范的规定。

　　5）关于地质修正 C_G

　　根据对振动的影响，地质条件可分为 3 类，即软土地质、冲积层、洪积层。

　　相对于冲积层地质，洪积层地质修正：

$$C_G = -4 \text{ dB}$$

　　相对于冲积层地质，软土地质修正：

$$C_G = 4 \text{ dB}$$

　　特殊地质条件下的修正，宜通过类比测量获取修正数据。

　　由于地质条件较为复杂，鼓励采用类比监测的方法确定修正量。

　　6）关于距离衰减修正 C_D

　　距离衰减修正 C_D 可按公式（8-24）计算。

$$C_D = -10k_R\lg\frac{d}{d_0} \qquad (8\text{-}24)$$

式中：d_0 —— 参考距离；

　　　　d —— 预测点到线路中心线的距离；

k_R —— 距离修正系数，与线路结构有关，对于路基线路，当 $d \leqslant 30$ m 时，$k_R = 1$；当 30 m $< d \leqslant 60$ m 时，$k_R = 2$；对于桥梁线路，当 $d \leqslant 60$ m 时，$k_R = 1$。

7）关于建筑物类型修正 C_B

铁路沿线两侧地区建筑物内振动大小，不仅与距线路的距离和地表土质等因素有关，且与建筑物的基础、结构、高度等因素密切相关。

一般建筑物内的 Z 振级将有较大幅度地衰减，对于具有良好的基础，质量又大，结构坚固，不易激振的建筑，如钢筋混凝土结构、框架结构的高层建筑（称Ⅰ类），对铁路振动有很大的衰减，建筑物内与楼外地面相比，$C_B \geqslant -10$ dB；基础较好的多层砖混结构住宅楼等建筑物（称Ⅱ类），$C_B = -5$ dB；至于基础较差，或轻质结构，以及陈旧的建筑（称Ⅲ类），如陈旧的三层以下楼房、旧平房、一些简易或临时房屋，建筑物内振动衰减很小，$C_B = 0$ dB。三类建筑物类型室外 0.5 m 对振动响应的修正如下：

Ⅰ类建筑为良好基础、框架结构的高层建筑：

$$C_B = -10 \text{ dB}$$

Ⅱ类建筑为较好基础、砖墙结构的中层建筑：

$$C_B = -5 \text{ dB}$$

Ⅲ类建筑为一般基础的平房建筑：

$$C_B = 0 \text{ dB}$$

由于Ⅲ类建筑物差别较大，情况比较复杂，建议尽量采用类比预测法，即选择类似建筑物，通过实测室内外振动的传递衰减，确定修正值。

（2）防治措施

铁路振动防治措施包括源头控制、传播途径控制、建筑物防护、合理规划布局、科学管理等综合措施。

振动源防治方面，包括通过逐步改造机车车辆，加强轮轨系统维护，采用线路工程的减振新技术，如通过铺设无缝线路，轨道系统隔振，以桥代路，从源头上降低铁路振动影响。此外传播途径振动控制可通过设置隔振沟、墙等防振屏障措施，降低环境振动影响，也可通过改变建筑物使用功能及其他有效措施，降低环境敏感目标处的振动影响。

9 生态影响评价

9.1 概述

9.1.1 基本概念

9.1.1.1 生态学

生态学是研究生物与其生存的有机和无机环境全部关系的学科。

从人类角度考察生物与人类的关系或考虑对生物进行保护时，一般将生物与其生存的环境作为一个整体看待，因而生态影响评价要依赖生态学的知识和方法。

生态学在研究生物与其生存环境的关系时，将其分为不同的层次，生态学的研究层次一般分为个体生态学、种群生态学、群落生态学、生态系统生态学和景观生态学。目前进行生态影响评价时，主要涉及种群生态学、群落生态学和生态系统生态学三个层次的问题，但景观生态学越来越受到人们的关注。

9.1.1.2 物种

物种是由遗传基因决定的、具有种内繁育能力、区别于其他生物类群的一类生物。物种是生物分类的基本单位，是具有一定的形态特征和生理特性以及一定的自然分布区的生物类群。在生态影响评价中对珍稀濒危野生动植物种及具有生态经济价值的动植物须特别关注。

9.1.1.3 种群

种群是指某一地区中同种个体的集合体。

种群有三个基本特征：空间特征，即种群具有一定的分布区域；数量特征，每单位面积（或空间）的个体数量（即密度）是变动的；遗传特征，种群具有一定的基因组成，即系一个基因库，以区别于其他物种，但基因组成同样处于变动之中。

种群密度（单位面积或单位空间内的个体数目）是描述种群动态的常用参数。

生态影响评价较少涉及个体生态学问题，但对珍稀濒危物种个体及种群的数量动态和空间分布特征十分关注。个体的迁入、迁出、出生率和死亡率、栖息地条件和人类干扰等因素均影响种群的动态。

9.1.1.4 群落

群落是生活在某一地区中所有种群的集合体，可分为植物群落、动物群落和微生物群落三大类。群落不是生物物种的简单加和，而是一个由各种关系联系在一起的整体。群落的外部形态特征常被作为划分类型的依据。群落的结构特征亦被用作判别其完整性的指标。

群落中起主导和控制作用的物种称作优势种，可用重要值表征。

群落主要层（如森林的乔木层）的优势种，称为建群种。建群种在数量上不一定占绝对优势，但决定着群落内部结构和特殊的环境条件。如在主要层中有两个以上的种共占优势，则把它们称为共建种。现在群落调查，更关注建群种。调查建群种比调查优势种更重要。

群落的生物量和物种多样性常作为评价其优劣或重要性的指标。

9.1.1.5 群落演替

在一定地段上，群落由某一类型转变为另一类型的有顺序的演变过程，称为群落演替。

经典演替的基本思想：

（1）群落演替是有顺序的过程，有规律的向一个方向发展，因而是能够预测的；

（2）虽然群落演替受生境中物理环境所约束，但主要是由生物群落自身所决定，即演替前期为后期的物种入侵和繁殖准备了条件；

（3）演替的最后阶段是稳定的系统，往往生物量最大，物种种群间的相互作用最紧密。

在群落演替过程中，随着群落结构的变化，其生物量逐渐增加，生物多样性增加，环境功能亦随之提高。当生态系统受到人类干扰后，如森林被砍伐后，其原有的功能亦丧失殆尽，土壤侵蚀加剧，土壤肥分迅速损失。此后，次生演替开始，其主要过程是植被恢复和替代过程。当植被重建之后，生物逐渐增加，土壤侵蚀减少，生物量不断积累，其功能亦随之提高。

群落演替在受损生态系统的恢复中有重要意义。研究群落演替规律、条件，可使人类科学地干预演替过程，促使自然演替加速进行，亦可控制演替过程，使之向人类希望的方向发展。

9.1.1.6 生态系统

某一地区的生物群落及其非生物环境的集合体构成了这一地区的生态系统。

生态系统是指生命系统与非生命（环境）系统在特定空间组成的具有一定结构与功能的系统。它是生态影响评价的基本对象，即评价生态系统在外力作用下的动态变化。

（1）生态系统的组成

生态系统由生物和非生物环境两大部分组成。其中生物包括生产者、消费者和分解者。

生产者：是指从简单的无机物制造食物的自养生物（autotrophs）。通常是能进行光合作用的藻类、高等植物及光合细菌等。

消费者：所谓消费者是针对生产者而言，即它们不能从无机物质制造有机物质，而是直接或间接依赖于生产者所制造的有机物质，因此属于异养生物（heterotrophs）。

消费者按其营养方式上的不同又可分为：① 一级消费者—食草动物；② 二级消费者—食肉动物；③ 三级消费者—大型食肉动物或顶级食肉动物。

分解者：主要是细菌和真菌。其作用是把动植物体中的复杂有机物分解，并释放出能量和能够为生产者所重新利用的简单的化合物。分解者为异养生物，在生态系统中的作用是极为重要的，如果没有它们，动植物尸体将会堆积成灾，物质不能循环，生态系统将毁灭。

非生物环境：包括参加物质循环的无机元素和化合物（如 C，N，CO_2，O_2，P，K），联结生物和非生物成分的有机物质（如蛋白质、糖类、脂类和腐殖质等），气候和其他物理条件（如温度、压力等）。

（2）生态系统运行

生态系统的运行是由组成生态系统的生物群落或生物群落通过它们之间复杂的关系维系的动态变化过程。最重要的运行过程是物质循环、能量流动、信息传递以及调节，这是生态系统的基本功能。

① 物质循环。指化学物质由无机循环进入到生物有机体，经过生物有机体的生长、代谢、死亡、分解，又重新返回到循环的过程。物质循环发端于绿色植物的光合作用，物质从绿色植物经动物消费、微生物分解，最终又回到循环中。一般参与循环的化学元素有 20 种，其中最重要的是 C、N、P、K、S 等。

② 能量流动。指绿色植物通过光合作用获取太阳能，把无机物转化为有机物，并合成自己的躯体，同时也把太阳能转化为化学能。由此，随着植物被动物逐级消费，能量也随着物质的转移而流动，这就是能量流动。

③ 信息传递。主要是指遗传信息由亲代传递给子代的过程。这是维系生态系统运行最为重要的过程。

④ 调节反馈。指在系统内，生物与生物，生物与环境之间长期相互作用，处于不断运动和变化之中，系统内部存在着普遍的进化、适应、制约、反馈过程。这种调节、反馈作用，可使系统达到一种相对和谐、稳定的状态，这就是生态平衡。

⑤ 动态变化。生态系统始终是处于动态变化之中。包括时间和空间上的各种变化，如季变化、年变化等不断的演替和迁移变化。生态系统的变化，有的有利于人类，有的则不利于人类。

（3）生态系统特点

生态系统的基本特点是物质循环和能量流动。此外，生态系统还具有以下特点：

① 整体性。即生态系统的整体性。指系统的有机整体，其存在方式、功能都表现出统一的整体性。

生态系统结构的整体性决定着系统的生态功能。结构的改变必然导致功能的改变。反之，通过观察功能的改变也可以推知系统结构的变化趋势。生态系统存在和运行的基本保证是营养物质的循环和系统中能量的流动。这种运动一经破坏，系统也就崩溃。

在生态系统中，植物之间通过竞争、共生等作用相互制约，动物与植物之间、动物与动物之间，通过食物链相互联系。在生物与非生物之间，其相互作用更为明显。其中，水分的变化所带来的影响最为显著。例如，在新疆等干旱地区，许多生态系统靠地下水维持。地下水开采过多，就会造成地下水位下降，当下降到地面植物根系不可及的程度时，地面植被就会死亡，土地荒漠化也就接踵而至，整个生态系统就会被摧毁。相反，在引水灌溉时，若给水过多，则地下水位就上升，喜水植物会增加，继而因强烈的蒸发导致盐分在土壤表面积聚，于是导致盐渍化，进而造成植被稀疏化，生态系统也趋于逆向演替。

② 复杂有序的层级结构。生态系统是一个有层次的结构整体。传统生态学将生态系统划分为个体、种群、群落和生态系统四个层次。层次的升高，不断赋予生态系统新的内涵，但各层次都始终相互联系着，低层次是构成高层次的基础，构成一种有层次的结构整体。

任何一个生态系统又都是由生物和非生物两部分组成的纵横交错的复杂网络，组成系统的各个因子相互联系、彼此制约而又相互作用，最终使系统各因子协调一致，形成一个比较稳定的整体。例如，在一个生态系统中，仅植物的构成就有上层林木（高大乔木）、下层林木（小乔木）、灌木、草本植物、地被植物（苔藓、地衣）等层次，破坏其中一个层次，如砍伐掉高大的树木，就会使下层喜阴植物受到伤害，系统失去平衡，有时甚至向恶性循环转化。

③ 开放的系统。即生态系统的开放性。任何生态系统都是开放性的系统，与周围环境有着千丝万缕的联系。一个生态系统的变化往往会影响到其他生态系统。例如，一个山地生态系统，由于森林植被破坏而导致水土流失、鸟兽飞迁、地貌变化，

不仅使本系统发生变化，而且由于失去森林涵养水源、"削洪补枯"的调节作用，影响径流，加重下游平原地区的洪旱灾害，也可造成河流湖泊的淤塞和影响河湖水生生态系统。

生态系统的开放性具有两方面的意义。一是使生态系统可为人类服务，可被人类利用。例如，人类利用农业生态系统的开放性，使之输出粮食和果蔬，利用自然生态系统输出的水分改善局地小气候，增加农业产量。二是使人类可以通过增大对生态系统的物质和能量输入，改善系统的结构，增强系统的功能。正是由于生态系统具有开放性的特征，才使它与人类社会更紧密地联系在一起，成为人类生存和发展的重要资源。

④ 具有一定的稳定性。完整的生态系统一般是比较稳定的，有较强的抵抗外界干扰并持续发展的能力，即具有一定的负荷能力。生态系统所具有的保持或恢复自身结构和功能相对稳定的能力，实际上也就是生态系统自我维持、自我调控、自组织能力的特性，一般表现为恢复稳定性和阻抗稳定性。

恢复稳定性，是指生态系统在遭到外界因素干扰后恢复到原状的能力。河流被严重污染后，导致水生生物大量死亡，使河流生态系统的结构和功能遭到破坏。如果停止污染物的排放，河流生态系统通过自身的净化作用，还会恢复到接近原来的状态。这说明河流生态系统具有恢复自身相对稳定状态的能力。再如，一片草地上发生火灾后，第二年就又长出茂密的草本植物，动物的种类和数量也能得到恢复。森林生态系统的抵抗力稳定性比草原生态系统的高，但是，它的恢复力稳定性要比草原生态系统低得多。热带雨林一旦遭到严重破坏（如乱砍滥伐），要想再恢复原状就非常困难了。

阻抗稳定性，指生态系统抵抗外界干扰并使自身的结构和功能保持原状的能力。生态系统之所以具有阻抗稳定性，是因为生态系统内部具有一定的自动调节能力。如，森林生态系统对气候变化的抵抗能力，就属于阻抗稳定性。再如，在森林中，当害虫数量增加时，食虫鸟类由于食物丰富，数量也会增多，这样害虫种群的增长就会受到抑制。

⑤ 具有一定的脆弱性。生态脆弱性是生态系统在特定时空尺度上相对于干扰而具有的敏感反应和恢复状态，它是生态系统的固有属性在干扰作用下的表现。

生态脆弱性的一般属性有：范围的区域性、类型的单一性、变迁的长期性、经济的滞后性等。

生态脆弱地区也称生态交错区，是指两种不同类型生态系统交界过渡区域。这类交界过渡区域生态环境条件与两个不同生态系统核心区域有明显的区别，是生态环境变化明显的区域，已成为生态保护的重要领域。

我国是世界上生态脆弱区分布面积最大、脆弱生态类型最多、生态脆弱性表现最明显的国家之一。为保护和改善我国的生态脆弱区，2008年9月环境保护部颁布了《全国生态脆弱区保护规划纲要》。不仅要保护生态优良区，也要维护生态脆弱区，生态脆弱区被破坏后更不容易恢复，且容易导致生态灾难。

⑥ 动态变化性。生态系统的平衡和稳定是相对的、暂时的，而系统的不平衡和变化是绝对的、长期的。

能引起生态系统变化的因素很多，有自然的，也有人为的。自然因素如雷电引起森林火灾而造成森林生态系统的变化，长期干旱或洪水淹没造成生态系统的改变等。一般来说，自然因素对生态系统的影响多是缓慢的、渐进的。人为影响是现代社会中导致生态系统变化的主因，其影响多是突发的和毁灭性的。如砍伐和焚烧森林使之由森林生态系统变为草原生态系统，围垦使滩涂生态系统变为农田生态系统，水坝建设则使河谷生态系统变成湖泊型生态系统等。

⑦ 区域分异性。生态系统具有明显的区域分异性。海洋和陆地是两大类完全不同的生态系统；森林、草原、荒漠生态系统具有明显的区域分布特征；山地、平原、河湖、沼泽等不同的生态系统不仅结构不同，而且同一类生态系统在不同区域的结构和运行特点也不相同。我国是一个受季风气候影响强烈而且多山的国家，气候多变，水土各异，物种多样，造就了多种多样的生态系统。这种特点既为资源的多样性提供了基础，也为合理开发利用和保护增加了难度。

生态影响评价中的区域性原则，就是强调一般规律与具体的生态系统特点相结合，并以具体生态系统的特殊性为主要考虑因素。只有注意到生态系统的特殊性，生态影响评价才能更具有针对性，其提出的生态保护和恢复措施也才更具有可行性和可操作性。

（4）生态系统类型

根据生态系统与人类活动的关系，可将生态系统分为自然生态系统、人工生态系统和半自然生态系统。

① 自然生态系统。指未受人类干扰或人工扶持，在一定空间和时间范围内依靠生物及其环境本身的自我调节来维持相对稳定的生态系统，典型的自然生态系统是森林、草原、荒漠和陆地水域（淡水）以及海洋生态系统，还有介于水陆之间的湿地生态系统。

② 人工生态系统。指按照人类需求建立起来的，或受人类活动强烈干扰的生态系统，典型的人工生态系统是城市生态系统、现代农业生态系统（如机械化、自动化程度较高的）。

③ 半自然生态系统。它介于人工和自然生态系统之间，既维持一定的自然特性，又得到人类一定程度的经营或干扰，例如天然放牧草原、人类经营管理的天然林、虽为人工栽种但经多年自然生长郁闭度大于 0.2 的经济林或果园等。

（5）生态系统的环境功能

生态系统是支持人类生存和发展的物质基础，生态系统作为人类的环境而对人类的服务价值称作生态系统的环境功能。

1）提供生产和生活资料的直接服务功能。生态系统对人类生存和发展的物质基础支撑作用主要体现于直接的生产价值，即生产可供人类利用的生物资源，如木材、药材、建材、薪材、牧草、粮食和鱼贝类等。

2）间接服务功能。生态系统更多的是间接的环境服务价值，亦称环境服务功能或环境功能，主要有：

① 稳定大气的功能。植物的光合作用和呼吸作用具有固定二氧化碳、释放氧气，调节地球的碳氧平衡、调节气候的作用；

② 水文调节与水资源供应的功能。植物形成的植被层具有涵养水资源，通过水分涵养和调蓄作用缓解极端水情，可以削洪补枯和防旱抗旱；

③ 水土保持和土壤熟化的功能。植被能够保持土壤，防止土壤侵蚀，而且能够熟化土壤，促进土壤的形成；

④ 防风固沙功能。通过树木阻挡防风和植被固土固沙，起到防止土地沙化、防治沙尘暴的作用；

⑤ 气候调节功能。通过空间阻挡、蒸腾水分、改善下垫面，改善小气候，增加降雨量；

⑥ 净化环境的功能。通过植物吸尘、滞尘、吸收分解污染物和释放氧气、杀菌物质，可以净化空气和水体；一些固体废物和生活垃圾被生态系统中的植物或动物、微生物利用分解为无机物，起到净化环境的作用；

⑦ 形成自然景观，给人美的享受。许多生态系统绚丽多彩，形成美好的自然景观，满足人类多方面的社会文化和美化要求，发挥休闲娱乐以及科研、文化和教育的作用；

⑧ 为人类提供生物选择价值。生态系统潜在的选择价值对于人类的长远发展是不可估量的。作物的更新换代，家畜的改良品种，无不依赖于生物多样性和生态系统。此外，许多生态系统的存在，就是价值无量的。

9.1.1.7　生境

生境是指物种（也可以是种群或群落）存在的环境域。即生物生存的空间和其中全部生态因子的总和。植物生长的土壤及各种条件（植物生长地）；动物的栖息地、食源地、水源地、庇护所、繁殖地等。在林业上常称的"立地条件"，实际上也就是生物（林木）生存的环境。组成生境的各要素即为生态因子，包括生物因子和非生物因子。

9.1.1.8　植被

植被是覆盖地表的植物及其群落的泛称。

植被类型，具有一致外貌（优势种生活型相同）的植物群落组合。是植物群落的高级或最高级的分类单位。

（1）植被分类

1）按地理环境特征划分：如，高山植被、中山植被、平原植被、温带植被、热带植被等。

2）按分布地域划分：如，天山植被、秦岭植被、长白山植被等。

3）按植物群落类型划分：如，草甸植被、森林植被等。

4）按形成过程划分：如，植被分自然植被和人工植被。自然植被是一地区的植物长期发展的产物，包括原生植被、次生植被和潜在植被，森林、草原、灌丛、荒漠、草甸、沼泽等；人工植被包括农田、果园、草场、人造林和城市绿地等。

（2）我国主要的陆生植被类型

1）草原：大多是适应半干旱气候条件的草本植物。

2）荒漠：生态条件严酷，夏季炎热干燥，土壤贫瘠；植被稀疏、种类贫乏、耐旱。

3）热带雨林：分布在全年高温多雨地区，种类丰富、常绿，建群种大部分高大。

4）常绿阔叶林：分布在气候比较炎热、湿润地区，以常绿阔叶树为主。

5）落叶阔叶林：分布区四季分明，夏季炎热多雨，冬季寒冷，冬季完全落叶的阔叶树。

6）针叶林：分布在夏季温凉、冬季严寒的地区，以松、杉等针叶树为主。

9.1.1.9　景观

景观生态学所指的"景观"，是一个空间异质性的区域，由相互作用的拼块（斑块）或生态系统组成，以相似的形式重复出现。即景观是由具有不同生态特性的拼块（斑块）组成的嵌合体，一般适用于大尺度或中尺度（数十平方公里至数百平方公里，甚至全球尺度）生态过程的研究。景观生态学具有众多与一般群落或生态系统不同的特征，是当前生态学研究的一个重要分支学科。

景观生态学是研究景观单元的类型组成、空间配置及其生态学过程相互作用的综合性学科。其研究对象和内容可概括为三个方面：景观结构、景观功能、景观动态。重点集中在：空间异质性或格局的形成和动态及其与生态学过程的相互作用；格局—过程—尺度之间的相互关系；景观的等级结构和功能特征以及尺度问题；人类活动与景观结构、功能的相互关系；景观异质性（或多样性）的维持和管理等。

9.1.1.10　生物多样性

生物多样性保护是全世界环境保护的核心问题，被列为全球重大环境问题之一，这是因为生物多样性对人类有巨大的也是不可替代的价值，它是人类群体得以持续发展的保障之一。生物多样性的保护对策有以下几个方面：

（1）加强国际合作，并在国家层面上予以落实

生物多样性的保护对策应该包括全球的、国家的、地区的和地方的等一系列不同层次。国际级对策对于保护全球受威胁的生态系统是基本的，由国际自然保护同盟（IUCN），现称世界保护同盟牵头，提供非政府活动组织、政府机构和主权国之间的联系，这是国际的独立组织。国家级的保护对策反映国家的职责，提供政府组织行动的框架。建立地方和国家的自然保护区和国家公园，由于减少生产而对农家的补偿及生境的管理，是执行保护对策的手段之一。

（2）就地保护

采取就地建立自然保护区与国家公园，是生物多样性保护的重要场所。虽然保护区的功能主要是保护濒危特种和典型生态系统，但教育、科研和适度的生态旅游也是不可忽视的功能，后者还能作为保护区管理费用的来源之一。在保护区中划分核心区、缓冲区和实验区是兼顾这些功能的一种方法，是传统的封闭式保护区概念上的突破。而通过在保护区之间或与其他隔离生境相连接的生境走廊，是对付生境片断化所带来不利影响的重要手段。

（3）迁地保护

将野生生物迁移到人工环境中或易地实施保护。动物园、植物园、濒危物种保护中心是通过人工繁育防止物种直接灭绝的手段。迁地人工繁育的最后目的是再引入到野外。为了完全地利用已有的基因库，尽量增加遗传变异，常常把全世界动物园饲养的一个物种全部个体，作为一个种群来管理。至于回放野外的成效，它取决于生境质量、面积和保护免受人类干扰等因素。对于回放的动物，可能还要教会它们怎么样有效地获取食物、逃避捕食者。

（4）建立种子库和基因资源库

即对物种的遗传资源，如植物种子、动物精液、胚胎和真菌菌株等，进行长期保存。当然，这种保存涉及采集、保存、启用等一系列环节。

（5）退化生态系统的恢复

恢复（restoration），包括改造、修复、再植和重建，即通过各种方法改良和重建已经退化和被破坏的生态系统。

（6）依法保护

目前，我国野生动植物保护法律有《中华人民共和国野生动物保护法》《渔业法》《进出境动植物检疫法》《野生药材资源保护管理条例》等，此外，还有地方保护野生动植物的法规或规范性文件。

（7）生物多样性的监测

加强生物多样性监测是科学保护的技术基础，而且需要进行长期的监测。通过监测，了解生物多样性的变化，进而有针对性、有效实施生物多样性保护。

9.1.1.11 生态恢复

生态恢复一般可分为自然恢复和人工恢复。对于由于自然或人为的因素导致的在生态系统承载力范围内的干扰或破坏，生态系统可以通过演替恢复其原有的状态。但对于超过生态自然恢复能力的干扰或破坏，生态系统自我恢复将是十分困难的，需要人类采取措施促进恢复。退化生态系统自然恢复的实质是群落演替、自我修复的过程。

9.1.1.12 生态影响

生态影响是指外力（一般指"人为作用"）作用于生态系统，导致其发生结构和功能变化的过程。即经济社会活动对生态系统及其生物因子、非生物因子所产生的任何有害的或有益的作用，影响可划分为不利影响和有利影响，直接影响、间接影响和累积影响，可逆影响和不可逆影响等。

生态影响的特点主要表现在以下几个方面：

（1）累积性

生态影响常常是一个从量变到质变的过程，即生态系统在某种外力作用下，其变化起初是不显著的，或者不为人们所觉察与认识的，但当这种变化发生到一定程度时，就突然地、显著地或以出乎常人预料的结果显示出来。例如，草原退化是渐进的，缓慢的，但当退化到一定程度时，就以沙漠化甚至沙尘暴的形式表现出来。

（2）区域性或流域性

即某一地区发生的生态恶化会殃及其他广大的地区。沙尘暴是大范围影响的灾害，土壤侵蚀发生的沙尘甚至可漂洋过海，降落在异国他乡。四川西部高山峡谷区的森林砍伐，引发的洪水直达长江中下游。河流上一座小水坝，湖泊口一座拦门闸，其影响往往是全流域的，不仅洄游性水生生物受到影响，其他水生生物也因水文情势改变而受到影响。由于影响面大，许多此类影响也具有战略性影响性质。

（3）高度相关和综合性

这与生态因子间的复杂联系密切相关。例如，河流上修水库，不仅水库对外环境有重要影响，而且外环境对水库也有重要影响。上游的污染源会使水库水质恶化，上游流域的水土流失会增加水库的淤积，而水土流失又与植被覆盖紧密联系，所以水库区的森林与水、陆地与河流是高度相关的。此外，环境动态与自然资源的开发利用息息相关，所以生态影响不仅涉及自然问题，还常常涉及社会和经济问题。

由于有上述特点，环境生态影响也就具有了整体性特点，即不管影响到生态系统的什么因子，其影响效应是系统整体性的。

9.1.1.13 生态影响评价

生态影响评价是识别、分析或预测评价（尽可能量化）某项目活动对生态系统或其组分可能造成的直接影响或间接影响的过程，并提出减少影响或改善生态的策略和措施。

9.1.2 生态影响评价标准

（1）国家、行业和地方规定的标准

1）《农田灌溉水质标准》（GB 5084—2005）

2）《保护农作物的大气污染物最高允许浓度》（GB 9137—88）

3）《土壤环境质量标准》（GB 15618—1995）

4）《食用农产品产地环境质量评价标准》（HJ 332—2006）

5）《农药安全使用标准》（GB 4285—89）

6）《粮食卫生标准》（GB 2715—2005）

7）《渔业水质标准》（GB 11607—89）

8）《土壤侵蚀分类分级标准》（SL 190—2007）

9）国家已发布的环境影响评价技术导则，行业发布的环境影响评价规范、规定、设计规范中有关生态保护的要求等。

（2）规划确定的目标、指标和区划功能

1）重要生态功能区划及其详细规划的目标、指标和保护要求。

2）敏感保护目标的规划、区划及确定的生态功能与保护界域、要求，如自然保护区、风景名胜区、基本农田保护区、重点文物保护单位等。

3）城市规划区的环境功能区划及其保护目标与保护要求，如城市绿化率等。

4）全国土壤侵蚀类型区划、地方水土保持区划。

5）其他地方规划及其相应的生态规划目标、指标与保护要求等。

（3）背景或本底值

以项目所在的区域生态的背景值或本底值作为评价"标准"。如区域土壤背景值（曾长期用作标准）、区域植被覆盖率与生物量、区域水土流失本底值等。有时，亦可选取建设项目进行前项目所在地的生态背景值作为参照标准，如植被覆盖率、生物量、生物种丰度和生物多样性等。

背景或本底值可作为生态现状评价的标准。实际应用中，选用哪些指标或参数做评价是十分重要的。在生态影响评价中，生态系统可按不同的等级进行评价。

（4）特定生态问题的限值

1）各侵蚀类型区土壤容许流失量、风蚀强度分级表、泥石流侵蚀强度分级表。

2）草原生态系统，按产草量和产草质量分为五等八级。

3）土地沙漠化按景观指征或生态学指征分为潜在沙漠化、正在发展中沙漠化、强烈发展中沙漠化和严重沙漠化等几个等级，表示沙漠化的不同程度。或按流沙覆盖度和植被覆盖度划分为强度沙漠化、中度沙漠化、轻度沙漠化等，均可作为生态影响评价的标准。

4）生物物种保护中，也根据种群状态将生物分为受威胁、渐危、濒危和灭绝物种。

5）以科学研究已证明的"阈值"或"生态承载力"作为标准。

9.1.3 生态影响评价的工作内容

生态影响评价的工作内容主要包括：

（1）规划分析或建设项目工程分析。

（2）生态现状的调查与评价。

（3）进行上述二者的关系分析，即进行环境影响识别与评价因子筛选。

（4）确定生态影响评价等级和范围。

（5）生态影响预测评价或分析。即进行建设项目全过程的影响评价和动态管理，而且需要特别关注对敏感保护目标的影响评价。

（6）有针对性地提出生态保护措施。研究消除和减缓影响的对策措施，包括环境监理和生态监测，并进行技术经济论证。

（7）得出结论。

9.2 生态影响型项目工程分析技术要点

9.2.1 工程组成与工程占地

凡属于本工程建设的内容，均需包括在工程组成内（必要时还应分析依托工程的情况，说明可依托性）。由于工程占地与生态影响有直接关系，是工程的生态影响"源"，所以生态影响必须关注工程占地情况，一般包括永久占地和临时占地。在工程分析时应给出永久占和临时占地的位置、类型、占用不同类型土地的面积。工程占地涉及基本农田、基本草原、耕地、森林时应特别指出。

临时占地包括取土场、弃土场、砂石料场、物料堆放场等各类站场，以及施工营地、运输便道等。对临时占地应予以特别关注，因为临时占地可以进一步优化，在工程结束后需进行土地整治与生态恢复，而且是工程竣工环境保护验收生态调查的重要内容。

9.2.2 是否涉及敏感生态保护目标

涉及敏感保护目标的建设项目在工程分析时应调查敏感生态保护目标的基本情况，在此基础上说明工程与敏感保护目标的位置关系（附位置关系图），当然，在工程分析的同时，应首先解决项目与保护目标关系的合法性问题。如果工程征占保护目标的用地，则需说明征占的位置、面积或穿越的线路长度，特别是重点工程涉及保护目标时，应进一步深入分析，包括工程的规模、数量、土石方量等。

9.2.3 土石方平衡

明确工程的挖方量、填方量，土方量、石方量，借方量、弃方量，这涉及取、弃土场的设置、土石方的调运，并关系到生态影响。在工程分析中应给出土石方平衡调运图或表，进而优化取弃土量及取弃土场的选择。土石方平衡调运参考图如下：

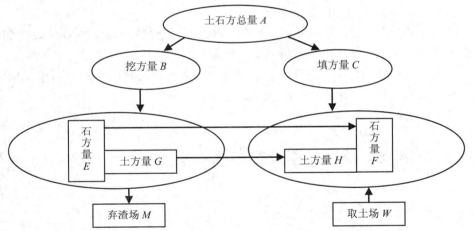

（$A=B+C$，$B=E+G+M$，$C=H+F+W$。E、G 可以"移挖作填"，即转为填方（F、H）用于工程建设；E、G 工程用不了或不能用的可以弃入弃土场，H、F 在移挖作填不够用时，则从取土场采取）

土石方平衡调运图示例

9.2.4 施工方案

施工期往往是生态影响最突出的时段，应进行施工方案的分析，包括施工时序、施工布局、施工工艺等。一般应给出施工布局图、工艺流程图等图件，分析是否采用先进实用、有利于减少污染或有利于保护生态的施工工艺，如桥梁桥墩施工是否采用围堰技术。通过对施工方案的分析，根据其可能造成的不利环境影响，提出进一步优化施工方案的要求或建议。

9.2.5 营运方案

营运期的生态影响与营运方案有关，而不同类型的项目，营运方式差别很大。所以在工程分析时，应首先弄清建设项目的营运方案（式）。如水电建设项目，有日调节、年调节，不完全年调节之分，梯级开发还涉及如何联合调度，对生态的影响就不同；采掘类项目，其生产营运方式也各有差别，有的是地下开采（井工开采），有的是露天开采（坑采），有的汽车运输、有的火车外运，有的则为皮带传输或封闭式廊道运输等。另外，不同采区的布局及开采时序则可产生不同形式、不同程度的生态影响。

9.2.6 生态保护措施有效性分析

生态保护措施一般包括预防、最小化、减量化、修复、重建、异地补偿、人工改造等。某些建设项目，在工程可行性研究或初步设计中包含一些生态建设或保护方面的内容，如水土保持措施。在生态影响评价时，应分析这些生态保护措施的有效性，并根据评价结果提出优化调整或进一步整改措施，以使生态保护措施更加有效。

9.3 生态影响识别与评价因子筛选

9.3.1 生态影响识别

生态影响识别包括三个方面：影响因素识别，即识别作用主体；影响对象识别，即识别作用受体；影响效应识别，即识别影响作用的性质、程度等。生态影响识别一般以列表清单法或矩阵表达，并辅之以必要的文字说明。

9.3.1.1 影响因素识别

这是对作用主体（建设项目）的识别，实质上是一个工程分析的过程。这项工作应建立在对工程性质和内容的全面了解和深入认识的基础上。

（1）内容全面。包括主体工程、所有辅助工程（如施工辅道、作业场所、储运设施等）、公用工程和配套设施建设。

（2）全过程识别。包括施工期、运营期、服务期满后（如矿山闭矿、渣场封闭、设施退役等）。

（3）识别主要工程及其作用方式。主要影响环境的工程组成，如公路的桥、隧、取弃土场等。作用方式如集中作用点与分散作用点、长期作用与短期作用、物理作用或化学作用等。

9.3.1.2 影响对象识别

这是对影响受体（生态）的识别，识别要点应与现状调查相结合。

（1）生态系统类型、组成要素、特点、所起作用或主要环境功能。

（2）生态敏感保护目标及重要生境。敏感保护目标如自然保护区、风景名胜区、森林公园、饮用水源保护区、重要自然遗迹和人文遗迹等，重要生境包括天然林、天然海岸、潮间带滩涂、河口和河口湿地、湿地与沼泽、红树林与珊瑚礁、无污染的天然溪流、河道、自然性较高的草原、草山、草坡等。

（3）自然资源。如水资源、耕地（尤其是基本农田保护区）资源、特产地与特色资源、景观资源以及对区域可持续发展有重要作用的资源。

（4）自然、人文遗迹与风景名胜。由于我国自然、人文遗迹及风景名胜特别丰富，需要在环境影响评价中给予特别的关注，需要认识调查和识别此类保护目标。

9.3.1.3 影响效应识别

主要是对作用主体作用于作用受体后可能产生的生态效应进行识别，主要包括：① 影响性质：即正负影响、可逆与不可逆影响、可否恢复或补偿、有无替代方案、短期与长期影响、累积性影响与非累积性影响等。② 影响程度：即影响范围的大小，持续时间的长短，影响发生的剧烈程度，受影响的生态因子的多少，是否影响到生态系统的主要组成因子等。③ 影响的可能性：即发生影响的可能性与几率。影响可能性可按极小、可能、很可能来识别。

9.3.2 评价因子筛选

生态影响评价因子筛选，视不同项目及其环境影响对象与特征而有所不同，是在影响识别的基础上进行的，目的是筛选出生态影响评价工作的内容，并确定评价重点。某水电建设项目的评价因子筛选如"9.3.3 示例"。

9.3.3 示例

某水电建设项目环境影响识别与评价因子筛选。在工程分析和现状调查的基础上，生态影响识别表述如表 9-1。

表9-1　某水电建设项目环境影响识别矩阵示意

□ 无影响　S 较小影响　G 显著影响　+ 有利影响　- 不利影响

工程作用因素		水文	泥沙	水质	水温	大气质量	弃渣	珍稀动植物	森林植被	鱼类	珍稀水生生物	库岸稳定	水土流失	土地占用	农业发展	人群健康	居住环境	景观
施工	对外交通	-S	-S			-S	-G	-S	-S				-G	-S	+S			-S
	场地布置及库底清理		-S	-G		-S	-G	-S	-G			-S	-S	-S				-S
	大坝施工			-S	-S	-S	-G	-S	-S	-S	-S		-S	-S		-S		-G
	施工机械					-S		-S									-G	
	施工生活			-S		-S	-S	-S	-S							-G		
	开挖		-S	-S		-S	-G						-G	-S				
运行	蓄水淹没		-S					-S	-S	+G	+G	-S	-G	-S		-S	-S	-S
	库水消落		-S							-S	-S	-G	-S		-G	-S	-S	+G
	泄流	-G		+G	-G					-S	-S	-S		-G		-S		-S
	水量调蓄			-S	-G				-S	+G	+S				+S			
移民	房屋及道路建设					-S		-S				-G	-G	-G	+S	-S	+G	+G
	土地利用											-S	-G	-G	+G			+S

根据分析，此水电项目的评价因子是：① 大气环境：TSP 或 PM$_{10}$；② 水环境：SS、COD、BOD、氨氮、石油类、水温；③ 声环境：敏感点噪声等效声级；④ 固体废物：弃渣、生活垃圾；⑤ 陆生生态：森林覆盖率、物种多样性、珍稀动植物、生物量损失、占地（数量与类型、生态系统类型与景观格局）、土壤侵蚀面积、侵蚀模数、侵蚀量；⑥ 水生生态：水生生态系统组成（浮游生物、底栖生物等），水生物多样性、生物量，珍稀水生物及其生境（产卵场、索饵场、越冬场），鱼类资源：种类、渔获量、鱼类产卵场、索饵场、洄游通道等；⑦ 其他评价因子：景观敏感性、库岸稳定性、健康影响风险。

9.4 生态影响评价等级和范围

9.4.1 生态影响评价等级

根据《环境影响评价技术导则—生态影响》（HJ 19—2011），将生态影响评价等级分为一、二、三级，位于原厂界（或永久用地）范围内的工业类改扩建项目，可做生态影响分析（可不做生态影响"评价"）。其主要依据条件为：

（1）影响区域的生态敏感性

（2）评价项目的工程占地（含水域）范围（包括永久占地和临时占地）

将生态影响评价工作等级划分为一级、二级和三级，如表 1 所示。评价等级确定见表 9-2。

表 9-2 生态影响评价工作等级划分表

影响区域生态敏感性*	工程占地（含水域）范围		
	面积≥20 km^2 或长度≥100 km	面积 2～20 km^2 或长度 50～100 km	面积≤2 km^2 或长度≤50 km
特殊生态敏感区	一级	一级	一级
重要生态敏感区	一级	二级	三级
一般区域	二级	三级	三级

*① 特殊生态敏感区（special ecological sensitive region）：指具有极重要的生态服务功能，生态系统极为脆弱或已有较为严重的生态问题，如遭到占用、损失或破坏后所造成的生态影响后果严重且难以预防、生态功能难以恢复和替代的区域，包括自然保护区、世界文化和自然遗产地等。② 重要生态敏感区（important ecological sensitive region）：指具有相对重要的生态服务功能或生态系统较为脆弱，如遭到占用、损失或破坏后所造成的生态影响后果较严重，但可以通过一定措施加以预防、恢复和替代的区域，包括风景名胜区、森林公园、地质公园、重要湿地、原始天然林、珍稀濒危野生动植物天然集中分布区、重要水生生物的自然产卵场及索饵场、越冬场和洄游通道、天然渔场等。③ 一般区域（ordinary region）：除特殊生态敏感区和重要生态敏感区以外的其他区域。

当工程占地（含水域）范围的面积或长度分别属于两个不同评价工作等级时，原则上应按其中较高的评价工作等级进行评价。改扩建工程的工程占地范围以新增占地（含水域）面积或长度计算。

在矿山开采可能导致矿区土地利用类型明显改变，或拦河闸坝建设可能明显改变水文情势等情况下，评价工作等级应上调一级。

9.4.2 生态影响评价范围

9.4.2.1 生态影响评价范围确定的基本原则

根据《环境影响评价技术导则—生态影响》（HJ 19—2011），生态影响评价范围确定的基本原则为：

（1）生态影响评价应能够充分体现生态完整性，涵盖评价项目全部活动的直接影响区域和间接影响区域。

也就是说，生态因子之间互相影响和相互依存的关系是划定评价范围的原则和依据；开发建设项目生态影响评价的范围主要根据评价区域与周边环境的生态完整性确定，生态系统的完整性是按其类型特征（如植被类型或土地利用类型）或地理特征的相对完整性鉴别的；应包括建设项目工程活动的全部直接影响的地域和间接影响所及的范围（不应出现预测的环境影响超出了所设定的评价范围的现象）。

（2）评价工作范围应依据评价项目对生态因子的影响方式、影响程度和生态因子之间的相互影响和相互依存关系确定。

即评价范围应能阐明建设项目所涉及或影响的生态系统的整体性特征及其与周围其他生态系统的联系；生态影响评价所指的生态系统之间的联系或关系是指受影响生态系统与其相邻生态系统之间的关系，包括物种交流、物质交流等。

（3）可综合考虑评价项目与项目区的气候过程、水文过程、生物过程等生物地球化学循环过程的相互作用关系，以评价项目影响区域所涉及的完整气候单元、水文单元、生态单元、地理单元界限为参照边界。

9.4.2.2 生态影响评价范围的确定方法

评价范围确定的基本原则是"影响"到哪里，就"评价"到哪里，通常可以参照以下方法：

（1）技术导则和评价规范的规定

据《环境影响评价技术导则—生态影响》（HJ 19—2011）关于生态影响评价范围确定的基本原则，结合开发建设项目的特点和环境特征，实事求是地具体确定。有行业环境影响评价技术导则的，则应按行业导则的规定确定评价范围，如《环境影响评价技术导则—水利水电工程》（HJ/T 88—2003）、《环境影响评价技术导则—

陆地石油天然气》（HJ/T 349—2007）等环境影响评价技术导则或规范均规定了生态影响的评价范围。在各行业环境影响评价规范中应执行相应行业的规范要求，特殊地区可适当调整。

（2）根据评价对象特点和工作需求与资料获取可能确定评价范围

一种情况是按工作需求来确定。一般而言，文献调查时只能获得较大范围的资料，调查的范围一般也比较大，非如此也不足以阐明生态系统的整体性特点及其与周围生态系统的关系。遥感调查范围也必须大于项目直接占地范围和直接影响范围。总之，调查所及范围宜大不宜小。环境现状评价和影响评价，范围相对小一些。实施措施的范围则一般在直接影响区或多在直接征占地范围内。

另一个重要依据是环境特点。一般而言，应注意以下内容：

① 应注意保持地表水系统的完整性，须将水源、用水、水影响范围考虑在内；

② 应注意地形、地貌特征，包括地理单元的完整性，如盆地或坪坝的完整性；

③ 应注意影响沿廊道的传播，如沿沟谷或河流，须适当扩大评价范围；

④ 应注意行政管辖界域，一般不跨越行政界域提出实施措施等。

⑤ 建设项目的空间分布，如点状、线型、斑点状或区域性布局等。此时须综合考虑项目的直接影响和间接影响，影响对象及其保护要求等，以合理确定评价范围。

（3）动态地确定评价范围

根据上个工作阶段的成果确定下个阶段的工作范围。如问题已基本明确，不妨缩小范围以解决更精细的问题。如发现新问题，不妨扩大研究范围，直至把问题搞明确。

9.4.2.3 生态影响评价范围的规定

（1）有行业要求、规范或导则的，可参照行业要求、导则或规范所规定的评价范围。例如：

1）交通运输类

公路：按路线中轴线各向外延伸 300～500 m；

铁路：为线路两侧各 300 m；

水上线路：江河类包括所经汇河段的全河段及其沿江陆地；

海上线路：主航线向两侧延伸 500 m；

场站：机场周际外延 5 km，码头区周际外延 3～5 km。

2）煤炭开采

二、三级项目应综合考虑煤炭井工或露天开采地表沉陷及地下水的影响范围，一般以矿区及矿区边界外 500～2 000 m 作为评价范围。

一级项目要从生态完整性的角度出发，凡是由于矿产开采直接和间接引发生态影响问题的区域均应进行评价。

3）石油天然气开采

① 区域性开采项目评价范围：

一级评价范围为建设项目影响范围并外扩 2～3km（影响区边界涉及敏感区部分外扩 3 km）；

二级评价范围为建设项目影响范围并外扩 2 km；

三级评价范围为建设项目影响范围并外扩 1 km。

② 线状建设项目：

一级评价范围为油气集输管线两侧各 500 m 带状区域；

二、三级评价范围为油气集输管线（油区道路）两侧各 200m 带状区域。

4）水利水电类

2、3 级项目以库区为主，兼顾上游集水区域和下游水文变化区域的水体和陆地；

1 级项目要对库区、集水区域，水文变化区域（甚至含河口和河口附近海域）进行评价。此外，要对施工期的辅助场地进行评价。

（2）无行业导则的开发建设项目生态影响评价范围，评价人员可以根据专业知识或通过专家咨询，根据工程实际及可能的影响确定评价范围。

9.5 生态现状调查与评价

9.5.1 生态现状调查的要求

生态现状调查是生态现状评价、影响预测的基础和依据，调查的内容和指标应能反映评价工作范围内的生态背景特征和现存的主要生态问题。在有敏感生态保护目标（包括特殊生态敏感区和重要生态敏感区）或其他特别保护要求对象时，应做专题调查。

一般根据开发建设项目的实际情况，可分别按中尺度（区域）和小尺度（评价范围）进行生态影响调查。中尺度以项目所在地（县或乡）为主，应在收集资料的基础上开展工作，概括性说明项目所在地的生态现状，以了解区域性生态特征。小尺度以项目影响范围为主，具体、详细地说明评价范围内的生态现状，生态现状调查的范围应不小于评价工作的范围。

一级评价应给出采样地样方实测、遥感等方法测定的生物量、物种多样性等数据，给出主要生物物种名录、受保护的野生动植物物种等调查资料；

二级评价的生物量和物种多样性调查可依据已有资料推断，或实测一定数量的、具有代表性的样方予以验证；

三级评价可充分借鉴已有资料进行说明。

9.5.1.1 区域性生态现状调查

（1）区域生态特征调查

主要通过资料收集和专家访问等调查项目所在区域（县、乡）总体地势地貌、土地利用，土壤类型及肥力，区域水文、气象、河流水系特征，植被调查，野生动物调查等。

（2）区域生态问题调查

调查影响区域内已经存在的制约开发建设活动或本区域可持续发展的主要生态问题和自然灾害问题，如水土流失、沙漠化、石漠化、盐渍化、自然灾害和污染危害等，指出其类型、成因、空间分布、发生特点、历史发展过程和发展趋势。

9.5.1.2 影响范围内生态现状调查

（1）生态背景调查

根据生态影响的空间和时间尺度特点，调查影响区域内涉及的生态系统类型、结构、功能和过程，以及相关的非生物因子特征（如气候、土壤、地形地貌、水文及水文地质等），重点调查受保护的珍稀濒危物种、关键种、土著种、建群种和特有种，天然的重要经济物种等。如涉及国家级和省级保护物种、珍稀濒危物种和地方特有物种时，应逐个或逐类说明其类型、分布、保护级别、保护状况等；如涉及特殊生态敏感区和重要生态敏感区时，应逐个说明其类型、等级、分布、保护对象、功能区划、保护要求等。即

1）基本生态因子调查。根据生态影响的空间和时间尺度特点，调查影响范围内涉及的生态系统类型、结构、功能和过程，以及相关的非生物因子特征。项目占地区及周边评价范围内的地势地貌、土地利用，土壤类型及肥力、局地气候、河流水系特征调查，项目建设可能影响的主要植物及植被分布调查，野生动物调查等。

2）生态系统调查。重点调查项目影响范围内生态系统类型、结构、功能及其演替趋势的调查。具有特殊保护意义生态系统应重点调查，包括生态系统赖以生存与发展的基本条件（限制性因子）的调查、生态系统重要组成成分的调查，以及国际或国家、地方规定的保护要求。

（2）重要敏感生态保护目标调查

1）生态敏感保护目标识别。根据《建设项目环境影响评价分类管理名录》（环保部 2 号令，2008-09-02），环境敏感区，是指依法设立的各级各类自然、文化保护地，以及对建设项目的某类污染因子或者生态影响因子特别敏感的区域，主要生态敏感保护目标包括：

◆自然保护区、风景名胜区、世界文化和自然遗产地、饮用水水源保护区；

◆基本农田保护区、基本草原、森林公园、地质公园、重要湿地、天然林、珍

稀濒危野生动植物天然集中分布区、重要水生生物的自然产卵场及索饵场、越冬场和洄游通道、天然渔场、资源性缺水地区、水土流失重点防治区、沙化土地封禁保护区、封闭及半封闭海域、富营养化水域；

此外，2008 年 7 月，环境保护部、中国科学院联合公布了《全国生态功能区划》。其中，对于重要生态功能区，全国划出 5 类 50 个重要生态功能区域。这 5 类重要生态功能区分别为：水源涵养重要区、土壤保持重要区、防风固沙重要区、生物多样性保护重要区、洪水调蓄重要区。生态现状调查时应弄清项目是否处于重要生态功能区，并予以说明。

2）敏感保护目标调查内容

◆自然保护区：调查保护区的地理位置、级别、类型、主要保护对象、面积、建设时间、主管部门及保护区管理机构情况、存在的环境问题等。

◆珍稀野生动植物：对于野生动植物，重点调查各级保护珍稀濒危物种和特有种，应说明其保护级别、分布、保护状况等。1988 年 12 月 10 日，国务院批准发布了《国家重点保护野生动物名录》，其中，一类保护动物 85 种（兽类 42 种、爬行类 6 种、鸟类 37 种），二类保护动物 91 种；1999 年 8 月 4 日，国务院批准发布了《国家重点保护野生植物名录》（第一批），其中，一级保护植物 56 种，二级保护植物 103 种。此外，2000 年 8 月 1 日，国家林业局公布了"有益的或有重要经济、科研价值的野生动物名录"（即所谓的"三有"动物）。此外，大部分省、市、自治区还颁布了本行政区的保护野生动植物名录。

◆文物古迹：自然遗迹和人文遗迹。文物保护单位分国家级、省市级和区县级，尤其是国家级文物最为重要。调查时应弄清保护等级、保护范围、以及与开发建设项目的位置关系。

（3）自然资源调查

自然资源量的调查，包括农业资源、气候资源、海洋资源、矿产资源、土地资源等的储藏情况和开发利用情况。

（4）主要生态问题调查

调查影响区域内已经存在的制约本区域可持续发展的主要生态问题，如水土流失、沙漠化、石漠化、盐渍化、自然灾害、生物入侵和污染危害等，指出其类型、成因、空间分布、发生特点等。针对主要生态问题分析其产生的原因，以利于提出解决问题的对策、措施。

9.5.1.3 现状调查方法

生态现状调查方法可参见《环境影响评价技术导则—生态影响》附录 A。附录 A 提供的方法主要有：

（1）资料收集法

即收集现有的能反映生态现状或生态背景的资料，从表现形式上分为文字资料和图形资料，从时间上可分为历史资料和现状资料，从收集行业类别上可分为农、林、牧、渔和环境保护部门，从资料性质上可分为环境影响报告书、有关污染源调查、生态保护规划、规定、生态功能区划、生态敏感目标的基本情况以及其他生态调查材料等。使用资料收集法时，应保证资料的现时性，引用资料必须建立在现场校验的基础上。

（2）现场勘察法

现场勘察应遵循整体与重点相结合的原则，在综合考虑主导生态因子结构与功能的完整性的同时，突出重点区域和关键时段的调查，并通过对影响区域的实际踏勘，核实收集资料的准确性，以获取实际资料和数据。

（3）专家和公众咨询法

专家和公众咨询法是对现场勘察的有益补充。通过咨询有关专家，收集评价工作范围内的公众、社会团体和相关管理部门对项目影响的意见，发现现场踏勘中遗漏的生态问题。专家和公众咨询应与资料收集和现场勘察同步开展。

（4）生态监测法

当资料收集、现场勘察、专家和公众咨询提供的数据无法满足评价的定量需要，或项目可能产生潜在的或长期累积效应时，可考虑选用生态监测法。生态监测应根据监测因子的生态学特点和干扰活动的特点确定监测位置和频次，有代表性地布点。生态监测方法与技术要求须符合国家现行的有关生态监测规范和监测标准分析方法；对于生态系统生产力的调查，必要时需现场采样、实验室测定。

（5）遥感调查法

当涉及区域范围较大或主导生态因子的空间等级尺度较大，通过人力踏勘较为困难或难以完成评价时，可采用遥感调查法。遥感调查过程中必须辅助必要的现场勘察工作。

（6）海洋生态调查方法

海洋生态调查方法见 GB/T 12763.9—2007。

（7）水库渔业资源调查方法

水库渔业资源调查方法见 SL 167—1996。

9.5.1.4　植物样方调查

自然植被经常需通过设置样方进行植物现场调查，样方调查中首先须确定样地大小，在选定的样地范围内，依据植株大小和密度确定样方。一般草本样方在 1 m² 以上，灌木样方在 10 m² 以上，乔木样方在 100 m² 以上；其次须确定样方数目，样方的面积须包括群落的大部分物种，一般可用种与面积的关系曲线确定样方数目。样方的排列有系统排列和随机排列两种方式。样方调查中"压线"植物的计量须合理。

调查内容除自然环境基本特征（地理坐标、海拔高度、坡度、坡向、土壤类型等）外，重点调查样方内植物组成（种类、数量、建群种或优势种）、生活期、生长状态（如植株高度、径级等）、层级结构等，一般以列表的形式反映（本章表9-3给出一个简单的乔木植物样方调查表）。实际工作中，调查表格内容可根据区域环境特点及植被类型视具体情况进行设计。

表9-3　某植物群落样方调查表

群落名称：　　　　样地面积：　　　　野外编号：　　　　调查时间：
调查地点：　　　　经度：　　　　　　纬度：　　　　　　坡向：
层次名称：　　　　层高度：　　　　　层盖度：　　　　　第　　页
记录者：

编号	植物名称	高度	株数	盖度%	物候期	生长状态	附记

在样方调查（主要是进行物种调查、优势度调查）的基础上，可依下列方法计算植被中物种的重要值：

（1）密度＝个体数目/样方面积

$$相对密度 = \frac{一个种的密度}{所有种的密度之和} \times 100\%$$

（2）优势度＝底面积（或覆盖面积总值）/样方面积

$$相对优势度 = \frac{一个种优势度}{所有种的优势度之和} \times 100\%$$

（3）频度＝包含该种样方数/样方总数

$$相对频度 = \frac{一个种的频度}{所有种的频度之和} \times 100\%$$

（4）重要值＝相对密度+相对优势度+相对频度

根据物种重要值可判断植物群落的类型。一般以重要值最高或重要值排在前两位或三位的物种作为该地的植物群落类型。

9.5.1.5　动物调查

野生动物的现场调查的方法视动物种类不同而异。陆地动物一般采用样线（带）法、样地（样方）法、捕捉法、标本收集法、直观调查法、特征识别法、访谈法等。淡水生物和海洋生物可参考《淡水水生物资源调查技术规范》和《海洋生物调查规范》。调查内容主要包括：种类、分布、种群数量（种群密度、栖息地面积等）、栖居生境类型及质量、不同生境的指示物种、重要经济种类及其用途与利用现状、受威胁现状及因素、保护现状等。

9.5.2 现状评价基本内容与评价方法

9.5.2.1 现状评价要求

在区域生态基本特征现状调查的基础上，对评价区的生态现状进行定量或定性的分析评价，评价应采用文字和图件相结合的表现形式，图件制作应遵照《环境影响评价技术导则—生态影响》附录 B 的规定。

9.5.2.2 现状评价基本内容

（1）在阐明生态系统现状的基础上，分析影响区域内生态系统状况的主要原因。评价生态系统的结构与功能状况（如水源涵养、防风固沙、生物多样性保护等主导生态功能）、生态系统面临的压力和存在的问题、生态系统的总体变化趋势等。

（2）分析和评价受影响区域内动、植物等生态因子的现状组成、分布；当评价区域涉及受保护的敏感物种时，应重点分析该敏感物种的生态学特征；当评价区域涉及特殊生态敏感区或重要生态敏感区时，应分析其生态现状、保护现状和存在的问题等。

（3）评价生态现状可选用植被覆盖率、频率、密度、生物量、土壤侵蚀程度、荒漠化面积、物种数量等测算值、统计值等指标。

9.5.2.3 现状评价技术方法

可采用导则、规范等推荐的列表清单或描述法、图形叠置法、生态机理分析法、景观生态学法、指数法与综合指数法、系统分析法、生物多样性定量计算方法、生态质量评价法、生态环境状况指数法等。具体评价方法参《环境影响评价技术导则—生态影响》（HJ 19—2011）附录 C（其提供的影响评价方法也可以用于现状评价）或其他有关参考书。

9.5.3 不同评价等级的基本要求

本节所称的不同评价等级要求仅是一般性的要求。有行业环境影响评价导则的，还应根据行业导则的要求进行生态现状评价。

9.5.3.1 1 级评价

评价项目建设影响范围内生态系统的生态系统结构与功能的完整性、稳定性及其演变历史或趋势，评价国家或地方保护野生动植物、重要经济物种的生境条件及现状质量，评价或说明生态敏感保护目标的生态环境质量现状水平，分析或说明造成区域生态环境问题的原因。

9.5.3.2　2级评价

评价项目建设影响范围内典型或重要生态系统的生态系统结构与功能的完整性、稳定性及其演变历史或趋势，评价重要经济物种的生境条件及现状质量，分析或说明造成区域生态环境问题的原因。

9.5.3.3　3级评价

简要说明土地利用现状，代表性野生动植物及植被类型或生态系统类型，土壤侵蚀情况。

9.5.4　生态制图

在生态现状调查与评价中，所获得的信息除文字信息外，还有图件和图像等直观易见的信息，其中图件既是表达环境现状的良好手段，也是评价结果的重要表达手段，生态制图在生态影响评价中具有特别重要的意义。

《环境影响评价技术导则—生态影响》附录 B 关于生态图件的规范和要求如下：

1　一般原则

1.1　生态影响评价图件是指以图形、图像的形式，对生态影响评价有关空间内容的描述、表达或定量分析。生态影响评价图件是生态影响评价报告的必要组成内容，是评价的主要依据和成果的重要表示形式，是指导生态保护措施设计的重要依据。

1.2　本附录主要适用于生态影响评价工作中表达地理空间信息的地图，应遵循有效、实用、规范的原则，根据评价工作等级和成图范围以及所表达的主题内容选择适当的成图精度和图件构成，充分反映出评价项目、生态因子构成、空间分布以及评价项目与影响区域生态系统的空间作用关系、途径或规模。

2　图件构成

2.1　根据评价项目自身特点、评价工作等级以及区域生态敏感性不同，生态影响评价图件由基本图件和推荐图件构成，如 9-4 所示。

2.2　基本图件是指根据生态影响评价工作等级不同，各级生态影响评价工作需提供的必要图件。当评价项目涉及特殊生态敏感区域和重要生态敏感区时必须提供能反映生态敏感特征的专题图，如保护物种空间分布图；当开展生态监测工作时必须提供相应的生态监测点位图。

表 9-4　生态影响评价图件构成要求

评价等级	基本图件	推荐图件
一级	（1）项目区域地理位置图 （2）工程平面图 （3）土地利用现状图 （4）地表水系图 （5）植被类型图 （6）特殊生态敏感区和重要生态敏感区空间分布图 （7）主要评价因子的评价成果和预测图 （8）生态监测布点图 （9）典型生态保护措施平面布置示意图	（1）当评价工作范围内涉及山岭重丘区时，可提供地形地貌图、土壤类型图和土壤侵蚀分布图； （2）当评价工作范围内涉及河流、湖泊等地表水时，可提供水环境功能区划图；当涉及地下水时，可提供水文地质图件等； （3）当评价工作范围涉及海洋和海岸带时，可提供海域岸线图、海洋功能区划图，根据评价需要选做海洋渔业资源分布图、主要经济鱼类产卵场分布图、滩涂分布现状图； （4）当评价工作范围内已有土地利用规划时，可提供已有土地利用规划图和生态功能分区图； （5）当评价工作范围内涉及地表塌陷时，可提供塌陷等值线图； （6）此外，可根据评价工作范围内涉及的不同生态系统类型，选做动植物资源分布图、珍稀濒危物种分布图、基本农田分布图、绿化布置图、荒漠化土地分布图等
二级	（1）项目区域地理位置图 （2）工程平面图 （3）土地利用现状图 （4）地表水系图 （5）特殊生态敏感区和重要生态敏感区空间分布图 （6）主要评价因子的评价成果和预测图 （7）典型生态保护措施平面布置示意图	（1）当评价工作范围内涉及山岭重丘区时，可提供地形地貌图和土壤侵蚀分布图； （2）当评价工作范围内涉及河流、湖泊等地表水时，可提供水环境功能区划图；当涉及地下水时，可提供水文地质图件； （3）当评价工作范围内涉及海域时，可提供海域岸线图和海洋功能区划图； （4）当评价工作范围内已有土地利用规划时，可提供已有土地利用规划图和生态功能分区图； （5）评价工作范围内，陆域可根据评价需要选做植被类型图或绿化布置图
三级	（1）项目区域地理位置图 （2）工程平面图 （3）土地利用或水体利用现状图 （4）典型生态保护措施平面布置示意图	（1）评价工作范围内，陆域可根据评价需要选做植被类型图或绿化布置图； （2）当评价工作范围内涉及山岭重丘区时，可提供地形地貌图； （3）当评价工作范围内涉及河流、湖泊等地表水时，可提供地表水系图； （4）当评价工作范围内涉及海域时，可提供海洋功能区划图； （5）当涉及重要生态敏感区时，可提供关键评价因子的评价成果图

2.3　推荐图件是在现有技术条件下可以图形图像形式表达的、有助于阐明生态

影响评价结果的选做图件。

3　图件制作规范与要求

3.1　数据来源与要求

（1）生态影响评价图件制作基础数据来源包括：已有图件资料、采样、实验、地面勘测和遥感信息等。

（2）图件基础数据来源应满足生态影响评价的时效要求，选择与评价基准时段相匹配的数据源。当图件主题内容无显著变化时，制图数据源的时效要求可在无显著变化期内适当放宽，但必须经过现场勘验校核。

3.2　制图与成图精度要求

生态影响评价制图的工作精度一般不低于工程可行性研究制图精度，成图精度应满足生态影响的判别和生态保护措施的实施。

生态影响评价成图应能准确、清晰地反映评价主题内容，成图比例不应低于表9-5中的规范要求（项目区域地理位置图除外）。当成图范围过大时，可采用点线面相结合的方式，分幅成图；当涉及敏感生态保护目标时，应分幅单独成图，以提高成图精度。

表9-5　生态影响评价图件成图比例规范要求

成图范围		成图比例尺		
		一级评价	二级评价	三级评价
面积	≥100 km²	≥1：10 万	≥1：10 万	≥1：25 万
	20～100 km²	≥1：5 万	≥1：5 万	≥1：10 万
	2～20 km²	≥1：1 万	≥1：1 万	≥1：2.5 万
	≤2 km²	≥1：5 000	≥1：5 000	≥1：1 万
长度	≥100 km	≥1：25 万	≥1：25 万	≥1：25 万
	50～100 km	≥1：10 万	≥1：10 万	≥1：25 万
	10～50 km	≥1：5 万	≥1：10 万	≥1：10 万
	≤10 km	≥1：1 万	≥1：1 万	≥1：5 万

3.3　图形整饬规范

生态影响评价图件应符合专题地图制图的整饬规范要求，成图应包括图名、比例尺、方向标/经纬度、图例、注记、制图数据源（调查数据、实验数据、遥感信息源或其他）、成图时间等要素。

当已有图件不能满足评价要求时，1 级项目的评价可应用卫片解译编图以及地面勘察、勘测、采样分析等予以补充。卫片放印到与地形图匹配的比例，并进行图形图像处理，突出评价内容，如植被、水文、动物种群等。

9.5.5 生态现状评价结论

简要说明项目所在区域的环境概况，重点说明项目评价范围内的自然环境特征，包括生态系统类型及其重要组成，包括主要植物种类及植被类型、野生动物，生态敏感保护目标状况及与建设项目的关系。区域性开发建设项目还应说明生态完整性及其演替趋势，土地和植被的承载力，指出主要环境问题及原因，特别是重大环境问题要给予明确回答。通过定性或定量指标（植被覆盖率、频率、密度，生物多样性或生态脆弱性，如沙化或荒漠化等）反映评价范围内的生态环境质量水平。

9.6 生态影响预测评价

9.6.1 生态影响预测评价的内容与重点

（1）生态影响预测与评价的基本内容

生态影响预测与评价内容应与现状评价内容相对应，依据区域生态保护的需要和受影响生态系统的主导生态功能选择评价预测指标。

① 评价工作范围内涉及的生态系统及其主要生态因子的影响评价。通过分析影响作用的方式、范围、强度和持续时间来判别生态系统受影响的范围、强度和持续时间；预测生态系统组成和服务功能的变化趋势，重点关注其中的不利影响、不可逆影响和累积生态影响。

② 敏感生态保护目标的影响评价应在明确保护目标的性质、特点、法律地位和保护要求的情况下，分析评价项目的影响途径、影响方式和影响程度，预测潜在的后果。

③ 预测评价项目对区域现存主要生态问题的影响趋势。

（2）不同评价等级的基本内容与重点

根据环境影响识别结论，确定预测评价内容与重点

① 1级评价。处于特殊生态敏感区，或处于重要生态敏感区的占地面积≥20 km² 或长度≥100 km 的建设项目。生态影响评价应充分利用"3S"等先进技术手段，除进行单项预测外，还应从生态完整性的角度，对区域性全方位的影响进行预测，预测评价对生态系统组成、结构、功能及演变趋势的影响。

对于直接影响的特殊生态敏感保护目标的开发建设项目，应重点分析评价工程建设对敏感生态保护目标的影响，提出替代或比选方案，必要时应单独进行专题评价，编制专题影响报告。

进行生态影响 1 级评价的开发建设项目，应在工程营运后的一定时间内进行生态影响的后评价。

　　对于处于山区、丘陵区、风沙区的建设项目应充分利用水土保持方案的成果，根据工程建设分区分类情况，说明工程可能造成的水土流失影响。

　　② 2级评价。处于重要生态敏感区占地面积面积2～20 km² 或长度50～100 km，处于一般区域占地面积≥20 km² 或长度≥100 km 的建设项目，对评价范围内涉及的典型生态系统及其主要生态因子的影响进行预测评价。对影响范围外可能间接影响的生态敏感保护目标，应分析在不利情况下对其结构、功能及主要保护对象的影响，预测对生态系统组成和服务功能变化趋势的影响。

　　对于处于山区、丘陵区、风沙区的建设项目应利用水土保持方案的成果，简要说明工程可能造成的水土流失影响。

　　③ 3级评价。处于重要生态敏感区、一般区，占地面积≤2 km² 或长度≤50 km 的建设项目，以及处于一般区占地面积2～20 km² 或长度50～100 km 的建设项目。生态影响评价只需简要分析对影响范围内土地利用格局、植被等关键评价因子的影响。

　　对于处于山区、丘陵区、风沙区的建设项目应简要说明工程可能造成的水土流失影响。

　　（3）重要生态敏感保护目标影响评价

　　一般采用"五段论"评价模式：

　　① 简要介绍敏感区基本情况。如建立时间、历史缘由、保护级别、保护对象、功能划分及要求、管理现状等。

　　② 与开发建设项目的位置关系。重要的是给出位置关系图（标明方位、距离等）。工程施工与保护区的关系，在保护区外，还是在保护区内。如果工程在保护区外，必须清楚地给出工程建设边界与保护区边界的距离。如果是公路建设项目要明确工程线路穿越敏感区里程桩号及位置、长度，敏感区内工程情况。

　　③ 进行影响分析或预测评价。针对敏感区内工程情况，结合敏感区保护对象，有针对性的分析其影响，特别是针对其结构、功能、重要保护对象及价值的影响。

　　④ 提出影响保护措施（或对策与建议）。针对影响指出相应的保护措施、对策或建议。

　　⑤ 明确敏感区主管部门的意见和要求。一般应由主管部门出具意见文书，附在报告书之中。

　　（4）进行环境经济损益分析

　　自然资源开发建设项目的生态影响预测要进行经济损益分析。

9.6.2　生态影响预测评价技术要求

　　（1）确定生态影响的性质

　　为便于分析和采取对策，要将生态影响划分为：有利影响和不利影响，可逆影响与不可逆影响，近期影响与长期影响，一次影响与累积影响，明显影响与潜在影响，局部影响与区域影响。

（2）根据生态影响识别的结果，对识别出的环境影响进行预测评价。包括对评价范围内涉及的生态系统及其主要生态因子的影响评价。通过分析影响作用的方式、范围、强度和持续时间来判别生态系统受影响的范围、强度和持续时间，预测生态系统组成和服务功能的变化趋势，重点关注造成影响中的不利、不可逆影响。即预测是否带来新的生态变化或时空上的重大变化。

（3）全过程预测评价

要根据不同因子受开发建设影响在时间和空间上的表现和累积情况进行预测评估。从时间分布上，可以表现为年内（月份）和年际（准备期、施工期、运转期）变化两个方面。从空间分布上，可以划分为宏观（开发区域及其周边地区）和微观（影响因子分布）两个部分。根据项目特点，交通运输类项目的生态影响主要从施工期和营运期进行预测评价；对重大资源开发建设项目，应从项目建设前期、建设期、生产营运期和营运后期或退役期（闭矿期或闭坑期、闭井期）进行生态影响预测评价。

（4）敏感生态保护目标的影响评价应在明确保护目标的性质、特点、法律地位和保护要求的情况下，分析评价项目的影响途径、影响方式和影响程度、预测潜在的后果。

（5）预测评价项目对区域已有主要生态问题的影响趋势。即是否会导致某些生态问题的严重化或能否使现存的生态问题向有利的方向发展。

（6）有行业环境影响评价导则的，根据行业导则的要求针对具体项目进行生态影响评价。

9.6.3 生态影响预测评价的方法

生态影响预测就是以科学的方法推断各种类型的生态系统在工程作用下所发生的响应过程、发展趋势和最终结果，揭示事物的客观本质和规律，是在工程分析、生态现状调查与评价、环境影响识别的基础上，有选择有重点地对某些评价因子的变化和生态功能变化进行预测。

在进行生态影响预测或分析时，须注意如下问题：

（1）保持生态整体性观念，切忌割裂整体性作"点"或"片段"分析。

（2）保持生态系统为开放性系统观，切忌把自然保护区当作封闭系统分析影响。

（3）保持生态系统为地域差异性系统观，切忌以一般的普遍规律推断特殊地域的特殊性。

（4）保持生态系统为动态变化的系统观，切忌用一成不变的观念和过时资料为依据作主观推断。

（5）做好深入细致的工程分析，要做到把全部工程活动（包括主体工程、辅助

工程）

（6）正确处理依法影响评价和科学影响评价的问题。建设项目的环境影响评价主要解决两类问题：一是贯彻执行环保政策与法规，将建设项目的影响限定在法规允许的范围内；二是科学地预测实际发生的影响。有时，建设项目能满足法规要求，但实际影响却不一定能够接受。可以通过调整自然保护区的功能区而解决建设项目不符合法规的问题，但"调整"并不等于消除了实际影响问题。科学地预测实际发生的生态影响是环境影响评价的真谛。

（7）正确处理一般评价和生态影响特殊性问题。一般评价比较重视直接影响而忽视甚至否认间接影响，重视显现性影响而忽视潜在影响，重视局地影响而忽视区域性影响，重视单因子影响而忽视综合性影响。生态影响分析中应充分重视间接性的、潜在性的、区域性的和综合性的影响。

《环境影响评价技术导则—生态影响》（HJ 19—2011）附录 C 提供的生态影响评价的主要方法有：

1　列表清单法

列表清单法是 Little 等人于 1971 年提出的一种定性分析方法。该方法的特点是简单明了，针对性强。

（1）方法

列表清单法的基本做法是，将拟实施的开发建设活动的影响因素与可能受影响的环境因子分别列在同一张表格的行与列内，逐点进行分析，并逐条阐明影响的性质、强度等。由此分析开发建设活动的生态影响。

（2）应用

① 进行开发建设活动对生态因子的影响分析；

② 进行生态保护措施的筛选；

③ 进行物种或栖息地重要性或优先度比选。

2　图形叠置法

图形叠置法，是把两个以上的生态信息叠合到一张图上，构成复合图，用以表示生态变化的方向和程度。本方法的特点是直观、形象，简单明了。

图形叠置法有两种基本制作手段：指标法和 3S 叠图法。

（1）指标法

① 确定评价区域范围；

② 进行生态调查，收集评价工作范围与周边地区自然环境、动植物等的信息，同时收集社会经济和环境污染及环境质量信息；

③ 进行影响识别并筛选拟评价因子，其中包括识别和分析主要生态问题；

④ 研究拟评价生态系统或生态因子的地域分异特点与规律，对拟评价的生态系统、生态因子或生态问题建立表征其特性的指标体系，并通过定性分析或定量方法

对指标赋值或分级，再依据指标值进行区域划分；

⑤ 将上述区划信息绘制在生态图上。

（2）3S 叠图法

① 选用地形图，或正式出版的地理地图，或经过精校正的遥感影像作为工作底图，底图范围应略大于评价工作范围；

② 在底图上描绘主要生态因子信息，如植被覆盖、动物分布、河流水系、土地利用和特别保护目标等；

③ 进行影响识别与筛选评价因子；

④ 运用 3S 技术，分析评价因子的不同影响性质、类型和程度；

⑤ 将影响因子图和底图叠加，得到生态影响评价图。

（3）图形叠置法应用

① 主要用于区域生态质量评价和影响评价；

② 用于具有区域性影响的特大型建设项目评价中，如大型水利枢纽工程、新能源基地建设、矿业开发项目等；

③用于土地利用开发和农业开发中。

3 生态机理分析法

生态机理分析法是根据建设项目的特点和受其影响的动、植物的生物学特征，依照生态学原理分析、预测工程生态影响的方法。生态机理分析法的工作步骤如下：

（1）调查环境背景现状和搜集工程组成和建设等有关资料；

（2）调查植物和动物分布，动物栖息地和迁徙路线；

（3）根据调查结果分别对植物或动物种群、群落和生态系统进行分析，描述其分布特点、结构特征和演化等级；

（4）识别有无珍稀濒危物种及重要经济、历史、景观和科研价值的物种；

（5）预测项目建成后该地区动物、植物生长环境的变化；

（6）根据项目建成后的环境（水、气、土和生命组分）变化，对照无开发项目条件下动物、植物或生态系统演替趋势，预测项目对动物和植物个体、种群和群落的影响，并预测生态系统演替方向。

评价过程中有时要根据实际情况进行相应的生物模拟试验，如环境条件、生物习性模拟试验、生物毒理学试验、实地种植或放养试验等；或进行数学模拟，如种群增长模型的应用。

该方法需与生物学、地理学、水文学、数学及其他多学科合作评价，才能得出较为客观的结果。

4 景观生态学法

景观生态学法是通过研究某一区域、一定时段内的生态系统类群的格局、特点、综合资源状况等自然规律，以及人为干预下的演替趋势，揭示人类活动在改变生物与环境方面的作用的方法。景观生态学对生态质量状况的评判是通过两个方面进行的，一是空间结构分析，二是功能与稳定性分析。景观生态学认为，景观的结构与功能是相当匹配的，且增加景观异质性和共生性也是生态学和社会学整体论的基本原则。

空间结构分析基于景观是高于生态系统的自然系统，是一个清晰的和可度量的单位。景观由斑块、基质和廊道组成，其中基质是景观的背景地块，是景观中一种可以控制环境质量的组分。因此，基质的判定是空间结构分析的重要内容。判定基质有三个标准，即相对面积大、连通程度高、有动态控制功能。基质的判定多借用传统生态学中计算植被重要值的方法。决定某一斑块类型在景观中的优势，也称优势度值（*Do*）。优势度值由密度（*Rd*）、频率（*Rf*）和景观比例（*Lp*）三个参数计算得出。其数学表达式如下：

Rd＝（斑块 i 的数目/斑块总数）×100%

Rf＝（斑块 i 出现的样方数/总样方数）×100%

Lp＝（斑块 i 的面积/样地总面积）×100%

Do＝0.5×[0.5×（Rd＋Rf）＋Lp]×100%

上述分析同时反映自然组分在区域生态系统中的数量和分布，因此能较准确地表示生态系统的整体性。

景观的功能和稳定性分析包括如下四个方面内容：

（1）生物恢复力分析：分析景观基本元素的再生能力或高亚稳定性元素能否占主导地位。

（2）异质性分析：基质为绿地时，由于异质化程度高的基质很容易维护它的基质地位，从而达到增强景观稳定性的作用。

（3）种群源的持久性和可达性分析：分析动、植物物种能否持久保持能量流、养分流，分析物种流可否顺利地从一种景观元素迁移到另一种元素，从而增强共生性。

（4）景观组织的开放性分析：分析景观组织与周边生境的交流渠道是否畅通。开放性强的景观组织可以增强抵抗力和恢复力。景观生态学方法既可以用于生态现状评价，也可以用于生境变化预测，目前是国内外生态影响评价学术领域中较先进的方法。

5　指数法与综合指数法

指数法是利用同度量因素的相对值来表明因素变化状况的方法，是建设项目环境影响评价中规定的评价方法，指数法同样可将其拓展而用于生态影响评价中。指数法简明扼要，且符合人们所熟悉的环境污染影响评价思路，但困难之点在于需明确建立表征生态质量的标准体系，且难以赋权和准确定量。综合指数法是从确定同度量因素出发，把不能直接对比的事物变成能够同度量的方法。

（1）单因子指数法

选定合适的评价标准，采集拟评价项目区的现状资料。可进行生态因子现状评价：例如以同类型立地条件的森林植被覆盖率为标准，可评价项目建设区的植被覆盖现状情况；也可进行生态因子的预测评价：如以评价区现状植被盖度为评价标准，可评价建设项目建成后植被盖度的变化率。

（2）综合指数法

① 分析研究评价的生态因子的性质及变化规律；

② 建立表征各生态因子特性的指标体系；

③ 确定评价标准；

④ 建立评价函数曲线，将评价的环境因子的现状值（开发建设活动前）与预测值（开发建设活动后）转换为统一的无量纲的环境质量指标。用 1~0 表示优劣（"1"表示最佳的、顶极的、原始或人类干预甚少的生态状况，"0"表示最差的、极度破坏的、几乎无生物性的生态状况）由此计算出开发建设活动前后环境因子质量的变化值；

⑤ 根据各评价因子的相对重要性赋予权重；

⑥ 将各因子的变化值综合，提出综合影响评价值。

即
$$\Delta E = \sum (Eh_i - E_{qi}) \times W_i$$

式中：ΔE —— 开发建设活动日前后生态质量变化值；

Eh_i —— 开发建设活动后 i 因子的质量指标；

E_{qi} —— 开发建设活动前 i 因子的质量指标；

W_i —— i 因子的权值。

（3）指数法应用

① 可用于生态因子单因子质量评价；

② 可用于生态多因子综合质量评价；

③ 可用于生态系统功能评价。

（4）说明

建立评价函数曲线须根据标准规定的指标值确定曲线的上、下限。对于空气和水这些已有明确质量标准的因子，可直接用不同级别的标准值作上、下限；对于无明确标准的生态因子，须根据评价目的、评价要求和环境特点选择相应的环境质量标准值，再确定上、下限。

6 类比分析法

类比分析法是一种比较常用的定性和半定量评价方法，一般有生态整体类比、生态因子类比和生态问题类比等。

（1）方法

根据已有的开发建设活动（项目、工程）对生态系统产生的影响来分析或预测拟进行的开发建设活动（项目、工程）可能产生的影响。选择好类比对象（类比项目）是进行类比分析或预测评价的基础，也是该法成败的关键。

类比对象的选择条件是：工程性质、工艺和规模与拟建项目基本相当，生态因子（地理、地质、气候、生物因素等）相似，项目建成已有一定时间，所产生的影响已基本全部显现。

类比对象确定后，则需选择和确定类比因子及指标，并对类比对象开展调查与评价，再分析拟建项目与类比对象的差异。根据类比对象与拟建项目的比较，做出类比分析结论。

（1）应用

① 进行生态影响识别和评价因子筛选；

② 以原始生态系统作为参照，可评价目标生态系统的质量；

③ 进行生态影响的定性分析与评价；

④ 进行某一个或几个生态因子的影响评价；

⑤ 预测生态问题的发生与发展趋势及其危害；

⑥ 确定环保目标和寻求最有效、可行的生态保护措施。

7 系统分析法

系统分析法是指把要解决的问题作为一个系统，对系统要素进行综合分析，找出解决问题的可行方案的咨询方法。具体步骤包括：限定问题、确定目标、调查研究、收集数据、提出备选方案和评价标准、备选方案评估和提出最可行方案。

系统分析法因其能妥善地解决一些多目标动态性问题，目前已广泛应用于各行各业，尤其在进行区域开发或解决优化方案选择问题时，系统分析法显示出其他方法所不能达到的效果。

在生态系统质量评价中使用系统分析的具体方法有专家咨询法、层次分析法、模糊综合评判法、综合排序法、系统动力学、灰色关联等方法，这些方法原则上都适用于生态影响评价。这些方法的具体操作过程可查阅有关书刊。

8 生物多样性评价方法

生物多样性评价是指通过实地调查，分析生态系统和生物种的历史变迁、现状和存在主要问题的方法，评价目的是有效保护生物多样性。

生物多样性通常用香农-威纳指数（Shannon-Wiener Index）表征：

$$H = -\sum_{i=1}^{S} P_i \ln(P_i)$$

式中：H —— 样品的信息含量（彼得/个体）=群落的多样性指数；

S —— 种数；

P_i —— 样品中属于第 i 种的个体比例，如样品总个体数为 N，第 i 种个体数为 n_i，则 $P_i = n_i/N$。

9 海洋及水生生物资源评价方法

海洋生物资源影响评价技术方法参见 SC/T 9110—2007，以及其他推荐的生态影响评价和预测适用方法；水生生物资源影响评价技术方法，可适当参照该技术规程及其他推荐的适用方法进行。

10 土壤侵蚀预测方法

土壤侵蚀预测方法参见 GB 40433—2008。

9.7 生态保护措施影响的防护、恢复、补偿及替代方案

9.7.1 生态保护的基本原则

《环境影响评价技术导则—生态影响》（HJ 19—2011）提出的生态保护（防护、恢复及替代方案）基本原则是：

（1）应按照避让、减缓、补偿和重建等次序提出生态影响防护与恢复的措施；所采取措施的效果应有利修复和增强区域生态功能。

（2）凡涉及不可替代、极具价值、极敏感、被破坏后很难恢复的敏感生态保护目标（如特殊生态敏感区、珍稀濒危物种）时，必须提出可靠的避让措施或生境替代方案。

（3）涉及采取措施后可恢复或修复的生态目标时，也应尽可能提出避让措施；否则，应制定恢复、修复和补偿措施。各项生态保护措施应按项目实施阶段分别提出，并提出实施时限和估算经费。

除以上三个方面的基本原则外，还应体现以下要求：

① 生态保护措施应体现法律的严肃性。《中华人民共和国环境保护法》第十九条规定："开发利用自然资源，必须采取措施保护生态。"第十三条规定："建设项目的环境影响报告书，必须对建设项目产生的污染和对环境的影响作出评价，规定防治措施……"。由于环境影响报告书一经环境保护行政主管部门批准就具有了法律效力，所以对环保措施的编制应持极其严肃和负责任的态度。

② 体现可持续发展战略与政策。可持续发展已确定为我国的发展战略，这是针对传统发展战略不可持续性而提出来的。可持续发展战略要求自然资源以可持续的方式利用，要求生态稳定和持续性，能为一代又一代人提供良好的生态服务。可持续发展谋求经济、社会和资源生态的协调，而不是传统的单一经济数量增长的发展；谋求发展的持续性，包括建设项目的持续存在和长期效益。这些思想和战略都应体现到环境影响评价提出的环保措施中。

政策包括环境政策、资源政策、产业政策等。预防为主是首要的政策取向。生态保护战略特别注重保护三类地区：一是生态良好的地区，要预防对其破坏；二是

生态系统特别重要的地区，要加强对其保护；三是资源强度利用，生态系统十分脆弱，处于高度不稳定或正在发生退行性变化的地区。根据不同的地区，贯彻实施各地生态保护规划，是生态环保措施必须实施的内容。

③ 要有明确的目的性。环境影响评价的根本目的是认识环境特点，弄清环境问题，明确环境所受的影响和寻求保护环境的措施与途径。具体地讲，建设项目的环境影响评价要服务于三个目的：一是明确开发建设者的环境责任；二是对建设项目的工程设计提出环保具体要求和科学建议；三是为各级环保行政管理部门对项目的环境保护管理提供科学依据和具有法律约束力的文件。

这些评价目的或功能都集中反映和体现在环保措施上。第一个目的要求评价中需阐明所有直接影响，并针对所产生的影响提出环保措施；第二个目的要求加强评价的科学性和考虑措施的技术可行性；第三个目的除了上述要求外，还应有建设项目的间接影响，考察其区域性影响和阐明区域可持续发展的有关问题，将建设项目管理纳入区域和流域的环境管理框架中，对所提措施进行替代方案论证、技术经济论证，提出一系列政策与管理措施。

④ 遵循生态保护的原理。根据生态保护的基本原理，生态保护措施应体现以下几个方面的基本要求：一是保护生态系统结构的完整性和运行的连续性；二是保持生态系统的再生产能力，以生物多样性保护为核心和关注焦点；三是关注重要生境、脆弱生态系统、敏感生态保护目标；四是解决区域性生态问题以及重建退化的生态系统。

这些都为生态保护措施的提出提供了基本的科学原则。在实际工作中，就是要使这些科学原则与现实的技术经济水平相结合，做到科学性与可行性相结合。

生态保护措施的科学性是指所提措施应满足生态系统环境功能保护的客观需求，可行性则是指在现有技术和经济水平上可能实施的保护措施和所能达到的保护水平。现实情况是对许多生态规律研究不细，认识不深，科学性一般大打折扣；可行性也受到技术水平和经济能力的限制，更有认识的落后和利益分配造成的障碍，使许多可行措施的实施也变得困难重重。环境影响评价者应加强研究，努力提高评价的科学性，使所提措施经得起时间和实践的考验，并用科学研究成果提高人们的认识，使所提措施做到科学性和可行性的有机结合，有利于真正落实和实施。

⑤ 全过程评价与管理。生态保护措施应包括勘探期、可行性研究期（选址选线）、设计期、施工建设期、运营期及运营后期的措施。从有效保护生态出发，贯彻预防为主的保护政策，加强监控和实施开发建设活动的全过程管理是至关重要的。许多大型开发建设项目都应编制全过程监控与管理计划，对所有的施工建设人员进行环境管理培训，并在所有的工程建设委托书与契约中包含详细的生态保护内容与条款。

⑥ 突出针对性与可行性。建设项目的生态保护措施必须针对工程的特点和环境

的特点，充分关注特殊性问题。生态的地域性特点和保护生态的不同要求，决定了生态保护措施的多样性和各自特定的内容。例如，同是公路路基的土方工程，在平原区主要是取土破坏土地资源问题，在山区则是开挖和弃土造成水土流失问题；同是公路工程在山区的水土流失问题，不同的土质、不同的路段、不同的地形条件，所采取的措施也不相同。这就要求措施到位，因地制宜，讲求实效。另外，环保措施还应做到技术可行、管理可达和经济可及，即具有可行性。

9.7.2 生态保护措施的内容

9.7.2.1 生态保护措施的基本要求

《环境影响评价技术导则—生态影响》（HJ 19—2011）中提出的生态保护措施的基本要求是：

（1）生态保护措施应包括保护对象和目标，内容、规模及工艺，实施空间和时序，保障措施和预期效果分析，绘制生态保护措施平面布置示意图和典型措施设施工艺图。估算或概算环境保护投资。

（2）对可能具有重大、敏感生态影响的建设项目，区域、流域开发项目，应提出长期的生态监测计划、科技支撑方案，明确监测因子、方法、频次等。

（3）明确施工期和运营期管理原则与技术要求。可提出环境保护工程分标与招投标原则，施工期工程环境监理，环境保护阶段验收和总体验收、环境影响后评价等环保管理技术方案。

9.7.2.2 替代方案

替代方案是相对于设计推荐方案以外的其他方案。替代方案因目的、要求不同可能有多种。从环境保护出发考虑替代方案具有十分重要的意义，因为许多敏感的环境保护目标只有通过替代方案才能得到有效保护。替代方案的研究与编制能够较好地体现预防为主的环保政策，替代方案也是使工程设计方案进一步优化以减少对环境影响的重要途径。《环境影响评价技术导则—生态影响》（HJ 19—2011）中提出的替代方案的要求是：① 替代方案主要指项目中的选线、选址替代方案，项目的组成和内容替代方案，工艺和生产技术的替代方案，施工和运营方案的替代方案、生态保护措施的替代方案。② 评价应对替代方案进行生态可行性论证，优先选择生态影响最小的替代方案，最终选定的方案至少应该是生态保护可行的方案。

替代方案一般有零方案和非零方案之分，非零方案（可选择方案）具有不同的层次。

（1）零方案

"零方案"是一种特殊的替代方案。零方案就是不作为方案，或者说是维持现状的方案。对建设项目来说，零方案就是取消该建设项目的方案。

过去，人类对发展的基本概念就是"人工化"，认为凡经过人类改造者即为发展，如草地开垦为耕地为发展，河流筑坝建闸为发展；反之，凡保持自然状态者谓之"不发展"或"未发展"，甚至称之为"荒凉""荒芜"。

现在，随着环境科学技术的发展和环保观念深入人心，人类的这种传统认识正在改变。给自然留有空间，或者说保持某些地区的自然生态系统而不加干预，可能最符合人类可持续发展的长远利益，可能是最有效益的"发展"。因此，并不是所有的建设项目都是经济合理的或环境可行的，有些项目可能因环境影响重大而完全得不偿失，换句话说，这种项目建设还不如不建设更好。此外，有一些地区环境具有特殊性或敏感性，建设项目或人类其他活动的干扰可能会破坏其环境稳定性或招致灾害问题，对这些地区，"零方案"往往是最佳的方案。

总之，"零方案"不是无所作为，而是诸多替代方案中最特殊的和值得认真研究的方案。

（2）替代方案的层次

① 项目总体替代方案。前述的"零方案"即属于一种项目总体替代的方案。从项目总体来看，重大的替代方案主要有：建设项目选址的变更，公路铁路选线的变更，整套工艺技术和设备的变更等，因涉及建设项目总体的经济效益、投资规模和环境影响，关系到项目的可行与否，可视为总体替代方案。

项目总体方案在工程勘测设计阶段都有多种，一般按其经济效益和投资规模以及项目实施的难易程度、依托条件等进行比选，并推荐其中的一个方案作为推荐方案。部分推荐方案未从环境保护方面考虑，或者较少考虑其环境影响，因而在进行建设项目环境影响评价时，应对比选方案从环境影响方面进行比选，提出推荐方案，反馈到工程设计进行再比选和优化。

建设项目环境影响评价应该有替代方案比选论证工作。

② 工艺技术替代方案。从工艺技术方面进行替代方案分析是十分必要的。在当代，工艺技术的进步日新月异，从环保需求出发而进行的工艺技术革新更层出不穷。因而，以新工艺技术代替老工艺技术就成为一项经常性的科技工作。在生态保护方面，建设项目采取不同的方案设计会有很不同的环境影响，因而以新的环保理念优化方案设计（即提出替代方案）是环境影响评价中的一项重要工作。如公路建设方案中以桥代填（高填土）、以隧（洞）代挖（深挖方）、收缩边坡、上下行分道设计，都是工艺技术方面的替代方案。这种替代方案不仅必要，而且已发展到可行阶段了。

建设项目环境影响评价都应从工艺技术方面论述和提出替代方案建议。

③ 环保措施替代方案。对工程设计的环保措施提出替代方案，应是环境影响评价人员的"里手"。建设项目的环保措施都有污染防治和生态保护与恢复两个方面，所以，环保措施替代方案有广阔的存在空间。一般来说，应针对特定的环境条件提

出环保措施替代方案。换句话说，工程设计主要按规范要求提出环保措施，环境影响评价则按具体环境条件与特点提出替代方案措施。

9.7.2.3 减少生态影响的工程措施

减少生态影响的工程措施一般可从以下方面考虑：

（1）方案优化

① 选点选线规避环境敏感目标。

② 选择减少资源消耗的方案（如收缩边坡减少占用土地的面积，采用低路基方案减少土石方量等）。

③ 采用环境友好方案（如桥隧代路基减少土石方量及其填挖作业）。

④ 环保建设工程（如设置生物通道、建设生态屏障、移植保护重要野生植物等）。

（2）施工方案合理化

① 规范化操作（如控制施工作业带）。

② 合理安排季节、时间、次序。

③ 改变传统落后施工组织（如"会战"）。

（3）加强工程的环境保护管理

① 施工期环境工程监理与队伍管理。

② 运营期环境监测与"达标"管理（环境建设）。

9.7.2.4 重要生态保护措施

（1）物种多样性和法定保护生物、珍稀、濒危物种及特有生物物种的保护

① 栖息地保护—绕避措施。在建设项目选址选线时，尽可能避绕重要野生动植物栖息地。尽最大可能保障生物生存的条件。如植物生长的土壤与水的保障，动物的食源、水源、繁殖地、庇护所、领地范围等。

② 保障生物迁徙通道。设计、建造野生动物走廊、鱼类回游通道和其他物种的特殊栖息环境，消除岛屿生境的不良效应和满足不同生物对栖息地的需求。

③ 栖息地补偿。如果建设项目影响了生物的栖息地，可在评价区的同类地区建立补偿性公园或保护区，弥补或替代拟议项目所造成的不可避免的栖息地破坏。

④ 易地保护。在不能采取就是保护的情况下，易地安置法定保护生物或珍稀濒危生物物种或进行人工繁殖、放流、哺养。

⑤ 加强有关野生生物保护的宣传教育和执法力度。

（2）植被的保护与恢复

① 合理设计，加强施工管理，把拟议项目引起的难以避免的植被破坏减少到最低限度；注意对脆弱植被的保护和对环境条件恶劣（干旱、大风、大暴雨、陡坡、岩溶等）地区植被的保护。

②　保护森林和草原。禁止对森林滥砍滥伐，以保护森林资源，森林开发要边开采边植树；禁止滥开滥垦草地和过度放牧，保护草地。

③　项目竣工后要对破坏植被进行恢复、再造。

④　规定各类开发建设项目生态保护应达到的植被覆盖率指数。

⑤　保存表层土壤以利植被恢复。

（3）资源保护和合理利用

①　从可持续发展考虑，切实保护、合理利用自然资源。首先是合理利用土地，减少不合理占地，控制各种导致土地资源退化的用地方式。

②　立足于保护生态系统的基本功能，保护好植被资源。

③　严禁侵占重要湿地，维护湿地水环境特性，特别是水系的畅通，保护湿地动植物。

④　防止过度捕捞，限制有损水生生物资源的捕捞方式。

（4）水土保持措施

土壤侵蚀是最为普遍、影响最为深远的生态问题之一。土壤侵蚀在我国称为水土流失。《中华人民共和国水土保持法》第二十五条规定："在山区、丘陵区、风沙区以及水土保持规划确定的容易发生水土流失的其他区域开办可能造成水土流失的生产建设项目，生产建设单位应当编制水土保持方案，报县级以上人民政府水行政主管部门审批，并按照经批准的水土保持方案，采取水土流失预防和治理措施。没有能力编制水土保持方案的，应当委托具备相应技术条件的机构编制"。因此，水土保持方案的编制是环境影响评价中的重要任务。

①　水土流失预防措施。国家对水土保持工作实行"预防为主、保护优先、全面规划、综合治理、因地制宜、突出重点、科学管理、注重效益"的方针。预防为主，包括的主要措施有全民植树造林、种草、扩大森林覆盖面积和增加植被，包括有计划地封山育林草、轮封轮牧、防风固沙、保护植被；禁止毁林开荒、烧山开荒和在陡坡地、干旱地区铲草皮、挖树兜。尤其禁止在25度以上陡坡开垦种植农作物。在5度以上坡地整地造林，抚育幼林，垦复油茶、油桐等经济林木，都必须采取水土保持措施。

对铁路公路和水工程等建设项目，主要通过科学的设计方案和合理的施工方式，减少土地占用和植被破坏，做好废弃土石的存放和防止流失工作。对矿业和工业项目，做好弃渣、尾矿、矸石的回用和堆放，防止风吹雨蚀的流失。

②　水土流失治理措施。主要有工程治理措施和生物治理措施。

工程治理措施主要包括：

◆拦渣工程，如拦渣坝、拦渣场、拦渣堤、尾矿坝等；

◆护坡工程，如削坡开级、植物护坡、砌石护坡、抛石护坡、喷浆护坡，以及综合措施护坡和滑坡护坡等；

◆土地整治工程，如回填整平、覆土和植被等；

◆防洪排水工程，如防洪坝、排洪渠、排洪涵洞、防洪堤、护岸护滩等；

◆防风固沙工程，如沙障、化学固沙等；泥石流防治工程，等等。

这些工程大多已有一定的设计规范要求，可参照执行。

生物治理措施应首先考虑采用的措施是绿化工程。绿化首先应考虑符合当地的生态条件，因地制宜建立能自我存在和稳定的植被，如选择当地树种、草种，草本或木本、乔木或灌木的选择应符合当地水分供应条件；应考虑因害设防，如防风固沙林带、种草固沙和植被化防止土壤水蚀，都应合理选地选址，注重生态效益。此外，绿化工程还应与美化建设相结合，并注意符合工程保护的要求。

此外，还需加强对水土保持工程长期的管理与维护。

（5）土壤质量保护

① 保护土壤层。即最大限度地控制施工造成的植被和上层土壤的破坏，防止土壤侵蚀。对施工占用土地的表土层要预先剥离，临时堆存要有防止水土流失的措施。

② 防止土壤污染。控制工业"三废"（废气、废水、废渣）等污染物的排放；严格管理，防止有害生产原料的任意堆放；控制化肥、农药使用量、防止各种途径造成的污染。

③ 防止次生盐渍化。主要包括加强对排水、灌水系统的合理设计和管理，关注由于水利水电工程的建设，灌溉方式发生变化可能导致的土壤盐渍化。

（6）合理选址

拟议项目特别是有污染项目的选址应尽可能避开河口、港湾、湿地或其他生态敏感区，以便最大限度地减少对当地环境的压力。

（7）加强生态系统的监测与管理

制定生态系统监测方案，监测内容应包括污染水平和生态系统功能、结构方面的变化。及时提供信息，以保证在生态系统变化未达到允许水平之前，及时采取有效措施。加强建设项目施工期环境监理，实行全过程管理和监控。

（8）加强生态保护教育

加强生态专家在拟议项目计划、管理中的参与，加强有关生态影响评价方法学的研究。加强对行业主管部门、设计人员及工程参建者的生态保护宣传教育。

（9）健全管理体制

生态系统影响往往具有跨部门、跨地区的特点，应当建立职责明确，便于协调的管理体制，以利生态系统的保护和管理。

9.7.2.5 生态监测

生态系统的复杂性、生态影响的长期性和由量变到质变的特点，决定了生态监测在环境管理中具有特殊重要的意义，也是重要的生态保护措施。生态监测有施工期生态监测，亦有长期跟踪的生态监测。

（1）生态监测的目的

① 了解背景。即通过监测，认识生态系统或其组分的特点和规律。例如，对某些作为保护目标的野生生物及其栖息地的观察和研究，没有长期的过程是不可能完全把握的。

② 验证生态影响评价结论。这种验证不仅对评价的项目有益，而且对进行类比分析，推进生态影响评价工作也是非常有意义的。

③ 跟踪动态。在采取了预定的生态保护措施后，跟踪监测实际的效果，并根据监测结果及时采取相应的补救措施。

（2）生态监测方案

长期的生态监测方案，应具备如下主要内容：

① 明确监测目的。即确定要认识或解决的主要问题。一般列入监测的问题都是敏感的、重要的而又一时不能完全了解或把握的问题。监测只针对环境影响报告书中确定的问题，而不是做全面的生态监测。

② 确定监测项目或监测对象。针对想要认识或解决的问题，选取最具代表性或最能反映环境状况变化的生态系统或生态因子作为监测对象。例如，以法定保护的生物、珍稀濒危生物或地区特有生物为监测对象，可直接了解保护目标的动态；以对环境变化敏感的生物为监测对象，可判断环境的真实影响与变化程度；以土地利用或植被为监测对象，可了解区域城市化动态或土地利用强度，也可了解植被恢复措施的有效性等。合理选择监测对象是十分重要的。

③ 明确监测方案的具体内容。包括监测点位、频次或时间等的确定。

④ 规定监测方法。生态监测的方法规范化是一项严肃而科学细致的工作，在没有规范化的方法之前，一般可采用资源管理部门通用方法、生态学常规方法以及科研中常用方法，但一经规定，就要一直沿用下去。

⑤ 监测结果的统计。按照有关规范对监测处得数据资料进行统计，使监测的数据可进行积累与比较

⑥ 确立保障措施。由于生态监测可能持续几年，有时可能伴随建设项目的始终，因而制定明确而详尽的保障措施是十分必要的，这包括投资估算，如起始费用、维护费用、年度费用等；包括确定实施单位，如自建还是委托；还包括技术装备、人员组成；包括监督检查机制、保障措施，以及特殊情况出现时的应对措施等。

9.7.2.6 生态监理

生态监理是环境监理中的重点，不同的建设项目有不同的重点监理内容和重点监理区域，这主要由环境影响报告书及其批复要求来规定。一般而言，水源和河流保护、土壤保护、植被保护、野生生物保护、自然保护区、风景名胜区等法律法规

规定需特别保护的区域均应纳入监理。对自然保护区等重要生态敏感保护目标，往往需编制更具针对性的监理工作方案。

9.7.2.7 示例

目前，环境保护部及有关部门针对某些不同的行业建设项目的具体特点，编制了相应的环境影响评价技术导则，并对其环境保护对策措施的编制有具体规定或要求。如，《环境影响评价技术导则—水利水电工程》（HJ/T 88—2003）、《环境影响评价技术导则—陆地石油天然气》（HJ/T 349—2007）、《环境影响评价技术导则—城市轨道交通》（HJ 453—2008）在进行环境影响评价时，应按照这些技术导则要求，编制相应的环保措施。

本书摘录《环境影响评价技术导则—水利水电工程》的第六部分"对策措施"如下：

6 对策措施

6.1 原则与要求

6.1.1 应针对工程造成不利影响的对象、范围、时段、程度，根据环境保护目标要求，提出预防、减免、恢复、补偿、管理、科研、监测等对策措施。

6.1.2 制定环境保护措施应进行经济技术论证，选择技术先进、经济合理、便于实施、保护和改善环境效果好的措施。

6.1.3 对策措施应包括：保护的对象、目标，措施的内容、设施的规模及工艺、实施部位和时间、实施的保证措施、预期效果的分析等，在此基础上估算（概算）环境保护投资，并编制环境保护措施布置图。

6.2 分项对策措施

6.2.1 水环境保护措施

a. 应根据水功能区划、水环境功能区划，提出防止水污染，治理污染源的措施。

b. 工程造成水环境容量减小，并对社会经济有显著不利影响，应提出减免和补偿措施。

c. 下泄水温影响下游农业生产和鱼类繁殖、生长，应提出水温恢复措施。

d. 水库工程库底清理应提出水质保护要求。

e. 水质管理应包括管理机构、管理办法及管理规划等。

6.2.2 大气污染防治措施：应对生产、生活设施和运输车辆等排放废气、粉尘、扬尘提出控制要求和净化措施；制定环境空气监测计划、管理办法。

6.2.3 环境噪声控制措施：施工现场建筑材料的开采、土石方开挖、施工附属企业、机械、交通运输车辆等释放的噪声应提出控制噪声要求；对生活区、办公区布局提出调整意见；对敏感点采取设立声屏障、隔音减噪等措施；制定噪声监控计划。

6.2.4 施工固体废物处理处置措施：应包括施工产生的生活垃圾、建筑垃圾、生产废料处理处置等。

6.2.5 生态保护措施

a. 珍稀、濒危植物或其他有保护价值的植物受到不利影响，应提出工程防护、移栽、引种繁殖栽培、种质库保存和管理等措施。工程施工损坏植被，应提出植被恢复与绿化措施。

b. 珍稀、濒危陆生动物和有保护价值的陆生动物的栖息地受到破坏或生境条件改变，应提出预留迁徙通道或建立新栖息地等保护及管理措施。

c. 珍稀、濒危水生生物和有保护价值的水生生物的种群、数量、栖息地、洄游通道受到不利影响，应提出栖息地保护、过鱼设施、人工繁殖放流、设立保护区等保护与管理措施。

d. 工程建设造成水土流失，应采取工程、植物和管理措施，保护水土资源。工程水土保持方案的编制及防治措施技术的确定，应按《开发建设项目水土保持方案技术规范》（SL 204—98）的规定执行。对采取的水土保持措施应从生态保护角度分析其合理性。

e. 工程运行造成下游水资源特别是生态用水减少时，应提出减免和补偿措施。

f. 开展生态监测。针对生态保护措施中的难点提出研究项目规划。

6.2.6 土壤环境保护措施

a. 工程引起土壤潜育化、沼泽化、盐渍化、土地沙化，应提出工程、生物和监测管理措施。

b. 清淤底泥对土壤造成污染，应采取工程、生物、监测与管理措施。

6.2.7 人群健康保护措施应包括卫生清理、疾病预防、治疗、检疫、疫情控制与管理，病媒体的杀灭及其孳生地的改造，饮用水源地的防护与监测，生活垃圾及粪便的处置，医疗保健、卫生防疫机构的健全与完善等。

6.2.8 文物保护应采取防护、加固、避让、迁移、复制、录相保存、发掘等措施。

6.2.9 景观保护应提出补偿、防护和减免措施。

6.2.10 工程对取水设施等造成不利影响，应提出补偿、防护措施。

9.8 典型生态型建设项目工程分析与生态影响评价要点

9.8.1 公路建设项目

公路分为高速公路、一级公路、二级公路、三级公路等。高等级公路（高速公路、一级公路）路基高、路面宽、工程量大，配套设施多，工程分析时涉及的内容亦多，要求亦较高。

9.8.1.1 工程分析要点

（1）公路工程的组成

主体工程：路基工程及其路堤、路堑、桥梁工程（大桥、特大桥和互通式立交）、隧道工程。

辅助工程：如导排水沟、涵洞、通道、天桥等。

附属工程：如服务区、收费站、监控及防护设施、通讯设施、标志标线等。

临时工程：如"三场（取土场、弃土场、砂石料场）"、施工道路、施工营地等。

土石方工程：土石方总量，挖方、填方，或石方、土方，或借方、弃方。

（2）公路工程分析的技术要点

高等级公路工程分析的技术要点如下：

① 明确工程组成及主要技术标准。公路工程包括主体工程（路基及桥涵、隧道、立交、路面铺设）、配套工程（服务区、收费站、绿化工程等）、辅助工程（导排水沟、涵洞、通道、天桥等）、临时工程（取土场、弃土场、采石场、施工辅道、加工作业场所如混凝土拌合场，砂石料洗选、沥青拌合等）、公用工程（施工营地、供水供电供热供油、通讯、机修汽修等）。工程分析时，注意做到工程组成完全，主要技术指标清楚。

② 按工程全过程分析工程活动内容与方式。公路工程的全过程包括勘探、选点选线、设计、施工、试运营与竣工验收、营运等不同时期，评价中主要关注与环境影响最为密切的两个时段：施工期和运营期。

③ 明确发生主要环境影响的工程内容和点段位置。公路工程在全路程是不均匀的，有一些工程规模大、施工时间长，影响也强；公路全线的环境也是不均匀的，有一些路段特别敏感。因此，公路环境影响评价采取"点段结合、重在点上"、"以点为主，反馈全线"的原则，工程分析中必须对这些重点工程点段和敏感环境点段做重点分析。这样的点段包括：

大桥、特大桥：若河流有取水口或河流水环境功能高者，尤为重要；

长隧道：关注其弃渣量、弃渣地点、弃渣方式及防护，还有地下水疏水问题，如水源疏干、水质问题等。

互通式立交桥：选择地点，占地面积与土地类型，设计优化问题，绿化工程等；

高填段、深挖段：发生在什么点段？规模？土石方量及其来源或去向？其有植被破坏、边坡稳定、景观影响、绿化工程、水土保持、阻隔、地质灾害、水文影响等多种问题。

"三场"——取土场、弃碴场、石（砂）料场：须逐一明确其规模、占地面积、用地类型、作业方式，所处点段、设计的恢复途径或方式，有水土保持方案（如弃渣挡护方式等）、取弃土方式及土地恢复利用方案、运输方式及施工便道修建等工程内容，亦有植被破坏、水土流失、土地资源损失、景观影响等一系列重要生态影响问题。

服务区：设置位置与占地类型、面积，营运规模及污染物产生量（废气，如餐饮排放情况；废水，如加油站和餐饮排放等）。废水不仅有源强核算问题，亦有纳污水体功能考查问题；服务区设置有选址环境可行性论证问题，整个服务区有污染控制问题等。

穿越环境敏感区段：穿越自然保护区、风景名胜区、水源区和重要生态功能区、城市规划区、生态脆弱区、文物或重要的自然遗迹、人文遗迹等环境敏感区段，其工程分析须更具针对性地进行，其评价不仅应满足有关法规的要求，还要论证其科学合理性，评价其真实存在的影响。

9.8.1.2 主要环境影响

（1）施工期

施工期的工程活动强烈而集中，主要围绕着路基形成，桥涵建设、隧道贯通，直到路面铺设和配套工程建设。其间发生的影响有两类：以土地占用、植被破坏、土石方工程、水土流失和景观影响为主要内容的生态破坏与影响；以扬尘为主的空气污染、施工废水和生活污水及车辆和施工噪声为主的污染影响。工程分析须明确各种影响的强度、规律、发生点段及主要影响的对象。

（2）营运期

营运期，主要的工程活动是汽车行驶，主要影响因子是噪声，其次是尾气以及降雨随地表径流发生的水污染。这期间，主要的生态影响是公路的阻隔作用以及受噪声和水、气污染发生的生态影响。进行工程分析时，须明确影响发生的强度、特点以及主要受影响的对象。

9.8.2 水电建设项目

9.8.2.1 工程分析要点

（1）工程组成

以水力发电为目的的水电工程项目，包括：

主体工程，如库坝、发电厂房；

配套工程，如引水涵洞等；

辅助工程，如对外交通道路、施工道路网络、各种作业场地、取土场、采石场、弃土弃渣场等；

公用工程，如生活区、水电供应设施、通讯设施等；

环保工程，如生活污水和工业废水控制设施、绿化工程等。

（2）全过程的环境影响分析

评价时应当把所有工程组成纳入分析工作中，将工程内容与环境因素结合起来考虑，并进行全过程影响分析，主要是施工期和营运期。本章"表9-1"的水电建设项目环境影响识别表，其识别过程实际上就是工程分析与环境影响因素综合考虑的过程。

9.8.2.2 主要环境影响

（1）施工前期

① 移民环境影响。水电工程带来的社会问题是大量移民。大量移民造成新移民地区土地、用水等压力，如为了维持农业生产水平而大量施用化肥、农药，开垦荒地，造成污染和新的植被变化。

近年来，不少大型水电项目在带来利益的同时，其复杂的环境和社会问题也日益显示出其严重性，引起国内外的普遍关注。我国某些水电站，水库蓄水淹没大量良田，产生大量移民问题，成为巨大的社会负担。有的水库移民安置不当，为求生计，居民返迁库区进行陡坡垦殖和森林砍伐，造成水土流失和森林植被破坏。

② 民族文化影响。施工前期移民及拆迁，将会对少数民族地区的文化多样性造成破坏等深层次问题。

（2）施工期

① 植被破坏与水土流失、地质灾害。水电工程项目施工期的直接影响是占用土地、破坏植被，干扰和破坏野生生物栖息地，还会造成水土流失，弃土弃渣甚至可能发生泥石流问题。

② 施工作业的污染影响。主要是施工作业现场的噪声、扬尘及"三废"的污染。

③ 破坏原自然景观或有价值的历史遗迹。施工队伍进驻，施工人员活动造成的污染、破坏，以及对水库水坝地区社会文化和民俗的干扰与破坏等。

④ 环境健康影响。施工人员可能来自不同的地方，且较为集中，可能导致疫源性疾病或与水传播有关的病原孳生导致传染病流行。

（2）营运期

① 坝上库区的环境影响问题：

◆水库、水坝工程的影响主要是淹没土地，丧失农、林、牧和湿地资源。

◆淹没大面积植被会造成生物多样性损失，某些野生动、植物物种因为失去原有的栖息环境而迁移或丧失。

◆某些有历史、文化、美学价值的文物资源被破坏。

◆淹没土地上残存的有机物，在水库蓄水时未加清理会逐渐分解而丰富了水库营养，有利于水库养鱼和其他生物生长，但过多有机物分解会消耗水中溶解氧，反而影响水生生物正常生长。

◆流水变静水，降低河流自净能力，可能发生水体富营养化。

◆为建设水坝进行的河道加宽或改造，水电站调峰运行，都会改变原来的水文状况，造成河道水位起伏涨落。

◆上游河流带来的泥沙，可能在入水库前沉积下来，造成回水顶托现象和上游地区的洪水泛滥。

◆水库蓄水后诱发地震和地质灾害（崩塌、滑坡等），使后靠移民生产区出现地裂，出现新的安置问题。

② 大坝产生的生态影响问题

◆大坝阻隔使坝上和坝下水生生物的交流中断，特别是对洄游生物影响最为明显，有可能导致洄游性生物的灭绝。

◆对洄游性鱼类，可能使其历史形成的鱼类"三场"（产卵场、越冬场和索饵场）发生变化，使鱼类不能生存而消失。

◆大坝使上游库区大量集水，造成河道水文情势的变化，淹没了大量的土地，并造成坝下部分河道的断流，生态系统结构和功能发生变化。

③ 坝下区域的生态影响问题

◆坝下河道减水或脱水，使河流水生生态系统发生重大变化，由原来的水生生态系统转变为湿生或陆生生态系统。

◆下泄清水会造成下游河道冲刷，形成塌岸塌堤灾害。

◆高坝大库低温冷水下泄对农业灌溉将造成不良影响，导致农作物减产。

◆由于水库水温分层，下泄水水温变化（降低），使鱼类失去产卵所需要的温度环境，导致物种减少和渔业产量下降。

◆一些在河口繁殖的水生物种群也因水温、盐度和水文变化而改变其原来的结构和繁殖模式，甚至不能生存。

◆为防洪而采取的构筑措施破坏洪水的天然模式和洪水泛滥形成的肥沃而湿润的泛滥平原，洪水补给型湿地会萎缩或消失，野生动物也因失去其适合的生存环境而受到影响。

◆使下游用水单位取用水量减少。大坝截流，下游河道水量减少，工矿企业或城镇、农业灌溉原取用河流的水量将可能受到影响。

除以上环境影响问题外，水电项目还需关注以下问题：

功能协调问题。许多水电工程赋予了多种功能，其中有些功能可兼顾，有些功能则相互矛盾。尤其供水与养殖、旅游、水上娱乐等功能矛盾突出，需要进行协调或确保主要功能的发挥。水库水坝的影响常常是流域性的，应从可持续发展出发，进行全流域的用水协调和全流域的环保工作。

间接影响。修建水库水坝淹没的道路、输电、通讯设施需要复建，道路"上山"会造成很大问题，有时植被破坏和水土流失产生的影响不比主工程差多少。水库水坝修建过程中，同时开通了公路，由此使外地人群大量涌入，可能形成新的城镇，改变区域生态结构。虽为间接影响，但影响长久而深刻。

9.8.3 水利建设项目

水利建设项目多种多样，如水利枢纽项目、灌溉项目、跨流域调水项目等。各种项目需要进行的工程分析重点内容不同，同一类项目建在不同的地区所需进行工程分析的重点内容亦有差异。但不管什么类型的水利项目，凡引水或改变水资源利用方向者，都会造成水生生态影响和陆生生态影响，都会发生流域性或区域性影响，都会有施工期直接影响和营运期的影响，有时甚至是相当长时间的影响。进行工程分析时，都须明确工程组成、规模、空间分布、施工方式和营运方式；都须进行全过程影响分析，即包括营运期和建设期，有时甚至包括勘探、设计期和关闭、退役期；都须明确主要影响环境的工程内容；最后，还需考虑产污环节分析。

库坝型水利建设项目工程分析的要点与水电项目相类似，但发生的影响方式可能不同，其环境影响特点是：

（1）水利工程的影响是流域性或区域性的，尤其对调出水区，其用水的重新分配与环境动态的关系十分密切。在工程分析时，须关注水资源时空分布的变化、变化量、变化规律等，关注其可能发生的流域和区域问题。

（2）调水工程的影响既涉及调出水区、亦涉及调入水区。须分析调水引起的水资源时空变化及相应的影响问题。其中，尤其须重视生态用水的保障问题，河流水资源利用率问题（联合国认为合理的河流水资源利用率为40%），水质保护问题等。

（3）施工期环境影响和营运期环境影响，主要是直接影响，都是分析的重点，并与工程活动方式密切相关。

（4）水质保护和污染控制常是水工程的关键问题之一，往往关系到项目的成败。外源性污染是值得特别重视的。换句话说，水利工程评价既关注工程对外环境造成的影响，亦关注外环境对工程造成的影响。应明确外环境的污染源分布、源强、排放物；分析工程污染产生环节、产污量、排放方式等。

（5）生态用水既是新观念亦是老问题，对于干旱缺水地区，确保生态用水是维持区域可持续发展的重要因素。在进行水资源利用的优先性排序时，应是第一生活用水、第二生态用水、第三生产用水。

（6）因土石方工程导致植被破坏、水土流失，因淹没占地和工程占地导致的农业生态和自然生态损失，因取土场、弃土场、采石场导致的相关问题，以及施工道路、施工作业场地、施工营地等非主体工程，都应纳入工程分析之中，并分析其可能产生的生态和污染问题。

9.8.4 矿业建设项目

矿产资源包括有色金属、黑色金属、煤炭、非金属矿产资源和石油天然气等。除石油天然气外，对它们开采的方式主要有露天开采和地下开采之分。

矿产资源采掘业的工程分析包括污染源分析、生态影响因子分析两个主要方面，实际工作中可能还会涉及区域或流域影响、社会经济影响等方面。

9.8.4.1 工程分析要点

（1）工程组成

采掘类项目工程组成十分复杂。开采不同的矿产资源种类时，其开采工艺及工程组成往往有很大的差别，如石油天然气开采项目与煤炭开采项目，二者使用的设备及开采工艺技术均不同。煤炭资源的开采，既有露天开采，也有下地开采（井工开采），具体开采工艺又各有不同。煤炭地下开采建设项目工程组成一般包括：主体工程、辅助工程、公用工程、储运工程几个部分，见表 9-6。

表 9-6　煤炭建设项目工程组成（井工开采）

工程组成	建设内容
主体工程	矿井、选煤厂等
配套工程	通风设施、排矸场、矿井水处理站、生活污水处理站、机修车间、材料库、坑木房、消防池等
公用工程	采暖供热工程、供排水工程、供电工程、行政福利设施等
储运工程	储煤场（仓）、装车站、铁路、公路、输煤栈桥、运输皮带、运矸线路等
环保工程	井下水及生活污水处理、锅炉除尘（脱硫）、地面生产系统及运输系统防尘和噪声防治措施等

① 矿业开采生产系统。主要生产系统包括采矿系统、提升系统、运输系统、排水系统、通风系统、供电系统及矸石处置系统。目前，我国煤炭开采约 95%为井工开采，其开采生产系统基本如此。

② 选矿。

工业场地：一般矿产资源开采出来的矿石，需就地进行选矿处理，得到精矿。选矿系统主要包括：破碎、筛分、磨矿、浮选、重选、磁选、脱水等工艺车间。其对生态环境的影响主要表现在占地影响，需明确占用土地的面积和类型。煤炭开采工业场地主要是主井、副井，选（洗）煤厂、煤仓或煤场，以及输送设施等。

尾矿设施：金属矿开采后，矿石经选矿产出的尾矿需设置专门的场地进行堆置。尾矿设施主要包括初期坝、尾矿堆积坝、排水构筑物、存矿设施，以及尾矿输送与回水设施。

（2）工程分析技术要求

采掘业项目的生态影响工程分析中，须把握的要点是：

① 工程组成全分析。即首先要明确所有的工程项目组成，包括主体工程、配套工程（储运、配套建设）、辅助工程和公用工程、环保工程等。其次要明确这些工程组成部分的空间分布，设计方案、施工方式、营运方式。

② 工程全过程分析。即明确从勘探设计到施工建设、营运，直到工程结束的全过程活动状况，并分析各个时期活动的范围、特点，可能对相应环境的影响等。与其他工程相比，矿产资源采掘业的后期工作十分重要，因而营运后期或矿山闭矿的环保措施应是分析的重点，其中最重要的是土地复垦（以恢复为农田为主要方向的修复）。水土保持和植被重建，要使项目建设后的生态环境比项目建设前有所改善，才符合可持续发展基本原则。

生态影响评价是一个过程，过程的每一个阶段都是由浅入深，由粗到精，由定性认识到定量评价的全过程的一部分，因而评价的每个阶段都会有工程与环境关系的分析（或曰影响分析）内容，不易将工程分析与影响识别截然分开，只是工程分析时更侧重于工程内容的阐释，而影响识别则是在工程分析的基础上，借助工程分析而更侧重于环境分析，并把二者结合起来进行综合分析而已。

③ 主要影响因素分析。任何工程中，都有一些对环境、生态和景观美学发生重大或主要影响的项目组成，它们可能发生在不同的时期，也可能影响不同的环境因子或生态系统。

④ 环境敏感性分析。即分析矿业资源贮存的生态系统和工程影响所及范围是否存在敏感的环境问题或保护目标。若有，则必然成为工程分析的重点和评价的重点。工程占地、工程影响文物古迹、工程对野生生物栖息地的影响等是分析的重点。地下开采或矿业采掘项目，其造成的塌陷或地面沉降、地下水疏干等，都可能影响到敏感的保护目标，如水源、城镇集中居民区等。

⑤ 污染影响。矿业开采建设项目对水、气环境变化进而导致对生态的影响，亦是重要分析内容。

值得注意的问题是，进行生态影响型建设项目的工程分析时，不仅仅是分析工程，也不停留在工程活动的范围里，而要同时关注到工程所处的环境，并把二者的发生关系作为分析的内容。

矿业建设项目工程分析中还应特别重视固体废物（采矿剥离物、废矿石、尾矿、矿区建筑垃圾等，特别是煤矿采选产生大量的煤矸石）的类型、数量、处理处置方式、处理场选址等问题，因为固废不仅量大，而且还会产生景观影响、生态影响等严重问题。

9.8.4.2　主要环境影响

采掘类项目施工期的主要环境影响因素有施工噪声、施工生产废水和生活污水、各类施工机械、生产设施及人员生活产生的废气、各类固体废物，包括弃土弃渣（甚至掘进矸石）、生活垃圾、各类工程及施工作业占地破坏植被，产生水土流失等。营运期的生态影响因素主要有地面各类设施占地、矸石占地、地表塌陷。

矿山地下开采破坏和损害土地资源，废石（煤矿则主要是煤矸石）堆放压占土地、破坏生态、污染环境并影响景观，开采导致的地表沉陷和地下水漏失会相应地引发生态问题，这种影响尤其表现在对水资源的影响上。地表沉陷往往造成采区建（构）筑物出现裂缝和变形，在我国东部地区沉陷会形成地表积水，在西南山区和西北黄土高原则会引发山体滑坡和岩体崩塌。露天开采则以直接挖损和外排土场压占产生的影响为主。不论是露天开采，还是地下开采，均需关注水土流失问题。

（1）地下开采（井工开采）主要环境影响

①　对土地及植被的破坏。地上大量工程建设及设施占地造成的土地利用方式与格局的改变或破坏，征用土地及建设占地对地表植被的破坏。

②　地表沉陷问题。地表沉陷使沉陷区的地表形态发生变化；下陷产生地表裂缝，导致土地利用格局或功能的改变，甚至农田不能耕作而弃耕；植被生长或类型发生变化；导致地面下沉，雨季容易产生积水现象。

实质上是一个地质环境问题及其引发的生态环境问题，如对地表生态敏感目标的影响，由于地面沉陷造成地表植被、房屋及文物的损坏；若处于山丘区，还可能因地表沉陷造成滑坡、泥石流等相关地质灾害。防治塌陷及其影响的重要措施之一是留设保护煤柱（包括对文物、地表房屋建筑、公路、铁路等的保护）。

③　地下水资源受破坏问题。主要是采掘中的矿井疏干水问题。一方面是对疏干矿井水的利用；另一方面是疏干矿井水后对地下水资源的影响，地下水的水文特征、水系循环都会随之受到影响。

④　景观生态影响问题。废石（包括煤炭开采出来的煤矸石）堆放对矿区景观会产生影响；废石或煤矸石堆放还会占用土地资源、破坏植被、污染土壤、容易引发崩塌、滑坡、泥石流等灾害。煤矸石堆放产生自燃和粉尘污染，甚至矸石山爆炸问题。

（2）露天开采主要环境影响

①　土地的占用。采矿场地、废石或矸石场以及地面附属设施等的建设均需要占用一定面积的土地，影响了原有土地的使用功能。

②　对水资源的影响。采矿使地下水形成疏干漏斗，对区内的地下水资源会产生一定的影响。

③　对植被的破坏。以直接挖损和外排土场占地生态影响为主。露天开采占地面积大，对植被的破坏是最严重，这是地表生态破坏最突出的问题，也是生态评价的

重要内容。

在生态环境现状评价和工程分析的基础上，认真评价工程建设对以植被为主的生态环境造成的影响，分析工程造成植被破坏的面积，损失的生物量及其生态效益。

此外，需要重点关注工程建设是否对占地区域，以及地下水疏干范围内的国家和地方重点保护野生植物种、珍稀野生植物种生长产生影响。

④ 对河流水系的破坏与污染。对河流水系的主要影响注意两个方面：一是对河道的影响，二是对流域汇水区的影响。有的露天开采项目可能涉及河流改道，有的则可能影响流域汇水、河流水质与水量。

（3）尾矿库环境风险

配备选矿厂的金属矿采选建设项目，其选矿厂排放的尾矿均需送入尾矿库。尾矿库的垮坝风险，虽然主要是安全问题，但对环境的破坏或污染往往也很突出。同样，露天开采的排土排石场不仅大量压占土地，破坏植被，外排土场边坡如果不稳定，容易产生滑坡，将会造成较大的生态影响。

（4）移民安置生态影响

矿山企业一般规模都比较大，往往涉及移民安置，移民安置对生态环境的影响主要是要分析对安置地的环境影响。

（5）伴生矿的放射性问题

此类问题主要是非煤矿山开采中需要关注的，而且是在地质勘探工作中就应关注。如果是放射性矿，则按国家有关规定，进行管理与勘探，需进行辐射方面的专项评价。某些矿藏在开采过程中，由于伴生矿中有放射性元素，存在一定的辐射，其辐射问题需要引起关注，环境影响评价应根据放射性监测结果，实事求是地进行评价，并提出相应的措施。

9.8.5　农业开发建设项目

9.8.5.1　工程分析要求

农业建设项目类型多，有养殖业、加工业和其他工副业，也有水利工程如引水和灌溉等，其工程分析内容和重点须视具体情况决定，但总体而言，其工程分析主要把握以下重点：

（1）工程组成应全面、完善和清楚

农业项目工程组成往往比较复杂，尤其是世行、亚行贷款的"打捆"项目，常把很大地域内的很多项目作为一个项目处理，此时，详细开列项目组成和地域分布就显得格外重要。

（2）重点工程的性质、规模、工艺或施工建设方案应作为工程分析的重点，逐点、逐项明确重点工程是指一建设项目中对环境可能有较大影响的工程，如占地比较大者、破坏地表植被严重者、工程影响无法补偿者、影响到敏感保护目标者或排污量比较大者等等。这些工程是环评的重点，也是环保措施主要实施的对象。这些重点工程须一一列举，一一分析，因为同样的工程建在不同的地点其环境影响将是很不相同的。

（3）针对环境保护需求，确定工程分析的重点和详细程度

换句话说，应对影响到敏感环境的项目组成部分作重点分析，并针对环境敏感性质确定重点分析的内容。例如，"内蒙古风沙区治理项目"，影响到敏感环境——脆弱的风沙地带。这类地带最敏感的问题是扰动地表，破坏固定半固定沙丘及其稀疏而脆弱的植被，由此会加剧风蚀灾害，导致严重的生态问题。在做工程分析时，就需要细致地了解一切扰动地表，导致植被破坏的工程活动，例如是否要耕翻土地或采取点状穴播，如何灌溉和是否要修渠道之类（修渠会破坏植被），是否要修机耕道路（同样也能破坏植被），是否需要平整土地（扰动地表），是否需要清除原有植被（当做杂草除掉）等。把这类工程活动搞清楚了才能进而确切地分析影响。

（4）注意分析两种影响：生态影响和污染影响

任何建设项目都存在这两类影响，只不过不同的项目类型其主要影响不同而已。农业建设项目以生态影响为主的较多，但加工业项目和养殖业项目，污染影响可能更为主要。污染影响主要分施工期和营运期两个时期，可分别进行分析和识辩，其分析方法与一般工业建设项目类似。

（5）做好重点问题的工程分析

例如，用水中的水平衡分析，地下水的采补平衡分析，土地利用合理性分析（设计方案是否是土地节约型的）等。污染分析中注意源强核算、"三笔账"核算、清洁生产分析等。这些重要问题都是工程分析中至关重要的内容。

9.8.5.2 主要环境影响

由于农业开发建设项目类型多，有的是以生态影响为主，有的则以污染影响为主。因此，农业开发建设项目的环境影响须根据项目的实际情况，结合现场调查与监测，分别按照污染影响型为主、生态影响型为主，或二者兼具的情况进行环境影响评价。

农田开发建设项目，则须分析被列为农田开发的区域的环境可行性，如果需要在原有自然植被的基础上进行大面的农田开发，则需认真分析该农业开发的必要性和环境可行性，特别是具有丰富植被或野生动物的区域，需要从经济效益、社会效益和环境效益等方面进行比较、分析，判断开发建设的经济、环境合理性；确需开发建设的，应根据生态补偿原则，提出生态保护措施。农田开发还必须关注是否会加剧开发区水土流失，是否会导致土地"三化"，农业灌溉是否会导致区域水资源供

应的紧张，是否会引发病虫害的暴发，农药、化肥的施用是否会因面源污染而加剧河流、湖库的富营养化。

畜禽养殖业项目，则须分析区域的环境承载力，避免超载过牧，导致草地退化、沙化，畜禽粪尿的恶臭等污染问题，动物疫源性疾病传染问题，病体处理问题等均为需要特别关注。

牲畜屠宰项目，则为污染型建设项目，主要是水污染影响问题，此外，还有固体废物污染与处理处置的问题等。

10 水土保持方案

10.1 概述

10.1.1 "水土保持方案"和环境影响评价的关系

《中华人民共和国环境影响评价法》第三章第十七条规定："……涉及水土保持的建设项目，还必须有经水行政主管部门审查同意的水土保持方案"。按照本法律要求，环境影响报告书应包括水土保持方案内容，并且水土保持方案先行审批是环境影响报告审批的前置条件；同时，《环境影响评价技术导则—总纲》（HJ/T 2.1—93）中"土壤与水土流失"相关章节中也规定了对水土保持有关内容的要求。

生态系统是生物因子及其周围物理因子共同组成的有机整体，其中土壤是生态系统中生命赖以依存的最重要的物理条件之一。水土流失因影响广泛、措施较多、投资较大，往往生态环境影响评价的重要内容。

在"环境影响报告书"和"水土保持方案"中，对于水土流失与水土保持的关心点基本相同，但研究深度和侧重点不同。"环境影响报告"将侧重点更多放在涉及水土保持工程的环境可行性方面；而"水土保持方案"作为一种设计文件，多在拟定环境可行的基础上，侧重深化水土保持工作的要求、措施、方案的设计工作。因此，虽然目前"环境影响报告"基本以"水土保持方案"为基础，摘录有关内容，但"环境影响报告"的引述内容应建立在必要的复核的基础上，通过必要的现场工作和引述、复核工作，完善、优化"水土保持方案"成果，将环评和水保有机地结合成为一个整体。

在引述、复核和完善"水保方案"时，环境影响报告的"水土保持篇章"宜包括以下内容（但在实际工作中，可与环评报告的内容有机结合，避免不必要的重复）：

① 水土流失与水土保持现状调查；

② 水土流失预测结果；

③ 水土流失防治分区和分区防治措施及典型设计；

④ 水土保持监测；

⑤ 投资估算及效益分析。

10.1.2 水土流失的概念和分级标准

10.1.2.1 水土流失的界定

按照通常的定义，水土流失是指土壤及其他地表组成物质在外营力（水力、风力、冻融、重力等）的作用下，被破坏、剥蚀、转运和沉积的过程。也常定义为在外营力的作用下，水土资源和土地生产力的损失和破坏。应该指出的是，水土流失和土壤流失的概念有所区别。前者比后者的范围更广，包括：水损失（径流损失、渗漏损失、蒸散损失），土损失（崩塌、滑坡、风蚀），水和土的流失（水蚀）、水土混合流失（泥石流），土地资源的破坏和土地的生产力下降（荒漠化、沼泽化、盐碱化、养分流失等）。而土壤流失对应于土壤侵蚀强度，是指地壳表层土壤在自然营力（水力、风力、重力及冻融等）和人类活动综合作用下，单位面积和单位时段内被剥蚀并发生位移的土壤侵蚀量，以土壤侵蚀模数表示。

10.1.2.2 土壤侵蚀类型

不同的侵蚀是外营力作用于不同组成的地表所形成的侵蚀类别和形态。按外营力性质可分为水蚀、风蚀、重力侵蚀、冻融侵蚀和人为侵蚀等类型。在全国各地区由于气候、地质等环境条件的不同而各有特点。

① 水蚀：在降水、地表径流、地下径流作用下，土壤、土体或其他地面组成物质被破坏、搬运和沉积的过程。根据水力作用于地表物质形成不同的侵蚀形态，进一步分为溅蚀、面蚀、细沟侵蚀、浅沟侵蚀和切沟侵蚀等。

② 风蚀：在气流冲击作用下，土粒、沙粒或岩石碎屑脱离地表，被搬运和堆积的过程。由于风速和地表组成物质的大小及质量不同，风力对土、沙、石粒的吹移搬运出现扬失、跃移和滚动三种运动形式。

③ 重力侵蚀：地面岩体或上体物质在重力作用下失去平衡而产生位移的侵蚀过程。根据其形态可分为崩塌、崩岗、滑坡、泻溜等。

④ 冻融侵蚀：在高寒区由于寒冻和热融作用交替进行，使地表土体和松散物质发生蠕动、滑塌和泥流等现象。

⑤ 人为侵蚀：人们不合理地利用自然资源和经济开发中造成新的土壤侵蚀现象。如开矿、采石、修路、建房及工程建设等产生的大量弃土、尾砂、矿渣等带来的泥沙流失。

10.1.2.3 全国土壤侵蚀类型的区划

根据《土壤侵蚀分类分级标准》（SL 190—2007），全国土壤侵蚀分为水力侵蚀、风力侵蚀、冻融侵蚀三大侵蚀类型区。在一级区下，将水力侵蚀为主的一级区分为五个二级类型区；将风力侵蚀为主的一级区分为两个二级类型区；将冻融侵蚀为主的一级区分为两个二级类型区。各大流域，各省（自治区、直辖市）可在全国二级分区的基础上再细分为三级区和亚区。

表 10-1　全国土壤侵蚀类型的区划

一级类型区		二级类型区	
I 水力侵蚀为主的类型区	I 1	西北黄土高原区
	I 2	东北黑土区（低山丘陵和漫岗丘陵区）
	I 3	北方土石山区
	I 4	南方红壤丘陵区
	I 5	西南土石山区
II 风力侵蚀为主的类型区	II 1	三北戈壁沙漠及沙地风沙区
	II 2	沿河环湖滨海平原风沙区
III 冻融侵蚀为主的类型区	III1	北方冻融土侵蚀区
	III2	青藏高原冰川侵蚀区

10.1.3　水土保持相关指标、标准

10.1.3.1　主要土壤侵蚀强度分级简介

（1）土壤容许流失量

土壤容许流失量是指在长时期内能保持土壤的肥力和维持土地生产力基本稳定的每平方公里每年的平均最大土壤流失量。我国地域辽阔，自然条件复杂，各地区成土速率不同，在各侵蚀类型区采用了不同的土壤容许流失量。根据《土壤侵蚀分级分类标准》，各地取值不同，见表10-2。从多年的经验教训来看，工程扰动后，在气候恶劣、冻融侵蚀严重的地区，施工后达到容许土壤流失量的任务较为繁重。

表 10-2　各侵蚀类型区土壤容许流失量　　　　单位：t/(km² · a)

类　型　区	西北 黄土高原区	东北 黑土区	北方 石山区	南方 红壤丘陵区	西南 土石山区
土壤容许流失量	1 000	200	200	500	500

（2）土壤侵蚀强度分级标准

包括水力侵蚀、重力侵蚀的强度分级、风蚀区及风蚀强度分级，以及混合侵蚀（泥石流）强度分级，请参见相关标准。这里列出水力侵蚀、重力侵蚀的土壤侵蚀强

度分级标准表。

表 10-3　土壤侵蚀强度分级标准

级　别	平均侵蚀模数/[t/(km²·a)]	平均流失厚度/（mm/a）
微　度	<200，500，1 000	<0.15，0.37，0.74
轻　度	200，500，1 000～2 500	0.15，0.37，0.74～1.9
中　度	2 500～5 000	1.9～3.7
强　度	5 000～8 000	3.7～5.9
极强度	8 000～15 000	5.9～11.1
剧　烈	>15 000	>11.1

注：本表流失厚度是按土壤容重 1.35 g/cm^3 折算，各地可按当地土壤容重计算。

10.1.3.2 防治区分级和各区防治标准

（1）水土流失防治标准的六项指标

《开发建设项目水土流失防治标准》（GB 50434—2008）规定，采用有关六项指标来衡量水土流失防治效果，并可根据不同水土流失环境条件，确定应当达到的防治要求。

① 扰动土地整治率，是指项目建设区内扰动土地的整治面积占扰动土地总面积的百分比。

② 水土流失总治理度，是指项目建设区内水土流失治理达标面积占水土流失总面积的百分比。

③ 土壤流失控制比，是指项目建设区内土壤容许流失量与治理后的平均土壤流失强度之比。

④ 拦渣率，是指项目建设区内采取措施实际拦挡的弃土（石、渣）量与工程弃土（石、渣）总量的百分比。

⑤ 林草植被恢复系数，是指项目建设区内，林草植被面积占可恢复林草植被（在目前经济、技术条件下适宜于恢复林草植被）面积的百分比。

⑥ 林草覆盖率，是指林草类植被面积占项目建设区面积的百分比。

（2）水土流失防治标准执行等级

按开发建设项目所处地理位置、水系、河道、水资源及水功能、防洪功能等，确定六项水土流失防治标准执行等级时应符合下列规定：

一级标准：开发建设项目生产建设活动对国家和省级人民政府依法确定的重要江河、湖泊的防洪河段、水源保护区、水库周边、生态保护区、景观保护区、经济开发区等直接产生重大水土流失影响，并经水土保持方案论证确认作为一级标准防治的区域。

二级标准：开发建设项目生产建设活动对国家和省、地级人民政府依法确定的重要江河、湖泊的防洪河段、水源保护区、水库周边、生态功能保护区、景观保护区、经济开发区等直接产生较大水土流失影响，并经水土保持方案论证确认作为二级标准防治的区域。

三级标准：一、二级标准未涉及的区域。

当防治标准执行等级出现交叉时，同一项目所处区域出现两个标准时，采用高一级标准；线型工程项目可分区段分别采用不同的标准。

（3）水土流失防治标准指标值

根据开发建设项目的不同环境、不同时段，水土流失防治标准分六项确定具体应达到的指标值。其中水土流失总治理度、林草植被恢复率、林草覆盖率，还应以多年平均年降水量 400～600 mm 的区域为基准，降水量不在此范围时可适当提高或降低表中指标值。建设类项目可对应于环评中的非污染类生态项目，建设生产类项目可对应于环评中的污染类项目。

表 10-4   建设类项目水土流失防治标准

分级 时段 分类	一级标准		二级标准		三级标准	
	施工期	试运行期	施工期	试运行期	施工期	试运行期
扰动土地整治率/%	*	95	*	95	*	90
水土流失总治理度/%	*	95	*	85	*	80
土壤流失控制比	0.7	0.8	0.5	0.7	0.4	0.4
拦渣率/%	95	95	90	95	85	90
林草植被恢复率/%	*	97	*	95	*	90
林草覆盖率/%	*	25	*	20	*	15

注：“*”表示指标值应根据批准的水土保持方案措施实施进度，通过动态监测获得，并作为竣工验收的依据之一。

表 10-5   建设生产类项目水土流失防治标准

分级 时段 分类	一级标准			二级标准			三级标准		
	施工期	试运行期	生产运行期	施工期	试运行期	生产运行期	施工期	试运行期	生产运行期
扰动土地整治率/%	*	95	>95	*	95	>95	*	90	>90
水土流失总治理度/%	*	95	>90	*	85	>85	*	80	>80
土壤流失控制比	0.7	0.8	0.7	0.5	0.7	0.5	0.4	0.4	0.4
拦渣率/%	95	95	98	90	95	95	85	90	85
林草植被恢复率/%	*	97	97	*	95	>95	*	90	>90
林草覆盖率/%	*	25	>25	*	20	>20	*	15	>15

注：“*”表示指标值应根据批准的水土保持方案措施实施进度，通过动态监测获得，并作为竣工验收的依据之一。

10.2 水土保持工程分析与评价

水土保持工程分析是将工程选址（或选线）、施工期和试运行期各个工序单元作为研究的对象，评价各项具有水土保持功能的设计的合理性，从而评价以上各方面对项目区和项目本身的水土保持的影响形式和程度。

在环境影响报告中，一般将"水土保持工程分析"纳入环境影响报告的"工程分析"章节。即将水土保持方案中的"项目概况""主体工程水土保持分析与评价"章节相关内容纳入环境影响报告的工程分析之中。此外，可从环境保护可行性、合理性等角度，对原工程设计和"水土保持方案"中的有关结论进行必要的分析或评价。

涉及水土流失影响及水土保持的工程建设内容较多，自然资源开发利用的项目，一般均需编制水土保持方案。主要包括公路、铁路、机场及相关工程、管线（输油、输气、输水）等交通类项目，矿山及油气田等采掘类项目，水利水电工程等，本章主要以公路工程为例，其他工程可以参考。

10.2.1 工程方案及主要控制点

工程位于平原或丘陵或山区，如公路、铁路、管线等建设工程，往往经过不同的水土流失防治分区。可以按照地形地貌单元，介绍工程附近与水土保持有关的环境特点，同时对如滑坡体、高填深挖段、桥隧、渣场、灰场等做重点介绍。

10.2.2 工程土石方数量、土石方平衡和土石方平衡的合理性分析

工程土石方数量一般引用工程可行性研究报告（简称"工可"）中已有的计算。以某山区高速公路的实际工程为例，部分专用名词和土石方平衡分析如表 10-6。"土石方数量表格"还可以更直观地做成"土石方平衡及流向框图"，见图 10-1。

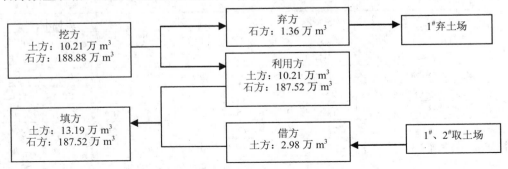

图 10-1　某公路标段的路基土石方平衡及流向框图

表10-6 某公路路基工程土石方数量

起讫桩号	挖方/m³			填方/m³			本桩利用/m³		远运利用/m³		借方/m³		弃方/m³	
	总数量 a	土方 b	石方 c	总数量 d	土方 e	石方 f	土方 g	石方 h	土方 i	石方 j	土方 k	石方 l	土方 m	石方 n
K1+112.967~K2+000	116 895	1 859	115 036	126 530	11 495	115 036	1 859	21 100		93 936	9 636			
K2+000~K3+000	92 373	1 209	91 164	100 316	9 153	91 164	1 209	13 724		77 440	7 943			
……	……	……	……	……	……	……	……	……	……			……	……	……
K15+470~K15+650	7 908		7 908	7 633		7 633		7 633						275
合计	1 245 724	53 822	1 191 902	1 262 032	83 780	1 178 252	53 822	619 650		558 602	29 958			13 650

点状的工程如火电站、住宅小区等，土石方外购或就近调运，土石方平衡分析较为明确。但如公路、铁路等长距离的线形工程，沿线峡谷深切，河道弯曲，或沟壑纵横，受地形条件限制，土石方调运困难。为减少工程随意地挖弃而对环境造成大面积的水土流失不良影响，这里应主要关注调运的范围、局部以及全线的挖方总量、弃渣总量，以及挖方的综合利用率是否合理，进而评价原工程设计的土石方平衡的合理性。

"土石方数量表格"以路基工程为对象，挖方、填方、本桩利用、远运利用和弃方均为路基工程所产生，借方需要在路基外选择取土（石）场采料。本桩利用是指在本单元内可以以挖做填的土石方数量；远运利用是指在本单元需要调运至附近标段的土石方数量。如 K2+000～K3+000 单元内，挖方总量 $a=92\,373$ m^3，填方总量 $d=100\,316$ m^3，需要借方 $k=7\,943$ m^3，山区土少石多，借方全部是土方；挖方中土方 $b=1\,209$ m^3 全部可以作为填方在"本桩利用"；挖出石方数量 $c=91\,164$ m^3，全部用于填方 $f=c=91\,164$ m^3，在"本桩利用" $h=13\,724$ m^3，至其他标段"远运利用" $j=77\,440$ m^3，没有废弃土方、石方 $m=0$，$n=0$。

工程施工过程中存在一定的土石方损失，所以实际借方数量大于工程理论计算的借方数量；还由于标段划分、运输利用不便等原因，实际废方量也会多于理论计算出的废方量。水土保持评价应复核土石方数量，并建议设计单位进行更为合理的平衡计算，建议建设单位进行更为合理的标段划分和水土保持监督。

10.2.3 工程建设期——地基（路基等）开挖和填筑

工程建设过程中，地基的开挖和填筑将会对原始地貌造成较大的变化，如公路跨河或沟谷的桥梁两岸地形条件较差、原始坡面较陡时，开挖与弃渣堆放都会给水土流失的发生创造条件；水利等涉水工程截流施工，造成河流改道，或对水体造成扰动，基础围堰施工等。主要使地表坡度加大、坡面变得平滑，这将导致坡面径流速度加大，冲刷力增强。同时，施工直接导致地表原植被和土壤结构的破坏，使得地表土壤的抗冲蚀能力降低，潜在加剧了水土流失条件。

10.2.4 工程建设期——永久和临时占地

工程征用土地包括永久性占地和临时用地。工程永久占地及临时占地是本工程的"水土流失防治责任范围"中"项目建设区责任范围"，是计算"破坏水土保持设施面积"以及计算"破坏水土保持设施补偿费"的基础。

工程施工中，临时用地只是"租借"，用后必须及时恢复，通常包括取土场（坑）、弃渣场、施工临时便道、拌和站、料场等施工场地、营地等占地。临时用地将对占地范围内的植被和地表土壤造成一定程度的破坏，这也会为水土流失的发生和加剧创造条件。

10.2.5 工程建设期——取土、采料、弃土

工程施工过程中，取、弃土及筑路材料的开采将对地表植被造成严重破坏，土壤层全面裸露，土壤结构严重破坏，土壤抗侵蚀能力降低，遇暴雨易造成严重的水土流失。需要说明的是，工程的取、弃"土"，包括"土壤"和不同质地和粒径的 "石渣"。

现场踏勘工作中应将取、弃土场地复垦、弃土造地的可行性作为重要内容，加以实地考察。取、弃土场的工程分析，应列表给出已知取、弃土场的分布及周围环境状况，包括植被、地类、地形坡度、土壤、汇水面积等情况。

工程修建于丘陵山岭区，多需要取土方、弃石方；修建于平原区，往往需要既借土方又借石方。

山区路基填料原则上以纵向调配为主，充分利用挖方和隧道弃渣，不足部分设置取土场（坑）集中解决，尽量减少取、弃土占地。山区农田主要位于河道及地形较宽大缓和的沟谷内，多为水田，其余为山坡地。因此，取土场选址以不占或少占耕地为原则，同时运输是否方便也是重要的考量，如果有乡村碎石路或县道相连拟建公路和料场，就将减少因修建临时道路对环境的破坏。对于多余弃方，由于山坡坡面一般较陡，无法设置弃土场，因此，弃土（渣）场只能设置在大量弃方产生的附近沟谷内。工程分析应概要评价是否可以保证弃方的稳定，是否不影响沟内汇水范围内的降雨行洪。

平原区土地资源紧缺，取土难免占用农田。在不同的环境中，需要评价"设置集中取土坑"或"分散取土"的各自利弊取舍。集中取土影响面积小，但取土深不易恢复，如果结合蓄水等农田水利建设可以化害为利；分散取土影响面积大，但取土浅，之后容易复垦，在许多情况下也是可以选择的。

筑路往往可以利用河道内采取漂卵石和砂料，根据水利（水务）或河道部门、环境保护部门的要求，需要实地分析：如果筑路材料在上游山间有长期稳定的自然来源；采料不会对河道产生不利的水流形态变化；不会导致洪水冲毁堤岸；并与堤岸保持一定的安全距离，这样一般可以作为料场。

工程建设过程中，弃渣在其防护措施没有施工以前，遇暴雨或上游汇水下泄时，易造成严重的冲沟侵蚀。因此，必须事先做好弃渣的拦挡工程，即"先挡后弃"。

10.2.6 工程建设期——拆迁安置

工程建设将造成一定数量的拆迁安置。限于当地地形和其他条件所限，移民安置方式以后靠安置为主。在移民建房等活动中，将造成对土地、地表植被的占压和破坏，成为发生新的水土流失的隐患。

10.2.7 工程试运行期——恢复工程

试运行期，工程用地范围表面基本被铺装、硬化或绿化，铺装直接将土壤侵蚀

源与侵蚀动力分隔开来，正常情况下也不会再产生新的水土流失。而对于采用植物措施防护的工程单元，在试运行初期受降雨和径流冲刷，仍会发生水土流失，但随着植物生长，覆盖度增加，水土流失将会逐渐得到控制，并降低到允许水土流失强度以下。不良地质路段在采取了防治措施以后，发生水土流失危害的频率会明显降低。水热条件好的南方地区，试运行初期水土流失很快得到控制；而干旱如西北山区，水土流失时间可能持续3～5年或更长，累计的水土流失量也较大。

10.2.8 施工组织及施工工艺的水土保持影响分析

施工组织及施工工艺分析以施工过程中减少地表扰动，以及连续、平行、协调和均衡为基本原则，主要考虑以下几点：

（1）施工组织合理

主体工程及连带的弃渣场等临时工程施工，都不可避免地要跨越雨季，要在雨季加强临时防护措施的设置，并合理安排工期，如江河中的桥梁基础施工，应尽量避免在雨季进行。

施工标段划分、施工道路、施工场地以及其他临时工程的布设，需要考虑土石方可调运的综合利用条件及措施，如山区工程的挖方，通常设计为纵向调运、平衡利用；大挖方和隧道的注意废渣的综合利用和处置。隧道的出渣尽量能够做到纵向调运而被利用，弃渣临时储存的渣场尽量选择在永久征地范围内暂存，减少临时征地，同时应做好排水、拦挡等临时防护措施。

（2）保护自然地形和水流形态，减少水土流失发生源

涵洞沟通小型自然水系，沟通灌渠、池塘等水利设施，一般数量较多。对此的水土保持评价，在主要关心涵洞数量是否充足的同时，也不能忽略设计调查不充分而造成水流形态改变，排水不畅，局部淤积或淹水。

（3）施工工艺分析与评价

项目采用先进可靠的工艺；关注开挖、桥梁、隧道等施工造成水土流失的环节的施工方法，特别关注其中的水土保持措施是否充分，并评价其合理性。

10.3 水土保持现状调查要点

通常，水土流失影响因素可以分为自然因素和人为因素两个方面。自然因素是发生水土流失的前提条件；而人为因素则对水土流失发生和发展起着主导性的作用。

10.3.1 水土流失的自然环境影响因子调查

① 气候气象条件。需要调查当地气候区划；降水；风；其他气象条件，如温度、霜期、风力、霜冻、冰雹等自然灾害发生的情况等。

② 地形地貌。宏观说明各区的山地、丘陵、高原、平原、河谷阶地等不同地貌；微观说明地面坡度组成、沟壑密度等定量指标；并调查路线长度内不同地貌单元内的里程。

③ 地质因素和地面物质。调查地面组成物质，包括各区的岩石、沙地、土类的分布、农业土壤的主要物理化学性质等；特别关注表土资源情况。

调查特殊性岩土及不良地质：调查风化岩石等特殊性岩土，以及崩塌、滑坡及软土等不良地质情况，这是诱发水土流失的重点地区，也是新增水土保持措施的重点。

④ 地表水、地下水水系及其水文地质条件。

⑤ 植被因素。植被是水土流失的控制因素。应调查说明各段落的林地（天然林与人工林）、草地（天然草地与人工草地）分布情况、植被覆盖度、主要树种、草种。

⑥ 自然资源。包括土地资源、水资源、生物资源、光热资源以及矿藏资源等情况。

10.3.2　项目区人为影响因素

① 项目区内水土保持分区类型。为控制水土流失，国家和各地方政府根据自然和人为因素的共同作用下的水土流失情况，制定了当地"关于划分水土流失重点防治区的通知"，应搞清项目区流域分区以及水土流失防治区保护区的分区规定。

② 项目区水土流失现状调查。调查当地风力、水力、重力、混合等土壤侵蚀特点，土壤侵蚀背景值等。

③ 水土保持人为因素调查要点。目前我国普遍存在导致水土流失产生的人为因素包括：人口增长过快，土地压力加大；各项基本设施建设给脆弱的生态环境的水土保持工作带来极大的压力；不合理的开荒开山等。

④ 生产发展方向与防治措施布局调查：

生产发展方向，具体表现为土地利用区划，提出各区农、林、牧、副、渔业用地和其他用地的位置和面积比例。

水土保持防治措施布局，根据各类土地上不同的水土流失方式与强度，有针对性地提出主要防治措施及其配置特点，并简述其依据。

⑤ 社会经济调查。

⑥ 水土流失危害。主要表现在：a. 破坏土地资源，降低土壤养分；b. 制约经济发展，导致流失地区人民生活水平的降低；c. 淤积河道、塘库，缩短工程寿命；d. 破坏生态环境、水旱灾害频繁等。

10.3.3　各个工程单元水土保持潜在影响调查

各个工程单元水土保持潜在影响调查应重视水土保持措施、设施的选址等与环境敏感区的关系，如弃渣场、采石取土场等是否可以设置于自然保护区、风景名胜区、耕地、草场、湿地等环境敏感区，而在原"水土保持方案"中，常见不同程度地忽略了环境可行性，并进一步研究了土石方的堆砌、土石方纵向平衡等。当在环境评价中发现这类问题时，一方面不能照搬"水保方案"的结论，另一方面应通过某种方式反馈于水土保持方案的研究工作。

以弃渣场为例，环境保护更关注的选址原则应为：工程合理、安全可控、因地制宜、保护环境。

（1）工程合理、安全可控

工程范围内不能有疏松的塌积和陷穴、泉眼等隐患；弃渣场上游流域面积不宜过大，最好选择沟道平直的岔沟和跌水的上方，上游避开集流洼地或冲沟；下游没有工厂、城镇、居民点、重要设施等社会敏感区；拦渣坝坝址地质构造稳定，岩土质坚硬；根据国家标准并结合当地的具体情况，采用防洪标准。

（2）保护环境、因地制宜

拦渣工程尽可能选择荒沟、荒滩、荒坡等地方；避开环境敏感区如自然保护区、风景名胜区、基本农田、地表水（水库、河流等）；适当设计渣场规模，往往适宜的中小型规模的渣场易于复垦。考虑施工中河谷隧道等难以跨越调运的自然节点的限制，以及避免更多修建施工便道，一般山区高速公路会在每 2～3 km 设置一处弃渣场；渣场地形要口小肚大，工程量小，库容大，造成的环境影响小；山区的沟道山洼渣场，在较宽缓的沟道，可尽量设计"贴坡型"渣场，少占谷底的农田；渣场应恢复原占地的生态功能，施工之后优先恢复为耕地或林地。生态恢复需要的大量表土资源首先考虑就地取材，将原表土尽量多地剥离，深度可至基岩层之上；山区或黄土高原的高大渣场进行造地设计时，可分级建设挡墙，易于复垦为梯田；弃渣场尽量设置于公路视野之外，减少对公路景观的不良影响。

10.4 水土流失预测

10.4.1 预测内容、范围

水土流失预测内容包括开挖扰动地表面积、损坏水土保持设施的数量、弃土（石、渣）量、水土流失量、新增水土流失量、水土流失危害等。

根据各省（市、自治区）"水土流失防治费征收管理办法"，需要统计工程建设扰动占用和破坏的地类中作为水土保持设施的占地面积，并进行补偿。

工程建设过程中弃渣主要来源于挖方路段、隧道工程等几类施工单元。根据各工程单元填、挖土石方的数量，进行土石方平衡后，经计算全线共产生的废弃土方、石方数量。

10.4.2　预测时段

根据工程性质、特点以及对水土流失的影响程度，一般将水土流失预测时段划分为施工准备期、施工期和试运行期。由于工程中各单元施工期限和发生水土流失的特点不同，对于土壤流失量的预测时段也各不相同，水保评价将项目建设期、包括植被恢复期作为预测的重点时段，同时确定各种主要的工程单元及其水土流失量的预测时段。

10.4.3　水土流失预测的主要方法

表 10-7　水土流失预测主要方法

预测内容	预测方法
工程永久及临时占地，开挖扰动地表、占压土地和损坏林草植被类型、面积	查阅设计图纸、技术资料并结合实地查勘测量分析
建设期土（渣）方开挖、回填量及弃土（渣）量	查阅设计资料、同主体工程设计单位相关专业配合，对挖方、弃方分别统计分析
可能造成的水土流失量（新增水土流失量）	类比和公式计算法：同地区的同类项目类比确定预测参数；预测模式进行计算
水土流失对工程、土地资源、周边生态环境等方面影响的可能性	现状调查及对水土流失量的预测结果进行综合分析

采用类比法进行土壤流失预测应符合下列规定：

当具有类似工程水土流失实测资料时，应列表分析预测工程与实测工程在地形地貌和气象特征、植被类型和覆盖率、土壤、扰动地表的组成物质和坡度、坡长、侵蚀类型、弃土（石、渣）的堆积形态等水土流失主要因子的可比性。

有条件的地方可采用当地科学试验研究成果并经鉴定认可的公式和方法；以及通过试验、观测等方法，通过对上述指标的论证分析与调整后，采用类比法的公式进行计算。

10.4.4　新增水土流失量模式预测

① 新增水土流失量是指因开发建设导致的水土流失量，即项目建设区内在没有任何防护措施下建设过程中产生的水土流失总量与原地面水土流失总量（背景值）的差值。

水土流失量可按下式计算：

$$W = \sum_{i=1}^{n} \sum_{k=1}^{3} F_i M_{ik} T_{ik} \tag{10-1}$$

新增土壤流失量可按下列公式计算

$$\Delta W = \sum_{i=1}^{n} \sum_{k=1}^{3} F_i \Delta M_{ik} T_{ik} \qquad (10\text{-}2)$$

$$\Delta M_{ik} = \frac{(M_{ik} - M_{i0}) + |M_{ik} - M_{i0}|}{2} \qquad (10\text{-}3)$$

式中： W—— 扰动地表土壤流失量，t；

ΔW—— 扰动地表新增土壤流失量，t；

i —— 预测单元（1，2，3，…，n）；

k —— 预测时段，1，2，3，指施工准备期、施工期和自然恢复期；

F_i —— 第 i 个预测单元的面积，km²；

M_ik—— 扰动后不同预测单元、不同时段的土壤侵蚀模数，t/(km²·a)；

ΔM_ik —— 不同单元各时段新增土壤侵蚀模数，t/(km²·a)；

M_{i0}—— 扰动前不同预测单元的土壤侵蚀模数，t/(km²·a)；

T_i —— 预测时段（扰动时段），a。

② 按照施工期、试运营初期（植被恢复期）等不同的阶段，分别针对主体或临时工程的不同工程项目或单元，列表预测流失面积、侵蚀模数、新增侵蚀量。

10.4.5 预测结论及综合分析

① 将扰动地表面积、损坏水土保持设施面积、水土流失量等列为汇总表，如表10-8。

表 10-8　水土流失预测

工程单元	水土流失量/万 t			扰动地表面积/hm²	损坏水土保持设施面积/hm²
	施工期	恢复期	合计		
主体工程区					
弃渣场					
施工场地					
施工便道					
……					
合计					

② 针对性地预测水土流失的危害，包括：

a. 对项目区环境可能造成的危害；

b. 对工程项目本身可能造成的危害；

c. 对下游及周边地区可能造成的危害等方面。

10.5　水土流失防治分区和分区防治措施及典型设计

10.5.1　水土流失防治分区

划分分区的目的是根据分区的不同环境特点和工程特点，针对性地布设水土保持措施。

根据地形和气候特征，水土流失防治责任范围一级防治区可划分为：

① 山岭区防治区；

② 平原防治区；

③ 河谷防治区。

对于开发建设项目，其一级防治区可根据当地气候及项目区地形等实际情况进行划分。

根据工程单元及其施工、占地特点进行二级分区。如公路工程可分为：

① 路基工程防治区；

② 桥梁工程防治区；

③ 隧道工程防治区；

④ 互通工程防治区；

⑤ 沿线设施防治区；

⑥ 施工便道防治区；

⑦ 施工生产生活区防治区；

⑧ 弃渣场防治区。

可参考图 10-2 某公路水土保持措施总体布局图。也可以按照主体工程防治区、辅助工程防治区、配套工程防治区、临时工程防治区等进行划分。

10.5.2　主体工程水土保持措施与评价

对于主体工程中列为水土保持工程的措施，这里需要评价其可靠性，并评价其充分性从而发现需要进一步补充采取的新增水土保持措施。对于公路、铁路工程，一般主体工程列为水土保持工程的措施有：

① 边坡的水土保持措施；

② 特殊地质处理及防护；

③ 排水工程。排水系统的组成；设计的洪水频率等。

10.5.3　水土保持植物措施及评价

植物措施主要包括绿化工程和边坡防护中植物防护（包括铺草皮、三维植被网、喷播等)、骨架植被防护(包括骨架植草护坡、框架植草等)等。

这些绿化工程不但可以使工程中破坏的植被面积得到有效的恢复与补偿,而且还可以起到保持水土的作用,有效控制了坡面径流对表层土壤的冲蚀及降水的大量流失。

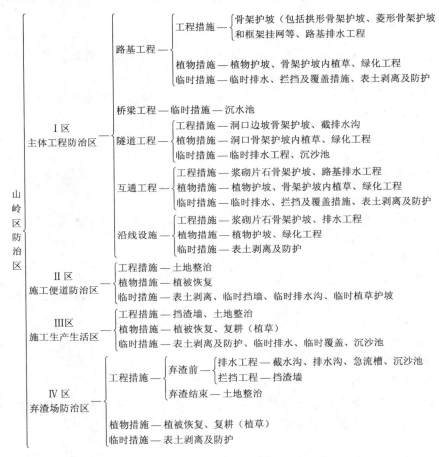

图 10-2 某公路水土保持措施总体布局

10.5.4 分区水土保持措施及评价

根据不同环境特点一级分区所对应的工程二级分区单元,针对性地布设水土保持措施。一般从以下四方面进行水土保持措施的布设和评价:

① 工程措施(包括土地整治中的工程措施,拦挡工程,导排工程等,还有一些临时工程措施);

② 生物措施(主要是植物防护措施);

③ 管理措施(包括施工期和营运期的管理措施)。

10.5.5 实施进度安排

水土保持工作的进度是建立在施工进度的基础上的，需要进行合理性评价。

10.5.6 水土保持典型设计

选择重大、敏感或普遍的水土保持措施，进行典型设计。

10.6 水土保持监测

根据《水土保持监测技术规程》（SL 227—2002），水土保持方案必须根据建设项目的具体情况确定水土保持监测的内容、项目、时段、方法等。

10.6.1 监测内容

项目区监测主要包括水土流失监测、水土保持措施数量、质量及效果监测。

（1）水土流失状况监测

根据水土流失防治分区，分别对各特征分区内主体工程和临时工程的水土流失状况进行监测。包括既有植被和被破坏情况、取弃土量、弃渣拦挡情况、各种工程地形单元土壤侵蚀形式、侵蚀强度、特征及原因（如当坡面有细沟或沟蚀发生时，需对沟的密度、宽度、所在部位、深度、宽度、长度等进行测量，并对产生沟蚀的原因进行分析和观察）等，有条件的情况下还需监测降雨特征、土壤特征等指标。其中弃渣场、填挖边坡和临时工程占地的水土保持监测是重点。

（2）灾害及不良地点（地段）的水土流失状况监测

主要是对工程范围内潜在严重侵蚀灾害地段的水土流失状况进行监测。包括可能发生滑坡、崩塌等重力侵蚀和综合侵蚀。监测方法以定期巡查为主。

（3）各项水土保持措施运行状况及效能监测

工程运营初期，还需对各种工程地形单元水土保持措施的运行状况和发挥的实际作用进行定期的监测。主要内容包括各种水土保持工程措施的完好率，主体工程和临时用地的植被恢复情况，以及实施各种水土保持措施后各种工程单元坡面上土壤侵蚀情况的变化等。

10.6.2 主要调查、监测方法

《水土保持监测技术规程》中规定的监测方法，主要有地面观测法和调查监测法。

10.6.3 监测点布设及监测时段

水土流失及防治状况的监测采用定点定时监测与定期巡查相结合的方法。

根据对工程的分析及现场的踏勘情况，选定大挖大填、取土、弃渣场及不良地质等代表地点进行各工程单元水土流失情况的定点监测。

还应定期对全线工程进展情况进行全面巡查，巡查时间可安排施工第一年、第二年、竣工第一年的汛期各 1～3 次。

表 10-9　水土流失主要调查、监测方法

序号	监测项目	主 要 调 查 和 监 测 方 法
1	降雨强度、降雨量	收集附近气象站多年观测资料，主要包括年降水量、年降水量的季节分配和暴雨情况 监测期间暴雨出现的季节、频次、雨量、强度占年雨量的比例
2	平均风速、风向、大风日数	以收集附近气象站观测资料为主，主要包括年平均风速、大风日数、主导风向、风频情况 采用风速仪随时监测地面风速，记录监测期间大风出现的季节、频次、风速和风向
3	水蚀量	地面监测法：采用定位插钎法；径流小区法等
4	植物覆盖度、林草生长情况	采用标准地样法，草本 1m×1m，灌木 5m×5m，乔木 20m×20m。林草生长情况采用随机调查法，记录林草植被的分布、面积、种类、群落、生长情况、成活率等
5	弃渣场	坡度、堆高、体积采用地形测量法
6	植物防护措施监测	植物措施和管护情况：林草生长情况、成活率等采用标准地样法（样线法），植物措施管护情况采用工作记录检查法和调查访问方法
7	工程防护措施监测	巡视、观察法确定防护的数量、质量、效果及稳定性 拦渣工程效果：主要记录运行期间拦渣坝的工程质量、拦渣量、雨季后拦护效果以及保护和维修情况 排水工程效果：排水系统、防护措施的实施效果及稳定性 土地整治工程：记录整治对象、面积、整治后的地面状况、覆土厚度、整治后的土地利用方式等

10.7　投资估算及效益分析

水保工程投资包括主体工程中已包括的水保工程投资和新增水保工程投资。其中新增水土保持工程投资由工程措施、植物措施、临时工程、独立费用、基本预备费和水土保持设施补偿费组成。

效益分析以分析生态效益为主，兼顾对水土保持社会效益和经济效益的分析评价。六项指标的达到情况。

11 固体废物环境影响评价

11.1 概述

11.1.1 固体废物的定义与鉴别

根据《中华人民共和国固体废物污染环境防治法》的规定，固体废物是指在生产、生活和其他活动中产生的丧失原有价值或者虽未丧失利用价值但被抛弃或者放弃的固态、半固态和置于容器中的气态的物品、物质以及法律、行政法规规定纳入固体废物管理的物品、物质。但是，排入水体的废水和排入大气的废气污染防治则除外。

对于固体废物与非固体废物的鉴别，除应首先根据上述定义进行判断外，还可根据《固体废物鉴别导则（试行）》进行判断。以下是《固体废物鉴别导则（试行）》中对于固体废物的范围界定情况。

固体废物包含（但不限于）下列物质、物品或材料：

① 从家庭收集的垃圾；

② 生产过程中产生的废弃物质、报废产品；

③ 实验室产生的废弃物质；

④ 办公产生的废弃物质；

⑤ 城市污水处理厂污泥，生活垃圾处理厂产生的残渣；

⑥ 其他污染控制设施产生的垃圾、残余渣、污泥；

⑦ 城市河道疏浚污泥；

⑧ 不符合标准或规范的产品，继续用做原用途的除外；

⑨ 假冒伪劣产品；

⑩ 所有者或其代表声明是废物的物质或物品；

⑪ 被污染的材料（如被多氯联苯 PCBs 污染的油）；

⑫ 被法律禁止使用的任何材料、物质或物品；

⑬ 国务院环境保护行政主管部门声明是固体废物的物质或物品。

固体废物不包括下列物质或物品：

① 放射性废物；

② 不经过贮存而在现场直接返回到原生产过程或返回到其产生的过程的物质或物品；

③ 任何用于其原始用途的物质和物品；

④ 实验室用样品；

⑤ 国务院环境保护行政主管部门批准其他可不按固体废物管理的物质或物品。

若出现根据《中华人民共和国固体废物污染环境防治法》中的固体废物定义和《固体废物鉴别导则（试行）》中所列上述固体废物范围仍难以鉴别的，还可以从"根据废物的作业方式和原因"及"根据特点和影响"两个方面进行判断。

在《固体废物鉴别导则（试行）》中，固体废物与非固体废物判别流程图如下：

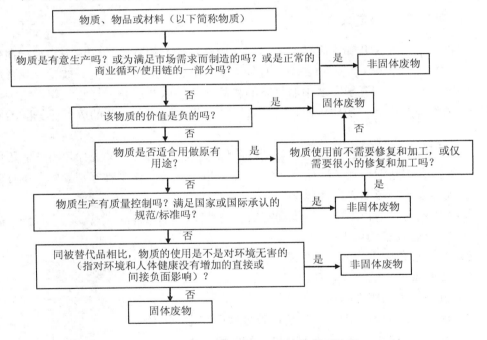

图 11-1　固体废物与非固体废物判别流程

11.1.2　固体废物来源

固体废物来自人们生产过程和生活过程的许多环节，表 11-1 列出了各类产生源产出的固体废物。

表 11-1 从各类产生源产出的主要固体废物

产生源	产出的主要固体废物
居民生活	食物、垃圾、纸、木、布、庭院植物修剪物、金属、玻璃、塑料、瓷、燃料灰渣、脏土、碎砖瓦、废器具、粪便、杂品等
商业、机关	同上。另有管道、碎砌体、沥青及其他建筑材料、废汽车、废电器等
医疗、保健机构	废器具、废药品、敷料、化学试剂等
市政维护	脏土、碎砖瓦、树叶、死畜禽、金属、锅炉灰渣、污泥等
矿业	废石、尾矿、金属、废木、砖瓦和水泥、砂石等
冶金、金属结构、交通、机械等行业	金属、渣、砂石、废模型、陶瓷、涂料、管道、绝热和绝缘材料、黏合剂、污垢、废木、塑料、橡胶、纸、各种建筑材料、烟尘等
建筑材料工业	金属、水泥、黏土、陶瓷、石膏、石棉、砂、石、纸、纤维等
食品加工业	肉、谷物、蔬菜、硬壳果、水果、烟草等的废弃物
石油化工工业	化学药剂、金属、塑料、橡胶、沥青、污泥、油毡、石棉、涂料等
电器、仪器仪表等工业	金属、玻璃、木、橡胶、塑料、化学药剂、研磨粉、陶瓷、绝缘材料等
纺织、木材、印刷等工业	布头、纤维、金属、橡胶、塑料等
核工业	金属、粉尘、污泥、器具和建筑材料等
农业	秸秆、蔬菜、水果、果树枝条、糠秕、人和畜禽粪便、农药等

11.1.3 固体废物的分类

固体废物来源广泛，种类繁多，性质各异。按其来源，可分为工业固体废物、农业固体废物和生活垃圾。按其特性，可分为危险废物和一般废物。

11.1.3.1 工业固体废物

指在工业生产活动中产生的固体废物，主要包括以下几类：

（1）冶金工业固体废物

主要包括金属冶炼或加工过程中所产生的各种废渣，如高炉炼铁产生的高炉渣、平炉转炉电炉炼钢产生的钢渣、铜镍铅锌等有色金属冶炼过程产生的有色金属渣、铁合金渣及提炼氧化铝时产生的赤泥等。

（2）能源工业固体废物

主要包括燃煤电厂产生的粉煤灰、炉渣、烟道灰，采煤及洗煤过程中产生的煤矸石等。

（3）石油化学工业固体废物

主要包括石油及加工工业产生的油泥、焦油页岩渣、废催化剂、废有机溶剂等，化学工业生产过程中产生的硫铁矿渣、酸渣、碱渣、盐泥、釜底泥、精（蒸）馏残渣以及医药和农药生产过程中产生的医药废物、废药品、废农药等。

（4）矿业固体废物

主要包括采矿废石和尾矿。废石是指各种金属、非金属矿山开采过程中从主矿上剥离下来的各种围岩。尾矿是指在选矿过程中提取精矿以后剩下的尾渣。

（5）轻工业固体废物

主要包括食品工业、造纸印刷工业、纺织印染工业、皮革工业等工业加工过程中产生的污泥、动物残物、废酸、废碱以及其他废物。

（6）其他工业固体废物

主要包括机械加工过程产生的金属碎屑、电镀污泥、建筑废料以及其他工业加工过程产生的废渣等。

表11-2中列举若干工业固体废物的来源和产生的废物种类。由此可见不同工业类型所产生的固体废物种类和性质是迥然不同的。

表 11-2　工业固体废物来源和种类

工业类型	产废环节	废物种类
军工产品	生产、装配	金属、塑料、橡胶、纸、木材、织物、化学残渣等
食品类产品	加工、包装、运送	肉、油脂、油、骨头、下水、蔬菜、水果、果壳、谷类等
织物产品	编织、加工、染色、运送	织物及过滤残渣
服装	裁剪、缝制	织物、纤维、金属、塑料、橡胶
木材及木制品	锯床、木制容器、各类木制产品生产	碎木头、刨花、锯屑。有时还有金属、塑料、纤维、胶、封蜡、涂料、溶剂等
木制家具	家庭及办公家具的生产、隔板、办公室和商店附属装置、床垫	同上，织物及衬垫残余物等
金属家具	家庭及办公家具的生产、锁、弹簧、框架	金属、塑料、树脂、玻璃、木头、橡胶、胶黏剂、织物、纸等
纸类产品	造纸、纸和纸板制品、纸板箱及纸容器的生产	纸和纤维残余物、化学试剂、包装纸及填料、墨、胶、扣钉等
印刷及出版	报纸出版、印刷、平版印刷、雕版印刷、装订	纸、白报纸、卡片、金属、化学试剂、织物、墨、胶、扣钉等
化学试剂及其产品	无机化学制品的生产和制备	有机和无机化学制品、金属、塑料、橡胶、玻璃油、涂料、溶剂、颜料等
石油精炼及其工业	精炼、加工	沥青和焦油、毡、石棉、纸、织物、纤维
橡胶及各种塑料制品	橡胶和塑料制品加工	橡胶和塑料碎料、被加工的化合物染料
皮革及皮革制品	鞣革和抛光、皮革和衬垫材料加工	皮革碎料、线、染料、油、处理及加工的化合物

工业类型	产废环节	废物种类
石材、黏土及玻璃制品	平板玻璃生产，玻璃加工制作，混凝土、石膏及塑料的生产，石材和石材产品、研磨料、石棉及各种矿物质的生产及加工	玻璃、水泥、黏土、陶瓷、石膏、石棉、石材、纸、研磨料
金属工业	冶炼、铸造、锻造、冲压、滚轧成型、挤压	黑色及有色金属碎料、炉渣、尾矿、铁芯、模子、黏合剂
金属加工产品	金属容器、手工工具、非电加热器、管件附件加工、农用机械设备、金属丝和金属的涂层与电镀	金属、陶瓷制品、尾矿、炉渣、铁屑、涂料、溶剂、润滑剂、酸洗剂
机械（不包括电动）	建筑、采矿设备、电梯、移动楼梯、输送机、工业卡车、拖车、升降机、机床等的生产	炉渣、尾矿、铁芯、金属碎料、木材、塑料、树脂、橡胶、涂料、溶剂、石油产品、织物
电动机械	电动设备、装置及交换器的生产，机床加工、冲压成型焊接用印模冲压、弯曲、涂料、电镀、烘焙工艺	金属碎料、炭、玻璃、橡胶、塑料、树脂、纤维、织物、残余物
运输设备	摩托车、卡车及汽车车体的生产，摩托车零件、飞机及零件、船及零件生产	金属碎料、玻璃、橡胶、塑料、纤维、织物、木料、涂料、溶剂、石油产品
专用控制设备	生产工程、实验室和研究仪器及有关的设备生产	金属、玻璃、橡胶、塑料、树脂、木料、纤维、研磨料
电力生产	燃煤发电工艺	粉煤灰（包括飞灰和炉渣）
采选工业	煤炭、铁矿、石英石等的开采	煤矸石、各种尾矿
其他生产	珠宝、银器、电镀制品、玩具、娱乐、运动物品、服饰、广告	金属、玻璃、橡胶、塑料、树脂、皮革、混合物、骨状物织物、胶黏剂、涂料、溶剂等

11.1.3.2 农业固体废物

农业固体废物来自农业生产、畜禽饲养、农副产品加工所产生的废物，如农作物秸秆、农用薄膜、畜禽排泄物等。

11.1.3.3 生活垃圾

指在日常生活中或者为日常生活提供服务的活动中产生的固体废物以及法律、行政法规规定视为生活垃圾的固体废物。包括城市生活垃圾、建筑垃圾、农村生活垃圾。

11.1.4 固体废物对环境的污染

固体废物往往是以多种污染成分存在的终态并长期存在于环境中，在一定条件下会发生化学、物理或生物的转化，对周围环境造成一定的影响。如果对其处理、处置、管理不当，污染成分就会通过水、气、土壤等途径污染环境，危害人体健康。通常，工业、矿业等废物所含的化学成分会形成化学物质型污染。人畜粪便和生活垃圾是各种病原微生物的滋生地和繁殖场，形成病原体型污染，其污染途径与化学污染物类似，但在流行病流行期，可引起病原体大范围的急性传播。

（1）对大气环境的影响

堆放的固体废物中的细微颗粒、粉尘等可随风飞扬，从而对大气环境造成污染。一些有机固体废物在适宜的湿度和温度下被微生物分解，释放出有害气体，造成地区性空气污染。

采用焚烧法处理固体废物，已成为有些国家大气污染的主要污染源之一。据报道，美国约有 2/3 的固体废物焚烧炉，由于缺乏空气净化装置而污染大气，有的露天焚烧炉排出的粉尘在接近地面处的浓度达到 0.56 g/m^3。我国部分企业采用焚烧法处理塑料排出 Cl_2、HCl 和大量粉尘，也造成严重的大气污染。至于一些工业和民用锅炉，由于收尘效率不高造成的大气污染更是屡见不鲜。

（2）对水环境的影响

固体废物弃置于水体，将使水质直接受到污染，严重危害水生生物的生存条件，并影响水资源的充分利用。此外，向水体倾倒固体废物还将缩减江河湖泊有效面积，使其排洪和灌溉能力有所降低。在陆地堆积或简单填埋的固体废物，经过雨水的淋洗、浸渍和废物本身的分解，将会产生含有害化学物质的渗滤液，对附近地区的地表径流及地下水造成污染。

（3）对土壤环境的影响

废物堆放时其中的有害成分容易污染土壤。土壤是许多细菌、真菌等微生物聚居的场所。这些微生物与其周围环境构成一个生态系统，在大自然的物质循环中，担负着碳循环和氮循环的一部分重要任务。工业固体废物特别是有害固体废物，经过风化、雨雪淋洗、地表径流的侵蚀，产生高温和有毒液体渗入土壤，能杀害土壤中的微生物、改变土壤的性质和土壤结构、破坏土壤的腐解能力，导致草木不生。另外，固体废物的堆放需要占用土地，据统计每堆积 10 000 t 废渣约占用土地 0.067 hm^2，固体废物的任意露天堆放不但占用一定土地，而且其累积的存放量越多，所需的面积越大，势必会加剧耕地面积短缺的矛盾。

11.1.5　固体废物的管理

11.1.5.1　法律法规

1995 年 10 月 30 日，第八届全国人民代表大会常委会第十六次会议通过，并经 2004 年 12 月 29 日第十届第十三次会议修订的《中华人民共和国固体废物污染环境防治法》，全面规定了固体废物污染环境防治的体系和制度，该法分为总则、固体废物污染环境防治的监督管理、固体废物污染环境的防治、危险废物污染环境防治的特别规定、法律责任和附则等几部分内容。该法是我国指导固体废物管理的根本法律，它不仅使我国固体废物的污染控制从无到有，逐步形成了一系列覆盖范围较广、涉及内容较全的管理制度，同时也使我国工业固体废物的综合利用水平、生活垃圾和危险废物无害化处置水平得以逐年提高。在此法颁布前后，国家还制定了多项行政法规和规范性文件。在固体废物环境影响评价工作中，凡涉及的相关法律法规和规范性文件均应作为环境影响评价文件的编制依据之一。

11.1.5.2 管理原则

对固体废物的管理，应当从产生、收集、运输、贮存、再循环利用，到最终处置（即"从摇篮到坟墓"），实现废物的全过程控制，从而达到废物的减量化、资源化、无害化目的。对固体废物的管理，首要的是力求最小量化，这是现代管理的基点。在生活垃圾方面，如减少商品的过度包装，日用品、食品容器的回收再利用，净菜进城等。在工业生产方面，培养每个生产和管理人员在各自岗位上树立最小量化意识，建立最小量化制度和操作规范，改进生产工艺或设计，选择适当原料，制定科学的运行操作程序，提高回收利用率，使生产过程不产生或少产生固体废物。

11.1.5.3 管理制度

（1）废物交换制度

一个行业或企业的废物可能是另一行业或企业的原料，通过信息系统对废物进行交换，这种废物交换已不同于一般意义上的废物综合利用，而是利用信息技术实行废物资源合理配置的系统工程。

（2）废物审核制度

废物审核制度是对废物从产生、处理到处置实行全过程监督的有效手段。它的主要内容有：废物合理产生的估量、废物流向和分配及监测记录、废物处理和转化、废物的排放和废物总量衡算、废物从产生到处置的全过程评估。废物审核的结果可以及时判断工艺的合理性，发现操作过程中的跑、冒、滴、漏或非法排放，有助于改善工艺、改进操作，实现废物最小量化。

（3）申报登记制度

为了使环境保护主管部门掌握工业固体废物和危险废物的种类、产生量、流向以及对环境的影响等情况，进而有效地防治工业固体废物和危险废物对环境的污染，《中华人民共和国固体废物污染环境防治法》要求实施工业固体废物和危险废物申报登记制度。

（4）排污收费制度

与废水、废气排污有着本质上的不同，根据《中华人民共和国固体废物污染环境防治法》规定，"企、事业单位对其产生的不能利用或者暂时不利用的工业固体废物，必须按照国务院环境保护主管部门的规定建设贮存或者处置的设施、场所"，任何单位都被禁止向环境排放固体废物。而固体废物排污费的缴纳，则是针对那些在按照规定和环境保护标准建成工业固体废物贮存或者处置的设施、场所，以及经改造这些设施、场所达到环境保护标准之前产生的工业固体废物而言的。

（5）许可证制度

危险废物的危险特性，决定并非任何单位和个人都能从事危险废物的收集、贮存、处理、处置等经营活动。从事危险废物的收集、贮存、处理、处置活动，必须既具备达到一定要求的设施、设备，又要有相应的专业技术能力等条件。必须对从事这方面工作的企业和个人进行审批和技术培训，建立专门的管理机制和配套的管理程序。因此，对从事这一行业的单位的资质进行审查是非常必要的。《中华人民共和国固体废物污染环境防治法》规定，"从事收集、贮存、处置危险废物经营活动的单位，必须向县级以上人民政府环境保护行政主管部门申请领取经营许可证"。许可证制度将有助于我国危险废物管理和处置水平的提高，保证危险废物的严格控制，防止危险废物污染环境的事故发生。

（6）转移报告单制度

危险废物转移必须填写报告单。在转移的过程中，报告单始终跟随着危险废物。危险废物转移报告单制度的建立，是为了保证危险废物的运输安全，以及防止危险废物的非法转移和非法处置，保证危险废物的安全监控，防止危险废物的流失和污染事故的发生。

11.1.5.4　污染控制标准

污染控制标准是固体废物管理标准中最重要的标准，也是环境影响评价、"三同时"、限期治理、排污收费等一系列管理制度的基础。若没有污染控制标准，所有这些制度都将成为空文。固体废物的环境保护控制标准与废水、废气的标准是截然不同的，无法采用末端浓度控制的方法。我国固体废物控制标准采用处置控制的原则，在现有成熟处置技术的基础上，制定废物处置的最低技术要求，再辅以释放物控制，从而达到防治固体废物污染环境的目的。

固体废物污染控制标准分为两大类。一类是废物处置控制标准，即对某种特定废物的处置标准和要求。目前，这类标准有《含多氯联苯废物污染控制标准》（GB 13015—91），这一标准规定了不同水平的含多氯联苯废物的允许采用的处置方法。另外《城市垃圾产生源分类及垃圾排放》（CJ/T 3033—1996）中有关城市垃圾排放的内容也属于这一类，这个标准规定了对城市垃圾收集、运输和处置过程的管理要求。

另一类标准是设施控制标准，如《生活垃圾填埋污染控制标准》（GB 16889—

2008)、《危险废物焚烧污染控制标准》（GB 18484—2001）、《生活垃圾焚烧污染控制标准》（GB 18485—2001）、《危险废物贮存污染控制标准》（GB 18597—2001）、《危险废物填埋污染控制标准》（GB 18598—2001）、《一般工业固体废物贮存、处置场污染控制标准》（GB 18599—2001）。这些标准中都规定了各种处置设施的选址、设计与施工、入场、运行、封场的技术要求和释放物的排放标准以及监测要求。这些标准在颁布后即成为固体废物管理最基本的强制性标准。在这之后建成的处置设施如果达不到这些要求将不能运行，或被视为非法排放；在这之前建成的处置设施如果达不到这些要求将被要求限期整改，并收取排污费。

11.2 固体废物的处理与处置

11.2.1 固体废物的综合利用和资源化

11.2.1.1 一般工业固体废物的再利用

由矿物开采、火力发电以及金属冶炼产生的大量的一般工业固体废物，积存量大，处置占地多。主要固体废物有煤矸石、锅炉渣、粉煤灰、高炉渣、钢渣、尘泥等，这些废物多以 SiO_2、Al_2O_3、CaO、MgO、Fe_2O_3 为主要成分，只要适当进行调配，经加工即可生产水泥等多种建筑材料，这不仅实现了资源再利用，而且由于其产生量大，可以大大减少处置的费用和难度。表 11-3 列出了可做建筑材料的工业废渣。

表 11-3　可做建筑材料的工业废渣

工　业　废　渣	用　　途
高炉渣、粉煤灰、煤渣、煤矸石、钢渣、电石渣、尾矿粉、赤泥、钢渣、镍渣、铅渣、硫铁矿渣、铬渣、废石膏、水泥、窑灰等	① 制造水泥原料或混凝土材料； ② 制造墙体材料； ③ 道路材料、制造地基垫层填料
高炉渣（气冷渣、粒化渣、膨胀矿渣、膨珠）、粉煤灰（陶料）、煤矸石（膨胀煤矸石）、煤渣、赤泥（陶粒）、钢渣和镍渣（烧胀钢渣和镍渣等）	作为混凝土骨料和轻质骨料
高炉渣、钢渣、镍渣、铬渣、粉煤灰、煤矸石等	制造热铸制品
高炉渣（渣棉、水渣）、粉煤灰、煤渣等	制造保温材料

在一般工程项目固体废物环境影响评价过程中，应首先考虑实现对建设项目产生的固体废物的再利用，并应在环境影响评价文件中明确可实现资源化的固体废物的再利用方式。

11.2.1.2 有机固体废物堆肥技术

固体废物生物转换技术是对固体废物进行稳定化、无害化处理的重要方式之一，也是实现固体废物资源化、能源化的系统技术之一，主要包括堆肥化、沼气化和其他生物转化技术。依靠自然界广泛分布的细菌、放线菌、真菌等微生物，人为地促进可生物降解的有机物向稳定的腐殖质生化转化的微生物学过程叫做堆肥化。堆肥化的产物称作堆肥。自然界中有很多微生物具有氧化、分解有机物的能力，而城市有机废物则是堆肥化微生物赖以生存、繁殖的物质条件。根据生物处理过程中起作用的微生物对氧气要求不同，可以把固体废物堆肥分为好氧堆肥化和厌氧堆肥化。前者是在通风条件下，有游离氧存在时进行的分解发酵过程，由于堆肥堆温高，一般在55～65℃，有时高达80℃，故亦称高温堆肥化。后者是利用厌氧微生物发酵造肥。由于好氧堆肥化具有发酵周期短、无害化程度高、卫生条件好、易于机械化操作等特点，故国内外用垃圾、污泥、人畜粪尿等有机废物制造堆肥的工厂，绝大多数都采用好氧堆肥化。

生活垃圾经分拣后，将分拣出的玻璃废物、塑料废物、金属物质送去回收再利用，剩余垃圾的有机质具有堆肥的极大潜力。

利用污水处理厂产生的污泥进行堆肥，产生的肥料必须进行组分分析，只有符合国家农用标准的肥料，才能用于农田，否则将会带来农田土壤的污染，这是环境影响评价中经常遇到且必须注意的问题。

11.2.2 固体废物的焚烧处置技术

11.2.2.1 焚烧处置技术特点

焚烧法是一种高温热处置技术，即以一定的过剩空气量与被处置的有机废物在焚烧炉内进行氧化燃烧反应，废物中的有毒有害物质在高温下氧化、热解而被破坏。焚烧处置的特点是它可以实现废物无害化、减量化、资源化。焚烧的主要目的是尽可能焚毁废物，使被焚烧的物质变为无害和最大限度地减容，并尽量减少新的污染物质产生，避免造成二次污染。对于大部分大、中型的废物焚烧厂，都有条件同时实现使废物减量、彻底焚毁废物中的毒性物质以及回收利用焚烧产生的废热这三个目的。焚烧法不但可以处置固体废物，还可以处置液体废物和气体废物；不但可以处置城市垃圾和一般工业废物，还可以用于处置危险废物。在焚烧处置城市生活垃圾时，也常常将垃圾焚烧处置前暂时贮存过程中产生的渗滤液和臭气引入焚烧炉焚烧处置。

焚烧适宜处置有机成分多、热值高的废物。当处置可燃有机物组分很少的废物时，需补加大量的燃料，这会使运行费用增高。但如果有条件辅以适当的废热回收装置，则可弥补上述缺点，降低废物焚烧成本，从而使焚烧法获得较好的经济效益。

11.2.2.2 焚烧技术的废气污染

焚烧烟气中常见的空气污染物包括：粒状污染物、酸性气体、氮氧化物、重金属、一氧化碳与有机氯化物等。

（1）在焚烧过程中所产生的粒状污染物大致有三类。

① 废物中的不可燃物，在焚烧过程中（较大残留物）成为炉渣排出，而部分的粒状物则随废气排出炉外成为飞灰。飞灰所占的比例随焚烧炉操作条件（如送风量、炉温等），粒状物粒径分布、形状与密度而定。所产生的粒状物粒径一般大于 10 μm。

② 部分无机盐类在高温下氧化而排出，在炉外凝结成粒状物。另外，排出的二氧化硫在低温下遇水滴而形成硫酸盐雾状微粒等。

③ 未燃烧完全而产生的碳颗粒与煤烟，粒径在 0.1～10 μm。由于颗粒微细，难以去除，最好的控制方法是在高温下使其氧化分解。

（2）焚烧产生的酸性气体，主要包括：SO_2、HCl 与 HF 等，这些污染物都是直接由废物中的 S、Cl、F 等元素经过焚烧反应而形成。诸如含 Cl 的 PVC 塑料会形成 HCl，含 F 的塑料会形成 HF，而含 S 的煤焦油会产生 SO_2。据国外研究，一般城市垃圾中 S 含量为 0.12%，其中 30%～60%转化为 SO_2，其余则残留于底灰或被飞灰所吸收。

（3）焚烧所产生的氮氧化物主要来源：一个是高温下，N_2 与 O_2 反应形成热氮氧化物；另一个来源为废物中的氮组分转化成的 NO_x，称为燃料氮转化氮氧化物。

（4）废物中所含重金属物质，高温焚烧后部分残留于灰渣中，部分在高温下气化挥发进入烟气；部分金属物在炉中参与反应生成的氧化物或氯化物，比原金属元素更易气化挥发。这些氧化物及氯化物，因挥发、热解、还原及氧化等作用，可能进一步发生复杂的化学反应，最终产物包括元素态重金属、重金属氧化物及重金属氯化物等。

（5）废物焚烧过程中产生的毒性有机氯化物主要为二噁英类，包括多氯代二苯并-对-二噁英（PCDDs）和多氯代二苯并呋喃（PCDFs）。废物焚烧时的 PCDDs/PCDFs 来自三条途径：废物本身、炉内形成及炉外低温再合成。由于二噁英类物质毒性极强，且具有高温分解后低温时合成再生的特点，因此最为人们所关注。

11.2.2.3 《生活垃圾焚烧污染控制标准》（GB 18485—2001）

在一般固体废物处置中，生活垃圾焚烧处置占有重要的位置。为了防止生活垃圾焚烧处置造成二次污染，国家制定了《生活垃圾焚烧污染控制标准》（GB 18485—2001）。该标准特别规定了焚烧厂选址原则、焚烧炉技术性能指标及焚烧炉大气污染物排放限值等。提出了"生活垃圾焚烧厂选址应符合当地城乡建设总体规划和环境保护规划的规定，并符合当地的大气污染防治、水资源保护、自然保护的要求"。大气污染物排放应满足表 11-4 的要求。

表 11-4 焚烧炉大气污染物排放限值[①]

序号	项目	单位	数值含义	限值
1	烟尘	mg/m^3	测定均值	80
2	烟气黑度	林格曼黑度，级	测定值[②]	1
3	一氧化碳	mg/m^3	小时均值	150
4	氮氧化物	mg/m^3	小时均值	400
5	二氧化硫	mg/m^3	小时均值	260
6	氯化氢	mg/m^3	小时均值	75
7	汞	mg/m^3	测定均值	0.2
8	镉	mg/m^3	测定均值	0.1
9	铅	mg/m^3	测定均值	1.6
10	二噁英	ngTEQ/m^3	测定均值	1.0

注：①本表规定的各项标准限值，均以标准状态下含 11% O_2 的干烟气为参考值换算。②烟气最高黑度时间，在任何 1 h 内累计不得超过 5 min。

2008 年 9 月，环境保护部、国家发展和改革委员会、国家能源局联合下发了《关于进一步加强生物质发电项目环境影响评价管理工作的通知》（环发[2008]82 号），该文件中明确要求"生物质发电项目必须依法开展环境影响评价。除生活垃圾填埋气发电及沼气发电项目编制环境影响报告表外，其他生物质发电项目应编制环境影响报告书。生物质发电项目环境影响报告书（表）报项目所在省、自治区、直辖市环境保护行政主管部门审批。各省、自治区、直辖市环境保护行政主管部门应在审批完成后三个月内，将审批文件报国务院环境保护行政主管部门备案"。

垃圾焚烧发电是生物质发电项目的重要组成之一，垃圾焚烧发电项目环境影响评价工作应严格依照环发[2008]82 号文件相关要求执行。环发[2008]82 号文件对垃圾焚烧发电项目环境影响评价工作中应涉及的厂址选择、技术和装备、污染物控制、垃圾的收集、运输和贮存、环境风险、环境防护距离、污染物总量控制、公众参与、环境质量现状监测及影响预测、用水十个方面分别提出了具体的要求，如该文件要求"城市建成区、环境质量不能达到要求且无有效削减措施的区域及可能造成敏感区环境保护目标不能达到相应标准要求的区域一般不得新建生活垃圾焚烧发电类项目"、"生活垃圾焚烧发电类项目对二噁英排放浓度应参照执行欧盟标准（现阶段为 0.1 ngTEQ/m^3）"、"在国家尚未制定二噁英环境质量标准前，对二噁英环境质量影响的评价参照日本年均浓度标准（0.6 pgTEQ/m^3）评价"等。

11.2.3 生活垃圾的填埋处置

11.2.3.1 填埋处置技术特点

使用填埋处置生活垃圾是应用最早、最广泛，也是当今世界各国普遍使用的一项技术。将垃圾埋入地下会大大减少因垃圾敞开堆放带来的环境问题，如散发恶臭、滋生蚊蝇等。但垃圾填埋处理不当，也会引发新的环境污染，如由于降雨的淋洗及地下水的浸泡，垃圾中的有害物质溶出并污染地表水和地下水；垃圾中的有机物在厌氧微生物的作用下产生以 CH_4 为主的可燃性气体，从而引发填埋场火灾或爆炸。

填埋处置对环境的影响包括多个方面，通常主要考虑占用土地、植被破坏所造成的生态影响以及填埋场释放物包括渗滤液和填埋气体对周围环境的影响。

随着人们对填埋场所带来的各种环境影响的认识，填埋技术也不断得到发展，由最初的简易堆填，发展到具有防渗系统、集排水系统、导气系统和覆盖系统的卫生填埋。填埋场设计和施工的要求是最有效地控制和利用释放气体；减少渗滤液的产生量；收集渗滤液并加以处理，防止渗滤液对地下水的污染。

根据填埋场污染控制"三重屏障"理论（即地质屏障、人工防渗屏障和废物处理屏障），对填埋场污染控制的重点通常是在填埋场选址、填埋场防渗结构和渗滤液处理。

11.2.3.2 垃圾填埋场选址要求

填埋场选址总原则是应以合理的技术、经济方案，尽量少的投资，达到最理想的经济效益，实现保护环境的目的。在规划新的填埋场时，首先应对适宜处置废物的填埋场场址进行现场调查，并根据所能收集到的当地地形、地质、水文和气象资料，筛选出若干可供建设生活垃圾卫生填埋场的地区。再根据选址基本准则，对这些可供选择的场址进行比较和评价。在评价一个用于长期处置固体废物的填埋场场址的适宜性时，必须加以考虑的因素主要有：运输距离、场址限制条件、可以使用土地面积、入场道路、地形和土壤条件、气候、地表水文条件、水文地质条件、当地环境条件以及填埋场封场后场地是否可被利用。

根据《生活垃圾填埋场污染控制标准》（GB 16889—2008）的规定，生活垃圾填埋场选址要求是：

（1）生活垃圾填埋场的选址应符合区域性环境规划、环境卫生设施建设规划和当地的城市规划。

（2）生活垃圾填埋场场址不应选在城市工农业发展规划区、农业保护区、自然保护区、风景名胜区、文物（考古）保护区、生活饮用水水源保护区、供水远景规划区、矿产资源储备区、军事要地、国家保密地区和其他需要特别保护的区域内。

（3）生活垃圾填埋场选址的标高应位于重现期不小于 50 年一遇的洪水水位之上，并建设在长远规划中的水库等人工蓄水设施的淹没区和保护区之外。

拟建有可靠防洪设施的山谷型填埋场，并经过环境影响评价证明洪水对生活垃圾填埋场的环境风险在可接受范围内，前款规定的选址标准可以适当降低。

（4）生活垃圾填埋场场址的选择应避开下列区域：破坏性地震及活动构造区；活动中的坍塌、滑坡和隆起地带；活动中的断裂带；石灰岩溶洞发育带；废弃矿区的活动塌陷区；活动沙丘区；海啸及涌浪影响区；湿地；尚未稳定的冲积扇及冲沟地区；泥炭以及其他可能危及填埋场安全的区域。

（5）生活垃圾填埋场场址的位置及与周围人群的距离应依据环境影响评价结论确定，并经地方环境保护行政主管部门批准。

此外，在对生活垃圾填埋场场址进行环境影响评价时，还应考虑生活垃圾填埋场产生的渗滤液、大气污染物（含恶臭物质）、滋养动物（蚊、蝇、鸟类等）等因素的影响，根据其所在地区的环境功能区类别，综合评价其对周围环境、居住人群的身体健康、日常生活和生产活动的影响，确定生活垃圾填埋场与常住居民居住场所、地表水域、高速公路、交通主干道（国道或省道）、铁路、飞机场、军事基地等敏感对象之间合理的位置关系以及合理的防护距离。环境影响评价的结论可作为规划控制的依据。

原国家环境保护总局 2007 年第 17 号公告发布的《加强国家污染物排放标准制修订工作的指导意见》要求"排放标准中原则上不规定统一的污染源与敏感区域之间的合理距离（防护距离），可注明污染源与敏感区域之间的合理距离应根据污染源的性质和当地的自然、气象条件等因素，通过环境影响评价确定。"因此，生活垃圾填埋场的最小防护距离原则上应根据环境影响评价确定，而在《生活垃圾填埋场污染控制标准》（GB 16889—2008）中不作定量的规定，这也是 2008 年颁布的《生活垃圾填埋场污染控制标准》（GB 16889—2008）与已废止的《生活垃圾填埋场污染控制标准》（GB 16889—1997）的主要区别之一。

11.2.3.3 垃圾填埋场人工防渗屏障要求

生活垃圾填埋场应根据填埋区天然基础层的地质情况以及环境影响评价的结论，并经地方环境保护行政主管部门批准，选择天然黏土防渗衬层、单层人工合成材料防渗衬层或双层人工合成材料防渗衬层作为生活垃圾填埋场填埋区和其他渗滤液流经或储留设施的防渗衬层。

根据《生活垃圾填埋场污染控制标准》（GB 16889—2008）的要求，针对天然基础层不同的渗透系数，对防渗层的结构有如下要求：

（1）如果天然基础层饱和渗透系数小于 1.0×10^{-7} cm/s，且厚度不小于 2 m，可采用天然黏土防渗衬层。采用天然黏土防渗衬层应满足以下基本条件：

① 压实后的黏土防渗衬层饱和渗透系数应小于 1.0×10^{-7} cm/s；

② 黏土防渗衬层的厚度应不小于 2 m。

（2）如果天然基础层饱和渗透系数小于 1.0×10^{-5} cm/s，且厚度不小于 2 m，可采用单层人工合成材料防渗衬层。人工合成材料衬层下应具有厚度不小于 0.75 m，且其被压实后的饱和渗透系数小于 1.0×10^{-7} cm/s 的天然黏土防渗衬层，或具有同等以上隔水效力的其他材料防渗衬层。

人工合成材料防渗衬层应采用满足《垃圾填埋场用高密度聚乙烯土工膜》（CJ/T 234—2006）中规定技术要求的高密度聚乙烯（HDPE）或者其他具有同等效力的人工合成材料。

（3）如果天然基础层饱和渗透系数不小于 1.0×10^{-5} cm/s，或者天然基础层厚度小于 2 m，应采用双层人工合成材料防渗衬层。下层人工合成材料防衬层下应具有厚度不小于 0.75 m，且其被压实后的饱和渗透系数小于 1.0×10^{-7} cm/s 的天然黏土衬层，或具有同等以上隔水效力的其他材料衬层；两层人工合成材料衬层之间应布设导水层及渗漏检测层。人工合成材料的性能要求同第（2）条。

11.2.3.4 渗滤液产生量及控制要求

渗滤液的产生量受垃圾含水量、填埋场区降雨情况以及填埋作业区大小的影响；同时也受到场区蒸发量、风力的影响和场地地面情况、种植情况等因素的影响。最简单的估算方法是假设整个填埋场的剖面含水率在所考虑的周期内等于或超过其相应持水率，用水量平衡法进行计算：

$$Q = (W_p - R - E)A_a + Q' \tag{11-1}$$

式中：Q —— 渗滤液的年产生量，m^3/a；

W_p —— 年降水量；

R —— 年地表径流量，$R = C \times W_p$；

C —— 地表径流系数；

E —— 年蒸发量；

A_a —— 填埋场地表面积；

Q' —— 垃圾产水量。

降雨的地表径流系数 C 与土壤条件、地表植被条件和地形条件等因素有关。Sahato 等人（1971）给出的用于计算填埋场渗滤液产生量的地表径流系数见表 11-5。

表 11-5　降雨地表径流系数

地表条件	坡度/%	地表径流系数 C		
		亚砂土	亚黏土	黏土
草地 （表面有植被覆盖）	0～5（平坦）	0.10	0.30	0.40
	5～10（起伏）	0.16	0.36	0.55
	10～30（陡坡）	0.22	0.42	0.60
裸露土层 （表面无植被覆盖）	0～5（平坦）	0.30	0.50	0.60
	5～10（起伏）	0.40	0.60	0.70
	10～30（陡坡）	0.52	0.72	0.82

填埋场的渗滤液在填埋场的整个营运期，pH 一般在 4～9，其水质 BOD、COD 浓度为 $n\times10^3\sim n\times10^4\,\text{mg/L}$，BOD 和 COD 浓度与排放限值的要求相差数百倍，因此必须在排放前进行处理，对处理厂（站）处理能力的要求，则可根据上式大体做出估计。

按照《生活垃圾填埋场污染控制标准》（GB 16889—2008）的要求，渗滤液排放控制项目有色度（稀释倍数）、化学需氧量（COD）、生化需氧量（BOD）、悬浮物（SS）、总氮、氨氮、总磷、粪大肠菌群数、总汞、总镉、总铬、六价铬、总砷、总铅等 14 项。其他项目，视各地垃圾成分，由地方环境保护行政主管部门确定。

11.2.3.5　垃圾填埋场大气污染物排放控制要求

生活垃圾填埋场大气污染物主要是 TSP、甲烷、氨、硫化氢、甲硫醇及臭气。《生活垃圾填埋场污染控制标准》（GB 16889—2008）中规定填埋工作面上 2 m 以下高度范围内甲烷的体积百分比应不大于 0.1%，同时生活垃圾填埋场应采取甲烷减排措施，当通过导气管道直接排放填埋气体时，导气管排放口的甲烷的体积百分比不大于 5%；生活垃圾填埋场周围环境敏感点方位的场界，氨、硫化氢、甲硫醇、臭气浓度等恶臭污染物浓度，根据生活垃圾填埋场所在区域，应符合《恶臭污染物排放标准》（GB 14554—93）的相应规定。对于颗粒物可执行相应无组织排放控制标准。

11.2.3.6　垃圾填埋场填埋废物的入场要求

（1）下列废物可以直接进入生活垃圾填埋场填埋处置：

① 由环境卫生机构收集或者自行收集的混合生活垃圾，以及企事业单位产生的办公废物；

② 生活垃圾焚烧炉渣（不包括焚烧飞灰）；

③ 生活垃圾堆肥处理产生的固态残余物；

④ 服装加工、食品加工以及其他城市生活服务行业产生的性质与生活垃圾相近的一般工业固体废物。

（2）《医疗废物分类目录》（卫医发[2003]287号）中的感染性废物经过下列方式处理后，可以进入生活垃圾填埋场填埋处置。

① 按照《医疗废物化学消毒集中处理—工程技术规范（试行）》（HJ/T 228—2006）要求进行破碎毁形和化学消毒处理，并满足消毒效果检验指标；

② 按照《医疗废物微波消毒集中处理—工程技术规范（试行）》（HJ/T 229—2006）要求进行破碎毁形和微波消毒处理，并满足消毒效果检验指标；

③ 按照《医疗废物高温蒸汽集中处理—工程技术规范（试行）》（HJ/T 276—2006）要求进行破碎毁形和高温蒸汽处理，并满足处理效果检验指标；

④ 医疗废物焚烧处置后的残渣的入场标准按照第（3）条执行。

（3）生活垃圾焚烧飞灰和医疗废物焚烧残渣（包括飞灰、底渣）经处理后满足下列条件，可以进入生活垃圾填埋场填埋处置。

① 含水率小于30%；

② 二噁英含量低于 3 μgTEQ/kg；

③ 按照 HJ/T 300—2007 制备的浸出液中危害成分浓度低于《生活垃圾填埋场污染控制标准》（GB 16889—2008）规定的限值。

（4）一般工业固体废物经处理后，按照《固体废物 浸出毒性浸出方法—醋酸缓冲溶液法》（HJ/T 300—2007）制备的浸出液中危害成分浓度低于《生活垃圾填埋场污染控制标准》（GB 16889—2008）规定的限值，可以进入生活垃圾填埋场填埋处置。

（5）经处理后满足第（3）条要求的生活垃圾焚烧飞灰和医疗废物焚烧残渣（包括飞灰、底渣）和满足第（4）条要求的一般工业固体废物在生活垃圾填埋场中应单独分区填埋。

（6）厌氧产沼等生物处理后的固态残余物、粪便经处理后的固态残余物和生活污水处理厂污泥经处理后含水率小于 60%，可以进入生活垃圾填埋场填埋处置。

（7）处理后分别满足第（2）、（3）、（4）和（6）条要求的废物应由地方环境保护行政主管部门认可的监测部门检测、经地方环境保护行政主管部门批准后，方可进入生活垃圾填埋场。

（8）下列废物不得在生活垃圾填埋场中填埋处置：

① 除符合第（3）条规定的生活垃圾焚烧飞灰以外的危险废物；

② 未经处理的餐饮废物；

③ 未经处理的粪便；

④ 禽畜养殖废物；

⑤ 电子废物及其处理处置残余物；

⑥ 除本填埋场产生的渗滤液之外的任何液态废物和废水。

国家环境保护标准另有规定的除外。

11.2.4 垃圾填埋场的环境影响评价

11.2.4.1 主要环境影响

垃圾填埋处置的环境影响包括多个方面。运行中的填埋场，对环境的影响主要包括：

（1）填埋场渗滤液泄漏或处理不当对地下水及地表水的污染。

（2）填埋场产生气体排放对大气的污染、对公众健康的危害以及可能发生的爆炸对公众安全的威胁。

（3）施工期水土流失对生态环境的不利影响。

（4）填埋场的存在对周围景观的不利影响。

（5）填埋作业及垃圾堆体对周围地质环境的影响，如造成滑坡、崩塌、泥石流等。

（6）填埋机械噪声对公众的影响。

（7）填埋场滋生的害虫、昆虫、啮齿动物以及在填埋场觅食的鸟类和其他动物可能传播疾病。

（8）填埋垃圾中的塑料袋、纸张以及尘土等在未来得及覆土压实情况下可能飘出场外，造成环境污染和景观破坏。

（9）流经填埋场区的地表径流可能受到污染。

封场后的填埋场对环境的影响减小，上述环境影响中的（6）～（9）项基本上不再存在，但在填埋场植被恢复过程中所种植于填埋场顶部覆盖层上的植物可能受到污染。

11.2.4.2 垃圾填埋场环境影响评价的工作内容

根据垃圾埋填场建设及其排污特点，环境影响评价工作主要工作内容见表 11-6。

（1）生活垃圾填埋场应设置污水处理装置，生活垃圾渗滤液（含调节池废水）等污水经处理并符合本标准规定的污染物排放控制要求后，可直接排放。

（2）2011 年 7 月 1 日前，现有生活垃圾填埋场无法满足表 11-7，即《生活垃圾填埋场污染控制标准》（GB 16889—2008）中规定的水污染物排放浓度限值要求的，满足以下条件时可将生活垃圾渗滤液送往城市二级污水处理厂进行处理：

① 生活垃圾渗滤液在填埋场经过处理后，总汞、总镉、总铬、六价铬、总砷、总铅等污染物浓度达到表 11-7 规定浓度限值；

② 城市二级污水处理厂每日处理生活垃圾渗滤液总量不超过污水处理量的 0.5%，并不超过城市二级污水处理厂额定的污水处理能力；

③ 生活垃圾渗滤液应均匀注入城市二级污水处理厂；

④ 不影响城市二级污水处理场的污水处理效果。

表 11-6 填埋场环境影响评价的主要工作内容

评价项目	评 价 内 容
场址选择评价	场址评价是填埋场环境影响评价的重要内容，主要是评价拟选场地是否符合选址标准。其方法是根据场地自然条件，采用选址标准逐项进行评判。评价的重点是场地的水文地质条件、工程地质条件、土壤自净能力等
自然、环境质量现状评价	自然现状评价方面，要突出对地质现状的调查与评价。环境质量现状评价方面，主要评价拟选场地及其周围的空气、地表水、地下水、噪声等自然环境质量状况。其方法一般是根据监测值与各种标准，采用单因子和多因子综合评判法
工程污染因素分析	对拟填埋垃圾的组分、预测产生量、运输途径等进行分析说明；对施工布局、施工作业方式、取土石区及弃渣点位设置及其环境类型和占地特点进行说明；分析填埋场建设过程中和建成投产后可能产生的主要污染源及其污染物，以及它们产生的数量、种类、排放方式等，其方法一般采用计算、类比、经验统计等。污染源一般有渗滤液、释放气、恶臭、噪声等
施工期影响评价	主要评价施工期场地内排放生活污水，各类施工机械产生的机械噪声、振动以及二次扬尘对周围地区产生的环境影响。还应对施工期水土流失生态环境影响进行相应评价
水环境影响预测与评价	主要是评价填埋场衬里结构的安全性以及结合渗滤液防治措施综合评价渗滤液的排出对周围水环境的影响，包括两方面内容： ① 正常排放对地表水的影响。主要评价渗滤液经处理达到排放标准后排出，经预测并利用相应标准评价是否会对受纳水体产生影响或影响程度如何； ② 非正常渗漏对地下水的影响。主要评价衬里破裂后渗滤水下渗对地下水的影响。此外，在评价时段上应体现对施工期、运行期和服务期满后的全时段评价
空气环境影响预测及评价	主要评价填埋场释放气体及恶臭对环境的影响。 ① 释放气体：主要是根据排气系统的结构，预测和评价排气系统的可靠性、排气利用的可能性以及排气对环境的影响。预测模式可采用地面源模式； ② 恶臭：主要是评价运输、填埋过程中及封场后可能对环境的影响。评价时要根据垃圾的种类，预测各阶段臭气产生的位置、种类、浓度及其影响范围。 在评价时段上应体现对施工期、运行期和服务期满后的全时段评价

2011 年 7 月 1 日起，现有全部生活垃圾填埋场应自行处理生活垃圾渗滤液并执行表 11-7 规定的水污染排放浓度限值。

（3）根据环境保护工作的要求，在国土开发密度已经较高、环境承载能力开始减弱，或环境容量较小、生态环境脆弱，容易发生严重环境污染问题而需要采取特别保护措施的地区，应严格控制生活垃圾填埋场的污染物排放行为，在上述地区的现有和新建生活垃圾填埋场执行表 11-8，即《生活垃圾填埋场污染控制标准》（GB 16889—2008）中规定的水污染物特别排放限值。

表 11-7　生活垃圾填埋场水污染物排放浓度限值

序号	控制污染物	排放浓度限值	污染物排放监控位置
1	色度（稀释倍数）	40	常规污水处理设施排放口
2	化学需氧量（COD_{Cr}）/（mg/L）	100	常规污水处理设施排放口
3	生化需氧量（BOD_5）/（mg/L）	30	常规污水处理设施排放口
4	悬浮物/（mg/L）	30	常规污水处理设施排放口
5	总氮/（mg/L）	40	常规污水处理设施排放口
6	氨氮/（mg/L）	25	常规污水处理设施排放口
7	总磷/（mg/L）	3	常规污水处理设施排放口
8	粪大肠菌群数/（个/L）	10 000	常规污水处理设施排放口
9	总汞/（mg/L）	0.001	常规污水处理设施排放口
10	总镉/（mg/L）	0.01	常规污水处理设施排放口
11	总铬/（mg/L）	0.1	常规污水处理设施排放口
12	六价铬/（mg/L）	0.05	常规污水处理设施排放口
13	总砷/（mg/L）	0.1	常规污水处理设施排放口
14	总铅/（mg/L）	0.1	常规污水处理设施排放口

表 11-8　生活垃圾填埋场水污染物特别排放限值

序号	控制污染物	排放浓度限值	污染物排放监控位置
1	色度（稀释倍数）	30	常规污水处理设施排放口
2	化学需氧量（COD_{Cr}）/（mg/L）	60	常规污水处理设施排放口
3	生化需氧量（BOD_5）/（mg/L）	20	常规污水处理设施排放口
4	悬浮物/（mg/L）	30	常规污水处理设施排放口
5	总氮/（mg/L）	20	常规污水处理设施排放口
6	氨氮/（mg/L）	8	常规污水处理设施排放口
7	总磷/（mg/L）	1.5	常规污水处理设施排放口
8	粪大肠菌群数/（个/L）	1 000	常规污水处理设施排放口
9	总汞/（mg/L）	0.001	常规污水处理设施排放口
10	总镉/（mg/L）	0.01	常规污水处理设施排放口
11	总铬/（mg/L）	0.1	常规污水处理设施排放口
12	六价铬/（mg/L）	0.05	常规污水处理设施排放口
13	总砷/（mg/L）	0.1	常规污水处理设施排放口
14	总铅/（mg/L）	0.1	常规污水处理设施排放口

11.3 危险废物的处理与处置

11.3.1 危险废物定义与鉴别

11.3.1.1 危险废物定义

《中华人民共和国固体废物污染环境防治法》中危险废物的含义是列入国家危险名录或者根据国家规定的危险废物鉴别标准和鉴别方法认定的具有危险特性的固体废物。

所谓危险特性包括腐蚀性（Corrosivity）、毒性（Toxicity）、易燃性（Ignitability）、反应性（Reactivity）和感染性（Infectivity）。

医疗废物是指医疗卫生机构在医疗、预防、保健以及其他相关活动中产生的具有直接或间接传染性、毒性以及其他危害性的废物。

11.3.1.2 国家危险废物名录

2008 年 6 月 6 日环境保护部、国家发展和改革委员会联合颁布了《国家危险废物名录》（以下简称《名录》），并于 2008 年 8 月 1 日起施行。《名录》中共列出了49 类危险废物的废物类别、废物来源、废物代码、废物危险特性、常见危险废物组分和废物名称，共约 400 多种。《名录》中明确了医疗废物属于危险废物。

11.3.1.3 危险废物鉴别

现行的危险废物鉴别标准为《危险废物鉴别标准》（GB 5085—2007），其包括 7项鉴别标准，分别为《危险废物鉴别标准 腐蚀性鉴别》（GB 5085.1—2007）、《危险废物鉴别标准 急性毒性初筛》（GB 5085.2—2007）、《危险废物鉴别标准 浸出毒性鉴别》（GB 5085.3—2007）、《危险废物鉴别标准 易燃性鉴别》（GB 5085.4—2007）、《危险废物鉴别标准 反应性鉴别》（GB 5085.5—2007）、《危险废物鉴别标准 毒性物质含量鉴别》（GB 5085.6—2007）及《危险废物鉴别标准 通则》（GB 5085.7—2007）。

《危险废物鉴别标准》（GB 5085—2007）于 2007 年 10 月 1 日开始执行，与目前已废止的 1996 年颁布的《危险废物鉴别标准》相比，《危险废物鉴别标准》（GB 5085—2007）中《危险废物鉴别标准 通则》《危险废物鉴别标准 易燃性鉴别》《危险废物鉴别标准 反应性鉴别》《危险废物鉴别标准 毒性物质含量鉴别》为新增制订标准，《危险废物鉴别标准 腐蚀性鉴别》《危险废物鉴别标准 急性毒性初筛》《危险废物鉴别标准 浸出毒性鉴别》为修订标准。

　　《危险废物鉴别标准　腐蚀性标准》（GB 5085.1—2007）规定了鉴别危险废物腐蚀性的标准值，该标准适用于任何生产、生活和其他活动中产生的固体废物的腐蚀性鉴别。该标准除了仍然将 pH 值作为腐蚀性危险废物鉴别的指标外，还增加了以钢材腐蚀速度来确定非水溶液液态废物的腐蚀性危险特性。该标准腐蚀性鉴别值规定，当 pH 值≥12.5 或 pH 值≤2.0 时，或者当在 55℃条件下对《优质碳素结构钢》（GB/T 699—1999）中规定的 20 号钢材的腐蚀速率≥6.35 mm/a 时，该废物是具有腐蚀性的危险废物。

　　《危险废物鉴别标准　急性毒性初筛》（GB 5085.2—2007）适用于任何生产、生活和其他活动中产生的固体废物的急性毒性初筛鉴别，规定了鉴别危险废物的急性毒性初筛的标准值。与目前已废止的 1996 年颁布的《危险废物鉴别标准》相比，《危险废物鉴别标准　急性毒性初筛》（GB 5085.2—2007）增加了对非水溶性危险废物的急性毒鉴别。该标准规定，按照《化学品测试导则》（HJ/T 153—2004）中指定的方法进行试验，经口摄取：固体 LD_{50}≤200 mg/kg，液体 LD_{50}≤500 mg/kg；或经皮肤接触：LD_{50}≤1 000 mg/kg；再或蒸气、烟雾或粉尘吸入：LC_{50}≤10 mg/L 时，则该废物是具有急性毒性的危险废物。其中口服毒性半数致死量 LD_{50} 是经过统计学方法得出的一种物质的单一计量，可使青年白鼠口服后，在 14 天内死亡一半的物质剂量；皮肤接触毒性半数致死量 LD_{50} 是使白兔的裸露皮肤持续接触 24 小时，最可能引起这些试验动物在 14 天内死亡一半的物质剂量；吸入毒性半数致死浓度 LC_{50} 是使雌雄青年白鼠连续吸入 1 小时，最可能引起这些试验动物在 14 天内死亡一半的蒸气、烟雾或粉尘的浓度。

　　《危险废物鉴别标准　浸出毒性鉴别》（GB 5085.3—2007）适用于任何生产、生活和其他活动中产生固体废物的浸出毒性鉴别，规定了鉴别危险废物的浸出毒性的标准值。浸出毒性是指固态的危险废物遇水浸沥，其中的有害物质迁移转化，污染环境，浸出的有毒物质的毒性称为浸出毒性。按照该标准的引用标准《固体废物　浸出毒性浸出方法》（HJ/T 299—2007）制备的固体废物浸出液中任何一种危害成分含量超过《危险废物鉴别标准　浸出毒性鉴别》（GB 5085.3—2007）中所列的浓度限值，则判定该固体废物是具有浸出毒性特征的危险废物。与目前已废止的《危险废物鉴别标准》相比，新标准增加了具有浸出毒性特性的有毒物质鉴别项目，从原标准的 14 项增加至 36 项，新增项目主要为有机类毒性物质，同时重新制定了浸出毒性的标准浸出方法。

　　《危险废物鉴别标准　易燃性鉴别》（GB 5085.4—2007）主要采用定性描述和定量的方法，规定了液态、固态和气态 3 种不同状态下的易燃性危险废物的鉴别限值和相应的鉴别方法。

　　《危险废物鉴别标准　反应性鉴别》（GB 5085.5—2007）主要采用了定性描述的方法，规定了具有爆炸性、与水接触后产生易燃气体、与水或酸接触后产生有毒或剧毒气体 3 种主要类型危险废物的鉴别要求和鉴别方法。

《危险废物鉴别标准　毒性物质含量鉴别》（GB 5085.6—2007）主要是借鉴欧盟的经验，确定相关毒性物质含量的限值，同时列出了我国有毒和剧毒物质的类别。

《危险废物鉴别标准　通则》（GB 5085.7—2007）规定了危险废物的鉴别程序和两个特殊的判定规则，即危险废物混合后的特性判定规则和处理后的特性判定规则。

这 7 项危险废物鉴别标准涉及了易燃性、反应性、腐蚀性和毒性，基本涵盖了我国危险废物类型（医疗废物除外）的各个方面。

11.3.1.4 医疗废物分类名录

卫生部、国家环保总局于 2003 年 10 月 10 日发布了《医疗废物分类名录》。医疗废物分为五类，其常见组分和名称见表 11-9。

表 11-9　医疗废物分类名录

类别	特　征	常见组分或者废物名称
感染性废物	携带病原微生物，具有引发感染性疾病传播危险的医疗废物	① 被病人血液、体液、排泄物污染的物品，包括：棉球、棉签、引流棉条、纱布及其他各种敷料；一次性使用卫生用品、一次性使用医疗用品及一次性医疗器械；废弃的被服；其他被病人血液、体液、排泄物污染的物品。 ② 医疗机构收治的隔离传染病病人或者疑似传染病病人产生的生活垃圾。 ③ 病原体的培养基、标本和菌种、毒种保存液。 ④ 各种废弃的医学标本。 ⑤ 废弃的血液、血清。 ⑥ 使用后的一次性医用品及一次性医疗器械视为感染性废物
病理性废物	诊疗过程中产生的人体废弃物和医学实验动物尸体等	① 手术及其他诊疗过程中产生的废弃的人体组织、器官等。 ② 医学实验动物的组织、尸体。 ③ 病理切片后废弃的人体组织、病理蜡块等
损伤性废物	能够刺伤或者割伤人体的废弃医用锐器	① 医用针头、缝合针。 ② 各类医用锐器，包括：解剖刀、手术刀、备皮刀、手术锯等。 ③ 载玻片、玻璃试管、玻璃安瓿等
药物性废物	过期、淘汰、变质或者被污染的废弃的药品	① 废弃的一般性药品，如：抗生素、非处方类药品等。 ② 废弃的细胞毒性药物和遗传毒性药物，包括：致癌性药物，如硫唑嘌呤、苯丁酸氮芥、萘氮芥、环孢霉素、环磷酰胺、苯丙氨酸氮芥、司莫司汀、三苯氧氨、硫替派等；可疑致癌性药物，如顺铂、丝裂霉素、阿霉素、苯巴比妥等；免疫抑制剂。 ③ 废弃的疫苗、血液制品等
化学性废物	具有毒性、腐蚀性、易燃易爆性的废弃的化学物品	① 医学影像室、实验室废弃的化学试剂。 ② 废弃的过氧乙酸、戊二醛等化学消毒剂。 ③ 废弃的汞血压计、汞温度计

11.3.1.5 危险废物对人类的危害

在固体废物污染的危害中,最为严重的是危险废物的污染。危险废物中含有的有毒有害物质对生态和人体健康的危害具有长期性和潜伏性,可以延续很长时间,构成很大威胁。一旦其危害性质爆发出来,不仅可以使人畜中毒,还可以引起燃烧和爆炸事故。此外,还可通过雨雪渗透污染土壤、地下水,由地表径流冲刷污染江河湖海,从而造成长久的、难以恢复的隐患及后果。受到污染的环境治理和生态破坏的恢复不仅需要较长时间,而且要耗费巨资,有的甚至无法恢复,所造成的后果有时难以用金钱来衡量。1930—1970 年,国内外不乏因危险废物处置不当而祸及居民的公害事件。如含镉固体废物排入土壤引起日本富山县痛痛病事件,美国纽约州拉夫运河河谷土壤污染事件,以及我国发生在 20 世纪 50 年代的锦州镉渣露天堆积污染井水事件等。

大部分化学工业固体废物属于危险废物,表 11-10 列出了其中几种化学工业危险废物的化学组成及对人体与环境的危害。这些废物中有毒有害物质浓度高,如果得不到有效处理处置,会对人体和环境造成很大影响。

表 11-10　几种化学工业危险废物的组成及危害

废物名称	主要污染物及含量	对人体和环境的危害
铬渣	六价铬 0.3%～2.9%	对人体消化道和皮肤具有强烈的刺激和腐蚀作用,对呼吸道造成损害,有致癌作用。铬蓄积在鱼类组织中对水体中动物和植物区系均有致死作用,含铬废水影响小麦、玉米等作物生长
氰渣	含 CN^- 1%～4%	引起头痛、头晕、心悸、甲状腺肿大,急性中毒时呼吸衰竭致死,对人体、鱼类危害很大
含汞水泥	Hg 0.2%～0.3%	无机汞对消化道黏膜有强烈的腐蚀作用,吸入较高浓度的汞蒸气可引起急性中毒和神经功能障碍。烷基汞在人体内能长时间滞留,甲基汞会引起水俣病。汞对鸟类、水生脊椎动物会造成有害作用
无机盐废渣	Zn^{2+} 7%～25% Pb^{2+} 0.3%～2% Cd^{2+} 100～500 mg/kg As^{2+} 40～400 mg/kg	铅、镉对人体神经系统、造血系统、消化系统、肝、肾、骨骼等都会引起中毒伤害。含砷化合物有致癌作用,锌盐对皮肤和黏膜有刺激腐蚀作用。重金属对动植物、微生物有明显的危害作用
蒸馏釜液	苯、苯酚、腈类、硝基苯、芳香胺类、有机磷农药等	对人体中枢神经、肝、肾、胃、皮肤等造成障碍与损害。芳香胺类和亚硝胺类有致癌作用,对水生生物和鱼类等也有致毒作用
酸、碱渣	各种无机酸碱 10%～30% 含有大量金属离子和盐类	对人体皮肤、眼睛和黏膜有强烈的刺激作用,导致皮肤和内部器官损伤和腐蚀,对水生生物、鱼类有严重的有害影响

11.3.2 危险废物的处置方法

11.3.2.1 物理、化学方法

工业生产产生的某些含油、含酸、含碱或含重金属的废液均不宜直接焚烧或填埋，要通过物理、化学处理。经处理后的有机溶剂可以用做燃料或做焚烧炉的辅助燃料，浓缩物或沉淀物则可送去填埋或焚烧。因此，物理、化学方法也是综合利用或预处理的过程。其主要方法简述如下：

含油废液中的矿物油有两种存在形式：游离油和乳化油。游离油与水的结合松散，容易分离，可以使用重力油分离器将油水分离。含乳化油的废液中油和水以油包水或水包油的形式结合成液滴而形成乳浊液，其中的油和水较难分离。一般采取两步工艺分离。第一步，破乳。向乳化液中添加化学药剂使油滴聚集在化学药品形成的絮凝物上。第二步，撇油。将聚结油滴絮凝物从水中撇出，从而达到油水分离的目的。

含可溶性重金属离子的废水可采用沉淀法去除重金属离子。加入的沉淀药剂除石灰外，往往还加入硫化钠。这是因为金属氢氧化物只是在一个狭窄的 pH 范围内才是稳定的（pH 过低不沉淀，过高形成金属络合物又溶解）。因此，多金属离子的共同沉淀，很难发现一个合适的 pH 范围。而金属硫化物的溶度积很小，沉淀的 pH 值范围较宽，易于将重金属离子沉淀分离。

脱水也是一种物理处理法，主要是用来处理污水处理过程中产生的含水量大的含有毒成分的污泥，以减小体积，利于进一步处理。一般的脱水方法包括真空过滤脱水、带滤机脱水、离心脱水等。

11.3.2.2 焚烧方法

这里所讲的焚烧是指焚化燃烧危险废物使之分解并无害化的过程。焚烧适用于处置当前经济和技术条件限制下、不能再循环、再利用或直接安全填埋的危险废物。焚烧既可以处置含有热值的有机物并回收其热能，也可以通过残渣熔融使重金属元素稳定化，是同时实现减量化、无害化和资源化的一种重要处置手段。

（1）危险废物焚烧的污染控制标准

国家环境保护总局于 2001 年 11 月 12 日发布了《危险废物焚烧污染控制标准》（GB 18484—2001）。

该标准根据我国的实际情况，以集中焚烧设施为基础，从危险废物处理过程中环境污染防治的需要出发，规定了危险废物焚烧设施的选址原则、焚烧基本技术性能指标、焚烧排放大气污染物的最高允许排放限值（表 11-11）、焚烧残余物的处置原则和相应的环境监测等。这是危险废物焚烧处置设施建设项目环境影响评价必须

执行的标准。

表 11-11　危险废物焚烧炉大气污染物排放限值[①]

序号	污 染 物	不同焚烧容量时的最高允许排放浓度限值/（mg/m³）		
		≤300 kg/h	300～2 500 kg/h	≥2 500 kg/h
1	烟气黑度	林格曼Ⅰ级		
2	烟尘	100	80	65
3	一氧化碳（CO）	100	80	80
4	二氧化硫（SO_2）	400	300	200
5	氟化氢（HF）	9.0	7.0	5.0
6	氯化氢（HCl）	100	70	60
7	氮氧化物（以 NO_2 计）	500		
8	汞及其化合物（以 Hg 计）	0.1		
9	镉及其化合物（以 Cd 计）	0.1		
10	砷、镍及其化合物（以 As+Ni 计）[②]	1.0		
11	铅及其化合物（以 Pb 计）	1.0		
12	铬、锡、锑、铜、锰及其化合物（以 Cr+Sn+Sb+Cu+Mn 计）[③]	4.0		
13	二噁英类	0.5 ngTEQ/m³		

注：① 在测试计算过程中，以 11% O_2（干气）作为换算基准。换算公式为：

$$c = \frac{10}{21 - O_s} \times c_s$$

式中：　c —— 标准状态下被测污染物经换算后的浓度，mg/m³；

　　　　O_s —— 排气中氧气的浓度，%；

　　　　c_s —— 标准状态下被测污染物的浓度，mg/m³。

② 指砷和镍的总量。

③ 指铬、锡、锑、铜和锰的总量。

（2）焚烧装置技术指标

① 处置指标。

1）燃烧效率（CE）

$$CE = \frac{[CO_2]}{[CO_2] + [CO]} \times 100\% \qquad (11\text{-}2)$$

式中：$[CO_2]$和$[CO]$——分别为燃烧后排气中 CO_2 和 CO 的浓度。

2）焚毁去除率（DRE）

$$DRE = \frac{W_i - W_0}{W_i} \times 100\% \qquad (11\text{-}3)$$

式中：W_i —— 被焚烧物中某种有机物质的重量；

　　　W_0 —— 烟道排放气和焚烧残余物中与 W_i 相应的有机物质的重量之和。

　3）热灼减率（P）

$$P = \frac{A - B}{A} \times 100\% \qquad (11\text{-}4)$$

式中：P —— 热灼减率，%；

　　　A —— 干燥后原始焚烧残渣在室温下的质量，g；

　　　B —— 焚烧残渣经 600℃（±25℃）3 h 灼热后冷却至室温的质量，g。

　② 标准要求的技术指标。

表 11-12　焚烧炉的技术性能指标

废物类型＼指标	焚烧炉温度/℃	烟气停留时间/s	燃烧效率/%	焚毁去除率/%	焚烧残渣的热灼减率/%
危险废物	≥1 100	≥2.0	≥99.9	≥99.99	<5
多氯联苯	≥1 200	≥2.0	≥99.9	≥99.999 9	<5
医院临床废物	≥850	≥1.0	≥99.9	≥99.99	<5

　1）对于医疗废物集中焚烧处置，应执行《医疗废物集中处置技术规范》确定的"焚烧炉温度"和"停留时间"指标，高温焚烧处置装置应设置二燃室，并保证二燃室烟气温度≥850℃，烟气停留时间≥2.0 s；

　2）对于医疗废物分散焚烧处理，执行《危险废物焚烧污染控制标准》（GB 18484—2001）中"医院临床废物"的"焚烧炉温度"和"烟气停留时间"指标，即焚烧炉温度≥850℃，烟气停留时间≥1.0 s，见表 11-12；

　3）对于同时处置医疗废物和危险废物，应执行 GB 18484—2001 的相关要求，即表 11-12 中"危险废物"的"焚烧炉温度"和"烟气停留时间"指标：焚烧炉温度≥1 100℃，烟气停留时间≥2.0 s；

　4）以上焚烧装置出口烟气中的氧浓度含量应为 6%～10%（干烟气）；

　5）规范中未规定的其他要求按《危险废物焚烧污染控制标准》执行。

　（3）焚烧炉的选择

　焚烧炉的种类很多，功能有所不同，主要有回转炉、固定床炉及液体注入炉等。选择的原则应考虑以下几点：

　① 炉体对整个系统（包括废物预处理、进料方式和二次污染控制）的制约性最小。

　② 具有多功能性和最大的灵活性。

　③ 破坏有害成分性质优越。

④ 运行稳定性高。

⑤ 设备寿命长。

⑥ 有较大的处理能力。

流化床炉体积小，占地省，如果被燃物有足够的热值，运行正常后不需添加辅助燃料，适合处理低灰分、颗粒小的废物。我国有些炼油厂使用流化床炉焚烧污水处理厂脱水后的污泥。

液体注入炉用于处理工业废液，但不适合处理固态废物。

固定床炉结构简单，投资省，适于小量废物焚烧，在我国，20 世纪 70 年代末引进的石化装置中包括一些小型固定床炉。这种炉子不易翻动炉中的废物，燃烧不够充分，同时，加料出料比较麻烦，目前很少采用。

旋转炉适用于处理固体、半固体和液体危险废物。由于炉体在运转过程中缓慢旋转，炉体沿轴向倾斜，使燃烧中的废物不断沿轴下移，并翻动，在这样较理想的燃烧条件下运行，能使废物燃烧完全，有害成分的破坏率达 99.99%，其性能大多能满足选择原则的要求，尤其是适用于处置多种废物，运行稳定性较好，但投资较高。表 11-13 给出了适用于不同形态危险废物的主要焚烧炉比较。

表 11-13　适用于不同形态危险废物的主要焚烧炉类型比较

危险废物状态		液体注入炉	回转炉	固体床炉	流化床炉
固体	粒状		√	√	√
	不规则、松散型（集装箱装）		√	√	√
	低熔点废物	√	√	√	√
	低熔点粉尘组分的有机化合物		√		
	未加工的大体积松散物		√		
气体	有机化合物	√	√		√
液体	高浓度有机含水废物	√	√		√
	有机化合物液体	√	√		√
固体或液体	含有卤代芳烃的废物	√	√		√
	含水有机污泥		√		

（4）焚烧处置技术中的两个重要问题

在焚烧处置危险废物时，除应注意工况控制，以达到有关标准要求外，特别值得关注的两个问题是预处理和二噁英控制。

① 预处理工艺。在焚烧危险废物前，必须要经过预处理过程，预处理过程要满足三个主要要求：

1）对于固体废物在进入焚烧炉前按需要进行粉碎，以便在形态上适应进料系统的尺寸，同时也增大了与空气的接触面积，达到焚烧完全的目的；

2）对于要处置的废物，在焚烧前要进行热值分析，要将热值高的废物和热值低的废物加以混合，达到所要求的热值，以保证焚烧工艺的稳定进行；

3）防止不相容的废物混合。相容性即某种废物与其他危险废物接触不会产生气体、热量、有害物质，不会燃烧或爆炸，不发生其他可能对处置设施产生不利影响的反应和变化。相反，不相容的废物的混合将会对处置过程构成威胁。

② 控制二噁英的生成。焚烧工艺产生的有害物质有很多，但是由于监测的困难和毒性大，二噁英类物质最引人关注。二噁英类是多氯代二苯并-对-二噁英（PCDDs）和多氯代二苯并呋喃（PCDFs）两者总称。根据苯环上的氯原子数量和位置的不同分别有 75 种和 135 种异构体及同系物。《危险废物焚烧污染控制标准》（GB 18484—2001）中规定的二噁英类标准值是二噁英毒性当量（TEQ），二噁英毒性当量可以通过下式计算：

$$TEQ = \sum（二噁英毒性同类物浓度 \times TEF）\qquad (11-5)$$

式中：二噁英毒性当量因子（TEF）是二噁英同类物与 2,3,7,8-四氯代二苯并-对-二噁英对 Ah 受体的亲和性能之比。

控制二噁英类物质生成应通过对初始阶段、高温分解阶段和后期合成阶段的运行参数加以严格控制来实现。

（5）焚烧厂选址原则

根据《危险废物焚烧污染控制标准》（GB 18484—2001）及《危险废物集中焚烧处置工程建设技术规范》（HJ/T 176—2005）的要求，厂址选择应符合城市总体发展规划和环境保护专业规划，符合当地的大气污染防治、水资源保护和自然生态保护要求，并应通过环境影响和环境风险评价。

厂址选择应综合考虑危险废物焚烧厂的服务区域、交通、土地利用现状、基础设施状况、运输距离及公众意见等因素。

厂址条件应符合下列要求：

① 不允许建设在《地表水环境质量标准》（GB 3838—2002）中规定的地表水环境质量Ⅰ类、Ⅱ类功能区和《环境空气质量标准》（GB 3095—1996）中规定的环境空气质量一类功能区，即自然保护区、风景名胜区、人口密集的居住区、商业区、文化区和其他需要特殊保护的地区。

② 各类焚烧厂不允许建设在居民区主导风向的上风向地区。焚烧厂内危险废物处理设施距离主要居民区以及学校、医院等公共设施的距离应不小于 800 m（《危险废物和医疗废物处置设施建设项目环境影响评价技术原则》（试行）要求是 1 000 m，且由厂界计）。

③ 应具备满足工程建设要求的工程地质条件和水文地质条件。不应建在受洪水、潮水或内涝威胁的地区；受条件限制，必须建在上述地区时，应具备抵御百年一遇洪水的防洪、排涝措施。

④ 厂址选择时，应充分考虑焚烧产生的炉渣及飞灰的处理与处置，并宜靠近危险废物安全填埋场。

⑤ 应有可靠的电力供应。

⑥ 应有可靠的供水水源和污水处理及排放系统。

11.3.2.3 安全填埋

安全填埋是一种把危险废物放置或贮存在环境中，使其与环境隔绝的处置方法。也是对其进行各种方式的处理之后所采取的最终处置措施，目的是隔断废物同环境的联系，使其不再对环境和人体健康造成危害。因此，是否能够阻断废物同环境的联系便是填埋处置成功与否的关键，也是安全填埋潜在风险的所在。

一个完整的填埋场应包括废物接收与贮存系统、分析监测系统、预处理系统、防渗系统（填埋区）、渗滤液集排水系统、雨水及地下水集排水系统、渗滤液处理系统、渗滤液监测系统、管理系统和公用工程等。

由于填埋场处置的是危险废物，而且是最终处置方式，因此对填埋场的选址、施工、运行、封场及监测均有严格的要求。

（1）场址选择的要求

① 填埋场场址的选择应符合国家及地方城乡建设总体规划要求，场址应处于一个相对稳定的区域，不会因自然或人为的因素受到破坏。

② 填埋场场址的选择应进行环境影响评价，并经环境保护行政主管部门批准。

③ 填埋场场址不应选在城市工农业发展规划区、农业保护区、自然保护区、风景名胜区、文物（考古）保护区、生活饮用水水源保护区、供水远景规划区、矿产资源储备区和其他需要特别保护的区域内。

④ 填埋场距飞机场、军事基地的距离应在 3 000 m 以上。

⑤ 填埋场场界应位于居民区 800 m 以外，并保证当地气象条件下对附近居民区大气环境不产生影响。

⑥ 填埋场场址必须位于百年一遇的洪水标高线以上，并在长远规划中的水库等人工蓄水设施淹没区和保护区之外。

⑦ 填埋场场址距地表水域的距离不应小于 150 m。

⑧ 填埋场场址的地质条件应符合下列要求：

1）能充分满足填埋场基础层的要求；

2）现场或其附近有充足的黏土资源以满足构筑防渗层的需要；

3）位于地下水饮用水水源地主要补给区范围之外，且下游无集中供水井；

4）地下水位应在不透水层 3 m 以下，否则，必须提高防渗设计标准并进行环境影响评价，取得主管部门同意；

5）天然地层岩性相对均匀、渗透率低；

⑥ 地质结构相对简单、稳定，没有断层。

⑨ 填埋场场址选择应避开下列区域：破坏性地震及活动构造区，海啸及涌浪影响区，湿地和低洼汇水处，地应力高度集中、地面抬升或沉降速率快的地区，石灰溶洞发育带，废弃矿区或塌陷区，崩塌、岩堆、滑坡区，山洪、泥石流地区，活动沙丘区，尚未稳定的冲积扇及冲沟地区，高压缩性淤泥、泥炭及软土区以及其他可能危及填埋场安全的区域。

⑩ 填埋场场址必须有足够大的可使用面积以保证填埋场建成后具有 10 年或更长的使用期，在使用期内能充分接纳所产生的危险废物。

⑪ 填埋场场址应选在交通便利、运输距离较短，建造和运行费用低，能保证填埋场正常运行的地区。

（2）填埋物入场要求

① 可以直接入场填埋的废物

1）根据《固体废物 浸出毒性浸出方法》（GB 5086.1—1997）和《固体废物 浸出毒性测定方法》（GB/T 15555.1—1995～GB/T 15555.12—1995）测得的废物浸出液中有一种或一种以上有害成分浓度超过《危险废物鉴别标准 浸出毒性鉴别》（GB 5085.3—2007）中的标准值并低于《危险废物填埋污染控制标准》（GB 18598—2001）中允许进入填埋区控制限值的废物；

2）根据《固体废物 浸出毒性浸出方法》（GB 5086.1—1997）和《固体废物浸出毒性测定方法》（GB/T 15555.1—1995～GB/T 15555.12—1995）测得的废物浸出液 pH 在 7.0～12.0 的废物。

② 需经预处理后方能入场填埋的废物

1）根据《固体废物 浸出毒性浸出方法》（GB 5086.1—1997）和《固体废物浸出毒性测定方法》（GB/T 15555.1—1995～GB/T 15555.12—1995）测得废物浸出液中任何一种有害成分浓度超过 GB 18598—2001 中允许进入填埋区的控制限值的废物；

2）根据《固体废物 浸出毒性浸出方法》（GB 5086.1—1997）和《固体废物浸出毒性测定方法》（GB/T 15555.1—1995～GB/T 15555.12—1995）测得的废物浸出液 pH＜7.0 和 pH＞12.0 的废物；

3）本身具有反应性、易燃性的废物；

4）含水率高于 85%的废物；

5）液体废物。

固化是填埋处置危险废物的预处理的重要手段，这里所谓的固化即使用物理化学方法将有害废物掺和并包容在密实的基材中使其稳定化的过程。固化所用的惰性材料称为固化剂，危险废物经过固化处理所形成的固化产物称为固化体。

固化技术按固化剂分为水泥固化、沥青固化、塑料固化、玻璃固化、石灰固化等。水泥固化用于重金属非常有效，固化剂价廉易得，固化方法简便易行，是常用的固化技术。

③ 禁止填埋的废物

1）医疗废物；

2）与衬层具有不相容性反应的废物。

（3）安全填埋场设计要求

安全填埋场的设计与施工对填埋场的安全运行及封场后的环境影响至关重要。因此在《危险废物填埋污染控制标准》（GB 18598—2001）中都制定了相关规定。

在设计方面，如填埋场应设预处理站，填埋场所选用材料应与废物相容，并考虑其抗腐蚀性，填埋场必须设置渗滤液集排水系统、雨水集排水系统和集排气系统，填埋场必须设置渗滤液的处理系统，以及填埋场周围应设置其宽度不小于 10 m 的绿化隔离带等。

防渗层的设计则是填埋技术的关键。填埋场应根据天然基础层的地质情况分别采用天然材料衬层、复合衬层或双人工材料衬层。使用何种衬层以及衬层的厚度取决于天然基础层的渗透系数。由于高密度聚乙烯（HDPE）具有耐撕裂、耐冲击、耐腐蚀等特性，目前多采用高密度聚乙烯做人工衬层材料。

根据标准的要求，针对基础层不同的渗透系数，对防渗层的结构有如下要求：

① 填埋场天然基础层的饱和渗透系数不应大于 1.0×10^{-5} cm/s，且其厚度不应小于 2 m。

② 填埋场应根据天然基础层的地质情况分别采用天然材料衬层、复合衬层或双人工衬层作为其防渗层。

1）如果天然基础层饱和渗透系数小于 1.0×10^{-7} cm/s，且厚度大于 5 m，可以选用天然材料衬层。天然材料衬层经机械压实后的饱和渗透系数不应大于 1.0×10^{-7} cm/s，厚度不应小于 1 m。

2）如果天然基础层饱和渗透系数小于 1.0×10^{-6} cm/s，可以选用复合衬层。复合衬层必须满足下列条件：

◆天然材料衬层经机械压实后的饱和渗透系数不应大于 1.0×10^{-7} cm/s，厚度应满足表 11-14 所列指标，坡面天然材料衬层厚度应比表 11-14 所列指标大 10%；

表 11-14　复合衬层下衬层厚度设计要求

基础层条件	下衬层厚度
渗透系数≤1.0×10^{-7} cm/s，厚度≥3 m	厚度≥0.5 m
渗透系数≤1.0×10^{-6} cm/s，厚度≥6 m	厚度≥0.5 m
渗透系数≤1.0×10^{-6} cm/s，厚度≥3 m	厚度≥1.0 m

◆人工合成材料衬层可以采用高密度聚乙烯（HDPE），其渗透系数不大于

$1.0×10^{-12}$ cm/s，厚度不小于 1.5 mm。HDPE 材料必须是优质品，禁止使用再生产品。

3）如果天然基础层饱和渗透系数大于 $1.0×10^{-6}$ cm/s，则必须选用双人工衬层。双人工衬层必须满足下列条件：

◆天然材料衬层经机械压实后的渗透系数不大于 $1.0×10^{-7}$ cm/s，厚度不小于 0.5 m；

◆上人工合成衬层可以采用 HDPE 材料，厚度不小于 2.0 mm；

◆下人工合成衬层可以采用 HDPE 材料，厚度不小于 1.0 mm；

◆衬层要求的其他指标同②。

（4）安全填埋场的施工要求

为保证填埋场防渗层的防渗性能，在标准中对防渗层的施工也有严格的要求。在进行天然材料施工前，要通过现场施工实验确定适合的施工机械、压实方式和压实控制参数，还要进行现场施工检验。对于人工衬层，首先要选择 HDPE，材料必须是优质品，禁止使用再生产品。铺设工程要满足所规定的技术条件，如铺设、焊接、锚固等方面的技术要求。要求在铺设、焊接工程中和完成后，必须通过目视、非破坏性和破坏性试验检验施工效果，以控制施工质量。

（5）填埋坑与防渗层构造

图 11-2 是填埋坑剖面示意图。中间为压实废物层，其下面为防渗层，上面为覆盖层。

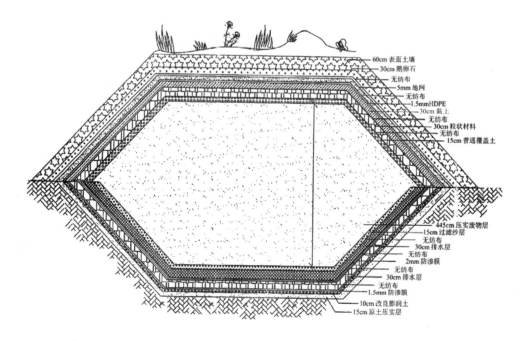

图 11-2　填埋坑剖面

11.3.3 医疗废物的处置方法

11.3.3.1 焚烧处置医疗废物

（1）焚烧方法的适用性

根据医疗废物的特性，它与工业危险废物的重要区别，就是医疗废物具有传染性。由于在大部分医疗废物中，都带有传染疾病的微生物，因此灭活是处理工艺首要的技术要求。其次则是减量化和无害化的要求。为了防止使用过的医疗用具通过各种渠道流入市场，威胁人体健康和污染环境，因此毁形也是处置医疗废物的技术要求之一。在建设使用焚烧技术的危险废物集中处置设施的地区，应当将焚烧医疗废物纳入进去。

（2）焚烧处置医疗废物的特殊性

关于技术原理以及国家的有关标准，医疗废物焚烧与危险废物焚烧大体相同。尤其从环境保护角度，要求医疗废物焚烧装置同样执行《危险废物焚烧污染控制标准》（GB 18484—2001）。同时，在《医疗废物焚烧炉技术要求（试行）》（GB 19218—2003）中还给出医疗废物焚烧炉污水排放限值（表 11-15）。限值中明确规定了卫生学指标（粪大肠菌群数）。

表 11-15 医疗废物焚烧炉污水排放限值

序号	污染物	最高允许排放浓度[①]/（mg/L）		
		一级	二级	三级
1	pH	6～9	6～9	6～9
2	F⁻	10	10	20
3	Hg	0.05		
4	As	0.1		
5	Pb	0.5		
6	Cd	1.0		
7	粪大肠菌群数	100 个/L	500 个/L	1 000 个/L
8	总余氯	<0.5[②]	>6.5（接触时间≥1.5h）	>5（接触时间≥1.5h）

注：① 排入 GB 3838—2002 中Ⅲ类水域和排入 GB 3097—1997 中二类海域的污水，执行一级标准；排入 GB 3838—2002 中Ⅳ、Ⅴ类水域和排入 GB 3097—1997 中三类海域的污水，执行二级标准；排入设置二级污水处理厂的城镇排水系统的污水，执行三级标准。② 加氯消毒后须进行脱氯处理，达到本标准。

在焚烧炉结构上，要求炉门尺寸应该与医疗废物包装尺寸相配套，避免在进料时使医疗废物包装散开、破碎。同时要求焚烧炉采用密闭的自动进料系统，并希望采用连续进料方式。炉膛的尺寸，应能保证包装的医疗废物得到充分的燃烧。

医疗废物焚烧处置后产生的飞灰和底渣，可经预处理并满足《生活垃圾填埋场污染控制标准》（GB 16889—2008）中相关入场要求后，进入生活垃圾填埋场进行填埋处置，或直接按照危险废物相关要求进行处理或处置。

（3）医疗废物集中焚烧厂的厂址选择原则

厂址选择应符合全国危险废物和医疗废物处置设施建设规划及当地城乡总体发展规划，符合当地大气污染防治、水资源保护、自然保护的要求，并应通过环境影响评价和环境风险评价的认定。

厂址选择应符合《危险废物焚烧污染控制标准》（GB 18484—2001）、《医疗废物集中处置技术规范》（试行）和《医疗废物集中焚烧处置工程建设技术规范》（HJ/T 177—2005）中的选址要求，具体如下：

① 处置厂不允许建设在 GB 3838—2002 中规定的地表水Ⅰ类、Ⅱ类功能区和 GB 3095—1996 中规定的环境空气质量Ⅰ类功能区。

② 处置厂选址应遵守《医疗废物管理条例》第 24 条规定，远离居（村）民区、交通干道，要求处置厂厂界与上述区域和类似区域边界的距离大于 800 m（《危险废物和医疗废物处置设施建设项目环境影响评价技术原则》（试行）要求是 1 000 m）。处置厂的选址应遵守国家饮用水水源保护区污染防治管理规定。处置厂距离工厂、企业等工作场所直线距离应大于 300 m，地表水域应大于 150 m。

③ 处置厂的选址应尽可能位于城市常年主导风向或最大风频的下风向。

④ 厂址应满足工程建设的工程地质条件和水文地质条件，不应选在发震断层、滑坡、泥石流、沼泽、流沙及采矿隐落区等地区。

⑤ 选址应综合考虑交通、运输距离、土地利用现状、基础设施状况等因素，宜进行公众调查。

⑥ 厂址不应受洪水、潮水或内涝的威胁，必须建在该地区时，应有可靠的防洪、排涝措施。

⑦ 厂址选择应同时考虑炉渣、飞灰处理与处置的场所。

⑧ 厂址附近应有满足生产、生活的供水水源和污水排放条件。

⑨ 厂址附近应保障电力供应。

11.3.3.2 医疗废物的其他处理与处置方法

除了使用焚烧技术处置医疗废物外，常用的医疗废物处理处置方法还有高压蒸汽法、微波消毒法、化学消毒法、等离子热解法等。这些方法的技术原理和优缺点见表 11-16。

表 11-16　医疗废物处置方法比较

方　法	主要设备	技术原理	优　点	缺　点
高压蒸汽法	压力容器 高压釜	在一定温度（如130℃）持续一定时间（如5h）利用过热蒸汽杀灭致病微生物	方法简易、使用广泛、占地面积小	无法达到最佳的处理效果、易产生有害气体
微波消毒法	微波发生器 微波辐照室	利用微波及含水分产生的热量灭活	减容较明显、设备简单、占地面积小	处理废物类型受限
化学消毒法	消毒剂贮罐 消毒容器	用消毒药剂与废物接触，保证一定的接触面积和时间	方法简便、一次性投资少	达不到减量和毁形的目的，要求安全贮存消毒药剂
等离子热解法	等离子体弧电源 等离子体发生器 等离子体焚烧炉	用等离子体使废物在高温下，热解裂解、燃烧	温度可达1 000～3 000℃，彻底达到无害化，占地面积小	技术新，运行管理要求高，投资及运行成本高
焚烧法	焚烧炉 二次净化装置	用二次燃烧使废物减量化、无害化	适应多种废物、技术成熟、运行稳定	建设投资较高，净化系统要求严格，投资相对较高

以上各项处理技术，有的具有一定的局限性，有的仍处于研究开发阶段，有的设备投资较高。唯有焚烧法无论在适用性上，还是在技术成熟度上都具有优势。

11.4　固体废物的环境影响评价

11.4.1　一般工程项目的固体废物环境影响评价

一般工程项目产出的固体废物的环境影响评价可参照下述内容，其中若涉及一般固体废物或危险废物贮存或处置设施的建设，则同时还应执行相应的污染控制标准。

11.4.1.1　污染源调查

通过所建项目的"工程分析"，依据整个工艺过程，统计出各个环节产生危险废物的种类、组分、排放量、排放规律。

根据《国家危险废物名录》或国家规定的危险废物鉴别标准和鉴别方法对项目产出的固体废物进行识别或鉴别，明确项目产出的固体废物是属于一般固体废物还是危险废物。将污染源调查结果和危险废物鉴别结果列表说明，对于危险废物需明确其废物类别、废物危险特性等。

11.4.1.2 防治措施的论证

根据工艺过程的各个环节产生的固体废物的危害性及排放方式、排放速率，以"全过程控制"的思路，分析其在生产、收集、运输、贮存等过程中对环境的影响，并有针对性地提出污染的防治措施，同时对措施的可行性加以论证。对于危险废物则需提出最终处置措施并进行论证。

11.4.1.3 提出危险废物的最终处置措施

（1）综合利用

给出综合利用的危险废物名称、数量、性质、用途、利用价值、防止污染转移及二次污染措施、综合利用单位情况、综合利用途径、供需双方的书面协议等。

（2）焚烧处置

给出危险废物名称、组分、热值、性态及在《国家危险废物名录》中的分类编号，并应说明处置设施的名称、隶属关系、地址、运距、路由、运输方式及管理。如处置设施属于工程范围内项目，则需要对处置设施建设项目单独进行环境影响评价。

（3）安全填埋处置

给出危险废物名称、组分、产生量、性态、容量、浸出液组分及浓度以及在《国家危险废物名录》中的分类编号、是否需要固化处理。

对填埋场应说明名称、隶属关系、厂址、运距、路由、运输方式及管理。如填埋场属于工程范围内项目，则需要对安全填埋场单独进行环境影响评价。

（4）其他处置方法

使用其他物理、化学方法处置危险废物，必须注意对处置过程产生的环境影响进行评价。

（5）委托处置

一般工程项目产出的危险废物也可采取委托处置的方式进行处理处置，受委托方须具有环境保护行政主管部门颁发的相应类别的危险废物处理处置资质。在采取此种处置方式时，应提供与接收方的危险废物委托处置协议和接收方的危险废物处理处置资质证书，并将其作为环境影响评价文件的附件。

案例：

某无缝钢管企业建设项目环境影响报告书中固体废物环境影响评价章节中包括以下几方面内容：

① 项目产生的一般固体废物产生种类及数量；

② 主要一般固体废物的物化性状；

③ 一般固体废物的处置及综合利用方式；

④ 一般固体废物暂存措施；

⑤ 项目危险废物产生及处置情况；

⑥ 危险废物暂存设施；

⑦ 固体废物处理处置措施可行性分析。

表 11-17　主要一般固体废物种类及数量

序号	固废分类	固废名称	产生量/（万 t/a）	处置量/（万 t/a）	去向（利用方式）
1	一般废物（Ⅱ类）	钢渣	19.24	19.24	废钢回收利用，其用做制砖原料
2		高炉渣	21.97	21.97	用做水泥生产原料
3		锅炉灰渣	1.08	1.08	回收用于生产建筑材料
4		炼钢除尘灰	3.12	3.12	作为烧结生产原料
5		制铁除尘灰	6.32	6.32	作为烧结生产原料
6		非磁性物	0.58	0.58	用于生产建筑材料
7		炼钢氧化铁皮	0.498	0.498	作为烧结生产原料
8		轧管氧化铁皮	3.27	3.27	
9		炼钢切割渣	0.211	0.211	作为炼铁生产原料
10		耐火材料	0.178	0.178	售给耐火材料厂
11		石灰石筛下料	1.68	1.68	作为炼铁生产原料
12		水处理污泥	0.35	0.35	热轧水处理污泥返回烧结配料使用，冷轧及污水处理站的水处理污泥送垃圾填埋场卫生填埋
合　计			58.5	58.5	

表 11-18　危险废物的处理处置情况

序号	危险废物名称	危险废物类别	危险特性	处置量/（t/a）	产生部位	暂存或处置措施	危险废物最终处置去向
1	含油废物	HW08	T	126.06	炼钢部、轧管部、能源部	危险废物装桶后暂存于具备防渗、防风、防雨、防晒、防火定置管理的厂房区域内，及时分类收集、分类存放，做到及时处置	××××工业固体废物（危险废物）处理有限公司*
2	废润滑油	HW08	T	5.12			
3	磷化液	HW37	T	0.46	管加工部磷化锌水处理		××市危险废物处理处置中心*
4	废电镀液	HW21	T	9.468	轧管部芯棒镀铬		
5	废碱	HW35	C	0.04	钢研所快分室、化学实验室		
6	废酸液	HW34	C，T	0.16			
7	氯化汞空瓶	HW29	T	0.009 5	钢研所化学实验室	单独收集，措施同上	
8	氯化汞废液	HW29	T	0.105 8			
合　计				141.42			

* 委托处置协议和危险废物处理处置资质证书见该案例附件。

11.4.2 固体废物集中处置设施的环境影响评价

11.4.2.1 一般固体废物集中处置设施建设项目的环境影响评价

一般固体废物集中处置设施建设项目的环境影响评价内容和技术原则，可以生活垃圾填埋场为例，参照9.2.4节"垃圾填埋场的环境影响评价"中的相关内容。

11.4.2.2 危险废物和医疗废物处置设施建设项目的环境评价

危险废物和医疗废物处置设施建设项目的环境评价的要求和技术原则如下。

（1）对危险废物和医疗废物处置设施建设项目环境评价的要求

由于危险废物和医疗废物都具有危险性、危害性和对环境影响的滞后性，因此为了防止在处置过程中的二次污染，减少处置设施建设项目潜在的风险，认真落实国务院颁布的《全国危险废物和医疗废物处置设施建设规划》（国函[2003]128号），国家环保总局于2004年4月15日发布了《危险废物和医疗废物处置设施建设项目环境影响评价技术原则》（试行），规定所有危险废物和医疗废物集中处置建设项目的环境影响评价都应符合该"技术原则"的要求。

（2）技术原则的内容

该"技术原则"是在环境影响评价技术导则的基础上，对危险废物和医疗废物集中处置设施建设项目的环境影响评价提出的一些基本要求。

目前的技术原则主要包括厂（场）址选择、工程分析、环境现状调查、大气环境影响评价、水环境影响评价、生态影响评价、污染防治措施、环境风险评价、环境监测与管理、公众参与、结论与建议等内容。

（3）技术原则的要点

在上述的各部分中，都可找到区别于一般工程环境影响评价的不同的要求，但是从总体上，主要有以下五个方面的区别：

① 厂（场）址选择。

由于危险废物及医疗废物的处置所具有的危险性和危害性，因此在环境影响评价中，首要关注的是厂（场）址的选择。处置设施选址除要符合国家法律法规要求外，还要就社会环境、自然环境、场地环境、工程地质、水文地质、气候条件、应急救援等因素进行综合分析。结合《危险废物焚烧污染控制标准》《危险废物填埋污染控制标准》《危险废物集中焚烧处置工程建设技术规范》（HJ/T 176—2005）、《危险废物安全填埋处置工程建设技术要求》（环发[2004]75号）、《医疗废物集中处置技术规范》（环发[2003]206号）、《医疗废物集中焚烧处置工程建设技术规范》（HJ/T 177—2005）中规定的对厂址的选择的要求，详细论证选定厂（场）址的合理性。厂（场）址选择合理将为环境影响评价带来诸多有利因素。

②　全时段的环境影响评价。

处置的对象是危险废物或医疗废物，处置的方法包括焚烧法、安全填埋法、其他物理化学方法。无论使用何种技术处置何种对象，其设施建设项目都经历建设期、运营期和服务期满后。但是根据此类环境影响评价的特殊性，对于使用焚烧及其他物化技术的处置厂，主要关注的是营运期，而对于填埋场则关注的是建设期、运营期和服务期满后对环境的影响。特别是填埋场，在建设期势必要发生永久占地和临时占地，植被将受到影响，可能造成生物资源或农业资源损失，甚至对生态敏感目标产生影响。而在服务期满后，要求提出填埋场封场、植被恢复层和植被建设的具体措施，并要求提出封场后 30 年内的管理、监测方案。这对保护生态可谓是重要的问题。

③　全过程的环境影响评价。

危险废物和医疗废物的处置环境影响评价应包括收集、运输、贮存、预处理、处置全过程的环境影响评价。分类收集、专业运输、安全贮存和防止不相容废物的混配都直接影响焚烧工况和填埋工艺，同时，各环节所产生的污染物及其对环境的影响又有所不同，由此制定的防治措施是保证在处置过程不产生二次污染的重要环境影响评价内容。

④　必须有环境风险评价。

危险废物种类多、成分复杂，具有传染性、毒性、腐蚀性、易燃易爆性。环境风险评价的目的是分析和预测建设项目存在的潜在危险，预测项目运营期可能发生的突发性事件，以及由其引起有毒有害和易燃易爆等物质的泄漏，造成对人身的损害和对环境的污染，从而提出合理可行的防范与减缓措施及应急预案，以使建设项目的事故率达到最小，使事故带来的损失及对环境的影响达到可接受的水平。所以环境风险评价是该类项目环境影响评价中必需有的内容。

⑤　充分重视环境管理与环境监测。

为保证危险废物和医疗废物的处置安全、有效地运行，必须有健全的管理机构和完善的规章制度。环境影响评价报告书必须提出风险管理及应急救援体系、转移联单管理制度、处置过程安全操作规程、人员培训考核制度、档案管理制度、处置全过程管理制度以及职业健康、安全、环保管理体系等。

在环境监测方面，焚烧处置厂重点是大气环境监测，而安全填埋场重点则是地下水的监测。

12 清洁生产

《中华人民共和国清洁生产促进法》第三章第十八条指出："新建、改建和扩建项目应当进行环境影响评价，对原料使用、资源消耗、资源综合利用以及污染物产生与处置等进行分析论证，优先采用资源利用率高以及污染物产生量少的清洁生产技术、工艺和设备"。

12.1 概述

清洁生产是我国实施可持续发展战略的重要组成部分，也是我国污染控制由末端控制向全过程控制转变，实现经济和环境协调发展的一项重要措施。

12.1.1 基本概念

清洁生产的英文名词为 Cleaner Production，意为"更清洁的生产"。清洁生产是一个相对的概念，所谓清洁生产技术和工艺、清洁产品、清洁能源都是同现有技术工艺、产品、能源比较而言的。因此，推行清洁生产是一个不断持续的过程，随着社会经济的发展和科学技术的进步，需要适时地提出更新的目标，达到更高的水平。

联合国环境规划署于 1989 年提出了清洁生产的最初定义，并得到国际社会的普遍认可和接受；1996 年又对该定义进一步完善为："清洁生产是一种新的创造性的思想，该思想将整体预防的环境战略持续应用于生产过程、产品和服务中，以增加生态效率和减少人类及环境的风险。对生产过程，要求节约原材料和能源，淘汰有毒原材料，减降所有废弃物的数量和毒性；对产品，要求减少从原材料提炼到产品最终处置的全生命周期的不利影响；对服务，要求将环境因素纳入设计和所提供的服务中"。

《中华人民共和国清洁生产促进法》第一章第二条指出："本法所称清洁生产，是指不断采用改进设计，使用清洁的能源和原料，采用先进的工艺技术与设备、改善管理、综合利用，从源头削减污染，提高资源利用效率，减少或者避免生产、服务和产品使用过程中污染物的产生和排放，以减轻或者消除对人类健康和环境的危害"。

12.1.2 国际清洁生产的发展

清洁生产思想源于美国 20 世纪 80 年代初提出的"废物最小化"，其含义为："在可行的范围内减少最初产生的或随后经过处理、分类或处置的有害废物。它包括废物产生者所进行的源削减或回收利用，这些活动减少了有害废物的总体积或数量以及（或）毒性"。"废物最小化"主要包括了回收利用，而未能将注意力集中到源削减上，因而 1989 年美国环保局提出了"污染预防"的概念，并以之取代"废物最小化"。为了实施污染预防，美国联邦政府 1990 年通过了"污染预防法"。通过立法手段建立并推行以污染预防为主的政策，这是工业污染控制战略上的根本性变革，在世界上引起了强烈反响。清洁生产已迅速在世界范围内掀起了热潮。英国人称清洁生产是自工业革命之后的又一次新的生产方式革命。波兰人称这是一种时代思潮。不管用什么语言来评价清洁生产对现代生产方式的冲击，客观上已经形成了国际性的趋势。欧洲最初开展清洁生产工作的国家是瑞典（1987 年）。随后，荷兰、丹麦、奥地利等国也相继开展清洁生产工作。荷兰在利用税法条款推进清洁生产技术开发和利用方面做得比较成功。采用革新性的污染预防或污染控制技术的企业，其投资可按 1 年的折旧（其他折旧期通常为 10 年）。每年都有一批工业界和政府界的专家对上述革新性的技术进行评估。一旦被认为已获得足够的市场，或被认为应定为法律强制要求采用者，即不再被评为革新性技术。欧盟委员会也通过了一些法规以在其成员国内促进清洁生产的推行，例如 1996 年通过的"综合的污染预防和控制"（IPPC）法令。

欧洲除了开展清洁生产比较早的北欧、西欧国家外，中东欧几乎所有国家也都计划在 1998 年之前实施清洁生产。其他国家也纷纷注入资金建立清洁生产中心、地区性国际清洁生产网络，进行清洁生产培训。

1992 年在巴西里约热内卢召开的联合国环境与发展大会上，工业化国家在《二十一世纪议程》（中国环境科学出版社，1993）中做出了郑重承诺，即承诺要为发展中国家和经济转制国家提供帮助，使他们有机会了解可持续生产即清洁生产的方法、实践和技巧。

1994 年，联合国工发组织和联合国环境署在部分国家启动了清洁生产试点示范项目，将清洁生产这一预防性的环境战略引入这些国家并加以实践验证。在这些清洁生产试点项目取得成功之后，联合国工发组织和联合国环境署共同启动了"建立国家清洁生产中心"的项目。在瑞士、奥地利政府以及其他双边和多边资助方的支持下，联合国工发组织和联合国环境署已将通过"建立国家清洁生产中心"项目计划帮助 47 个发展中国家建立了国家或地区级清洁生产中心，而这种需求现在依然与日俱增。我国作为首批八个国家之一参加了该项目，于 1995 年正式成立了"中国国家清洁生产中心"，并且得到了国家环境保护局的大力支持。1995—1997 年，"中国国家清洁生产中心"连续三年接受了联合国工业发展组织与联合国环境规划署的资金资助和技术支持。该项目涵盖了咨询服务、培训、工业企业试点示范、政策建议、技术转让并且通过资金支持加强机构能力建设等。同时也创建了一个全球性的清洁生产网络。大量企业实践证明清洁生产给这些发展中国家带来了巨大的机遇和收益。

2009 年，联合国工发组织与联合国环境署在原有国家清洁生产中心项目的基础上，启动了新一轮的全球性清洁生产项目"资源高效利用与清洁生产"项目。

联合国工业发展组织和联合国环境署每两年召开一次国家清洁生产中心主任年会，交流经验，共谋未来。2007 年 9 月 24—28 日，联合国工业发展组织和联合国环境规划署在奥地利塞梅宁市举行"第九届国家清洁生产中心项目年会"和"国家清洁生产中心管理人员高级培训班"。56 个国家及国际组织的 121 名代表参加了会议。2009 年 10 月 19—23 日，"联合国工发组织/联合国环境署高效资源和清洁生产全球网络 2009 年会议" 在瑞士卢塞恩市隆重召开。共有来自印度、墨西哥和中国等 50 多个国家、地区的国家清洁生产中心、大学、相关研究机构的近 120 名代表出席了此次 2009 年网络会议。大会是由联合国工发组织、联合国环境规划署共同举办，联合国工发组织总干事 Kanden Yumkella 先生出席了会议并作了重要发言。会议讨论、修改、完善了高效资源和清洁生产全球网络的章程和为网络成员国暨清洁生产中心开发的《组织、管理和监管手册》，亚洲、非洲阿拉伯、欧洲及新转型国家和拉丁美洲 5 个地区的代表分别汇报了地区的清洁生产进展情况，参会代表表达了愿意参加高效资源和清洁生产全球网络的意愿和热情。2010 年 6 月 8—9 日，联合国环境署与联合国工发组织在斯里兰卡联合举办了"高效资源与责任生产地区研讨会"来自柬埔寨、中国、哥伦比亚等 9 个国家的约 50 名代表参加了此次研讨会。研讨会主要介绍了联合国环境署新近开发的清洁生产工具——责任生产工具包。该框架体系是一套旨在提高整个价值链上化学品安全的系统的、持续改进的方法。

12.1.3 国内清洁生产的发展

1993 年，我国通过世界银行技术援助项目"推进中国清洁生产"，正式将清洁生产引入国内。经过近 20 年的推行与实践，我国已经逐步建立并日益完善了清洁生产的推行体系，包括政策法规体系、技术支撑体系、组织管理体系、教育培训体系、企业清洁生产审核、评估、验收体系。

2003 年我国正式颁布并施行了《中华人民共和国清洁生产促进法》（以下简称《促进法》），《促进法》的颁布确立了清洁生产在中国的法律地位，标志着中国清洁生产纳入法制化轨道。《促进法》明确了各级政府部门推行清洁生产的职责，清洁生产实施的主体和责任，以及鼓励措施和法律责任等。2004 年 8 月 16 日国家发改委、原国家环保总局联合发布了《清洁生产审核暂行办法》，创新性地提出了强制性清洁生产审核的概念与要求，再一次重申和明确了这两类企业必须进行清洁生产审核。

原国家环保总局于 2005 年年底出台了《重点企业清洁生产审核程序的规定》（环发[2205]151 号）。2008 年环保部颁布了《关于进一步加强重点企业清洁生产审核工作的通知》（环发[2008]60 号）明确了环保部在重点企业清洁生产审核工作中的职责和作用，扩展了重点企业的概念，首次提出了在企业进行清洁生产审核之后，政府部门应对其进行评估和验收的要求。2010 年环保部结合重金属污染以及产能过剩的问题，颁布了《关于深入推进重点企业清洁生产的通知》（环发[2010]54 号），列出了重金属污染、产能过剩等 21 个行业分类管理目录，制定了"十二五"期间的审核年度计划，环保部将对实施清洁生产的企业进行公告。

在技术方面，我国已经建立起具有中国特色的清洁生产技术支撑体系，包括企业清洁生产审核方法学、行业清洁生产审核指南、清洁生产标准，清洁生产评价指标体系、国家重点行业清洁生产技术导向目录、重点行业清洁生产技术推行方案等。

国家环保局自 2000 年开始从三个行业（电镀、啤酒、造纸）入手启动清洁生产标准的研究和编制工作。通过对三个行业生产过程和清洁生产审核的研究，初步建立了中国清洁生产标准的体系框架，提出三级评价水平和六大类指标的标准体系框架。到目前为止，环保部共颁布了 50 多个行业的清洁生产标准。该标准的制定有效指导了审核师在企业清洁生产审核过程中挖掘清洁生产潜力，指导政府对企业进行清洁生产水平评估。由于该标准给出每项指标的一、二和三级水平数值，所以在实际工作中通过企业或建设项目的指标数与标准的数值对比，便可知道企业在哪些方面做得好，哪些方面有待改进。

自 2006 年起，国家发展改革委已组织编制并颁布了包括氮肥、电镀和钢铁等行业在内的 20 多个行业清洁生产评价指标体系。评价指标体系分为一级指标和二级指标，每一指标给出一个基准数值和权重值，基准数值代表行业平均先进水平，权重值表明该指标在行业清洁生产方面的重要程度。评价指标体系用来评价企业清洁生产综合水平，首先用给出的公式 $S_i=S_{xi}/S_{oi}$ 计算定量评价二级指标的单项评价指数，使用另一公式计算定量评价考核总分值（P_1），最后再通过公式 $P=0.7P_1+0.3P_2$ 计算综合评价指数，综合评价指数是描述和评价被考核企业在考核年度内清洁生产总体水平的一项综合指标。

国家发改委 2000 年开始组织制定《国家重点行业清洁生产技术导向目录》（以下简称《目录》）。《目录》主要介绍重点行业的清洁生产技术名称、适用范围、技术的主要内容以及投资与效益分析等。到目前为止，共颁布了三批目录，涉及冶金、石化、化工、轻工、纺织、机械、有色金属、石油和建材等重点行业的 141 项清洁生产技术。

工业和信息化部为了在工业行业中有效地引导和推行清洁生产方案的落实，从 2009 年起组织编写重点行业清洁生产技术推行方案，方案介绍了行业近期发展目标，以及行业推行的清洁生产技术，翔实地介绍了应用示范技术，包括技术名称、适用范围、技术主要内容、解决的主要问题和应用前景分析等内容。到目前为止，已经发布了包括钢铁、发酵、电解锰等行业在内的近20个行业的清洁生产技术推行方案。

　　到目前为止，我国在清洁生产审核方面已经做了大量的工作，已经有上万家企业开展了清洁生产审核。2008年，各地有2 027家重点企业开展了强制性清洁生产审核，通过清洁生产审核提出清洁生产方案54 630个，已经实施48 831个；实施清洁生产方案投入资金总计173.1亿元；实施清洁生产方案，削减化学需氧量7.3万t、二氧化硫32.2万t，节水15.2亿t、节电43.1亿kWh，取得经济效益102.2亿元。

12.1.4　环境影响评价中的清洁生产与清洁生产审核的关系

　　我国的清洁生产自从1993年引进之后，已经从无到有，从小到大，特别是在企业清洁生产审核方面做了大量的工作。企业清洁生产审核是对一个现有的企业进行污染预防的评估。是按照一定程序，对生产和服务过程进行调查和诊断，找出能耗高、物耗高、污染重的原因，提出减少有毒有害物料的使用、产生，降低能耗、物耗以及废物产生的方案，进而选定技术经济及环境可行的清洁生产方案的过程。

　　而环境影响评价中的清洁生产评价，是对一个未来的建设项目进行污染预防工作的评估，评估是根据提供的设计方案，建设项目建成后所采用的技术、工艺路线、使用的原辅材料、设备和相应的操作规程和管理规定等信息，对比现有类似的工程情况对其进行污染预防的分析和评价，评价的依据是环保部颁布的清洁生产标准，要求达到同行业国内清洁生产先进水平（清洁生产标准的二级水平），找出相对不清洁的生产环节，进而提出有针对性的清洁生产方案。

　　这里要强调的是，清洁生产审核的对象是现有的企业，企业的先进程度参差不齐，在审核中，参考清洁生产标准也因企业而定，强调的是更清洁的生产。而环境影响评价的对象是新建的项目，所以它的起点要高，要求要严，达到国内先进水平是最基本的条件。

12.1.5　末端治理与清洁生产的关系

　　清洁生产是环境保护的一部分，末端治理也是环境保护的一部分，清洁生产是针对末端治理而提出的，两者在环境保护的思路上各具特色，共同构成了环境保护的整体和成为环境保护的重要手段。末端治理主要通过上工程对废气、废水、固废进行处理，使其降低污染物浓度，从而达到环保局的排放标准或要求，末端治理工程一般与企业的生产没有直接关系。而清洁生产是通过工艺、技术、原辅材料等方面的改变来实现，它既可以对生产有正面影响，节约水资源和原辅材料，同时又可以减少废水排放、降低原材料毒性等，因此说它既可以给企业带来经济效益，又保护了环境。现阶段，在环境保护的历程中，它们相辅相成，互相弥补，各自发挥自己的作用，从而共同达到环境保护的目的。清洁生产与末端治理思路上的差异见表 12-1。

表 12-1 清洁生产与末端治理思路上的差异

末端治理	清洁生产
目的是达到官方颁布的污染物排放标准	企业不断追求达到更高标准的过程
生产过程的废弃物必须进行最终的处置	改进生产过程并使之成为封闭连续的回路
末端治理的设施的建设和运行需较大的成本	可节省成本
对个别问题的一次解决，并且多为单一介质的解决；往往造成有毒有害污染物在不同的环境介质之间的转移	整体且持续的改进过程，为多介质问题的解决；从根本上消除污染，不会造成二次污染
通常由专家来解决，且常常个人即可解决	团队方式，每个人都发挥作用，伙伴关系是必需的
被动地在污染物及废弃物已经产生后才寻求解决办法	主动参与并避免污染物及废弃物的产生
污染物由废弃物处理的设备和方法来控制	从源头直接消灭或削减污染物
效果主要依赖对现有处理技术的改进	涉及新的实务、态度、管理技巧，并可刺激科技进步
与产品质量无关	产品质量不但要满足顾客的要求，还要使其对环境和人类健康的不利影响最小化

12.1.6 建设项目环境影响评价中清洁生产分析的基本要求

环境影响评价和清洁生产是环境保护的重要组成部分，均追求对环境污染的预防。环境影响评价的目的主要是帮助业主使他们的建设项目的污染物的排放能达到浓度排放标准和总量控制要求，因此，通常借助的工具是末端治理；清洁生产则完全不同，它预防污染物的产生，即从源头和生产过程防止污染物的产生。

为提高环评的有效性，在进行环境影响评价时转变观念尤为重要，转变被动地在工程设计的基础上开展环境影响评价工作的做法，转变所提环保措施建议着重于末端治理的观念。如果一个建设项目设计不合理，它可能存在先天的不足，它会造成该项目在整个生命期内向环境中排放更多的污染物，给末端治理带来很大的压力。所以，评价一个项目，应考虑生产工艺和装备选择考虑是否先进可靠，资源和能源的选取、利用和消耗是否合理，产品的设计、产品的寿命、产品的报废后的处置等是否合理，对在生产过程中排放出来的废物是否做到尽可能的循环利用和综合利用，从而实现从源头消灭环境污染问题。清洁生产所提环保措施建议，应从源头围绕生产过程的节能、降耗和减污的清洁生产方案建议。

应掌握国家、地方的环境保护政策、产业政策、技术政策，及时了解国家和地方宏观政策的发展走向，保持建设项目与国家和地方相关政策发展趋势上的一致性，从而使建设项目一开始就具有一定的前瞻性，避免盲目投产后带来的不可弥补的后果。

应掌握行业清洁生产技术信息，为建设项目从源头减少废物的产生，提出行业先进工艺技术、设备，清洁的原材料和能源等可操作的技术方案和建设项目可能采用的清洁生产措施，可参考国家发改委不定期公布的《国家重点行业清洁生产技术导向目录》；工业和信息化部近年陆续发布行业清洁生产技术推行方案。

在环境影响评价中进行清洁生产的分析是对计划进行的生产和服务进行预防污染的分析和评估。因此，在进行清洁生产分析时应判明废物产生的部位，分析废物产生的原因，提出和实施减少或消除废物的方案。图 12-1 给出了生产中废物的产生过程。

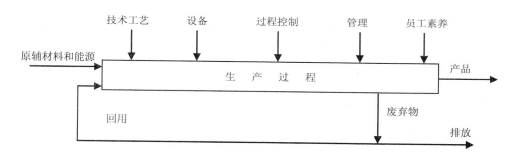

图 12-1 生产过程

从图 12-1 可以看出，一个生产和服务过程可以抽象成八个方面，即原辅材料和能源、技术工艺、设备、过程控制、管理、员工六方面的输入，得出产品和废物的输出。对于不得不产生的废物，要优先采用回收和循环使用措施，剩余部分才向外界环境排放。从清洁生产的角度看，废物产生的原因和产生的方案与这八个方面密切相关，这八个方面中的某几个方面直接导致废物的产生。这八个方面构成生产过程，同时也是分析废弃物的产生原因和产生清洁生产方案的八个方面。

建设项目的清洁生产分析应从一个产品的整个生命周期全过程来分析其对环境的影响，虽然环境影响评价工作评价的是一个建设项目，但一个建设项目可影响到它的上游原材料的开采和加工过程，它的下游产品的使用（消费者）和产品报废后的处理和处置。因此，清洁生产分析工作应从产品的生命周期全过程考虑，不仅考虑项目本身，还要考虑在工艺技术选择时的先进性，建设项目投产后，所使用的原辅材料和能源的开采、加工过程应是节能、降耗、保护环境的，它所生产出的产品在使用者手里应是高效的、利用率最佳的，在产品结束它的寿命后应是易于拆解、重复使用和综合利用的。

要做好环境影响评价中的清洁生产分析工作，应对评价项目所涉及的原辅材料、生产工艺过程、产品等非常熟悉，才能够主动地发现问题，从而提出清洁生产的解决方案，从源头消除污染物的产生。

在进行清洁生产评价工作中，对于有清洁生产标准的建设项目各项指标均应达到国内先进水平（二级指标要求）。对于暂时尚未颁布清洁生产标准的建设项目清洁生产评价应参考国内先进指标来分析。

12.2 建设项目清洁生产评价指标

12.2.1 清洁生产评价指标的选取原则

（1）从产品生命周期全过程考虑

生命周期分析是对某种产品系统的生命周期中输入、输出及其潜在环境影响的汇编和评价。生命周期分析方法是清洁生产指标选取的一个最重要原则。

生命周期分析与其他环境评价的主要区别，是它要从产品的整个生命周期来评估对环境的总影响，这对于进行同类产品的环境影响比较尤为有用。例如，棉制衬衫和化纤衬衫哪个对环境更好?详细的生命周期评价结果表明，衬衫对环境的最大影响是在衬衫的使用阶段，而不是棉花的种植（化肥、杀虫剂的使用会有环境影响）或化纤的生产过程（化纤厂的废水也会有环境影响）；而衬衫在使用过程中对环境影响最大的问题是熨烫过程的能耗。由于化纤衬衫比棉衬衫更易于熨烫成型而节省能源，所以综合比较来看，使用化纤衬衫对环境影响较小。

（2）体现污染预防思想

清洁生产指标的范围不需要涵盖所有的环境、社会、经济等指标，主要反映出建设项目实施过程中所使用的资源量及产生的废物量，包括使用能源、水或其他资源的情况，通过对这些指标的评价能够反映出建设项目通过节约和更有效的资源利用来达到保护自然资源的目的。

（3）容易量化

清洁生产指标是反映建设项目上马后对环境的影响，指标涉及面比较广，有些指标难以量化。为了使所确定的清洁生产指标既能够反映建设项目的主要情况，又简便易行，在设计时要充分考虑到指标体系的可操作性，因此，应尽量选择容易量化的指标项，这样，可以给清洁生产指标的评价提供有力的依据。

（4）满足政策法规要求，符合行业发展趋势

清洁生产的指标体系是为评价一个建设项目是否符合清洁生产战略而制定的，因此这些指标应符合国家产业政策和行业发展趋势要求，并应根据行业特点，根据各种产品和生产过程选取。

12.2.2　清洁生产评价指标

依据生命周期分析的原则，清洁生产评价指标应能覆盖原材料、生产过程和产品的各个主要环节，尤其对生产过程，既要考虑对资源的使用，又要考虑污染物的产生，因而环境影响评价中的清洁生产评价指标可分为六大类：生产工艺与装备要求、资源能源利用指标、产品指标、污染物产生指标、废物回收利用指标、环境管理要求。六类指标既有定性指标也有定量指标，资源能源利用指标和污染物产生指标属于定量指标，其余四类指标属于定性指标或者半定量指标。

12.2.2.1　生产工艺与装备要求

对于建设项目的环评工作，选用先进、清洁的生产工艺和设备，淘汰落后的工艺和设备，是推行清洁生产的前提。这类指标主要从规模、工艺、技术、装备几方面体现出来，考虑的因素有毒性、控制系统、循环利用、密闭、节能、减污、降耗、回收、处理、利用。

12.2.2.2　资源能源利用指标

在正常情况下，生产单位产品对资源的消耗程度可以部分地反映一个企业技术工艺和管理水平，即反映生产过程的状况。从清洁生产的角度看，资源指标的高低同时也反映企业的生产过程在宏观上对生态系统的影响程度，因为在同等条件下，资源能源消耗量越高，则对环境的影响越大。资源能源利用指标通常可以由原辅材料的选取、单位产品的取水量、单位产品的能耗和单位产品的物耗等指标构成。

（1）单位产品取水量。

企业生产单位产品需要从各种水源提取的水量。

① 企业生产的取水量，包括取自地表水（以净水厂供水计量）、地下水、城镇供水工程，以及企业从市场购得的其他水或水的产品（如蒸汽、热水、地热水等），不包括企业自取的海水和苦咸水等以及为外供给市场的水的产品（如蒸汽、热水、地热水等）而取用的水量。为较全面地反映用水情况，也可增加水循环利用率、水的重复利用率、污水回用率等指标。单位产品取水量按下式计算：

$$V_{ui} = \frac{V_i}{Q}$$

式中：V_{ui} —— 单位产品取水量，m^3/t 产品；

V_i —— 在一定的计量时间内，生产过程中取水量总和，m^3；

Q —— 在一定的计量时间内的产品产量，t。

② 单位产品用水量

企业生产单位产品需要的总用水量，其总用水量为取水量和重复利用水量之和。

企业生产的用水量，包括主要生产用水、辅助生产（包括机修、运输、空压站等）用水和附属生产用水（包括绿化、浴室、食堂、厕所、保健站等）。单位产品用水量按下式计算：

$$V_{ut} = \frac{V_i + V_r}{Q}$$

式中：V_{ut} —— 单位产品用水量，m^3/t 产品；

      V_i —— 在一定的计量时间内，生产过程中取水量总和，m^3；

      V_r —— 在一定的计量时间内，生产过程中的重复利用水量之和，m^3；

      Q —— 在一定的计量时间内的产品产量，t。

③ 重复利用率

在一定的计量时间内，生产过程中使用的重复利用水量与总用水量之比。企业生产的重复利用水量是指工业企业内部，循环利用的水量和直接或经处理后回收再利用的水量。重复利用率按下式计算：

$$R = \frac{V_r}{V_i + V_r} \times 100\%$$

式中：R —— 重复利用率，%；

      V_r —— 在一定的计量时间内，生产过程中的重复利用水量总和，m^3；

      V_i —— 在一定的计量时间内，生产过程中取水量总和，m^3。

（2）单位产品的能耗。生产单位产品消耗的电、煤、蒸汽和油等能源情况。也可用综合能耗指标来反映企业的能耗情况。

（3）单位产品的物耗。生产单位产品消耗的主要原料和辅料的量，也可用产品回收率和转化率间接比较。

（4）原辅材料的选取。原辅材料的选取也是资源能源利用指标的重要内容之一，它反映了在资源选取的过程中和构成其产品的材料对环境和人类的影响，因而可从毒性、生态影响、可再生性、能源强度以及可回收利用性这五方面建立指标。

① 毒性。原材料所含毒性成分对环境造成的影响程度。

② 生态影响。原材料取用过程中的生态影响程度。

③ 可再生性。原材料可再生或可能再生的程度。

④ 能源强度。原材料在生产过程中消耗能源的程度。

⑤ 可回收利用性。原材料的可回收利用程度。

12.2.2.3 产品指标

对产品的要求是清洁生产的一项重要内容，因为产品的质量、包装、销售、使用过程以及报废后的处理处置均会对环境产生影响，有些影响是长期的，甚至是难以恢复的。因此，对产品的寿命优化问题也应加以考虑，因为这也影响到产品的利用率。

①　质量。产品质量影响到资源的利用效率，它主要表现在产品的合格率或者残次品率等方面，当一个产品合格率低，那么残次品率就高，也就意味着资源的利用率低，对环境的破坏程度就大。

②　包装。产品的过分包装和包装材料的选择都将对环境产生影响。

③　销售。产品的销售主要考虑运输过程和销售环节对环境的影响。

④　使用。产品在使用期内使用的消耗品和其他产品可能对环境造成的影响程度。

⑤　寿命优化。在多数情况下产品的寿命是越长越好，因为可以减少对生产该种产品的物料的需求。但有时并不尽然，例如，某一高耗能产品的寿命越长则总能耗越大，随着技术进步有可能产生同样功能的低耗能产品，而这种节能产生的环境效益有时会超过节省物料的环境效益，在这种情况下，产品的寿命越长对环境的危害越大。寿命优化就是要使产品的技术寿命（指产品的功能保持良好的时间）、美学寿命（指产品对用户具有吸引力的时间）和初设寿命处于优化状态。

⑥　报废。产品报废后对环境的影响程度。

12.2.2.4　污染物产生指标

除资源能源利用指标外，另一类能反映生产过程状况的指标便是污染物产生指标，污染物产生指标较高，说明工艺相对比较落后或/和管理水平较低。考虑到一般的污染问题，污染物产生指标设三类，即废水产生指标、废气产生指标和固体废物产生指标。

①　废水产生指标。废水产生指标首先要考虑的是单位产品的废水产生量，因为该项指标最能反映废水产生的总体情况。但是，许多情况下单纯的废水量并不能完全代表产污状况，因为废水中所含的污染物种类的差异也是生产过程状况的一种直接反映。因而对废水产生指标又可细分为两类，即单位产品废水产生量指标和单位产品主要水污染物产生量指标。

$$单位产品废水产生量=\frac{年废水产生量}{产品产量}$$

$$单位产品COD产生量=\frac{全年COD产生总量}{产品产量}$$

$$污水回用率=\frac{c_污}{c_污+c_{直污}}\times100\%$$

式中：$c_污$——污水回用量；

$c_{直污}$——直接排入环境的污水量。

②　废气产生指标。废气产生指标和废水产生指标类似，也可细分为单位产品废

气产生量指标和单位产品主要大气污染物产生量指标。

$$单位产品废气产生量 = \frac{全年废气产生总量}{产品产量}$$

$$单位产品SO_2产生量 = \frac{全年SO_2产生量}{产品总量}$$

③ 固体废物产生指标。对于固体废物产生指标，情况则简单一些，因为目前国内还没像废水、废气那样具体的排放标准，因而指标可简单地定为单位产品主要固体废物产生量和单位固体废弃物中主要污染物产生量。

12.2.2.5 废物回收利用指标

废物回收利用是清洁生产的重要组成部分，在现阶段，生产过程不可能完全避免产生废水、废料、废渣、废气（废汽）、废热，然而，这些"废物"只是相对的概念，在某一条件下是造成环境污染的废物，在另一条件下就可能转化为宝贵的资源。生产企业应尽可能地回收和利用废物，而且，应该是高等级的利用，逐步降级使用，然后再考虑末端治理。主要指标可为废物综合利用量和利用率。

12.2.2.6 环境管理要求

从五个方面提出要求，即环境法律法规标准、废物处理处置、生产过程环境管理、环境审核、相关方环境管理。

① 环境法律法规标准。要求生产企业符合国家和地方有关环境法律、法规，污染物排放达到国家和地方排放标准、总量控制和排污许可证管理要求，这一要求与环境影响评价工作内容相一致。

② 废物处理处置。要求对建设项目的一般废物进行妥善处理处置；对危险废物进行无害化处理。这一要求与环评工作内容相一致。

③ 生产过程环境管理。对建设项目投产后可能在生产过程产生废物的环节提出要求，例如要求企业有原材料质检制度和原材料消耗定额，对能耗、水耗有考核，对产品合格率有考核，各种人流、物料包括人的活动区域、物品堆存区域、危险品等有明显标识，对跑冒滴漏现象能够控制等。

④ 环境审核。对项目的业主提出两点要求，第一按照行业清洁生产审核指南的要求进行审核；第二按照 ISO 14001 建立并运行环境管理体系，环境管理手册、程序文件及作业文件齐备。

⑤ 相关方环境管理。为了环境保护的目的，对建设项目施工期间和投产使用后，对于相关方（如原料供应方、生产协作方、相关服务方）的行为提出环境要求。

12.3 清洁生产评价方法和程序

12.3.1 清洁生产评价方法

可选用的方法有：

① 指标对比法。用我国已颁布的清洁生产标准，或选用国内外同类装置清洁生产指标，对比分析项目的清洁生产水平。

② 分值评定法。将各项清洁生产指标逐项制定分值标准，再由专家按百分制打分，然后乘以各自权重值得总分，最后再按清洁生产等级分值对比分析清洁生产水平。

目前，国内较多采用指标对比法。

12.3.2 清洁生产评价程序

① 收集相关行业清洁生产资料，包括：清洁生产技术导向目录、淘汰的落后生产工艺技术和产品的名录、清洁生产技术推行方案、清洁生产标准或选取和确定的清洁生产指标和二级指标数值。

如果有相关行业清洁生产标准，只需收集相关标准。否则，根据建设项目的实际情况，按照本书中清洁生产指标选取方法来确定项目的清洁生产指标。基本包括工艺装备要求、资源能源利用指标、产品指标、污染物产生指标、废物回收利用指标和环境管理要求。每一类指标所包括的各项指标要根据项目的实际需要慎重选择。在收集大量基础数据的基础上，确定清洁生产二级指标数值。

② 预测项目的清洁生产指标数值。根据建设项目工程分析结果，并结合对资源消耗、生产工艺、产品和废物的深入分析，确定出建设项目相应各类清洁生产指标数值。

③ 进行清洁生产指标评价。通过与同行业清洁生产标准的对比，评价建设项目的清洁生产指标。

④ 给出建设项目清洁生产评价结论。

⑤ 提出建设项目的清洁生产方案或建议。在对建设项目进行清洁生产分析的基础上，确定存在的主要问题，并提出相应的解决方案并提出合理化建议。

12.3.3 评价等级

目前，以环境保护部颁布的清洁生产标准作为环评工作中清洁生产评价标准，根据建设项目的设计情况，分为三级：

一级代表国际清洁生产先进水平。当一个建设项目全部指标达到一级标准，说明该项目在工艺、装备选择，资源能源利用，产品设计和使用，生产过程的废弃物产生量，废物回收利用和环境管理等方面做得非常好，达到国际先进水平，从清洁生产角度讲，该项目是一个很好的项目，可以接受。

二级代表国内清洁生产先进水平。当一个建设项目全部指标达到二级标准，说明该项目在工艺、装备选择，资源能源利用，产品设计和使用，生产过程的废弃物产生量，废物回收利用和环境管理等方面做得好，达到国内先进水平，从清洁生产角度讲，该项目是一个好项目，可以接受。

三级代表国内清洁生产基本水平。当一个建设项目全部指标达到三级标准，说明该项目在工艺、装备选择，资源能源利用，产品设计和使用，生产过程的废弃物产生量，废物回收利用和环境管理等方面做得一般，作为新建项目，需要在设计等方面作较大的调整和改进，使之能达到国内先进水平。当一个建设项目全部指标未达到三级标准，从清洁生产角度讲，该项目不可以接受。

12.3.4 结论和建议

为简化评价过程，在实际环境影响评价工作中，一般仅使用二级指标来进行评价，可以得出如下两类的评价结论。

① 全部指标达到二级，说明该项目在清洁生产方面，达到国内清洁生产先进水平，该项目在清洁生产方面是可行的。

② 全部或部分指标未达到二级，说明该项目在清洁生产方面，做得不够，需要改进。这种情况，环评单位应及时与设计部门沟通要求对未达到要求的指标项重新设计，提出新的改进方案，直到全部指标达到二级指标要求为止。

经过指标对比得出清洁生产结论后，根据结论应提出符合实际和恰当的清洁生产建议，特别在某些清洁生产指标勉强达到二级要求，必须提出针对性的清洁生产方案或改进建议。

12.4 环境影响评价报告书中清洁生产评价的编制原则

① 应从清洁生产的角度对整个环境影响评价过程中有关内容加以补充和完善。

② 大型工业项目可在环评报告书中单列"清洁生产分析"一章，专门进行叙述；中、小型，且污染较轻的项目可在工程分析一章中增列"清洁生产分析"一节。

③ 清洁生产指标数据的选取要有充足的依据。

④ 报告书中必须给出关于清洁生产的结论以及所应采取的清洁生产方案建议。

12.5 案例分析

12.5.1 石油炼制业清洁生产标准介绍

12.5.1.1 指标要求

在此仅对标准中与环评有关的主要内容加以介绍,该标准适用于以石油为原料,加工生产原料油、润滑油等产品的全过程。石油炼制业不含石化有机原料、合成树脂、合成橡胶、合成纤维以及化肥的生产。石油炼制业清洁生产标准的指标要求见表 12-2;常减压装置清洁生产标准的指标要求见表 12-3;催化裂化装置清洁生产标准的指标要求见表 12-4;焦化装置清洁生产标准的指标要求见表 12-5。

表 12-2 石油炼制业清洁生产标准

清洁生产指标等级	一级	二级	三级
一、生产工艺与装备要求			
生产工艺与装备要求	年加工原油能力大于 250 万 t/a; 排水系统划分正确,未受污染的雨水和工业废水全部进入假定净化水系统; 特殊水质的高浓度污水(含硫污水、含碱污水等)有独立的排水系统和预处理设施; 轻油(原油、汽油、柴油、石脑油)储存使用浮顶罐; 设有硫回收设施; 废碱渣回收粗酚或环烷酸; 废催化剂全部得到有效处置		
二、资源能源利用指标			
1. 综合能耗/(kg 标油/t 原油)	≤80	≤85	≤95
2. 取水量/(t 水/t 原油)	≤1.0	≤1.5	≤2.0
3. 净化水回用率/%	≥65	≥60	≥50
三、污染物产生指标			
1. 石油类/(kg/t 原油)	≤0.025	≤0.2	≤0.45
2. 硫化物/(kg/t 原油)	≤0.005	≤0.02	≤0.045
3. 挥发酚/(kg/t 原油)	≤0.01	≤0.04	≤0.09
4. COD/(kg/t 原油)	≤0.2	≤0.5	≤0.9

清洁生产指标等级	一级	二级	三级
5. 加工吨原油工业废水产生量/（t 水/t 原油）	≤0.5	≤1.0	≤1.5
四、产品指标			
1. 汽油	产量的 50%达到《世界燃油规范》II类标准	符合 GB 17930—1999 产品技术规范	
2. 轻柴油	产量的 30%达到《世界燃油规范》II类标准	符合 GB 252—2000 产品技术规范	
五、环境管理要求			
1. 环境法律法规标准	符合国家和地方有关环境法律、法规，总量控制和排污许可证管理要求；污染物排放达到国家和地方排放标准；污水综合排放标准（GB 8978—1996）、工业窑炉大气污染物排放标准（GB 9078—1996）、大气污染物综合排放标准（GB 16297—1996）		
2. 组织机构	设专门环境管理机构和专职管理人员		
3. 环境审核		按照《石油化工企业清洁生产工作指南》的要求进行了审核；环境管理制度健全，原始记录及统计数据齐全有效	
4. 废物处理		用符合国家规定的废物处置方法处置废物；严格执行国家或地方规定的废物转移制度。对危险废物要建立危险废物管理制度，并进行无害化处理	
5. 生产过程环境管理	按照《石油化工企业清洁生产工作指南》的要求进行了审核；按照 ISO 14001（或相应的 HSE）建立并运行环境管理体系，环境管理手册、程序文件及作业文件齐备	1. 每个生产装置要有操作规程，对重点岗位要有作业指导书；易造成污染的设备和废物产生部位要有警示牌；生产装置能分级考核。 2. 建立环境管理制度，其中包括： 开停工及停工检修时的环境管理程序； 新、改、扩建项目管理及验收程序； 储运系统油污染控制制度； 环境监测管理制度； 污染事故的应急程序； 环境管理记录和台账	每个生产装置要有操作规程，对重点岗位要有作业指导书；生产装置能分级考核。 建立环境管理制度，其中包括： 开停工及停工检修时的环境管理程序； 新、改、扩建项目管理及验收程序； 环境监测管理制度； 污染事故的应急程序
6. 相关方环境管理		原材料供应方的管理协作方、服务方的管理程序	原材料供应方的管理程序

表 12-3 常减压装置清洁生产标准

清洁生产指标等级		一级	二级	三级
一、生产工艺与装备要求				
生产工艺与装备要求		采用"三顶"瓦斯气回收技术；加热炉采用节能技术；采用 DCS 仪表控制系统；现场设密闭采样设施		
二、资源能源利用指标				
1. 综合能耗/（kg 标油/t 原料）		燃料油型≤10 润滑油型≤11	燃料油型≤12 润滑油型≤12.5	燃料油型≤13 润滑油型≤14.5
2. 新鲜水用量/（t 水/t 油）		≤0.05	≤0.1	≤0.15
3. 原料加工损失率/%		≤0.1	≤0.2	≤0.3
三、污染物产生指标				
1.含油污水	单排量/（kg/t 原料）	≤20	≤40	≤60
	石油类含量/（mg/L）	≤50	≤100	≤150
2.含硫污水	单排量/（kg/t 原料）	≤27	≤35	≤44
	石油类含量/（mg/L）	≤80	≤140	≤200
3. 加热炉烟气中的 SO_2 含量/（mg/m³）		≤100	≤300	≤550

表 12-4 催化裂化装置清洁生产标准

清洁生产指标等级		一级			二级			三级		
一、生产工艺与装备要求										
生产工艺与装备要求		采用提升管催化裂化工艺；设烟气能量回收设备；采用 DCS 仪表控制系统；现场设密闭采样设施								
二、资源能源利用指标										
		掺渣量比率			掺渣量比率			掺渣量比率		
		<35%	35%～70%	>70%	<35%	35%～70%	>70%	<35%	35%～70%	>70%
1. 综合能耗/（kg 标油/t 原料）		≤62	≤65	≤73	≤65	≤73	≤80	≤68	≤80	≤95
2. 催化剂单耗/（kg/t 原料）		≤0.40	≤0.60	≤0.80	≤0.50	≤0.70	≤1.0	≤0.60	≤0.90	≤1.4
3. 加工损失率/%		≤0.40	≤0.50	≤0.60	≤0.50	≤0.65	≤0.75	≤0.60	≤0.75	≤0.85
三、污染物产生指标		掺渣量比率			掺渣量比率			掺渣量比率		
		<35%	35%～70%	≥70%	<35%	35%～70%	>70%	<35%	35%～70%	>70%

清洁生产指标等级		一级			二级			三级		
1. 含油污水	单排量/(kg/t原料)	≤120	≤120	≤120	≤160	≤160	≤200	≤200	≤200	≤250
	石油类含量/(mg/L)	≤100	≤130	≤150	≤140	≤170	≤200	≤200	≤220	≤250
2. 含硫污水	单排量/(kg/t原料)	≤100	≤100	≤100	≤120	≤120	≤150	≤150	≤150	≤200
	石油类含量/(mg/L)	≤80	≤100	≤120	≤150	≤200	≤280	≤200	≤280	≤350
3.催化再生外排烟气中 SO_2 含量/(mg/m^3)		≤550	≤550	≤550	≤800	≤1 000	≤1 200	≤1 200	≤1 400	≤1 600
4.催化再生外排烟气中粉尘含量/(mg/m^3)		≤100	≤100	≤100	≤150	≤170	≤180	≤160	≤180	≤190

表 12-5 焦化装置清洁生产标准

清洁生产指标等级		一级	二级	三级
一、生产工艺与装备要求				
生产工艺与装备要求		焦炭塔采用密闭式冷焦、除焦工艺； 冷焦水密闭循环处理工艺； 采用 DCS 仪表控制系统； 设密闭采样设施； 设雨水系统； 处理部分污水处理厂废渣		
二、资源能源利用指标				
1. 综合能耗/（kg 标油/t 原料)		≤25.0 含吸收稳定≤30.0	≤28.0 含吸收稳定≤32.0	≤31.0 含吸收稳定≤35.0
2. 新鲜水用量/（t 水/t 原料)		≤0.12	≤0.2	≤0.3
3. 原料加工损失率/%		≤0.5	≤0.8	≤1.2
三、污染物产生指标				
1. 含油污水	单排量/（kg/t 原料)	≤130	≤150	≤180
	石油类含量/（mg/L)	≤200	≤300	≤500
2. 含硫污水	单排量/（kg/t 原料)	≤50	≤100	≤180
	石油类含量/（mg/L)	≤400	≤800	≤1 100
3. 加热炉烟气中的 SO_2 含量/（mg/m^3)		≤500	≤600	≤750

12.5.1.2 数据采集和计算方法

本标准所设计的各项指标均采用石油炼制业和环境保护部门最常用的指标，易于理解和执行。

（1）本标准各项指标的采样和监测按照国家标准监测方法执行。

（2）以下给出各项指标的计算方法。

① 原料加工损失率。

$$原料加工损失率（\%）=\frac{装置的年损失原料量}{装置的年加工原料量}\times100\%$$

② 污水单排量。

$$污水单排量（污水/原料）=\frac{装置每年产生的污水总量（去污水处理厂的总量）（kg）}{装置的年加工原料量(t)}$$

③ 污染物单排量。

$$污染物单排量（污染物/原料）=\frac{装置年去污水处理厂污水中某污染物的总量（kg）}{装置的年加工原料量(t)}$$

④ 新鲜水单耗。

$$新鲜水单耗（新鲜水/原料）=\frac{装置年新鲜水用量(kg)}{装置的年加工原料量(kg)}$$

⑤ 取水量。

石油炼制取水量=自建供水设施取水量（t）+外购水量（t）-外供水量（t）

⑥ 加工吨原油取水量。

$$加工吨原油取水量=\frac{在一定的计量时间内，石油炼制的取水量（t）}{在相应的计量时间内，石油炼制的原油加工量（t）}$$

12.5.2 炼化厂项目

12.5.2.1 项目简介

某工业开发区，拟新建一个炼化厂，预计投资 100 亿元，设计加工能力为 1 200 万 t/a 原油综合加工能力和 60 万 t/a 尿素生产能力。主要生产产品产量：汽油 200 万 t/a，煤油 100 万 t/a，柴油 370 万 t/a，化工轻油 75 万 t/a，尿素 60 万 t/a，预计年创产值 200 亿元，年实现利税 17 亿元，年创利润 6.5 亿元。该项目的主要生产装置及配套设施见表 12-6。

常减压装置采用 DCS 仪表控制系统，安装"三顶"瓦斯气回收设备和密闭采样设施；加热炉采用节能技术；油品采样口有回收设施。

催化裂化装置采用提升管催化裂化工艺，DCS 仪表控制系统，采用新型再生系统，添加助燃剂；再生烟气设有三级高效旋风分离器，安装烟气轮机发电设备，并设余热锅炉，回收烟气高温余热；现场设密闭采样设施；含硫污水串级多次使用；为了提高经济效益，设计掺入的渣油量为 47%～48%。

焦化装置控制系统采用 DCS 仪表控制，焦炭塔采用密闭式冷焦、除焦工艺；冷焦水采用密闭循环处理工艺；设密闭采样设施；综合利用污水处理厂"三泥"，减少污水处理厂固废产生量；采样器有回收设施。

表 12-6　主要生产装置及配套设施一览表

序号	装置（设施）名称	生产规模
一、主体工程		
1	一套常减压	500 万 t/a
2	二套常减压	300 万 t/a
3	三套常减压	800 万 t/a
4	重油催化裂化	180 万 t/a
5	催化裂化联合装置	300 万 t/a
6	加氢裂化	220 万 t/a
7	延迟焦化	110 万 t/a
8	固定床重整	30 万 t/a
9	连续重整	100 万 t/a
10	制氢 A、B	$2\times2\times10^3$ t/a
11	加氢精制 I	60 万 t/a
12	加氢精制 II	80 万 t/a
13	加氢精制III	200 万 t/a
14	气体分馏 I	10 万 t/a
15	气体分馏 II	12 万 t/a
16	PAS	5 000 m/a
17	MTBE	2 万 t/a
18	烷基化	6 万 t/a
19	聚丙烯	0.6 万 t/a
20	氧化沥青	40 万 t/a
21	II 套硫黄回收	3 万 t/a
22	IV 套硫黄回收	7 万 t/a
23	合成氨	33 万 t/a
24	尿素	60 万 t/a
二、储运工程		
1	油品储罐容量	237.46 万 t
2	泊位	—
三、公用工程		

序号	装置（设施）名称	生产规模
1	供风供氧系统	供风能力 656 m³/min 供氮能力 2 600 m³/h 供氧能力 650 m³/h
2	一区净化水厂	处理能力 2 600 t/h
3	二区净化水厂	处理能力 3 000 t/h
4	循环水厂	供水能力 35 800 t/h
5	一热电站	2×130 t/h 锅炉 2×12 MW 发电机
6	二热电站	2×220 t/h 循环流化床锅炉 2×25 MW 双抽冷凝式发电机
四、环保设备		
1	含硫污水汽提装置	140 t/h
2	炼油污水处理厂	750 t/h
3	仓储公司污水处理装置	90 t/h
4	化肥废水预处理装置	45 t/h
5	废渣填埋场	28 860 m³

含硫污水气体装置采用单塔加压侧线抽出工艺。安装液氨回收装置；采用注碱渣除氨工艺；安装蒸汽凝结水回用装置；原料水罐串级流程采用二级沉降，原料水罐顶设两套尾气吸附设施；用气氨冷冻吸附结晶法生成液氨；采用密闭采样。原料含油量 100 mg/L，含 NH_3 10 000～15 000 mg/L，含 H_2S 10 000～15 000 mg/L；采用氨精制；注碱汽提采用注碱渣工艺已达到同时消灭碱渣的目的。含硫污水回流泵一台采用屏蔽泵，其余为常规泵；污水罐容为 16 000 m³；原料水罐和氨水罐采用普通吸附设施，处理后的污水叫净化水，净化水部分排污水场，部分用于常减压装置。

制硫装置采用三级 CLAUS 转化+尾气焚烧工艺；并且采用 DCS 自动控制+H_2S/SO_2 比率分析仪；成型包装采用自动成型包装设备；风机采用消声器消除噪声；液硫安装脱气装置。

石油炼制过程综合能耗为吨原油消耗 73.17 kg 标油，工业用新鲜水量吨原油 0.8～1.0 t 水，净化水回用率 68%，循环水的重复利用率达到 97%，在正常情况下火炬气 100%回收。

常减压装置综合能耗达到吨原油消耗 10.4 kg 标油；新鲜水用量吨原油消耗 0.04 t 水；原料加工损失率达 0.177%。

催化裂化装置每吨原料消耗 71 kg 标油，催化剂单耗为吨原料 0.7 kg；新碱单耗为吨原料 1.0 kg；原料加工损失率为 0.50%。

焦化装置综合能耗为吨原料 17.66 kg 标油；新鲜水用量为吨原料 0.06 t；原料加工损失率为 0.51%。

含硫污水汽提装置综合能耗为吨酸水 14 kg 标煤；蒸汽单耗为吨酸水 0.170 t；新鲜水耗为吨酸水 0.02 t。

制硫装置总硫转化率达到 98.0%；酸性气质量 H_2S 为 45%，总烃为 3%。

主要产品汽油达到国家颁布的《车用无铅汽油》（GB 17930—1999）产品标准，硫含量小于 0.08%，烯烃含量小于 35%。柴油达到国家颁布的《轻柴油》（GB 252—2000）产品标准，硫含量小于 0.2%，氧化安定性沉渣小于 2.5 mg/100 ml。产品采用浮顶罐储存。

石油加工过程加工吨原油工业废水产生量 0.5 t；石油类污染物产生量 0.17 kg/t；硫化物污染物产生量 0.02 kg/t；挥发酚污染物产生量 0.038 mg/t； COD 污染物产生量 0.3 kg/t。

常减压装备吨原油排放 28 kg 含油污水，含油量为 87 mg/L；吨原油排放 17.2 kg 含硫污水，含油量 138.8 mg/L；吨原油排放含盐污水 60 kg，其中油含量为 99.7 mg/L；加热炉烟气中的硫含量 91.2 mg/m³。

催化裂化装置吨原料排放含油污水 142 kg，油含量为 151 mg/L；吨原料排放含硫污水 117 kg，油含量为 50 mg/L；催化再生烟气 SO_2 含量为 700～1 000 mg/m³，催化再生烟气中粉尘含量 150 mg/m³。

焦化装置吨原料排放含油污水 80 kg，油含量为 260～300 mg/L；吨原料排放含硫污水 56 kg，油含量为 400～600 mg/L；加热炉烟气中的硫含量 420～520 mg/m³。

含硫污水汽提装置净化水中 NH_3 含量 60 mg/L，净化水中 H_2S 含量 20 mg/L；液氨含 NH_3 达 99.8%，液氨含 H_2S 为 1 mg/L。

在制硫装置处 SO_2 排放浓度为 16 000 mg/L，SO_2 排放速率低于国家排放标准 GB 16297。

炼油生产过程造成的主要环境问题有废水和废气。炼油废水按照清污分流，污污分流原则和分质处理原则分为低浓度工业废水、高浓度工业废水和洁净废水。低浓度废水即含油废水，主要来自各装备的机泵冷却和密封水、油罐脱水、地面冲洗水等，废水总量约 410 t/h，进炼油污水处理厂低浓度废水处理系统处理，低浓度废水处理流程为：隔油—浮选—生化表曝—生化曝气塘—氧化塘，排入大海。

高浓度废水主要有含硫废水、脱硫净化、碱渣废水等。含硫废水主要来自加氢精制、催化、焦化、连续重整和加氢裂化等装置的分馏系统切水，常减压装置的"三顶"废水以及轻污油罐脱水等，含硫废水总量的 108.5 t/h 进含硫废水汽提装置处理后，约 65.4 t/h 回用于常减压装置电脱盐用水和加氢精制装置分馏系统注水，回用率约 60.3%，约 43.1 t/h 排入废水处理厂高浓度废水处理系统处理；电脱盐废水来自常减压装置的电脱盐排水，废水量约 55.7 t/h，进废水处理厂高浓度废水处理系统处理；碱渣废水是碱渣回收处理装置回收环烷酸、粗酚及污油后排放的高浓度废液、排放量约 2.8 t/h，废碱液主要来自连续重整装置催化剂再生系统，排量约 0.3 t/h，碱渣废水及废碱液限量配入高浓度废水处理系统处理，另有化肥装置工艺废水约 30 t/h，经化肥废水预处理装置处理后排入炼油废水处理厂高浓度废水处理系统处理。因此进入炼油废水处理厂处理的高浓度废水总量约 136.8 t/h。高浓度废水处理流程为 A/O（小部分进 SBR）—生化曝气塘—氧化塘，排入大海。

公司生活区和厂区生活污水约 250 t/h，排入炼油污水处理厂生化曝气塘，与炼油废水混合处理。

洁净废水主要来自净化水厂排水，电站化学水处理排水和循环水场排污等，排放总量约 410 t/h，经洁净废水监护池监护后排入大海。

成品油码头含油污水约 2 t/h，经隔油池和除油器除油后排入大海。

从炼油系统废水的产生和排放情况看，脱硫净化水已达到一定的回用率，但仍偏低。

公司不仅对废水、废气进行尽可能的处理，并且对可回用的固体废弃物做到回收利用。对催化裂化装置处产生的废催化剂全部回收和综合利用，对废碱渣全部回收粗酚。在制硫装置处对尾气安装了完善合理的余热回收设施，充分利用尾气的余热，对蒸汽冷凝水进行全部的回收，对产生的废催化剂进行安全填埋。

12.5.2.2　清洁生产评价

根据建设项目的初步设计报告，结合石油行业清洁生产标准，预测得到项目清洁生产指标数值，指标数据如表 12-2～表 12-5 所示。

表 12-7　石油炼制业清洁生产指标达标情况

指标	二级标准	项目情况	达标情况
一、生产工艺与装备要求			
	年加工原油能力大于 250 万 t/a	1 200 万 t/a	达标
	排水系统划分正确，未受污染的雨水和工业废水全部进入假定净化水系统	排水系统划分正确，未受污染的雨水和工业废水全部进入假定净化水系统	达标
	特殊水质的高浓度污水（含硫污水、含碱污水等）有独立的排水系统和预处理设施	做到清污分流，污污分流，分质分流	达标
	轻油（原油、汽油、柴油、石脑油）储存使用浮顶罐	采用浮顶罐	达标
	设有硫回收设施	设硫回收设施	达标
	废碱渣回收粗酚或环烷酸	回收粗酚	达标
	废催化剂全部得到有效处置	得到有效处置	达标
二、资源能源利用指标			

指标	二级标准	项目情况	达标情况
1. 综合能耗/（kg 标油/t 原油）	≤85	73.17	达标
2. 取水量/（t 水/t 原油）	≤1.5	0.8～1.0	达标
3. 净化水回用率/%	≥60	68	达标
三、污染物产生指标			
1. 石油类/（kg/t 原油）	≤0.2	0.17	达标
2. 硫化物/（kg/t 原油）	≤0.02	0.02	达标
3. 挥发酚/（kg/t 原油）	≤0.04	0.038	达标
4. COD/（kg/t 原油）	≤0.5	0.3	达标
5. 工业废水产生量/（t 水/t 原油）	≤1.0	0.5	达标
四、产品指标			
1. 汽油	符合 GB 17930—1999 产品技术规范	符合 GB 17930—1999 产品技术规范	达标
2. 轻柴油	符合 GB 252—2000 产品技术规范	符合 GB 252—2000 产品技术规范	达标

表 12-8　常减压装置清洁生产指标达标情况

指标		二级标准	项目情况	达标情况
一、生产工艺与装备要求				
		采用"三顶"瓦斯气回收技术	采用"三顶"瓦斯气回收技术	达标
		加热炉采用节能技术	加热炉采用节能技术	达标
		采用 DCS 仪表控制系统	采用 DCS 仪表控制系统	达标
		现场设密闭采样设施	现场设密闭采样设施	达标
二、资源能源利用指标				
1. 综合能耗（标油/原料）/（kg/t）		燃料油型≤12 润滑油型≤12.5	燃料油型 10.4	达标
2. 新鲜水用量（水/油）/（t/t）		≤0.1	0.04	达标
3. 原料加工损失率/%		≤0.2	0.177	达标
三、污染物产生指标				
1.含油污水	单排量/（kg/t）	≤40	28	达标
	石油类含量/（mg/L）	≤100	87	达标
2.含硫污水	单排量/（kg/t）	≤35	17.2	达标
	石油类含量/（mg/L）	≤140	138.8	达标
3. 加热炉烟气中的 SO_2 含量（标态）/（mg/m³）		≤300	≤91.2	达标

表 12-9　催化裂化装置清洁生产指标达标情况

指标		二级标准	项目情况	达标情况
一、生产工艺与装备要求				
		采用提升管催化裂化工艺	采用提升管催化裂化工艺	达标
		设烟气能量回收设备	设烟气能量回收设备	达标
		采用 DCS 仪表控制系统	采用 DCS 仪表控制系统	
		现场设密闭采样设施	现场设密闭采样设施	达标
二、资源能源利用指标				
		掺渣量比率 35%~70%	掺渣量比率 47%~48%	达标
1. 综合能耗/ （kg 标油/t 原料）		≤73	71	达标
2. 催化剂单耗/（kg/t 原料）		≤0.70	0.70	达标
3. 原料加工损失率/%		≤0.65	0.50	达标
三、污染物产生指标				
		掺渣量比率 35%~70%	掺渣量比率 47%~48%	达标
含油 污水	单排量/（kg/t）	≤160	142	达标
	石油类含量/（mg/L）	≤170	151	达标
含硫 污水	单排量/（kg/t）	≤120	117	达标
	石油类含量/（mg/L）	≤200	50	达标
催化再生烟气中 SO_2 含量/ （mg/m³）		≤1 000	700~1 000	达标
催化再生烟气中粉尘含量/ （mg/m³）		≤170	150	达标

表 12-10　焦化装置清洁生产指标达标情况

指标	二级标准	项目情况	达标情况
一、生产工艺与装备要求			
	焦炭塔采用密闭式冷焦、除焦工艺	焦炭塔采用密闭式冷焦、除焦工艺	达标
	冷焦水密闭循环处理工艺	冷焦水密闭循环处理工艺	达标
	采用 DCS 仪表控制系统	采用 DCS 仪表控制系统	达标
	设密闭采样设施	设密闭采样设施	达标
	设雨水系统	设雨水系统	达标
	处理部分污水处理厂废渣	处理部分污水处理厂废渣	达标
二、资源能源利用指标			
1. 综合能耗/（kg 标油/t 原料）	≤28.0 含吸收稳定≤32.0	17.66 含吸收稳定≤30.0	达标

指标		二级标准	项目情况	达标情况
2. 新鲜水用量/(t 水/t 原料)		≤0.2	0.06	达标
3. 原料加工损失率/%		≤0.8	0.51	达标
三、污染物产生指标				
1. 含油污水	单排量/（kg/t）	≤150	80	达标
	石油类含量/（mg/L）	≤300	260～300	达标
2. 含硫污水	单排量/（kg/t）	≤100	56	达标
	石油类含量/（mg/L）	≤800	400～600	达标
3. 加热炉烟气中的 SO_2 含量/（mg/m³）		≤600	420～520	达标

评价结论

将项目数据与标准的二级数据进行对比，可知除环境管理要求外，56 项数据全部达到二级标准，个别指标已达到一级要求。从清洁生产角度讲，该项目所设计的生产工艺和装备要求、资源能源利用、产品指标、污染物产生指标、废物回收利用指标均达到国内同行业先进水平，在清洁生产方面是可行的。

清洁生产建议

从炼油系统废水的产生和排放情况看，脱硫净化水已达到一定的回用率，但仍偏低，主要原因是加氢型与非加氢型的含硫污水没有分开处理和分别回用，使得加氢装置回用脱硫净化水受到一定限制。因此，建议加氢型与非加氢型的含硫污水分开处理和分别回用，提高脱硫净化水回用率。

在环境管理方面，该公司投产后应按照石油化工企业清洁生产审核指南的要求进行审核，不断提高公司的环境管理，并按照 ISO 14001（或相应的 HSE）要求建立环境管理体系，完成环境管理手册、程序文件及作业指导书的编写，并使体系正常运行，以确保公司在环境管理方面的不断改进。

13 环境风险评价

13.1 环境风险评价概述

13.1.1 环境风险与环境风险评价

13.1.1.1 环境风险

　　什么是风险？在一般情况下，风险是指一种危害或危险，以及受到某种事件或某些损失的可能性。风险具有两个基本特性：一是具有发生或出现人们不希望的后果（危害事件）；二是风险的某些方面具有不确定性或不肯定性。任何事件必须具备上述两个基本特性，才能称之为风险事故，两者缺一不可。

　　一般意义上的环境风险是指在自然环境中产生的，或者是通过自然环境传递的对人类健康和幸福产生不利影响，同时又具有某些不确定性的危害事件。

　　环境风险主要有下列三种类别：一是化学性风险，指有毒、易燃、易爆材料引起的风险；二是物理性风险，指极端状况引发的风险，如交通事故、大型机械设备、建筑物倒塌等会引起立即伤害的各种事故；三是自然灾害性风险，指地震、台风、龙卷风、洪水、自然火灾等引发的物理和化学性风险。建设项目环境风险评价中的环境风险是指建设项目有毒有害和易燃易爆物质的生产、使用、储运等"可能发生的突发性事故对环境造成的危害及可能性"，一般不包括人为破坏及自然灾害的环境风险。

13.1.1.2 建设项目环境风险评价

　　建设项目环境风险评价简称环境风险评价，广义上讲，是指对某建设项目的兴建、运转，或是区域开发行为所引发的或面临的灾害（包括自然灾害）对人体健康、社会经济发展、生态系统等所造成的风险，可能带来的损失进行评估，并以此进行管理和决策的过程。狭义上讲是指对有毒有害物质危害人体健康的可能程度进行分析、预测和评估，并提出降低环境风险的方案和决策。环境风险评价关注点是事故对单位周界外环境的影响。

　　环境风险评价的目的是分析和预测建设项目存在的潜在危险、有害因素，建设项目建设和运行期间可能发生的突发性事件或事故（一般不包括人为破坏及自然灾害），引起有毒有害和易燃易爆等物质泄漏，所造成的人身安全与环境影响和损害程度，提出合理可行的防范与减缓措施及应急预案，以使建设项目事故率、损失和环境影响达到可接受水平。

　　环境风险评价应把事故引起厂（场）界外人群的伤害、环境质量的恶化及对生态系统影响的预测和防护作为评价工作重点。

13.1.2 环境风险评价与其他有关评价的联系与区别

13.1.2.1 环境风险评价与安全评价的关系

　　环境风险评价与安全评价既有区别也有联系。它们的相同点是都要确定风险源、源强及最大可信事故概率。环境风险评价的危险识别、重大危险源、源强估算模式、事故概率等均来自安全评价的理论。在开展环境风险评价工作中不应排斥安全评价的技术方法、理论体系。环境风险评价可利用安全评价数据开展环境风险评价工作，但要注意其区别，不能照搬安全评价。

　　它们的不同点是关注对象不同。安全评价更关心危险度，环境风险评价则更关心向环境迁移影响的最大可接受水平。环境风险评价的适用范围明确为重大环境污染事故隐患，后果计算更单一和深入，关注事故对厂（场）界外环境的影响。实际工作中，环境风险评价应坚持对重大环境污染事故隐患进行评价的原则，源项分析可利用安全评价的结果，侧重筛选对外环境产生影响的源项，侧重对社会公众的影响。

13.1.2.2 环境风险评价与健康评价、生态评价的关系

　　生态风险评价是在健康评价的基础上发展起来的。健康风险评价主要侧重于人群的健康风险，生态风险评价的主要对象是生态系统或生态系统中不同生态水平的组分。人群是生态系统的特殊种群，可把人体健康风险评价看成个体或种群水平的生态风险评价。健康评价三个相对独立的部分是危害甄别、剂量—效益评价、暴露量估算与生态风险评价，这三个相对独立部分的暴露评价、危害评价、受体分析总体的内容相似。其中，危害甄别和暴露评价包括了对源项的分析，二者皆认为源项应由工程技术人员完成。

　　健康评价和生态风险评价的风险源项既包括了通常意义的风险源项，也包括了正常工况尚未被认知的风险源项（对人和生态环境危害尚未被认知），统称为潜在风险源。通过目标风险源项筛选（指标权重等方法），筛选出一种或数种污染物，建立

评价指标体系（理化特性、暴露行为、毒理学等），评分并评价，再进行源的释放时间、速率、概率、释放量的估算。这与源项识别、源项分析确定最大可信灾害事故的指导思想和方法是不同的，其指标权重的确定依靠的是专家判定或类比法，强调危害性和代表性。

一般环境风险评价源项确定后的后果计算相当于暴露评价中的迁移、转归计算，但欠缺暴露历时长短对毒性的影响的定量分析，对于剂量—效应评价或危害分析则不够明确，这使得迁移、转归计算结果难以定量，导致风险表征的可信度降低。

健康评价和生态风险评价都属于环境风险评价，构架较完整。我国的环境风险评价在结构框架上应借鉴国际上成熟的健康风险评价和较系统的生态风险评价的构架，使得评价结果更科学和可信。

13.1.3 环境风险评价工作程序与目标

环境风险评价工作程序与目标见图 13-1。首先对建设项目的环境风险进行识别，以确定环境风险因素和风险类型；在分析风险源项，确定最大可信事故及其概率的基础上，预测风险事故的后果，确定环境危害程度和范围；对风险进行评价，确定风险值和风险可接受水平；提出切实可行的风险防范措施和应急预案。

对改、扩建项目的现有工程，应简要进行环境风险回顾性评价，并查找风险防范措施、应急预案和风险管理等方面可能存在的问题，提出"以新带老"整改措施。

13.1.4 风险评价工作等级

按照环境风险评价技术导则，根据建设项目所在地的环境敏感程度、建设项目涉及物质的危险性，可将环境风险评价工作等级依次由复杂到简单划分为一级、二级、三级。如果建设项目中有重大危险源，根据其所在地的环境敏感程度、涉及物质的危险性，按照表 13-1 确定评价工作等级；如果建设项目中无重大危险源，但存在危险性物质，具有发生事故的可能，评价工作等级不应低于三级。

表 13-1　评价工作级别划分

建设项目所涉及的环境敏感程度	建设项目所涉及物质的危险性质和危险程度		
	极度和高度危害物质	中度和轻度危害物质	火灾、爆炸物质
环境敏感区	一	一	二
非环境敏感区	一	二	三

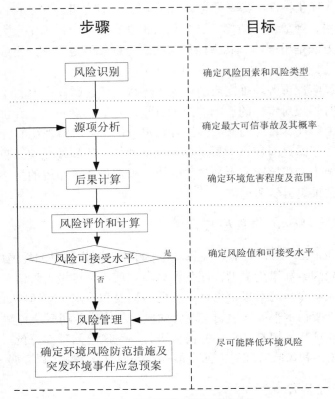

图 13-1 环境风险评价工作程序

13.1.4.1 环境敏感区

指《建设项目环境影响评价分类管理名录》中规定的"依法设立的各级各类自然、文化保护地,以及对建设项目的某类污染因子或者生态影响因子特别敏感的区域"。

建设项目下游水域 10 km 以内分布的饮用水水源保护区、珍稀濒危野生动植物天然集中分布区,重要水生生物的自然产卵场及索饵场、越冬场和洄游通道,天然渔场,应视为选址于环境敏感区;建设项目边界外 5 km 范围内、管道两侧 500 m 范围内分布有以居住、医疗卫生、文化教育、科研、行政办公等为主要功能的区域等,应视为选址、选线于环境敏感区。

13.1.4.2 重大危险源的确定依据

重大危险源指长期地或临时地生产、加工、运输、使用或贮存危险物质,且危险物质的数量等于或超过临界量的单元。

应根据 GB 18218《危险化学品重大危险源辨识》的规定辨识危险性物质和是否为重大危险源。

（1）经过对建设项目的初步工程分析，选择生产、加工、运输、使用或贮存中涉及的 1～3 个主要化学品，进行物质危险性判定。物质危险性包括物质的毒性和火灾、爆炸危险性。在物质危险性判定中应注意燃烧（分解）产物中的物质毒性。

（2）物质的毒性、危险性的确定可参考卫生部颁布的《高毒物品目录》《剧毒化学品目录》、GB 13690《常用危险化学品的分类及标志》《建筑设计防火规范》《石油化工企业设计防火规范》等资料。

（3）建设项目涉及的物料，按职业接触毒物危害程度分为极度危害、高度危害、中度危害和轻度危害四级。苯等物质的毒性应按国家有关标准中给出的最严重毒性确定，"三致"物质应按极度危害物质考虑。环境风险评价通常应对中度危害以上的有毒物质进行评价，可能对环境及人体感受产生影响的恶臭气体及有异味物质也应进行评价。

（4）易燃物质和爆炸性物质均视为火灾、爆炸危险物质。

（5）根据建设项目初步工程分析，划分功能单元。凡生产、加工、运输、使用或贮存危险性物质，且危险性物质的数量等于或超过临界量的功能单元，定为重大危险源。危险物质及临界量按 GB 18218 的有关规定执行。虽属火灾、爆炸危险物质重大危险源，但不会因火灾、爆炸事故导致环境风险事故，则可按非重大污染源判定评价工作等级。

13.1.5　评价范围

大气环境风险评价范围为一级评价的，评价范围距建设项目边界不低于 5 km；二级评价距建设项目边界不低于 3 km；三级评价距建设项目边界不低于 1 km。长输油和长输气管道建设工程一级评价距管道中心线两侧不低于 500 m；二级评价距管道中心线两侧不低于 300 m；三级评价距管道中心线两侧不低于 100 m。

地表水环境影响预测评价范围不低于按 HJ/T2.3 确定的评价范围。

虽然在预测范围以外，但估计有可能受到事故影响的环境保护目标，应当纳入评价范围。

13.1.6 评价的基本内容

环境风险评价基本内容包括风险识别、源项分析、后果计算、风险计算和评价、提出环境风险防范措施及突发环境事件应急预案等五个方面内容。不同的评价等级，评价的要求不同。一级评价应当进行风险识别、源项分析、后果计算、风险计算和评价，提出环境风险防范措施及突发环境事件应急预案。二级评价应当进行风险识别、源项分析、后果计算及分析，提出环境风险防范措施及突发环境事件应急预案。

三级评价应当进行风险识别，提出环境风险防范措施及突发环境事件应急预案。

13.2 环境风险识别与源项分析

13.2.1 环境风险识别

13.2.1.1 风险识别的范围和类型

（1）风险识别范围包括生产设施风险识别、生产过程所涉及物质的风险识别、受影响的环境因素识别。

生产设施风险识别范围：主要生产装置、贮运系统、公用工程系统、辅助生产设施及工程环保设施等。目的是确定重大危险源。

物质风险识别范围：主要原材料及辅助材料、燃料、中间产品、最终产品以及"三废"污染物等。目的是确定环境风险因子。

受影响的环境要素识别应当根据有毒有害物质排放途径确定，如大气环境、水环境、土壤、生态等，明确受影响的环境保护目标。目的是确定风险目标。

（2）风险类型根据有毒有害物质放散起因，分为火灾、爆炸和泄漏三种。

13.2.1.2 风险识别内容和方法

在收集、分析建设项目工程资料、环境资料和事故资料的基础上，识别环境风险。风险识别内容包括物质危险性识别和生产过程危险性识别。

（1）物质危险性识别

对建设项目所涉及的原料、辅料、中间产品、产品及废物等物质，凡属于有毒有害物质、易燃易爆物质均需进行危险性识别。按表 13-2、表 13-3 对项目所涉及的对于中度危害以上的危险性物质和恶臭物质均应予以识别，列表说明其物理、化学和毒理学性质、危险性类别、加工量、贮量及运输量等，并按物质危险性，结合受影响的环境因素，筛选环境风险评价因子。

表 13-2 职业性接触毒物危害程度分级表

指 标		分级			
		I（极度危害）	II（高度危害）	III（中度危害）	IV（轻度危害）
急性中毒	吸入 LC_{50}/（mg/m^3）	＜200	200～	2 000～	＞20 000
	经皮 LD_{50}/（mg/kg）	＜100	100～	500～	＞2 500
	经口 LD_{50}/（mg/kg）	＜25	25～	500～	＞5 000
急性中毒发病状况		生产中易发生中毒，后果严重	生产中可发生中毒，后果良好	偶可发生中毒	迄今未见急性中毒，但有急性影响

指　标	分级			
	Ⅰ（极度危害）	Ⅱ（高度危害）	Ⅲ（中度危害）	Ⅳ（轻度危害）
慢病中毒患病状况	患病率（≥5%）	患病率较高（＜5%）或症状发生率高（≥20%）	偶有中毒病例发生或症状发生率较高（≥10%）	无慢性中毒，而有慢性影响
慢性中毒后果	脱离接触后，继续进展或不能治愈	脱离接触后，可基本治愈	脱离接触后，可恢复，不致严重后果	脱离接触后，自行恢复，无不良后果
致癌性	人体致癌物	可疑人体致癌物	实验动物致癌物	无致癌物
最高容许浓度/（mg/m³）	＜0.1	0.1～	1.0～	＞10

表 13-3 　易燃物质、爆炸性物质、恶臭物质标准表

易燃物质	1	易燃气体——危险性属于 2.1 项的气体（GB 6944）。
	2	极易燃液体——沸点≤35℃的且闪点＜0℃液体，或保存温度一直在其沸点以上的易燃液体。
	3	高度易燃液体——闪点＜23℃的液体（不包括极易燃液体）；液态退敏爆炸品
	4	易燃液体——23℃≤闪点＜61℃的液体。
	5	易燃固体——危险性属于 4.1 项且包装为 Ⅰ 类的物质
爆炸性物质		在火焰影响下可以爆炸，或者对冲击、摩擦比硝基苯更为敏感的物质
恶臭物质		GB 14554 中规定的恶臭物质等，包括氨、三甲胺、硫化氢、甲硫醇、甲硫醚、二甲二硫、二硫化碳、苯乙烯等。

① 危险化学品重大危险源的识别

单种危险物质：

对于单种危险物质，GB 18218 的规定见表 13-4、表 13-5。表 13-5 中危险化学品危险性类别及包装类别依据《危险货物品名表》GB 12268 的规定确定，急性毒性的类别根据《化学品分类、警示标签和警示性说明安全规范—急性毒性》GB 20592 确定。

表 13-4 　危险化学品名称及其临界量

序号	类别	危险化学品名称和说明	临界量/t
1	爆炸品	叠氮化钡	0.5
2		叠氮化铅	0.5
3		雷酸汞	0.5
4		三硝基苯甲醚	5
5		三硝基甲苯	5
6		硝酸甘油	1
7		硝酸纤维素	10
8		硝酸铵（含可燃物＞0.2%）	5

序号	类别	危险化学品名称和说明	临界量/t
9	易燃气体	丁二烯	5
10		二甲醚	50
11		甲烷、天然气	50
12		氯乙烯	50
13		氢	5
14		液化石油气（含丙烷、丁烷及其混合物）	50
15		一甲胺	5
16		乙炔	1
17		乙烯	50
18	毒性气体	氨	10
19		二氟化氧	1
20		二氧化氮	1
21		二氧化硫	20
22		氟	1
23		光气	0.3
24		环氧乙烷	10
25		甲醛（含量>90%）	5
26		磷化氢	1
27		硫化氢	5
28		氯化氰	20
29		氯	5
30		煤气（CO、CO 和 H_2、CH_4 的混合物等）	20
31		砷化三氢（胂）	1
32		砷化氢	1
33		硒化氢	1
34		溴甲烷	10
35	易燃液体	苯	50
36		苯乙烯	500
37		丙酮	500
38		丙烯腈	50
39		二硫化碳	50
40		环己烷	500
41		环氧丙烷	10
42		甲苯	500
43		甲醇	500
44		汽油	200
45		乙醇	500
46		乙醚	10
47		乙酸乙酯	500
48		正己烷	500

序号	类别	危险化学品名称和说明	临界量/t
49	易于自燃的物质	黄磷	50
50		烷基铝	1
51		戊硼烷	1
52	遇水放出易燃气体的物质	电石	100
53		钾	1
54		钠	10
55	氧化性物质	发烟硫酸	100
56		过氧化钾	20
57		过氧化钠	20
58		氯酸钾	100
59		氯酸钠	100
60		硝酸（发红烟的）	20
61		硝酸（发红烟的除外，含硝酸>70%）	100
62		硝酸铵（含可燃物≤0.2%）	300
63		硝酸铵基化肥	1 000
64	有机过氧化物	过氧乙酸（含量≥60%）	10
65		过氧化甲乙酮（含量≥60%）	10
66	毒性物质	丙酮合氰化氢	20
67		丙烯醛	20
68		氟化氢	1
69		环氧氯丙烷（3-氯-1.2-环氧丙烷）	20
70		环氧溴丙烷（表溴醇）	20
71		甲苯二异氰酸酯	100
72		氯化硫	1
73		氰化氢	1
74		三氧化硫	75
75		烯丙胺	20
76		溴	20
77		环乙亚胺	20
78		异氰酸甲酯	0.75

表 13-5　未在表 13-4 列举的危险化学品类别及其临界量

类别	危险性分类及说明	临界量/t
爆炸品	1.1A 项爆炸品	1
	除 1.1A 项外的其他 1.1 项爆炸品	10
	除 1.1 项外的其他爆炸品	50

类别	危险性分类及说明	临界量/t
气体	易燃气体：危险性属于 2.1 项的气体	10
	氧化性气体，危险性属于 2.2 项非易燃无毒气体且次要危险性为 5 类的气体	200
	剧毒气体：危险性属于 2.3 项且急性毒性类别为 1 的毒性气体	5
	危险性属于 2.3 项的其他有毒气体	50
易燃液体	极易燃液体：沸点≤35℃且闪点<0℃的液体。或保存温度一直在其沸点以上的液体	10
	高度易燃液体：闪点<23℃的液体（不包括极易燃液体）；液态退敏爆炸品	1 000
	易燃液体：23℃≥闪点<61℃的液体	5 000
易燃固体	危险性属于 4.1 项且包装为 I 类的物质	200
易于自燃的物质	危险性属于 4.2 项且包装为 I 或 II 类的物质	200
遇水放出易燃气体的物质	危险性属于 4.3 项且包装为 I 或 II 类的物质	200
氧化性物质	危险性属于 5.1 项且包装为 I 类的物质	50
	危险性属于 5.1 项且包装为 II 或III类的物质	200
有机过氧化物	危险性属于 5.2 项的物质	50
毒性物质	危险性属于 6.1 项且毒性为类别为 I 的物质	50
	危险性属于 6.1 项且毒性为类别为 II 的物质	500

注：以上危险性化学品危险性类别及包装类别依据 GB 12268 确定，急性毒性类别依据 GB 20592 确定。

多种（n 种）物质同时存放或使用的场所：

多种（n 种）物质同时存放或使用的场所，若满足式（13-1），则应定为重大危险源。

$$\sum \left(q_i / Q_i \right) \geqslant 1 \qquad (13\text{-}1)$$

式中：q_i —— i 种物质的实际存储量，t；

　　　Q_i —— i 种危险物质相对应的临界量，t。

② 危害程度的识别

按 GB 5044 识别，包括对致畸、致癌、致突变物质、持久性污染物、活性化学物质以及恶臭污染等物质识别。

（2）系统生产过程危险性识别

根据建设项目的生产特征，结合物质危险性识别，以图表给出单元划分结果，给出单元内存在危险物质的数量。

首先划分项目功能系统：根据工艺特点，功能系统一般可划分为生产运行系统、公用工程系统、储存运输系统、生产辅助系统、环境保护系统、安全消防系统、工业卫生系统等。然后将每一功能系统划分为若干子系统，每一子系统首先要包括一种危险物的主要贮存容器或管道，其次要设有边界，在泄漏事故中有单一信号遥控的自动关闭阀隔开。在此基础上划分单元，功能单元至少应包括一个（套）危险物质的主要生产装置、设施（贮存容器、管道等）及环保处理设施，或同属一个工厂且边缘距离小于 500 m 的几个（套）生产装置、设施。每一个功能单元要有边界和特定的功能，在泄漏事故中能有与其他单元分割开的地方。

在此基础上，按生产、贮存、运输、管道系统，确定危险源点的范围和危险源区域的分布。按危险源潜在危险性、存在条件和触发因素进行危险性分析。

（3）事故分析和事故引发的伴生/次生风险识别

潜在事故分析：根据物质的危险性，系统生产过程危险性识别结果，分析各功能单元潜在的事故类型、发生事故的单元、危险物质向环境转移的可能途径和影响方式，列出潜在的一系列事故设定。

火灾、爆炸事故引发的伴生/次生危险识别：对燃烧、分解等产生的危险性物质应进行风险识别、筛选。

泄漏事故引发的伴生/次生危险识别：对事故处理过程中产生的事故消防水、事故物料等造成的二次污染应进行风险识别、筛选。

（4）受影响的环境因素识别

按不同方位、距离列出受影响的周边社会关注区（如人口集中居住区、学校、医院等）、需特殊保护地区等的分布，人口密度。

受影响的重要水环境和生态环境。

13.2.2 源项分析

13.2.2.1 源项分析内容和确定最大可信事故的原则

源项分析内容是根据潜在事故分析列出的设定事故，筛选最大可信事故。对最大可信事故进行源项分析，包括源强和发生概率。一级评价应当进行定量分析，二、三级评价可对事故发生可能性进行定性和定量分析。

确定最大可信事故的原则是：设定的最大可信事故中应当存在污染物向环境转移的途径；"最大"是指对环境的影响最大，应当分别对不同环境要素的影响进行分析；"可信"应为合理的假定，一般不包括极端情况；同类污染物存在于不同功能单元，对同一环境要素的影响，可只分析其中一个功能单元发生的最大可信事故。

13.2.2.2 确定最大可信事故概率的方法

事故概率可采用事故树和事件树、归纳统计法确定，对典型类型事故的概率也可按有关的推荐值确定。

（1）事故树和事件树

故障树分析法是利用图解的形式将大的故障分解成各种小的故障，并对各种引起故障的原因进行分解。由于图的形状像树枝一样，越分越多，故形象地称为故障树。这是环境风险分析中常用的方法。

① 事故（故障）树分析

故障树分析是比较适合于大型复杂系统安全性和可靠性的常用方法，它是一个演绎分析工具，用以系统地描述导致工厂到达顶事件的某一特定危险状态的所有可能故障。顶事件可以是某一事故序列，也可以是风险定量分析中认为重要的任一状态。通过故障树的分析，能估算出某一特定事故（顶事件）的发生概率。

在应用故障树之前，先将复杂的环境风险系统分解为比较简单的、容易识别的小系统。例如可以把建设化工厂的环境风险分解为化学风险、物理风险等。化学风险可分解为：有毒原料的输送和储存，某个生产线上单元反应过程的控制和有毒物料的单元操作，有毒成品的储存和外运等。分解的原则是将风险问题单元化、明确化。

② 事件树分析

以污染系统向环境的事故排放为顶事件的故障树分析，给出了导致事故排放的故障原因事件以及发生概率，而事故排放的源强或事故后果的各种可能性需要结合事件树做进一步分析。

事件树分析是从初因事件出发，按照事件发展的时序，分成阶段，对后继事件一步一步地进行分析；每一步都从成功和失败（可能与不可能）两种或多种可能的状态进行考虑（分支），最后直到用水平树状图表示其可能后果的一种分析方法，以定性、定量地了解整个事故的动态变化过程及其各种状态的发生概率。

（2）归纳统计法

事故源的确定是很复杂的问题，有时很难估计故障树中基本原因事件的发生概率，因此在实际评价中往往通过对本企业或本行业同类企业运行中的事故调查来确定事故发生的概率，这种方法即是归纳统计法。

如果调查得到的是在一定条件下对特定企业事故的实际频率，并表示严格意义上的概率，最好采用国际上尤其是国际权威组织给出的数据。

（3）几种类型事故概率的推荐值

泄漏类型事故如容器泄漏、整体破裂，管道泄漏、全管径泄漏，泵体泄漏、破裂，压缩机泄漏、破裂，阀门泄漏等。重大危险源定量风险评价的泄漏概率详见表 13-6。

13.2.2.3 存在的问题和解决方法

（1）如果风险值低于可接受水平，不必再作其他的风险计算和评价。但如果最大可信灾害事故的风险值高于可接受水平，则存在其他灾害事故超过可接受水平的可能，进而出现漏评。故在最大可信灾害事故的风险值高于可接受水平的情况出现时，应进行反馈，进一步确定其次的灾害事故，并进行风险值计算，直到低于可接受水平的灾害事故出现为止。进而使采取的降低风险的措施更全面。

表 13-6　用于重大危险源定量风险评价的泄漏概率表

部件类型	泄漏模式	泄漏概率
容器	泄漏孔径 1 mm	5.00×10^{-4}/年
	泄漏孔径 10 mm	1.00×10^{-5}/年
	泄漏孔径 50 mm	5.00×10^{-6}/年
	整体破裂	1.00×10^{-6}/年
	整体破裂（压力容器）	6.50×10^{-5}/年
内径≤50 mm 的管道	泄漏孔径 1 mm	5.70×10^{-5}（m/年）
	全管径泄漏	8.80×10^{-7}（m/年）
50 mm＜内径≤150 mm 的管道	泄漏孔径 1 mm	2.00×10^{-5}（m/年）
	全管径泄漏	2.60×10^{-7}（m/年）
内径＞150 mm 的管道	泄漏孔径 1 mm	1.10×10^{-5}（m/年）
	全管径泄漏	8.80×10^{-8}（m/年）
离心式泵体	泄漏孔径 1 mm	1.80×10^{-3}/年
	整体破裂	1.00×10^{-5}/年
往复式泵体	泄漏孔径 1 mm	3.70×10^{-3}/年
	整体破裂	1.00×10^{-5}/年
离心式压缩机	泄漏孔径 1 mm	2.00×10^{-3}/年
	整体破裂	1.10×10^{-5}/年
往复式压缩机	泄漏孔径 1 mm	2.70×10^{-2}/年
	整体破裂	1.10×10^{-5}/年
内径≤150 mm 手动阀门	泄漏孔径 1 mm	5.50×10^{-2}/年
	泄漏孔径 50 mm	7.70×10^{-8}/年
内径＞150 mm 手动阀门	泄漏孔径 1 mm	5.50×10^{-2}/年
	泄漏孔径 50 mm	4.20×10^{-8}/年
内径≥150 mm 驱动阀门	泄漏孔径 1 mm	2.60×10^{-4}/年
	泄漏孔径 50 mm	1.90×10^{-6}/年

注：上述数据分别来源于 DNV、Crossthwaite et al 和 COVO Study。

（2）采用事件树或故障树或原因—结果分析法或其他定性和类比方法，确定事故概率，在每一事件后果已知的条件下，可得到每一后果的风险值，筛选得到最大可信灾害事故。这种用风险值筛选的理论方法在逻辑上不甚合理。既然每一事件后果均已知，就不必筛选最大可信灾害事故。故以逻辑推断，最大可信灾害事故仅适合采用类比方法确定（假设类比系统已作过每一事件的后果计算；否则，就应建立其他的筛选理论）。在最大可信灾害事故难以确定的情况下，宜借鉴健康评价和生态评价源项分析中的指标权重等方法，筛选出一种或几种典型的、有代表性的灾害事故。

13.2.3　事故源项的确定

根据风险识别结果，对火灾、爆炸及泄漏三种风险类型进行事故源项的确定。事故源项参数包括有毒有害物质名称、排放方式、排放速率、排放时间、排放量、排放源几何参数等。

事故源强设定采用计算法和经验估算法。计算法适用于以腐蚀或应力作用等引起的泄漏型为主的事故；经验估算法适用于以火灾爆炸或碰撞等突发事故为前提的危险物质释放。

13.2.3.1　物质泄漏量计算

环境风险评价技术导则推荐，液体泄漏速率、气体泄漏速率、两相流泄漏速率和泄漏液体蒸发量的计算可采用下面的计算方法。

（1）液体泄漏速率：

液体泄漏速率 Q_L 用柏努利方程计算（限制条件为液体在喷口内不应有急骤蒸发）：

$$Q_L = C_d A \rho \sqrt{\frac{2(P - P_0)}{\rho} + 2gh} \qquad (13\text{-}2)$$

式中：Q_L——液体泄漏速率，kg/s；

　　　P——容器内介质压力，Pa；

　　　P_0——环境压力，Pa；

　　　ρ——泄漏液体密度，kg/m^3；

　　　g——重力加速度，9.81 m/s^2；

　　　h——裂口之上液位高度，m；

　　　C_d——液体泄漏系数，按表 13-7 选取；

　　　A——裂口面积，m^2，按事故实际裂口情况或按表 13-8 选取。

表 13-7　液体泄漏系数/C_d

雷诺数 Re	裂口形状		
	圆形（多边行）	三角形	长方形
＞100	0.65	0.60	0.55
≤100	0.50	0.45	0.40

表 13-8 几种典型设备损坏类型及损坏尺寸

序号	设备名称	设备类型	典型泄漏	损坏尺寸
1	管道	管道、法兰、接管头、弯头	（1）法兰泄漏 （2）管道泄漏 （3）接头损坏	20%管径 20%或100%管径 20%或100%管径
2	绕性连接器	软管、波纹管、铰接臂	（1）破裂泄漏 （2）接头泄漏 （3）连接机构损坏	20%或100%管径 20%管径 100%管径
3	过滤器	滤器、滤网	（1）滤体泄漏 （2）管道泄漏	20%或100%管径 20%管径
4	阀	球、阀门、栓、阻气门、保险等	（1）壳泄漏 （2）盖子泄漏 （3）杆损坏	20%或100%管径 20%管径 20%管径
5	压力容器、反应槽	分离器、气体洗涤器、反应器、热交换器、火焰加热器等	（1）容器破裂 容器泄漏 （2）进入孔盖泄漏 （3）喷嘴断裂 （4）仪表管路破裂 （5）内部爆炸	全部破裂 100%管径 20%管径 100%管径 20%或100%管径 全部破裂
6	泵	离心泵、往复泵	（1）机壳损坏 （2）密封压盖泄漏	20%或100%管径 20%管径
7	压缩机	离心式、轴流式、往复式	（1）机壳损坏 （2）密封套泄漏	20%或100%管径 20%管径
8	贮罐	露天贮罐	（1）容器损坏 （2）接头泄漏	全部破裂 20%或100%管径
9	贮存容器（用于加压或冷冻）	压力、运输、冷冻、填埋、露天等容器	（1）气爆（仅为不埋设情况下） （2）破裂 （3）焊点断裂	全部破裂（点燃） 全部破裂 20%或100%管径
10	放空燃烧装置/放空管	放空燃烧装置或放空管	（1）多歧接头/圆筒泄漏 （2）超标排气	20%或100%管径

（2）气体泄漏速率

假定气体特性为理想气体，其泄漏速率 Q_G 按下式计算：

$$Q_G = YC_d AP \sqrt{\frac{M\kappa}{RT_G}\left(\frac{2}{\kappa+1}\right)^{\frac{\kappa+1}{\kappa-1}}} \qquad (13\text{-}3)$$

气体流速在音速范围（临界流）时：$\dfrac{P_0}{P} \leqslant \left(\dfrac{2}{\kappa+1}\right)^{\frac{\kappa}{\kappa-1}}$

气体流速在亚音速范围（次临界流）时：$\dfrac{P_0}{P} > \left(\dfrac{2}{\kappa+1}\right)^{\frac{\kappa}{\kappa-1}}$ 　　　（13-4）

式中：Q_G —— 气体泄漏速率，kg/s；

P —— 容器压力，Pa；

P_0 —— 环境压力，Pa；

κ —— 气体的绝热指数（热容比），即定压比热容 c_p 与定容比热容 c_V 之比；

C_d —— 气体泄漏系数。当裂口形状为圆形时取 1.00，三角形时取 0.95，长方形时取 0.90；

M —— 相对分子质量；

R —— 气体常数，J/（mol·K）；

T_G —— 气体温度，K；

A —— 裂口面积，m^2，按事故实际裂口情况或按表 13-8 选取；

Y —— 流出系数，对于临界流 $Y=1.0$；对于次临界流按下式计算：

$$Y = \left[\frac{P_0}{P}\right]^{\frac{1}{\kappa}} \times \left\{1 - \left[\frac{p_0}{p}\right]^{\frac{(\kappa-1)}{\kappa}}\right\}^{\frac{1}{2}} \times \left\{\left[\frac{2}{\kappa-1}\right] \times \left[\frac{\kappa+1}{2}\right]^{\frac{(\kappa+1)}{(\kappa-1)}}\right\}^{\frac{1}{2}} \quad (13\text{-}5)$$

（3）两相流泄漏速率

假定液相和气相是均匀的，且互相平衡，两相流泄漏速率 Q_{LG} 按下式计算：

$$Q_{LG} = C_d A \sqrt{2\rho_m (P - P_C)} \quad (13\text{-}6)$$

$$\rho_m = \frac{1}{\dfrac{F_V}{\rho_1} + \dfrac{1-F_V}{\rho_2}}$$

$$F_V = \frac{c_p (T_{LG} - T_C)}{H} \quad (13\text{-}7)$$

式中：Q_{LG} —— 两相流泄漏速率，kg/s；

C_d —— 两相流泄漏系数，可取 0.8；

P_C —— 临界压力，Pa，可取 0.55；

P —— 操作压力或容器压力（表压），Pa；

A —— 裂口面积，m²，按事故实际裂口情况或按表 13-8 选取；

ρ_m —— 两相混合物的平均密度，kg/m³；

ρ_1 —— 液体蒸发的蒸气密度，kg/m³；

ρ_2 —— 液体密度，kg/m³；

F_V —— 蒸发的液体占液体总量的比例；

c_p —— 两相混合物的定压比热容，J/（kg·K）；

T_{LG} —— 两相混合物的温度，K；

T_C —— 液体在临界压力下的沸点，K；

H —— 液体的汽化热，J/kg。

当 $F_V > 1$ 时，表明液体将全部蒸发成气体，此时应按气体泄漏计算；如果 F_V 很小，则可近似地按液体泄漏公式计算。

（4）泄漏液体蒸发量

泄漏液体的蒸发分为闪蒸蒸发、热量蒸发和质量蒸发三种，其蒸发总量为这三种蒸发之和。

① 闪蒸量的估算。过热液体闪蒸量 Q_1 可按下式估算：

$$Q_1 = F \cdot W_T / t_1 \tag{13-8}$$

$$F = c_p \frac{T_L - T_b}{H} \tag{13-9}$$

式中：Q_1 —— 闪蒸量，kg/S；

F —— 蒸发的液体占液体总量的比例；

W_T —— 液体泄漏总量，kg；

t_1 —— 闪蒸蒸发时间，s

c_p —— 液体的定压比热容，J/（kg·K）；

T_L —— 泄漏前液体的温度，K；

T_b —— 液体在常压下的沸点，K；

H —— 液体的汽化热，J/kg。

②热量蒸发估算。当液体闪蒸不完全，有一部分液体在地面形成液池，并吸收地面热量而汽化称为热量蒸发。其蒸发速率按下式计算，并应考虑对流传热系数。

$$Q_2 = \frac{\lambda S \times (T_0 - T_b)}{H \sqrt{\pi \alpha t}} \tag{13-10}$$

式中：Q_2 —— 热量蒸发速率，kg/s；

T_0 —— 环境温度，K；

T_b —— 沸点温度；K；

S —— 液池面积，m²；

H —— 液体汽化热，J/kg；

t —— 蒸发时间，s；

λ —— 表面热导系数（取值见表 13-9），W/（m·K）；

α —— 表面热扩散系数（取值见表 13-9），m^2/s。

表 13-9　某些地面的热传递性质

地面情况	λ/[W/（m·K）]	α/（m^2/s）
水泥	1.1	1.29×10^{-7}
土地（含水 8%）	0.9	4.3×10^{-7}
干阔土地	0.3	2.3×10^{-7}
湿地	0.6	3.3×10^{-7}
砂砾地	2.5	11.0×10^{-7}

③ 质量蒸发估算。当热量蒸发结束后，转由液池表面气流运动使液体蒸发，称之为质量蒸发。其蒸发速率按下式计算：

$$Q_3 = \alpha \times p \times \frac{M}{RT_0} \times U^{\frac{(2-n)}{(2+n)}} \times r^{\frac{(4+n)}{(2+n)}} \qquad (13\text{-}11)$$

式中：Q_3 —— 质量蒸发速率，kg/s；

p —— 液体表面蒸气压，Pa；

R —— 气体常数；J/（mol·K）；

T_0 —— 环境温度，K；

M —— 物质的摩尔质量，kg/mol；

u —— 风速，m/s；

r —— 液池半径，m；

α，n —— 大气稳定度系数，取值见表 13-10。

表 13-10　液池蒸发模式参数

大气稳定度	n	α
不稳定（A，B）	0.2	3.846×11^{-3}
中性（D）	0.25	4.685×11^{-3}
稳定（E，F）	0.3	5.285×11^{-3}

液池最大直径取决于泄漏点附近的地域构型、泄漏的连续性或瞬时性。有围堰时，以围堰最大等效半径为液池半径；无围堰时，设定液体瞬间扩散到最小厚度时，推算液池等效半径。

④液体蒸发总量的计算。液体蒸发总量按下式计算：

$$W_p = Q_1 t_1 + Q_2 t_2 + Q_3 t_3 \tag{13-12}$$

式中： W_p —— 液体蒸发总量，kg；

Q_1 —— 闪蒸液体蒸发速率，kg/s；

Q_2 —— 热量蒸发速率，kg/s；

t_1 —— 闪蒸蒸发时间，s；

t_2 —— 热量蒸发时间，s；

Q_3 —— 质量蒸发速率，kg/s；

t_3 —— 从液体泄漏到全部清理完毕的时间，s。

（5）泄漏时间的确定

物质泄漏时间应结合工程实际情况考虑，在有正常的控制措施的条件下，一般可按 5～30 min 计。泄漏物质形成的液池面积以不超过泄漏单元的围堰（堤）内面积计。

用表 13-13 估算泄漏液体蒸发量时，其蒸发时间应结合物质特性、气象条件、事故工况等情况考虑，在采取控制措施时一般可按 15～30 min 计。

13.2.3.2 经验法估算物质泄漏量

（1）以火灾爆炸突发因素为前提的事故引起的物质泄漏量

① 火灾爆炸事故有毒有害物质释放比例。火灾爆炸事故危害除热辐射、冲击波和抛射物等直接危害外，未完全燃烧的危险物质在高温下迅速挥发释放至大气，燃烧物质燃烧过程中则同时产生伴生和次生物质。后两部分为环境风险分析对象。

未完全燃烧的危险物质释放至大气，按事故单元的危险物在线量及其半致死浓度（LC_{50}）设定相应释放比例可按表 13-11 取值。

表 13-11　火灾爆炸事故有毒有害物质释放比例/%

Q ＼ LC_{50}	<200	≥200, <1 000	≥1 000, <2 000	≥2 000, <10 000	≥10 000, <20 000	≥20 000
≤100	5	10				
>100，≤500	1.5	3	6			
>500，≤1 000	1	2	4	5	8	
>1 000，≤5 000		0.5	1	1.5	2	3
>5 000，≤10 000			0.5	1	1	2
>10 000，≤20 000				0.5	1	1
>20 000，≤50 000					0.5	0.5
>50 000，≤100 000						0.5

注：LC_{50} 物质半致死浓度，mg/m³；Q 重大危险源在线量，t。

② 火灾伴生/次生污染物产生量估算。火灾事故物质燃烧分解产物源强确定按燃烧分解反应估算。

二氧化硫产生量 ：火灾伴生/次生中二氧化硫产生量的计算见公式 13-13。

$$G_{SO_2}=2BS \qquad\qquad (13\text{-}13)$$

式中：G_{SO_2} —— 二氧化硫排放速率，kg/h;

　　　　B —— 物质燃烧量，kg/h;

　　　　S —— 物质含硫率，%;

一氧化碳产生量：

油品火灾伴生/次生中一氧化碳产生量的计算见下式。

$$G_{CO}=2\,330qc$$

式中：G_{CO} —— 一氧化碳的产生量，g/kg;

　　　　c —— 物质中碳的质量百分比含量，%。取 85%;

　　　　q —— 化学不完全燃烧值，%。取 1.5%～6%。

（2）以碰撞等突发事故为前提的物质泄漏量

① 船舶运输事故泄漏量

船舶运输碰撞、触礁等事故，物质泄漏量按所在航道和港口区域事故统计最大泄漏量计。

对无相似水域统计资料的事故，物质泄漏量按船的单舱载量比例计，可参考表 13-12。

表 13-12　船舶运输碰撞触礁、车载运输碰撞，危险物质释放比例

船舶运输		车载运输	
单舱载量/m³	释放/%	单车载量/t	释放/%
400	30	3	50
1 000	20	5	40
1 600	15	8	30
2 000	15	10	25
3 000	10	15	20
8 000	5	20	20
15 000	5	30	15
20 000	4	50	10
25 000	4	80	10
30 000	4	100	10
40 000	3	120	10

② 车载运输事故物质泄漏量。车载运输碰撞等事故，物质泄漏量按所在道路和地区事故统计最大泄漏量计。

对无相似道路和地区统计资料的事故，物质泄漏量按单车载量比例计，可参考表 13-16。

③ 装卸事故物质泄漏量。装卸事故泄漏量按装卸物质流速和管径及失控时间计算，失控时间按 5～15 分钟计。

④ 管道运输事故物质泄漏量。管道运输事故物质泄漏量按管道截面 100%断裂估算泄漏量。应考虑截断阀启动前后的泄漏量，截断阀启动前，泄漏量按实际工况确定；截断阀启动后，泄漏量以管道泄压至与环境压力平衡所需要时间计。

13.3　环境风险事故后果及其计算模式

13.3.1　环境风险事故后果

13.3.1.1　后果分析步骤

就有毒有害化学物品的泄漏事件而言，后果分析的步骤如下（图 13-2）。

13.3.1.2　后果计算的基本内容

火灾、爆炸和泄漏三种风险类型发生后，其直接、次生和伴生的污染物均会以不同的形式进入大气环境和水环境，因此后果计算的基本内容应包括大气环境风险影响后果计算和水环境影响后果计算。

（1）大气环境风险影响后果计算

大气环境风险评价，按照有毒有害物质的伤害阈（GB 18664，IDLH）和半致死浓度（有关毒理学资料），给出有毒有害物质在最不利气象条件下的网格点最大浓度、时间和浓度分布图；网格点最大浓度及分布图中，大于 LC_{50} 浓度和大于 IDLH 浓度包络线范围；给出该范围内的环境保护目标情况（社会关注区、人口分布等）；有毒有害物质在最不利气象条件下主要关心气流方向轴线最大浓度及位置。

（2）水环境影响后果计算

预测有毒有害物质在水体中的浓度分布，给出损害阈值范围内的环境保护目标情况、相应的影响时段。对于 $\rho > 1$ 的有毒有害物质，还应分析吸附在底泥中的有毒有害物质数量。

对于开敞水域，应分析有毒有害物质在该水域的输移路径。

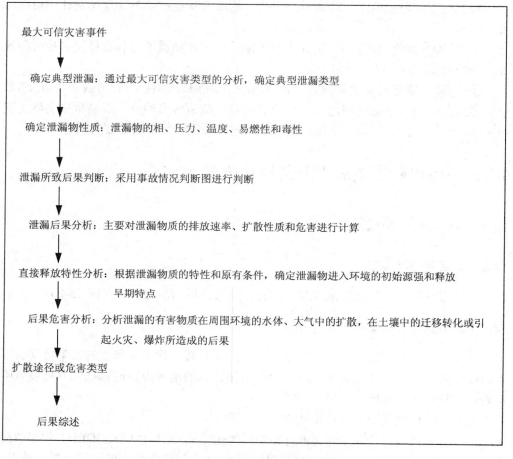

图 13-2 环境风险后果分析步骤

13.3.2 有毒有害物质在大气中的扩散

有毒有害物质在大气中的扩散，可采用烟团模式。对于重质气体污染物的扩散、复杂地形条件下污染物的扩散，应对模式进行相应的修正。

（1）事故开始释放后 t_w（min）时刻（即第 W 步长结束时刻），第 i 个烟团在下风向地面（x, y, 0）坐标处空气中污染物浓度由下式计算：

$$C^{(i)}(x,y,0,t_w) = \frac{2Q_i}{(2\pi)^{3/2}\sigma_x\sigma_y\sigma_z}\exp\left(-\frac{(x-x_0^{(i)}(t_w))^2}{2\sigma_x^2}\right)\exp\left\{-\frac{(y-y_0^{(i)}(t_w))^2}{2\sigma_y^2}\right\}\exp\left\{-\frac{z_0^{(i)2}}{2\sigma_z^2}\right\}$$

$$(13-14)$$

式中：$C^{(i)}(x, y, 0, t_w)$ —— 事故开始释放后 t_w（min）时刻，第 i 个烟团在下风向地面（x, y, 0）坐标处空气中污染物浓度，mg/m³；

$x_0^{(i)}(t_w)$，$y_0^{(i)}(t_w)$，$z_0^{(i)}$ —— t_w 时刻第 i 个烟团中心坐标，m；

σ_x、σ_y、σ_z —— x、y、z 方向的扩散参数，m。应注意与浓度取值时间相对应，常取 $\sigma_x = \sigma_y$；

Q_i —— 事故期间第 i 个烟团的污染物释放量，mg。

设事故释放持续时间为 T_0（min），可假设等间距释放 N 个烟团，通常 $N \geqslant 10$。每个烟团的释放量可近似认为相同并由下式计算：

$$Q_i = Q_0 / N \tag{13-15}$$

式中：Q_0 —— 释放总量，mg；

N —— 烟团总数。

每两个烟团的释放时间间隔 Δt 则可由下式计算：

$$\Delta t = T_0 / N \tag{13-16}$$

式中：Δt —— 每两个烟团的释放时间间隔，min；

T_0 —— 事故释放持续时间，min。

（2）事故开始释放后 t_w 时刻，所有烟团在各网格点（x, y, 0）的污染物浓度由下式计算：

$$C(x, y, 0, t_w) = \sum_{i=1}^{n} C^{(i)}(x, y, 0, t_w) \quad t_w < T_0 \tag{13-17}$$

$$C(x, y, 0, t_w) = \sum_{i=1}^{n} C^{(i)}(x, y, 0, t_w) \quad t_w \geqslant T_0 \tag{13-18}$$

式（13-17）中：n 为 $0 - t_w$ 时刻（$t_w < T_0$）释放的烟团数

$$n = \mathrm{int}\left(N \frac{t_w}{T_0}\right) \tag{13-19}$$

（3）计算参数选取

① 不利气象条件的选取。利用最近 3 年中任一年的整年气象资料，对 i 危险物质分别逐时计算网格点和主要关心点的浓度，分别对计算结果排序并选出最大浓度。该浓度出现时间所对应的天气条件即为 i 危险物质对计算网格点和主要关心点的不利气象条件。

② 混合层参数、地形参数、污染物衰减沉降等参数根据具体情况选取。

③ 事故泄漏释放时间不超过 30 min，时间步长不超过 5 min，网格间距一般不大于 250 m。

13.3.3 有毒有害物质在水环境中的迁移转化预测

13.3.3.1 有毒有害物质进入水环境的途径和方式

（1）有毒有害物质进入水环境的途径，包括事故直接导致的和事故处理处置过程间接导致的有毒有害物质进入水体。

（2）有毒有害物质进入水体的方式一般包括"瞬时源"和"有限时段源"。

13.3.3.2 迁移转化特征分析

对于有毒有害物质直接泄漏的情形，当物质的相对密度$\rho \leqslant 1$时，需要分析其在水体中的溶解、吸附、挥发特性；当物质的相对密度$\rho > 1$时，需要分析其在底泥层的吸附、溶解特性。

13.3.3.3 瞬时排放河流一维水质影响预测模式（有毒有害物质的相对密度$\rho \leqslant 1$）

（1）在河流水体足以使泄漏的有毒有害物质迅速得到稀释（初始稀释浓度达到溶解度以下），泄漏点与环境保护目标的距离大于混合过程段长度时，水体中溶解态有毒有害物质的预测计算可采用下式：

$$c(x,t) = \frac{M_D}{2A_c(\pi D_L t)^{1/2}} \exp\left(\frac{-(x-ut)^2}{4D_L t} - K_e t\right) + \frac{K'_V}{K'_V + \sum K_i} \frac{P}{K_H} \left[1 - \exp(-K_e t)\right]$$

（13-20）

式中：$c(x, t)$——泄漏点下游距离x，时间t时的溶解态浓度，mg/L；

u——河流流速，m/s；

D_L——河流纵向离散系数，m^2/s；

A_c——河流横断面面积，m^2；

M_D——溶解的污染物总量（小于或等于泄漏量），g；

K_i——一级动力学转化速率（除挥发以外），1/d；

K_V——挥发速率常数，$K'_V = \dfrac{K_V}{H}$，1/d；

H——水深，m；

P——水面上大气中的有害污染物的分压，Pa；

K_H——亨利常数，$Pa \cdot m^3/mol$；

K_e——综合转化速率，$K_e = \dfrac{K'_V + \sum K_i}{1 + K_p S}$，1/d；

K_P——分配系数，L/kg；

S——悬浮颗粒物含量，kg/L。

（2）最大影响浓度值：在泄漏点下游 x 处，有毒有害物质的峰值浓度（假设 $P=0$）可按下式计算：

$$c_{\max}(x) = \frac{M_\mathrm{D}}{2A_\mathrm{c}(\pi D_\mathrm{L}t)^{1/2}}\exp(-K_\mathrm{e}t) \qquad (13\text{-}21)$$

式中： $c_{\max}(x)$ —— 泄漏点下游 x 处，有毒有害物质的峰值浓度，mg/L；

　　　　M_D —— 溶解的污染物总量（小于或等于泄漏量），g；

　　　　A_c —— 河流横断面面积，m²；

　　　　D_L —— 河流纵向离散系数，m²/s；

　　　　K_e —— 综合转化速率， $K_\mathrm{e}=\dfrac{K_\mathrm{V}'+\sum K_i}{1+K_\mathrm{p}S}$ ，1/d；

　　　　K_P —— 分配系数，L/kg；

　　　　S —— 悬浮颗粒物含量，kg/L。

13.3.3.4 瞬时点源河流二维水质影响预测（有毒有害物质的相对密度 $\rho\leqslant 1$）

（1）河流二维水质预测数值模式

瞬时点源河流二维水质一般基本方程为：

$$\frac{\partial c}{\partial t}+u\frac{\partial c}{\partial x}=M_x\frac{\partial^2 c}{\partial x^2}+M_y\frac{\partial^2 c}{\partial y^2}-\sum S_\mathrm{k} \qquad (13\text{-}22)$$

式中： M_x —— 纵向离散系数，m²/s；

　　　　M_y —— 横向混合系数，m²/s；

　　　　$\sum S_\mathrm{k}$ —— 挥发、吸附、降解的总和，mg/L·s。

初始条件和边界条件：

$$\begin{cases} c(x,y,0)=0 \\ c(x_0,y_0,t)=(M_\mathrm{D}/Q)\delta(t) \\ c(\infty,\infty,t)=0 \end{cases} \qquad \delta(t)=\begin{cases} 1 & t=0 \\ 0 & t\neq 0 \end{cases}$$

可以采用有限差分法和有限元法进行数值求解。

（2）河流二维水质预测解析模式

设定条件：河流宽度为 B，瞬时点源源强为 M，假设 $P=0$，则解析解模式为：

$$c(x,y,t)=\frac{M_\mathrm{D}}{4\pi ht(M_xM_y)^{1/2}}\exp(-K_\mathrm{e}t)\exp\left(\frac{-(x-ut)^2}{4M_xt}\right)\sum_{-\infty}^{+\infty}\exp\left(\frac{-(y-2nB\pm y_0)^2}{4M_yt}\right)$$

$$(n=0,\pm 1,\pm 2,\cdots)$$

$$(13\text{-}23)$$

式中：$C(x, y, t)$ —— 泄漏点下游距离 x，时间 t 时的溶解态浓度，mg/L；

    B —— 河流宽度，m；

    M_D —— 瞬时点源源强，g；

    M_x —— 纵向离散系数，m²/s；

    M_y —— 横向离散系数，m²/s；

    y_0 —— 点源离河岸一侧的距离，m；

    K_e —— 综合转化速率，$K_e = \dfrac{K_v' + \sum K_i}{1 + K_p S}$，1/d；

    K_P —— 分配系数，L/kg；

    S —— 悬浮颗粒物含量，kg/L。

公式（8）中若忽略河岸的反射作用，则取 $n = 0$。

13.3.3.5 有毒有害物质（相对密度 $\rho > 1$）泄漏到河流中的影响预测模式

（1）在有毒有害物质较为集中地泄漏到河床，并且它的溶解直接受到沉积薄层控制的情形，可采用公式（9）计算扩散层的厚度：

$$\delta_d = 239 \frac{v R_h^{1/6}}{u n \sqrt{g}} \tag{13-24}$$

式中：δ_d —— 扩散底层的厚度，cm；

    v —— 水的运动力黏度，m²/s；

    R_h —— 河流的水力半径，m；

    u —— 河流流速，m/s；

    n —— 满宁系数；

    g —— 重力加速度，9.81m/s²。

（2）在泄漏区域的下游侧，且与河流完全混合之前，有毒有害物质在水体中的浓度可由下式计算：

$$C_1 = (C_0 - C_s) \exp\left(-\frac{D_{cw} L_s}{\delta_d H u}\right) + C_s \tag{13-25}$$

式中：C_1 —— 泄漏区域下游侧有毒有害物质在水体中的浓度，mg/L；

    C_0 —— 有毒有害物质的背景浓度，mg/L；

    C_s —— 有毒有害物质在水中的溶解度，mg/L；

    D_{cw} —— 有毒有害物质在水中的扩散系数，m²/s；

    H —— 水深，m；

    u —— 河流流速，m/s；

    L_s —— 泄漏区的长度，m；

δ_d —— 扩散底层的厚度，m。

（3）在完全混合处的浓度，可按下式计算：

$$C_{wm} = C_1 \frac{W_s}{W} + C_0 \left(1 - \frac{W_s}{W}\right)$$ （13-26）

式中：C_{wm} —— 泄漏区完全混合处的浓度，mg/L；

C_1 —— 泄漏区域下游侧有毒有害物质在水体中的浓度，mg/L；

C_0 —— 有毒有害物质的背景浓度，mg/L；

W_s —— 泄漏的宽度，m；

W —— 河流宽度，m。

（4）溶解有毒有害物质所需要的时间，可按下式计算：

$$T_d = \frac{M_D}{C_1 u H W_s}$$ （13-27）

式中：T_d —— 溶解有毒有害物质所需要的时间，s；

M_D —— 溶解的污染物总量（小于或等于泄漏量），g；

C_1 —— 泄漏区域下游侧有毒有害物质在水体中的浓度，mg/L；

u —— 河流流速，m/s；

H —— 水深，m；

W_s —— 泄漏的宽度，m。

注：在经过初始溶解后，剩余部分将留在河床泥沙中，它们自然地释放和扩散返回到水体所需要的时间可能大大超过初始溶解所需要的时间。

13.3.3.6 油在海湾、河口的扩散模式

对于在海湾、河口发生油品泄漏的突发性事故情景，详细的油品扩散影响预测可采用包括水动力学模型、油膜扩散模型、油品风化模型、岸线吸收模型、油品挥发模型等。具体预测模式和参数取值参考有关海湾、河口油品泄漏影响预测模型手册。

13.3.3.7 有毒有害物质在海洋的扩散模式

采用 GB/T 19485 推荐的模式。

13.4 环境风险后果计算与评价

13.4.1 环境风险事故危害

13.4.1.1 急性中毒和慢性中毒

有毒物质泄漏对人体的危害，可分为急性中毒和慢性中毒。急性中毒发生在短

时间毒物高浓度情况下，引起人体机体发生某种损伤。按影响程度，又可分为刺激、麻醉、窒息甚至死亡等。刺激是指毒物影响呼吸系统、皮肤、眼睛；麻醉是指毒物影响人们的神经反射系统，使人反应迟钝；窒息是指因毒物使人体缺氧，身体氧化作用受损的病理状态。慢性中毒是在较长时间接触低浓度毒物，引起人体机体发生某种损伤。

13.4.1.2 物质毒性的常用表示方法

有毒物质泄漏引起的影响程度，取决于暴露时间和暴露浓度以及物质的毒性。遗憾的是许多物质的毒性我们还不知道。而已有的大部分资料都是通过动物实验获得的，实验时毒物的浓度和持续时间可以人为控制，但将这些实验结果用到人体上就有问题了，因为体重及生理机能皆不相同。另一方面，人群易损伤性也是不同的。因此，毒性影响表达式中的人群数只能表明某一特定人群所受的影响。由于以上诸多原因，要想总结物质的毒性并作比较是非常困难的。比较物质毒性的常用方法有：

（1）绝对致死量或浓度（LD_{100} 或 LC_{100}）：染毒动物全部死亡的最小剂量或浓度。

（2）半数致死量或浓度（LD_{50} 或 LC_{50}）：染毒动物半数致死的最小剂量或浓度。

（3）最小致死量或浓度（MLD 或 MLC）：全部染毒动物中个别动物死亡的剂量或浓度。

（4）最大耐受量或浓度（LD_0 或 LC_0）：也称为极限阈值浓度，指染毒动物全部存活的最大剂量或浓度。

毒物的摄入有呼吸道吸入、皮肤吸收和消化道吸收三种形式。毒物的危害程度根据急性毒性、急性中毒发病情况、慢性中毒患病情况、慢性中毒后果、致痛性和最高容许浓度分为极度危害、高度危害、中度危害和轻度危害四类。

对于大型建设项目（如千万吨级炼油、百万吨乙烯、煤化工联合项目、涉及光气的建设项目等）应考虑进行风险计算。任一有毒有害物质泄漏，从吸入途径造成的效应包括：感官刺激或轻度伤害、确定性效应（急性致死）、随机性效应（致癌或非致癌等效致死率）。在环境风险计算中只考虑急性危害的环境风险。

13.4.2 环境风险计算

13.4.2.1 风险值计算

环境风险值按下式计算：

$$R = P \cdot C \tag{13-28}$$

式中：R —— 某一最大可信事故的环境风险值；

P —— 最大可信事故概率（事故数/单位时间）；

C —— 最大可信事故造成的危害程度（后果/事故）。

最大可信事故因吸入有毒有害物质造成的急性危害与下列因素相关：

$$C \propto f[C_L(x, y, t), \Delta t, n(x, y, t), P_E] \qquad (13\text{-}29)$$

式中：C —— 因吸入有毒有害气体物质造成的急性危害；

$C_L(x, y, t)$ —— 在 x、y 范围和 t 时刻，$\geqslant LC_{50}$ 的浓度；

Δt —— 人员吸入有毒有害物质时间；

$n(x, y, t)$ —— t 时刻相应于该浓度包络范围内的人数；

P_E —— 人员吸入有毒有害物质而导致急性死亡的概率。

对同一最大可信事故下 n 种有毒有害物质所致的环境危害，为各危害的总和：

$$C = \sum_{i=1}^{n} C_i$$

$$(13\text{-}30)$$

式中：C —— 同一最大可信事故下 n 种有毒有害物质所致的环境危害；

C_i —— 第 i 种有毒有害物质所致的环境危害。

13.4.2.2 有毒有害气体物质死亡概率估算

暴露于有毒有害物质气团下、无任何防护的人员，因物质毒性而导致死亡的概率可按表 13-13 取值，或者按下式估算：

表 13-13 毒性计算中各 Y 值所对应的死亡百分率/%

死亡率/%	0	1	2	3	4	5	6	7	8	9
0		2.67	2.95	3.12	3.25	3.36	3.45	3.52	3.59	3.66
10	3.72	3.77	3.82	3.87	3.92	3.96	4.01	4.05	4.08	4.12
20	4.16	4.19	4.23	4.26	4.29	4.33	4.26	4.39	4.42	4.45
30	4.48	4.50	4.53	4.56	4.59	4.61	4.64	4.67	4.69	4.72
40	4.75	4.77	4.80	4.82	4.85	4.87	4.90	4.92	4.95	4.97
50	5.00	5.03	5.05	5.08	5.10	5.13	5.15	5.18	5.20	5.23
60	5.25	5.28	5.31	5.33	5.36	5.39	5.41	5.44	5.47	5.50
70	5.52	5.55	5.58	5.61	5.64	5.67	5.71	5.74	5.77	5.81
80	5.84	5.88	5.92	5.95	5.99	6.04	6.08	6.13	6.18	6.23
90	6.28	6.34	6.41	6.48	6.55	6.64	6.75	6.88	7.05	7.33
99	0.0	0.1	0.2	0.3	0.4	0.5	0.6	0.7	0.8	0.9
	7.33	7.37	7.41	7.46	7.51	7.58	7.58	7.65	7.88	8.09

$$P_E = 0.5 \times \left[1 + erf\left(\frac{Y-5}{\sqrt{2}}\right)\right] \qquad (Y \geqslant 5 \text{ 时}) \qquad (13\text{-}31)$$

$$P_E = 0.5 \times \left[1 - erf \left(\frac{|Y-5|}{\sqrt{2}} \right) \right] \quad （Y < 5 \text{ 时}） \quad （13-32）$$

式中：P_E —— 人员吸入毒性物质而导致急性死亡的概率；

　　　Y —— 中间量，量纲为 1。可采用下式估算：

$$Y = A_t + B_t \ln \left[C^n \cdot t_e \right] \quad （13-33）$$

式中：A_t，B_t 和 n —— 与毒物性质有关的参数，见表 13-14；

　　　C —— 接触的浓度，mg/m^3；

　　　t_e —— 接触 C 浓度的时间，min。

表 13-14　几种物质的参数

物质	A_t	B_t	n
丙烯醛	−4.1	1	1
丙烯腈	−8.6	1	1.3
烯丙醇	−11.7	1	2
氨	−15.6	1	2
甲基谷硫磷	−4.8	1	2
溴	−12.4	1	2
一氧化碳	−7.4	1	1
氯	−6.35	0.5	2.75
环氧乙烷	−6.8	1	1
氯化氢	−37.3	3.69	1
氰化氢	−9.8	1	2.4
氟化氢	−8.4	1	1.5
硫化氢	−11.5	1	1.9
溴甲烷	−7.3	1	1.1
异氰酸甲酯	−1.2	1	0.7
二氧化氮	−18.6	1	3.7
对硫磷	−6.6	1	2
光气	−10.6	2	1
磷酰胺酮	−2.8	1	0.7
磷化氢	−6.8	1	2
二氧化硫	−19.2	1	2.4
四乙基铅	−9.8	1	2

注：浓度计算的单位为 mg/m^3，有毒物质接触时间单位为分钟（min）。

13.4.3　环境风险评价

13.4.3.1　评价项目的最大可信事故

环境风险评价需要从各功能单元的最大可信事故风险 R_j 中，选出危害最大的作为评价项目的最大可信事故，并以此作为风险可接受水平的分析基础。即：

$$R_{max} = f(R_j)　　　　　（13-34）$$

式中：R_{max} —— 项目的最大可信事故风险值；

　　　　R_j —— 各单元的最大可信事故风险值。

13.4.3.2　风险可接受水平分析

从各最大可信事故环境风险值（R）中，选出最大的作为评价项目的最大可信事故风险值（R_{max}）。

若 R_{max} 大于同行业可接受风险水平，则需要进一步加强环境风险防范与应急措施，以降低环境风险水平。

13.4.3.3　存在的问题和解决的方法

关于风险最大可接受水平，存在的主要问题和解决的方法有：

（1）行业内各类建设项目风险值差异很大，以死亡人数计尚可，以财产损失计或以生态指标计很难统一。以财产损失计或以生态指标计应以费用—效益分析为主，行业内宜细化。

（2）社会公众不应承受建设项目所增加的额外风险，将社会公众的可接受水平与职业人员可接受水平等同是不合理的。在现实中，这取决于风险管理决策层的观念以及地域经济发展的期望值等因素。尽管这样，只要充分重视，在同一观念以及地域经济发展的期望值的条件下，仍存在很多可供选择的方案，其结果会有很大的不同。如项目的选址，在充分考虑社会公众的因素时，结果差异就会很大。因此应将职业者和社会公众的风险可接受水平加以区分，分别确定可接受水平，这有利于减轻环境风险的后果。

13.5　风险防范措施和应急预案

13.5.1　环境风险管理

环境风险管理是指根据风险评价的结果，按照相关的法规条例，选用有效的控制技术，进行减缓风险的费用与效益分析，确定可接受风险度和可接受的损害水平，提出减缓或控制环境风险的措施或决策，达到既要满足人类活动的基本需要，又不超出当前社会对环境风险的接受水平，以降低或消除风险，保护人群健康和生态系统安全。

这个概念包括以下三个方面的内容。

提出减缓或控制环境风险的措施或决策。其实质就是采用技术的、经济的、法律的、教育的、政策的和行政的各种手段对人类的行动实施控制性的影响，使人们按生态规律、自然规律和经济规律办事。

人类需要与环境相协调。人类的需要必须与社会发展水平相协调，包括对自然资源、环境资源的合理利用。

以环境风险制约人类的活动。环境风险的可接受性又与多种因素有关。因此，在制定人类活动方案时要充分考虑各种可能产生的环境风险是可以预测的，也是可以控制的，控制措施的方式有以下几种：

减轻环境风险：通过优化生产工艺或提高生产设备安全性使环境风险降低。

规避环境风险：如利用迁移厂址、迁出居民等措施使环境风险转移。

替代环境风险：通过改变生产原料或改变产品品种可以达到用另一种较小的环境风险替代原有的环境风险。

此外，对决策者还可以提出改革预防措施，加强应急对策，提高人员素质等。

对于上述提到的控制措施，可以在风险产生的全过程实施。

13.5.2 风险防范措施

在环境风险识别与评价的基础上，对项目拟采取的防范措施的充分性、有效性和可操作性进行分析论证；并将防范措施的预期效果反馈给风险评价，以使识别出的环境风险能够得到降低并保持在可接受的程度。

13.5.2.1 风险防范措施分析论证

风险防范措施分析论证包括充分性分析、有效性分析、可操作性分析和替代方案等内容。

（1）充分性分析

分析项目拟采取的风险防范措施，以及依托措施是否涵盖了所有识别出的重大环境风险。风险防范措施应包括（但不限于）以下内容：

事故预防措施：加工、储存、输送危险物料的设备、容器、管道的安全设计；防火、防爆措施；危险物质或污染物质的防泄漏、溢出措施；工艺过程事故自诊断和连锁保护等。

事故预警措施：可燃气体和有毒气体的泄漏、危险物料溢出报警系统；污染物排放监测系统；火灾爆炸报警系统等。

事故应急处置措施：事故报警、应急监测及通信系统；终止风险事故的措施，如消防系统、紧急停车系统、中止或减少事故泄放量的措施等；防止事故蔓延和扩大的措施，如危险物料的消除、转移及安全处置，在有毒有害物质泄漏风险较大的区域作地面防渗处理、设置安全距离，切断危险物或污染物传入外环境的途径及设置暂存设施等。

事故终止后的处理措施：事故过程中产生的有毒有害物质的处理措施，如污染的消防废水的处理处置。

对外环境敏感目标的保护措施：如必要的撤离疏散通道、避难所的设置，重要生活饮用水取水口的隔离保护措施等，应提出要求和建议。

（2）有效性分析

针对环境风险事故的污染物量、传输途径、影响范围及受害对象等，从设计能力、服务范围及控制效果等方面，分析风险防范措施能否有效地防范风险事故的影响。对重要或关键的防范措施，如全厂性水污染风险防范措施等，应通过计算、图示说明论证结果。环境风险的防范体系要完整。

（3）可操作性分析

针对风险防范措施的应急启动和执行程序，分析其能否满足风险防范和应急响应的要求。

（4）替代方案

经分析论证，建设项目拟采取的风险防范措施不能满足风险防范要求时，应提出替代方案或否定结论。

13.5.2.2 环境风险防范措施论证反馈

环境风险防范措施的分析论证结果应及时反馈给源项分析及预测计算，对初始风险评价作修正，以确定在采取了风险防范措施之后，识别出的重大环境风险是否已降低并保持在可接受的程度。

13.5.2.3 环境风险防范措施落实及"三同时"检查内容

（1）环境风险防范措施的落实

应对环境风险防范措施在设计、施工、资源配置等方面提出的落实要求。设计应保证设施的能力能满足防范风险的需要；施工应保证设施的安装质量符合工程验收规范、规程和检验评定标准；资源配置应能满足工程防范措施的正常运行。

（2）"三同时"检查内容

凡经过论证为可实施的风险防范工程措施均应列为"三同时"检查内容，逐项列出。

13.5.3 应急预案

在建设项目环境影响评价文件中，应从环境风险防范的角度，提出环境事件应急预案编制的原则要求。

环境事件应急预案应当符合"企业自救、属地为主，分类管理，分级响应，区域联动"的原则，与所在地地方人民政府突发环境事件应急预案相衔接。

对于改建、扩建和技术改造项目，应当对依托企业现有环境事件应急预案的有效性进行评估，提出完善的意见和建议；对于新建项目，应当明确事故响应和报警条件，规定应急处置措施。应急预案的基本要求见表 13-15。

表 13-15 应急预案基本内容

序号	项　　目	具体内容	
1	总则	1.1	编制目的
		1.2	编制依据
		1.3	环境事件分类与分级
		1.4	适用范围
		1.5	工作原则
2	组织指挥与职责		
3	预警		
4	应急响应	4.1	分级响应机制
		4.2	应急响应程序
		4.3	信息报送与处理
		4.4	指挥和协调
		4.5	应急处置措施
		4.6	应急监测
		4.7	应急终止
5	应急保障	5.1	资金保障
		5.2	装备保障
		5.3	通讯保障
		5.4	人力资源保障
		5.5	技术保障
		5.6	宣传、培训与演练
		5.7	应急能力评价
6	善后处置		
7	预案管理与更新		

13.5.4   风险评价结论与建议

13.5.4.1   项目选址及重大危险源区域布置的合理性和可行性

根据重大危险源辨识及其区域分布分析和事故后果预测，从环境风险角度评价项目选址及总图布置的合理性和可行性，并给出优化调整的建议及方案。

13.5.4.2   重大危险源的类别及其危险性主要分析结果

给出项目涉及的重大危险源类别，主要单元危险性及其潜在的主要环境风险事故类型，事故时危险物质进入环境的途径，给出优化调整重大危险源在线量及危险性控制的建议。

13.5.4.3   环境敏感区及与环境风险的制约性

项目所在地评价范围内的环境敏感区及其特点；给出危害后果预测结果，大气中 LC_{50}、IDLH 和水体中生态伤害阈所涉及范围内环境敏感目标分布情况及风险分析；从地理位置、气象、水文、人口分布和生态环境等要素分析项目建设存在的环境风险制约因素，提出优化调整缓解环境风险制约的建议。

13.5.4.4   环境风险防范措施和应急预案

明确环境风险防范体系，分析主要措施的可行性，重点给出防止事故危险物质进入环境及进入环境后的控制、消解、监测等措施；给出风险应急响应程序、环境风险防范区在事故发生时对人员的撤离要求等。提出优化调整环境风险防范措施和应急预案的建议。

13.5.4.5   环境风险评价结论

综合进行环境风险评价，明确给出项目建设环境风险是否可接受的结论。

14 环境监测

14.1 概述

14.1.1 环境监测的含义

环境监测是为了特定目的，按照预先设计的时间和空间，用可以比较的环境信息和资料收集的方法，对一种或多种环境要素或指标进行间断或连续地观察、测定、分析其变化及对环境影响的过程。

一般来说，环境监测的范围较大，各种环境污染物随时间、空间而变化，通常不可能对环境整体（总体）进行监测，只能以少量环境样品（样本）的监测结果来推断总体环境质量。因此，必须把握好各个技术环节，包括：监测项目和范围的确定、采样点数量和位置的布设、采样时间和频次的确定、样品的采集、样品的处理和分析、数据处理和综合评价以及质量保证和质量控制等。监测结果的准确性、精密性、完整性、代表性和可比性反映了对环境监测的质量要求。代表性、可比性和完整性，主要取决于监测点的布设、采样时间和频次以及采样操作；准确性和精密性主要取决于样品的保存、处理和分析测试。环境监测结果的良好质量，必然是在认真实施全程序质量保证和质量控制的基础上方能达到。

环境监测是环境保护工作的基础，是环境立法、环境规划和环境决策的依据。环境监测是环境管理的重要手段之一。按其监测目的，环境监测可分为以下几类：

（1）监视性监测

监视性监测又称为例行监测或常规监测，是对指定的有关项目进行定期的、长时间的监测，以确定环境质量及污染源状况、评价控制措施的效果，衡量环境标准实施情况和环境保护工作的进展。这是监测工作中量最大、面最广的工作。监视性监测包括环境质量监测和污染源的监督监测。

（2）特种目的监测

特种目的监测又称为应急监测或特例监测，包括污染事故应急监测、纠纷仲裁监测、环评要求进行的监测、建设项目竣工环保验收监测等。

（3）研究性监测

研究性监测又称为科研监测，是针对特定目的的科学研究而进行的高层次的监测，例如环境本底的监测及研究、标准分析方法的研究、标准物质的研制等。

14.1.2 环境监测在环境影响评价中的作用

建设项目从筹建到投产，在下列几个阶段，需要进行环境监测。① 在可行性研究阶段，编制环境影响报告书须要进行环境现状监测，查清项目所在地区的环境质量现状，为环境影响预测和评价提供叠加需要的本底值；② 在建设项目施工阶段，应进行施工环境监测，以掌握项目施工污染物排放情况，及其对环境的影响，考察环评提出的环保措施的实际效果；③ 在建设项目竣工后的试生产阶段，须进行项目竣工环境保护验收监测和环境管理检查，考核建设项目是否达到了环境保护要求，验证环境影响评价的预测和要求是否科学合理，为环保管理部门进行项目验收提供技术依据。

《中华人民共和国环境影响评价法》和《建设项目环境保护管理条例》规定，环境影响报告书应当包括"对建设项目实施环境监测的建议"的内容。在进行环境影响评价时，要结合建设项目具体情况，针对建设项目不同阶段提出具有可操作性的环境管理措施与监测计划。结合建设项目影响特征，依照相关监测技术规范，制订相应的环境质量跟踪监测、污染源监测以及生态监测等方面的监测计划。

环境监测计划是环境影响评价中的一个重要组成部分。在编制环境影响报告书中，应制订出环境监测计划，根据建设项目环境影响情况，提出设计、施工期、运营期的环境管理及监测计划要求，包括管理制度、机构、人员、监测点位、监测时间、监测频次、监测因子等。环境监测计划的制订和执行，将会保证环保措施的实施和落实，可以及时发现环保措施的不足，进行修正和改进，以便使环境资源维持在期望值范围以内。

14.2 环境监测方案的基本内容

14.2.1 制定监测方案的基本原则

监测方案是完成监测任务的具体安排。监测方案必须具有可行性和经济性。最佳的监测方案应该是以科学的方法，简便的方式取得最高效率的工作结果。

（1）必须依据环境保护法规和环境质量标准、污染物排放标准中国家、行业和地方的相关规定。

（2）必须遵循科学性、实用性的原则。监测不是目的，是了解环境状况、保护环境的手段；监测数据不是越多越好，而是越有用越好；监测手段不是越现代化越好，而是越准确、可靠、实用越好。所以在制定监测方案时，要依据统一的监测方法，要做费用—效益分析，做到切合实际。

（3）优先污染物优先监测。优先污染物包括：重金属及毒性大、危害严重、影响范围广的污染物质；污染呈上升趋势，对环境具有潜在危险的污染物质；具有广泛代表性的污染因子。另外，优先监测的污染物一般应具有相对可靠的测试手段和分析方法，或者有可等效性采用的监测分析方法，能获得比较准确的测试数据；能对监测数据做出正确的解释和判断。

（4）全面规划、合理布局。环境问题的复杂性决定了环境监测的多样性，要对监测布点、采样、分析测试及数据处理做出合理安排。现今环境监测技术发展的特点是监测布点设计最优化、自动监测技术普及化、遥感遥测技术实用化、实验室分析和数据管理计算机化，以及综合观测体系网络化。应视不同情况，采取不同的技术路线，发挥各自技术路线的长处。

14.2.2 监测方案的基本内容

根据监测要素不同，其监测方案也有差别，例如水和气的监测方案应强调优化布点、样品采集、保存与传输等，而噪声监测方案的重点是点位布设，相对于水和气的监测方案要简单得多。监测方案应包括以下基本内容。

14.2.2.1 现场调查与资料收集

这是把握环评项目所在区域的自然环境、污染物扩散和迁移所必需的。例如进行地表水监测，要调查水从哪里来、水体水质如何、汇入评价项目的排水后又流到哪里去、该水系应执行什么标准、本区域内的污染源排放的特征因子以及污染物排放浓度及排污总量等。现场调查和资料收集是划定监测范围、确定监测因子、设置监测点位的基础。

14.2.2.2 监测项目

我国的环境保护法规，国家、行业及地方的污染物排放标准和环境质量标准，并结合项目的工程分析，如：原材料、工艺流程、副产品及产品、污染物排放等确定监测项目。当标准和法规修订后应采用最新有效版本。在确定监测项目时，还应当遵循优先污染物优先监测的原则。

我国加入 WTO 以后，国际间贸易往来迅速发展，外企在我国的独资或合资项目越来越多，在环境监测中，必要时可参照相关的国际标准。

监测项目除了包括污染因子外，还包括一些环境参数，如环境空气质量监测时的气象参数、地表水环境质量监测时的水文参数等。

14.2.2.3 监测范围、点位布设

充分考虑评价项目所在区域的自然环境状况和污染物扩散分布特征,按照相应的环境影响评价技术导则和监测技术规范确定监测范围。优化点位布设是在充分考虑环境污染物扩散和空间分布的基础上,取得有代表性监测数据的重要程序。例如,评价项目的拟建厂界外有小学或医院等敏感点,噪声监测范围应适当扩大;在地形复杂区域环境空气的监测点位应比平原密集;不同宽度的河流在断面上应设置不同数量的采样垂线。

14.2.2.4 监测时间和频次

环境监测应选择在有代表性的时期进行。大气环境监测分采暖期和非采暖期,水环境监测分丰水期、平水期和枯水期,噪声监测分昼间和夜间,不同时期获得的监测数据可能有较大的差别。为了能获得代表性的监测数据,应按照相应的环境影响评价技术导则和监测技术规范的要求,充分考虑污染物时间分布的特点,确定监测时间和监测频次,同时监测时间还必须满足所用评价标准值的取值时间要求。

14.2.2.5 样品采集和分析测定

环境监测过程必须按照规范的操作规程加以实施,才能获取科学可靠的监测信息。在进行环境监测工作时,必须按照相关的环境监测技术规范执行,如《地表水和污水监测技术规范》(HJ/T 91—2002)、《地下水环境监测技术规范》(HJ/T 164—2004)《水污染物排放总量监测技术规范》(HJ/T 92—2002)、《环境空气质量自动监测技术规范》(HJ/T 193—2005)、《环境空气质量手工监测技术规范》(HJ/T 194—2005)、《固定污染源排气中颗粒物测定和气态污染物采样方法》(GB/T 16157—1996)、《固定源废气监测技术规范》(HJ/T 397—2007)、《大气污染物无组织排放监测技术导则》(HJ/T 55—2000)、《土壤环境监测技术规范》(HJ/T 166—2004)、《声环境质量标准》(GB 3096—2008)、《工业企业厂界环境噪声排放标准》(GB 12348—2008)等。应该确保使用标准的最新版本。

污染物的监测分析方法,首先按相关的国家环境质量标准和污染物排放标准要求,采用其列出的标准测试方法。对相关标准中未列出的污染物和尚未列出测试方法的污染物,其测试方法按以下次序选择:国家现行的标准测试方法、行业现行的标准测试方法、国际现行的标准测试方法和国外现行的标准测试方法。对目前尚未建立标准方法的污染物测试,可参考国内外已经成熟但未上升为标准的测试技术,但应进行空白、检测限、平行双样、加标回收等适用性检验,并附加必要说明。

14.2.2.6 质量控制和质量保证

监测数据是环境监测的产品，监测结果应该满足代表性、准确性、精密性、可比性和完整性的质量要求。环境监测过程中对监测结果质量有影响的因素很多，包括监测点位布设、监测时间频次、测试系统、测试环境、监测方法、操作者素质和技术水平等。这诸多因素相互作用的结果，决定着监测工作的质量。全程序质量保证和质量控制（QA/QC），是科学管理实验室和监测系统的有效措施，是保证监测数据质量的可靠方法。

14.2.2.7 监测单位的资质要求

根据我国计量法和《实验室和检查机构资质认定管理办法》规定，向社会出具具有证明作用的数据和结果的实验室必须通过国家认证认可监督管理委员会和省级以上质量技术监督部门的资质认定，只有其基本条件和能力符合法律、行政法规以及相关技术规范或者标准实施的要求，才能获得资质认定证书，其出具的数据加盖CMA印章，具有证明作用。

实验室认可工作是我国完全与国际惯例接轨的一套国家实验室认可体系，有些外国独资企业或合资企业的环评项目，亦可委托通过实验室认可的监测单位实施监测方案。

14.3 环境监测方案

14.3.1 环境空气质量监测

14.3.1.1 监测因子

凡项目排放的污染物属于常规污染物的应筛选为监测因子。

凡项目排放的特征污染物有国家或地方环境质量标准的及《工业企业设计卫生标准》（TJ 36—79）中居住区大气中有害物质最高容许浓度的，应筛选为监测因子；对于项目排放的污染物属于毒性较大的，若没有相应环境质量标准，应按照实际情况，选取有代表性的污染物作为监测因子，同时应给出参考标准值和出处。

14.3.1.2 监测点布设

环境影响评价中的大气环境质量现状监测应根据《环境影响评价技术导则——大气环境》（HJ 2.2—2008），按照评价等级，采用极坐标布点法在评价范围内布点。

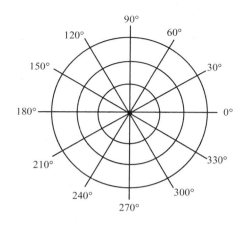

图 14-1　标有多个角度的极坐标网格

一级评价项目，监测点应包括评价范围内有代表性的环境空气保护目标，点位不少于 10 个。以监测期间所处季节的主导风向为轴向，取上风向为 0°，至少在约 0°、45°、90°、135°、180°、225°、270°、315°等方向上各设 1 个监测点，在主导风向下风向距离中心点（或主要排放源）不同距离，加密布设 1～3 个监测点。具体监测点位可根据局地地形条件、风频分布特征以及环境功能区、环境空气保护目标所在方位做适当调整。各个监测点要有代表性，环境监测值应能反映各环境空气敏感区、各环境功能区的环境质量，以及预计受项目影响的高浓度区的环境质量。各监测期环境空气敏感区的监测点位置应重合。预计受项目影响的高浓度区的监测点位，应根据各监测期所处季节主导风向进行调整。

二级评价项目，监测点应包括评价范围内有代表性的环境空气保护目标，点位不少于 6 个。对于地形复杂、污染程度空间分布差异较大，环境空气保护目标较多的区域，可酌情增加监测点数目。以监测期间所处季节的主导风向为轴向，取上风向为 0°，至少在约 0°、90°、180°、270° 等方向上各设 1 个监测点，主导风向应加密布点。具体监测点位根据局地地形条件、风频分布特征以及环境功能区、环境空气保护目标所在方位做适当调整。各个监测点要有代表性，环境监测值应能反映各环境空气敏感区、各环境功能区的环境质量，以及预计受项目影响的高浓度区的环境质量。如需进行二期监测，应与一级项目相同，根据各监测期所处季节主导风向调整监测点位。

三级评价项目，若评价范围内已有例行监测点位，或评价范围内有近 3 年的监测资料，且其监测数据有效性符合环评导则有关规定，并能满足项目评价要求的，可不再进行现状监测，否则，应设置 2～4 个监测点。若评价范围内没有其他污染源排放同种特征污染物的,可适当减少监测点位。以监测期间所处季节的主导风向为轴向,取上风向为0°,至少在约0°、180°的方向上各设置1个监测点,主导风向应加密布点,也可根据局地地形条件、风频分布特征以及环境功能区、环境空气保护目标所在方位做适当调整。各个监测点要有代表性,环境监测值应能反映各环境空气敏感区、各环境功能区的环境质量,以及预计受项目影响的高浓度区的环境质量。

对于公路、铁路等项目,应分别在各主要集中式排放源(如服务区、车站等大气污染源)评价范围内,选择有代表性的环境空气保护目标设置监测点位。

城市道路项目,可不受上述监测点设置数目限制,根据道路布局和车流量状况,并结合环境空气保护目标的分布情况,选择有代表性的环境空气保护目标设置监测点位。监测点的布设还应结合敏感点的垂直空间分布进行设置。

表 14-1　环境空气现状监测布点原则

	一级评价	二级评价	三级评价
监测点数	≥10	≥6	2~4
布点方法	极坐标布点法	极坐标布点法	极坐标布点法
布点方位	至少在约0°、45°、90°、135°、180°、225°、270°、315°等方向上布点,并且在下风向加密,可根据局地地形条件、风频分布特征以及环境功能区、环境空气保护目标所在方位做适当调整	至少在约0°、90°、180°、270°等方向上布点,并且在下风向加密,可根据局地地形条件、风频分布特征以及环境功能区、环境空气保护目标所在方位做适当调整	至少在约0°、180°等方向上布点,并且在下风向加密,可根据局地地形条件、风频分布特征以及环境功能区、环境空气保护目标所在方位做适当调整
布点要求	各个监测点要有代表性,环境监测值应能反映各环境空气敏感区、各环境功能区的环境质量,以及预计受项目影响的高浓度区的环境质量		

此外,还有扇形布点法、同心圆布点法和网格布点法等。

环境空气质量监测点位置的周边环境应符合相关环境监测技术规范的规定。监测点周围空间应开阔,采样口水平线与周围建筑物的高度夹角小于30°;监测点周围应有270°采样捕集空间,空气流动不受任何影响;避开局地污染源的影响,原则上20 m范围内应没有局地排放源;避开树木和吸附力较强的建筑物,一般在15~20 m范围内没有绿色乔木、灌木等。同时还应注意监测点的可到达性和电力保证。

14.3.1.3 监测时间和频次

一级评价项目应进行二期(冬季、夏季)监测;二级评价项目可取一期不利季节进行监测,必要时应作二期监测;三级评价项目必要时可作一期监测。

每期监测时间,至少应取得有季节代表性的7天有效数据,采样时间应符合监测资料的统计要求。对于评价范围内没有排放同种特征污染物的项目,可减少监测天数。

监测时间的安排和采用的监测手段，应能同时满足环境空气质量现状调查、污染源资料验证及预测模式的需要。监测时应使用空气自动监测设备，在不具备自动连续监测条件时，1h 浓度监测值应遵循下列原则：一级评价项目每天监测时段，应至少获取当地时间 02、05、08、11、14、17、20、23 时 8h 浓度值，二级和三级评价项目每天监测时段，至少获取当地时间 02、08、14、20 时 4h 浓度值。同时，1 h 平均浓度和日平均浓度监测值应符合《环境空气质量标准》（GB 3095—1996）对数据的有效性规定，见表 14-2。

表 14-2　各项污染物数据统计的有效性规定

污染物	取值时间	数据有效性规定
SO_2、NO_x、NO_2	年平均	每年至少有分布均匀的 144 d 均值 每月至少有分布均匀的 12 d 均值
TSP、PM_{10}、Pb	年平均	每年至少有分布均匀的 60 d 均值 每月至少有分布均匀的 5 d 均值
SO_2、NO_x、NO_2、CO	日平均	每日至少有 18 h 的采样时间
TSP、PM_{10}、B[a]P、Pb	日平均	每日至少有 12 h 的采样时间
SO_2、NO_x、NO_2、CO、O_3	1 h 平均	每小时至少有 45 min 的采样时间
Pb	季平均	每季至少有分布均匀的 15 d 均值 每月至少有分布均匀的 5 d 均值
F	月平均	每月至少采样 15 d 以上
	植物生长季平均	每一个生长季至少有 70% 个月平均值
	日平均	每日至少有 12 h 的采样时间
	1 h 平均	每小时至少有 45 min 的采样时间

对于部分无法进行连续监测的特殊污染物，可监测其一次浓度值。监测时间须满足所用评价标准值的取值时间要求。

表 14-3　环境空气质量现状监测时间和频次

内容		一级评价	二级评价	三级评价
监测季节		二期 （冬季、夏季）	一期不利季节	近 3 年监测资料或补充监测
监测时段		7 d 有效数据		
采样 时间	小时、日均值采样	符合 GB 3095 对数据有效性的规定		
	在不具备连续自动监测条件下，小时浓度监测要求	02、05、08、11、14、17、20、23 时 8 h 浓度值	02、08、14、20 时 4 h 浓度值	

14.3.1.4 样品采集和分析方法

样品的采集按《环境空气质量自动监测技术规范》（HJ/T 193—2005）和《环境空气质量手工监测技术规范》（HJ/T 194—2005）执行。

涉及《环境空气质量标准》（GB 3095—1996）中各项污染物的监测方法，应符合该标准对监测方法的规定。其他污染物首先选择国家或环保部发布的标准监测方法。对尚未制定环境标准的非常规大气污染物，可参照 ISO 等国际组织和国内外相应的监测方法。并注明方法的适用性及其引用依据，并报请环保主管部门批准。

监测方法的选择，应满足项目监测目的，并注意其适用范围、检出限、有效测定范围等监测要求。

14.3.1.5 气象观测

在进行环境空气质量监测的同时，应测量风向、风速、气温、气压等气象参数，并同步收集项目位置附近有代表性，且与环境空气质量现状监测时间相对应的常规地面气象观测资料。

14.3.1.6 监测结果统计分析

（1）以列表的方式给出各监测点大气污染物的不同取值时间的浓度变化范围，计算并列表给出各取值时间最大浓度值占相应标准浓度限值的百分比和超标率，并评价达标情况。超标率按下式计算：

$$超标率 = （超标数据个数 \div 总监测数据个数）\times 100\%$$

（2）分析大气污染物浓度的日变化规律以及大气污染物浓度与地面风向、风速等气象因素及污染源排放的关系。

（3）分析重污染时间分布情况及影响因素。

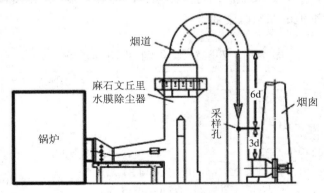

图 14-2　固定源废气监测采样点位置

14.3.2 固定源废气监测

14.3.2.1 监测项目

　　根据建设项目的工程分析和相关的大气污染物排放标准确定监测项目。对于尚未有行业排放标准的项目，可依照大气污染物综合排放标准。

14.3.2.2 监测工况要求

　　应根据相关污染物排放标准的要求，在其规定的工况条件下进行监测。标准中没有明确规定的，应在生产设备和环保设施处于正常运行状态、工况稳定的情况下进行监测。

14.3.2.3 采样点位设置

　　废气污染物排放的监测，应在烟囱和排气筒或排气管道上开设采样孔进行采样。采样孔和测点位置、采样方法按照《固定污染源排气中颗粒物测定和气态污染物采样方法》（GB/T 16157—1996）和《固定源废气监测技术规范》（HJ/T 397—2007）执行。

　　排气流速测定和颗粒物采样，采样位置应设置在气流平稳的管道，避开烟道弯头和断面急剧变化的部位，优先选择在垂直管段。采样位置距弯头、阀门、变径管下游方向不小于 6 倍直径和距上述部件上游方向不小于 3 倍直径处。

　　在排气管道的采样断面上，分成适当数量的等面积同心环（圆形管道）或矩形小块（矩形管道），各测点选在各环等面积中心线与通过采样孔直径的交点或各矩形小块的中心。

　　对于气态污染物，由于混合比较均匀，其采样位置可不受上述规定限制，但应避开涡流区。如果同时测定排气流量，采样位置仍按前述选取。

　　在测定废气处理设施的净化效率时，要分别在处理设施进口和出口管道上开设采样孔，同步进行采样监测。

14.3.2.4 采样和分析方法

　　采样和分析方法应采用国家或行业的标准方法。颗粒物用滤筒采样，重量法测定。样品消解处理后，可用原子吸收分光光度法或电感耦合等离子体原子发射光谱法对其中的重金属成分进行分析。气态污染物用吸收溶液采集后，使用分光光度法分析。二氧化硫、氮氧化物、一氧化碳等也可以用便携式仪器在现场监测。有机污染物可用吸附管或气袋、苏码罐等采样，用气相色谱法分析。

14.3.2.5 采样频次和采样时间

相关标准中对采样频次和采样时间有规定的，按标准的规定执行。否则，一般情况下，排气筒中废气的采样，以连续 1 h 的采样获取平均值，或在 1 h 内，以等时间间隔采集 3～4 个样品，计算平均值。

14.3.2.6 数据处理

废气污染物测量结果一般以标准状态下的干排气浓度表示，即温度为 273 K（0℃），压力为 101.3 kPa 条件下，不含水分的排气中污染物浓度（mg/m³）。同时，要报出污染物的排放速率（kg/h）。因此在采样监测时，必须同时测定排气温度、压力、水分含量等参数，以及排气的流速和流量。

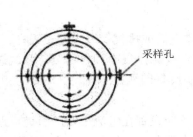

图 14-3　圆形断面的测定点　　　　图 14-4　矩形断面的测定点

对火电厂、锅炉、工业炉窑、焚烧炉等进行监测时，要同时测定烟气中的含氧量，污染物的实测浓度要按相关排放标准规定的烟气过量空气系数、掺风系数进行折算，得到排放浓度，作为监测结果报出。

14.3.2.7 质量保证和质量控制

污染源废气监测是环境监测中最为困难的领域之一，要尽可能采集到均匀的有代表性的样品，防止排气中气体和水分的冷凝、采集管的黏附等造成样品的损失。对采样工况的监督、流量计的校准、采样系统的检漏、质控样的分析等都是质量控制的基本要求。

14.3.3　大气污染物无组织排放监测

无组织排放指大气污染物不经过排气筒的无规则排放。无组织排放源是指设置于露天环境中具有无组织排放的设施，或指具有无组织排放的建筑构造（如车间、工棚等）。露天煤场和干灰场也属于无组织排放源。

14.3.3.1　监测项目

根据建设项目工程分析，明确无组织排放的主要污染物种类，并依照相关行业污染物排放标准或《大气污染物综合排放标准》（GB 16297—1996）确定监测项目。

14.3.3.2　监测工况要求

被测无组织排放源的排放负荷应处于相对较高的状态，至少要处于正常生产和排放状态。

14.3.3.3　气象条件

监测期间的风向变化、平均风速和大气稳定度三项指标对污染物的稀释和扩散影响很大，通常较适宜进行无组织排放监测的气象条件为：10 min 平均风向的标准差小于 30°；平均风速小于 3 m/s；大气稳定度为 F、E 和 D。

14.3.3.4　采样点位设置

采样点位的设置按照《大气污染物无组织排放监测技术导则》（HJ/T 55—2000）规定执行。

二氧化硫、氮氧化物、颗粒物和氟化物具有显著的本底（或称背景）值，对于现有污染源，在无组织排放源下风向设监控点，同时在上风向设参照点。监控点设在无组织排放源下风向 2～50 m 范围内的浓度最高点，相对应的参照点设在排放源上风向 2～50 m 范围内。参照点应不受或尽可能少受被测无组织排放源及其他排放源的影响，要以能够代表监控点的污染物本底浓度为原则。

对于其他一般情况，在单位周界外设监控点，监控点设在单位周界外 10 m 范围内的浓度最高点。

按规定监控点最多可设 4 个，参照点只设 1 个。

14.3.3.5　监测时间和频次

无组织排放监控点和参照点监测的采样，一般采用连续 1 h 采样计平均值；若污染物浓度过低，需要时可适当延长采样时间；若分析方法灵敏度高，仅需用短时间采集样品时，应实行在 1 h 内等时间间隔采样，采集 4 个样品计平均值。

14.3.3.6　监测结果计算

以监控点中的浓度最高点测值与参照点浓度之差值，或周界外浓度最高点浓度值作为监测结果。

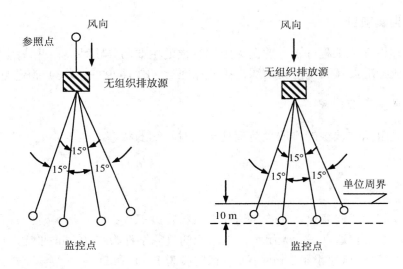

图 14-5　在排放源上下风向分别设置　　　图 14-6　单位周界监控点的设置
　　　　　参照点和监控点

14.3.4 地表水监测

14.3.4.1 监测项目

（1）常规水质因子，以《地表水环境质量标准》（GB 3838—2002）中所列的 pH 值、溶解氧、高锰酸盐指数或化学耗氧量、五日生化需氧量、总氮或氨氮、酚、氰化物、砷、汞、铬（六价）、总磷及水温为基础，根据水域类别、评价等级及污染源状况适当增减。

（2）特殊水质因子，可按照《环境影响评价技术导则—地面水环境》（HJ/T 2.3—93）中所列行业特征水质参数表进行选择，根据建设项目特点、水域类别和评价等级适当删减。

14.3.4.2 河流水质采样

（1）取样断面的布设

河流一般布设对照断面（在排污口上游包括上游所有污染源入河的位置），对照断面（在排污口下游、污水和地表径流刚好混匀处）；削减断面和背景断面。

① 调查范围的两端应布设取样断面；

② 调查范围内重点保护水域、重点保护对象附近水域应布设取样断面；

③ 水文特征突然变化处（如支流汇入处等）、水质急剧变化处（如污水排入

处等）、重点水工构筑物（如取水口、桥梁涵洞等）附近、水文站附近等应布设取样断面；

④ 适当考虑其他需要进行水质预测的地点。

⑤ 在拟建排污口上游（小于 500 m 处）应设置一个取样断面。

（2）取样断面上取样点的布设

① 取样垂线的确定。

当河流断面形状为矩形或近似于矩形时，可按下列原则布设。

小河：在取样断面的主流线上设一条取样垂线。

大、中河：河宽在 50～100 m 的，在取样断面上各距岸边 1/3 水面宽处设一条取样垂线（垂线应设在有较明显水流处），共设两条取样垂线；河宽大于 50 m 的，在主流线上及距两岸不少于 0.5 m 并有明显水流的地方各设一条取样垂线，共设三条取样垂线。

特大河：指河宽大于 100 m 的河流，由于河流过宽，应适当增加取样垂线，而且主流线两侧的垂线数目不必相等，拟设置排污口一侧可以多一些。

② 垂线上取样水深的确定。

在一条垂线上，水深大于 5 m 时，在水面下 0.5 m 水深处及距河底 0.5 m 处，各取样一个；水深为 1～5 m 时，只在水面下 0.5 m 处取一个样；在水深不足 1 m 时，取样点距水面不应小于 0.3 m，距河底也不应小于 0.3 m。

对于三级评价的小河，不论河水深浅，只在一条垂线上取一个样，一般情况下取样点应在水面下 0.5 m 处，距河底不应小于 0.3 m。

（3）取样方式

三级评价：需要预测混合过程段水质的场合，每次应将该段内各取样断面中每条垂线上的水样混合成一个水样（不包括 pH、水温和 DO）。其他情况每个取样断面每次只取一个混合水样，即在该断面上，各处所取的水样混匀成一个水样。

二级评价：同三级评价。

一级评价：每个取样点的水样均应分析，不取混合样。

此外，含有油类、藻类的区域不能只取水面下水，应连表层水一起采。

14.3.4.3　湖泊、水库水质采样

（1）取样位置的布设原则、方法和数目

在湖泊、水库中布设取样位置时，应尽量覆盖整个调查范围，并能切实反映湖泊、水库的水质和水文特点（如进水区、出水区、深水区、浅水区、岸边区等）。可采用以建设项目的排放口为中心，向周围辐射，布设采样位置，每个取样位置的间隔可参考下列数字。

① 大中型湖泊、水库。

当建设项目污水排放量<50 000 m³/d 时：一级评价每 1～2.5 km² 布设一个取样位置；二级评价每 1.5～3.5 km² 布设一个取样位置；三级评价每 2～4 km² 布设一个取样位置。

当建设项目污水排放量>50 000 m³/d 时：一级评价每 3～6 km² 布设一个取样位置；二、三级评价每 4～7 km² 布设一个取样位置。

② 小型湖泊、水库。

当建设项目污水排放量<50 000 m³/d 时：一级评价每 0.5～1.5 km² 布设一个取样位置；二、三级评价每 1～2 km² 布设一个取样位置。

当建设项目污水排放量>50 000 m³/d 时：各级评价每 0.5～1.5 km² 布设一个取样位置。

（2）取样位置上取样点的布设

大中型湖泊、水库，当平均水深<10 m 时，取样点设在水面下 0.5 m 处，但此点距底不应小于 0.5 m。当平均水深≥10 m 时，首先要根据现有资料查明此湖泊（水库）有无温度分层现象，如无资料可供利用，应先测水温。在取样位置水面以下 0.5 m 处测水温，以下每隔 2 m 水深测一个水温值，如发现两点间温度变化较大时，应在这两点间酌量加测几点的水温，目的是找到斜温层。找到斜温层后，在水面下 0.5 m 及斜温层以下，距底 0.5 m 以上各取一个水样。

小型湖泊、水库，当平均水深<10 m 时，在水面下 0.5 m 并距底不小于 0.5 m 处设一取样点；当平均水深≥10 m 时，在水面下 0.5 m 处和水深 10 m 并距底不小于 0.5 m 处各设一取样点。

（3）取样方式

对于小型湖泊、水库，水深<10 m 时，每个取样位置取一个水样；如水深≥10 m 时，则只取一个混合样，在上下层水质差别较大时，可不进行混合。大中型湖泊、水库，各取样位置上不同深度的水样均不混合。

14.3.4.4　监测频次

（1）在所规定的不同规模河流、湖泊（水库）、不同评价等级的调查时期中，每期调查一次，每次调查 3～4 d；至少有一天对所有已选取定的水质参数取样分析，其他天数根据预测需要，配合水文测量对拟预测的水质参数取样。

（2）表层溶解氧和水温每隔 6 h 测一次，并在调查期内适当检测藻类。

14.3.4.5　分析方法

分析方法首选国家环境质量标准中列出的标准测试方法。对国家环境质量标准未列出的污染物和尚未列出测试方法的污染物，选择国家现行的标准测试方法、行业现行标准测试方法、统一方法或推荐方法等。

当使用非标准方法或统一方法监测分析时，应进行等效性或实用性检验，如平行双样、加标回收、质控样测定等，且应适当增加平行双样和加标样的监测频次。

14.3.5 地下水监测

地下水环境现状监测主要通过对地下水水位、水质的动态监测，了解和查明地下水水流与地下水化学组分的空间分布现状和发展趋势，为地下水环境现状评价和环境影响预测提供基础资料。地下水环境监测应以浅层地下水和有开发利用价值的含水层为主，适当兼顾与目标含水层有水力联系的其他含水层或地表水体。

14.3.5.1 监测项目

地下水水质监测项目的选择，应根据建设项目行业污水特点、评价等级和存在或可能引发的环境水文地质问题而确定。即评价等级较高，环境水文地质条件复杂的地区可适当多取，反之可适当减少。

14.3.5.2 监测布点

（1）地下水环境监测点采用控制性布点与功能性布点相结合的原则，监测点应重点布置在不同的水文地质单元、主要含水层、易污染含水层和已污染含水层，以及主要环境水文地质问题的易发区或已发区等。一般情况下，地下水水位监测点数应大于各级地下水水质监测点数的 2 倍以上。

（2）一级评价项目的地下水水质监测点应大于 7 个点（含 7 个点）。一般要求建设项目场地上游和两侧的地下水水质监测点各应大于 1 个点（含 1 个点），建设项目场地及其下游影响区的地下水水质监测点不得少于 3 个点。

（3）二级评价项目的地下水水质监测点不得小于 5 个点。一般要求建设项目场地上游和两侧的地下水水质监测点各不得少于 1 个点，建设项目场地及其下游影响区的地下水水质监测不得少于 2 个点。

（4）三级评价项目的地下水水质监测点不得小于 3 个点。一般要求建设项目场地上游不得少于 1 个点，建设项目场地及其下游影响区的地下水水质监测点不得少于 2 个点。

以上各等级的评价项目的地下水水质监测点可根据实际需要增减。

14.3.5.3 监测时间和频次

地下水环境监测时段，应在能代表当地地下水枯、平、丰水期的月份中进行。

地下水环境监测频次应符合下列要求：

（1）评价等级为一级的建设项目，应分别在枯、丰、平水期各监测一次。

（2）评价等级为二级的建设项目，应分别在枯、丰水期各监测一次。

（3）评价等级为三级的建设项目，应尽可能在枯水期监测一次。

14.3.5.4 采样及分析方法

水样的采集和保存，按照《地下水环境监测技术规范》（HJ/T 164—2004）执行。分析方法优先选用国家或行业标准分析方法；尚无国家或行业标准分析方法的监测项目，可选用行业统一分析方法或行业规范；采用经过验证的 ISO、美国 EPA、日本 JIS 等其他等效分析方法，其检出限、准确度、精密度应能达到质控要求。pH、DO、水温等不稳定项目应在现场测定。

14.3.6 污水监测

14.3.6.1 监测项目

根据建设项目排水中的特征污染物和相关的行业废水污染物排放标准确定监测项目。对于尚未有行业排放标准的项目，可依据《污水综合排放标准》（GB 8978—1996）。监测项目还应包括废水产生量、排放量、水的重复利用情况等。

14.3.6.2 监测点位

第一类污染物：总汞、烷基汞、总镉、总铬、六价铬、总砷、总铅、总镍、苯并[a]芘、总铍、总银、总 α 放射性、总 β 放射性等 13 项污染因子的采样点一律设在车间或车间处理设施排口。因多氯联苯（PCB）、多溴联苯（PBB）对人体健康和生态环境影响较大，也在车间外排口采样。

第二类污染物采样点位一律设在排污单位的外排口。

如需评价污水处理设施的处理效率，还需在处理设施的污水进口和出口同时采样。

14.3.6.3 采样频次

工业废水按照生产周期和生产特点确定监测频次，生产周期在 8 h 以内的，每 2 h 采样一次；生产周期大于 8 h 的，每 4 h 采样一次。24 h 不少于 2 次。相关行业排放标准有规定的，应按照标准确定的频次执行。

14.3.6.4 采样分析方法

执行《地表水和污水监测技术规范》（HJ/T 91—2002）、《水污染物排放总量监测技术规范》（HJ/T 92—2002），以及相关排放标准的要求。

有自动在线监测设备时，数据经审核符合质量保证和质量控制要求，在质量上能与标准方法可比，可采用在线监测数据。

14.3.6.5 水污染物排放总量监测

按照《水污染物排放总量监测技术规范》（HJ/T 92—2002）的规定，有四种总量监测的方式。

（1）物料衡算

日排水量 100 t 以下的排污单位，以物料衡算法、排污系数法统计排污总量。目前尚没有规定排污系数，或物料衡算误差超过 30% 的，必须按下述（2）执行。

（2）环境监测与统计相结合

日排水量 100～500 t 的排污单位，每年至少监测 4 次，即隔季或隔月采样监测，核实排水量、污染物排放浓度及总量，并与统计数据进行核对，误差大于 30% 时按下述（3）执行。

（3）等比例采样实验室分析

500 t＜日排水量＜1 000 t 时，使用流量比例采样，或以 1 h 为间隔的时间比例采样。实验室分析混合样。

（4）自动在线监测

适用于日排水量≥1 000 t 的排污单位。

14.3.6.6 质量保证和质量控制

（1）现场质量保证

采样人员应持证上岗；采样时要详细了解排污单位的生产状况，应特别注意样品的代表性；必须保证采样器、采样容器的清洁，避免水样受到沾污；在输送、保存过程中保持待测组分不发生变化，必要时应在现场加入保存剂进行固定，需要冷藏的样品应在低温下保存；采样时需采集不少于 10% 的现场平行样；应认真填写采样记录，及时做好样品交接工作。

（2）实验室质量保证

分析人员必须持证上岗；各种计量器具应定期检定，经常维护和正确使用；保证水和试剂的纯度要求；注意实验室环境，防止交叉干扰；校准曲线一般应绘制工作曲线；采用空白试验、平行样、质控样、加标回收等质控措施。

14.3.7 土壤环境监测

14.3.7.1 监测项目

土壤环境质量是以土壤中某些物质的含量来表征的，大气和地面水体中的污染物都可能成为土壤污染物。土壤污染物主要有以下几类：

（1）有机污染物，其中数量较大、毒性较大的是化学农药，主要分为有机氯和有机磷农药两大类。有机氯农药主要包括 DDT、六六六、艾氏剂等。有机磷农药主要包括马拉硫磷、对硫磷、敌敌畏等。此外还有各种杀虫剂、酚、石油类、苯并[a]芘和其他有机化合物。

（2）重金属，如镉、汞、铬、铅、铜、锌；非金属毒物有砷、氟。

（3）土壤 pH 值、全氮量及硝态氮量、全磷量、各种化肥。

（4）放射性元素，如铯、锶、氚等。

在进行拟建工程的土壤环境影响评价时，参照上述污染因子，根据拟建工程排放的主要污染物、当地大气、地面水和土壤中的主要污染物，选择监测项目。

14.3.7.2 采样点的布设

采样点位布设方法应根据土地面积和地形选择使用对角线法、梅花形法、棋形法或蛇形法等。

建设项目土壤环境评价监测，采样点总数不少于 5 个。每 100 hm^2 占地面积，采样点数目不少于 5 个，其中小型建设项目设 1 个柱状样采样点，大中型建设项目不少于 3 个柱状样采样点，特大型建设项目或对土壤环境影响敏感的建设项目不少于 5 个柱状样采样点。

建设工程生产或者将要生产导致的污染物，以工艺烟雾（尘）、污水、固体废物等形式污染周围土壤环境，采样点以污染源为中心放射状布设为主，在主导风向和地表水的径流方向适当增加采样点（离污染源的距离远于其他点）；以水污染型为主的土壤按水流方向带状布点，采样点自纳污口起由密渐疏；综合污染型土壤监测布点采用综合放射状、均匀、带状布点法。

14.3.7.3 样品采集及土样制备

表层土样采集深度 0～20 cm；每个柱状样取样深度都为 100 cm，分取三个土样：表层样（0～20 cm）、中层样（20～60 cm）、深层样（60～100 cm）。

每个土壤样品采集 1 kg 左右。测量重金属的样品，取样时应除去接触铁铲部分的土壤，以免污染。采到的土壤样品应先挑出石块、木棒、树叶等非土壤物质，剔除异物之后，经混匀再用四分法缩分得到有代表性的土壤。

当测定除 Hg、As 之外的重金属如 Pb、Cd 等时，将土样风干或烘后，磨细过筛，称量适当土样用酸消解后测定；由于 Hg、As 易挥发，只能风干后称样消解测定，千万不可烘干。这类土样使用聚乙烯袋封装。

在测定 DDT、六六六及有机污染物时，土壤不能风干，否则测定成分会挥发损失。应测定含水分的原始湿样，经索氏提取后测定，同时测量含水量，扣除失水后以干基表示其含量。这类土样不能用布袋封装，应装入棕色磨口玻璃瓶中。

14.3.7.4 分析方法和质量控制

根据《土壤环境监测技术规范》（HJ/T 166—2004），土壤分析方法可分为三个层次：

第一方法：标准方法（即仲裁方法），按土壤环境质量标准中选配的分析方法。

第二方法：由权威部门规定或推荐的方法。

第三方法：根据各地实情，自选等效方法，但应作标准样品验证或比对实验，其检出限、准确度、精密度不低于相应的通用方法要求水平或待测物准确定量的要求。

一般需要分析土壤中重金属元素、微量元素、农药及其他污染物质的含量。

土壤样品消解或提取等制样过程的误差是监测结果误差的主要来源。因此，在处理土样时必须同时用标准土壤进行分析全过程的质量控制。

平行双样、加标样不少于 10%是必须达到的质控要求。此外全程序空白，方法检测限都应同时确定。

14.3.8 声环境监测

根据监测目的和对象的不同，分别按照环境影响评价技术导则和下列相关标准或方法的最新版本执行。《环境影响评价技术导则　声环境》（HJ 2.4—2009）、《声环境质量标准》（GB 3096—2008）、《工业企业厂界环境噪声排放标准》（GB 12348—2008）、《社会生活环境噪声排放标准》（GB 22337—2008）、《机场周围飞机噪声测量方法》（GB/T 9661—1988）、《建筑施工场噪声测量方法》（GB 12524—1990）、《铁路边界噪声限值及其测量方法》（GB 12525—1990）等。

14.3.8.1 环境噪声监测

（1）监测布点原则

① 布点应覆盖整个评价范围，包括厂界（或场界、边界）和敏感目标。当敏感目标高于（含）三层建筑时，还应选取有代表性的不同楼层设置测点。

② 评价范围内没有明显的声源（如工业噪声、交通运输噪声、建设施工噪声、社会生活噪声等），且声级较低时，可选择有代表性的区域布设测点。

③ 评价范围内有明显的声源，并对敏感目标的声环境质量有影响，或建设项目为改、扩建工程，应根据声源种类采取不同的监测布点原则。

1）当声源为固定源时，现状测点应重点布设在可能既受到现有声源影响，又受到建设项目声源影响的敏感目标处，以及有代表性的敏感目标处；为满足预测需要，也可在距离现有声源不同距离处设衰减测点。

2）当声源为流动声源。且呈线声源特点时，现状测点位置选取应兼顾敏感目标的分布状况、工程特点及线声源噪声影响随距离衰减的特点，布设具有代表性的敏感目标处。为满足预测需要，也可选取若干线声源的垂线，在垂线上距声源不同距离处布设监测点。其余敏感目标的现状声级可通过具有代表性的敏感目标噪声的验证和计算求得。

3）对于改、扩建机场工程，测点一般布设在主要敏感目标处，测点数量可根据机场飞行量及周围敏感目标情况确定，现有单条跑道、二条跑道或三条跑道的机场可分别布设 3～9、9～14 或 12～18 个飞机噪声测点，跑道增多可进一步增加测点。其余敏感目标的现状飞机噪声声级可通过测点飞机噪声声级的验证和计算求得。

（2）环境噪声测点选择

根据监测对象和目的，可选择以下三种测点条件（指传声器所在位置）进行环境噪声的测量：

① 一般户外。距离任何反射面（地面除外）至少 3.5 m，距地面高度 1.2 m 以上。必要时可置于高层建筑上，以扩大监测受声面积。使用监测车辆测量传声器应固定在车顶部 1.2 m 高度处。

② 噪声敏感建筑物户外。在噪声敏感建筑物外，距墙壁或窗户 1 m 处，距地面高度 1.2 m 以上。

③ 噪声敏感建筑物室内。距墙壁和其他反射面至少 1 m，距窗约 1.5 m，距地面 1.2～1.5 m 高。

（3）测量时段

应在声源正常运行工况的条件下测量。每一测点，应分别进行昼间、夜间的测量。对于噪声起伏较大的情况（如道路交通噪声、铁路噪声、飞机机场噪声）应增加昼间、夜间的测量次数。

（4）气象条件

测量应在无雨雪、无雷电天气，风速 5m/s 以下时进行。

（5）监测类型和方法

根据监测对象和目的，环境噪声监测分为声环境功能区监测和噪声敏感建筑物监测两种类型。分别采用《声环境质量标准》（GB 3096—2008）附录 B 和附录 C 规定的监测方法。

14.3.8.2 工厂企业厂界噪声监测

（1）测量条件

测量应在无雨雪、无雷电天气，风速 5m/s 以下时进行。不得不在特殊气象条件下测量时，应采取必要措施保证测量准确性，同时注明当时所采取的措施及气象情况。

测量应在被测声源正常工作时间进行，同时注明当时的工况。

（2）测点位置

① 测点布设：根据工业企业声源、周围噪声敏感建筑物的布局以及毗邻的区域类别，在工业企业厂界布设多个测点，其中包括距噪声敏感建筑物较近以及受被测声源影响大的位置。

② 测点位置一般规定：一般情况下，测点选在工业企业厂界外 1 m、高度 1.2 m 以上、距任一反射面距离不小于 1 m 的位置。

③ 测点位置其他规定：

● 当厂界有围墙且周围有受影响的噪声敏感建筑物时，测点应选在厂界外 1 m、高于围墙 0.5 m 以上的位置。

● 当厂界无法测量到声源的实际排放状况（如声源位于高空、厂界设有声屏障等），应按②设置测点，同时在受影响的噪声敏感建筑物户外 1 m 处另设测点。

● 室内噪声测量时，室内测量点位设在距任一反射面至少 0.5 m 以上、距地面 1.2 m 高度处，在受噪声影响方向的窗户开启状态下测量。

● 固定设备结构传声至噪声敏感建筑物室内，在噪声敏感建筑物室内测量时测点应距任一反射面至少 0.5 m 以上、距地面 1.2 m、距外窗 1 m 以上，窗户关闭状态下测量。被测房屋内的其他可能干扰测量的声源应关闭。

当厂界与噪声敏感建筑物距离小于 1 m 时，厂界环境噪声应在噪声敏感建筑物的室内测量，并将相应限值减 10 dB（A）作为评价依据。

（3）测量时段

分别在昼间、夜间两个时段测量。夜间有频发、偶发噪声影响时测量最大声级。被测声源是稳态噪声，采用 1 min 的等效声级；被测声源是非稳态噪声，测量被测声源有代表性时段的等效声级，必要时测量被测声源整个正常工作时段的等效声级。

（4）背景噪声测量

测量环境不受被测声源影响且其他声环境与测量被测声源保持一致。测量时段与被测声源的时间长度相同。

（5）测量结果修正

① 噪声测量值与背景噪声值相差大于 10dB（A）时，噪声测量值不做修正。

② 噪声测量值与背景噪声值相差在 3～10 dB（A）时，噪声测量值与背景噪声值的差值取整后，按表 14-4 进行修正。

表 14-4　测量结果修正表

差值	3	4～5	6～10
修正值	－3	－2	－1

③ 噪声测量值与背景噪声值相差小于 3dB（A）时，应采取措施降低背景噪声

后，视情况按①或②执行。仍无法满足前二款要求的，应按环境噪声监测技术规范有关规定执行。

（6）测量结果评价

各个测点的测量结果应单独评价。同一测点每天的测量结果按昼间、夜间进行评价。最大声级 L_{max} 直接评价。

14.3.8.3　建筑施工厂界噪声监测

（1）测量条件

测量应选在无雨雪、无雷电的气候时进行，当风速超过 1 m/s 时，要求测量时加防风罩，如风速超过 5 m/s 时，应停止测量。测量期间，各施工机械处于正常运行状态，并应包括不断进入或离开场地的车辆，以及在施工场地运转的车辆，这些都属于施工场地范围以内的建筑施工活动。

（2）测点位置

根据被测建筑施工场地的建筑作业方位和活动形式，确定噪声敏感建筑或区域的方位，并在建筑施工场地边界线上选择离敏感建筑物或区域最近的点作为测点。由于敏感建筑物方位不同，对于一个建筑施工场地，可同时有几个测点。传声器处于距地面 1.2 m 的边界线敏感处。如果边界处有围墙，也可将传声器置于 1.2 m 以上高度。

（3）测量时段

分别在昼间、夜间两个时段测量。

（4）背景噪声

当建筑场地停止施工时测量背景噪声。背景噪声应比测量噪声低 10 dB（A）以上，若测量值与背景噪声值相差小于 10 dB（A），按标准规定进行修正。

14.3.9　环境振动测量

14.3.9.1　城市区域环境振动测量

按照《城市区域环境振动测量方法》（GB 10071—88）执行。

（1）测量量

测量量为铅垂向 Z 振级。

（2）测量方法和评价量

采用的仪器时间计权常数为 1 s。

对于稳态振动，每个测点测量一次，取 5 s 内的平均示数作为评价量；

对于冲击振动，取每次冲击过程中的最大示数作为评价量；对于重复出现的冲击振动，以 10 次读数的算术平均值作为评价量；

对于无规振动，每个测点等间隔地读取瞬时示数，采样间隔不大于 5 s，连续测量时间不少于 1 000 s，以测量数据的 $VL_{Z, 10}$ 值为评价量；

对于铁路振动，读取每列车通过过程中的最大示数，每个测点连续测量 20 列车，以 20 次读值的算术平均值作为评价量。

（3）测点位置

测点置于建筑物室外 0.5 m 以内振动敏感处。必要时，测点置于建筑物室内。

（4）振动传感器的放置

① 振动传感器应平稳地安放在平坦、坚实的地面上。避免置于如草地、沙地、雪地或地毯等松软的地面上。

② 振动传感器的灵敏度主轴方向应与测量方向一致。

（5）测量条件

测量时振源应处于正常工作状态，测量应避免足以引起环境振动测量值的其他环境因素，如剧烈的温度梯度变化、强电磁场、强风、地震或其他非振动污染源引起的干扰。

14.3.9.2 铁路环境振动测量

按照《铁路环境振动测量》（TB/T 3152—2007）执行。

（1）测量量

测量的量为铅垂向的 $VL_{Z, max}$、$VL_{Z, eq}$ 和 $VL_{Z, 10}$。

（2）测量内容

测量内容应包括：

① 各测点每次列车通过时段的 $VL_{Z, max}$；

② 各测点每次列车通过时段的 $VL_{Z, eq}$，不采用等效 Z 振级作为评价量和参考量时，可不做此项测量；

③ 各测点背景振动的 $VL_{Z, 10}$。

（3）测点布设

测点的选择应具有代表性，能够使测量结果正确反映所代表区段的铁路振动状况。测点布设分为 2 类：

① 距铁路外轨中心线 30m 处测点——反映铁路两侧 30m 处的振动状况；每个典型位置和典型区段至少应设 1 个测点。对于仅用于评价敏感点或敏感区的测量，可不布设距铁路外轨中心线 30m 处测点。

② 敏感测点——布设在敏感点或敏感区内的测点，反映敏感点或敏感区的铁路振动状况。敏感区内应在相应的距铁路外轨中心线 30m 测点位置设置垂直于铁路走向的测量断面，每个测量断面上应布设 2～3 个敏感测点。距离铁路最远的测点位置不宜大于 100m。同一测量断面内的测点，应采用同步测量的方法。

（4）测点位置

测点置于建筑物室外 0.5 m 以内振动敏感处。必要时，测点置于建筑物室内。

测点布设宜远离公路、工厂、施工现场等非铁路振动源。当无法远离时，应在测量时间上避开这些非铁路振动的干扰。

（5）测量方法

测量每次列车车头至车尾通过测点时的 $VL_{Z, max}$ 和 $VL_{Z, eq}$。每个测点分别连续测量昼、夜间 20 次列车；对于车流密度较低的线路，可以测量昼间不小于 4 h、夜间不小于 2 h 内通过的列车。测量结果以昼间、夜间所测数据的算术平均值表示。

测量时，每个测点测量时间不少于 1 000 s。为避免铁路振动的影响，允许采用间断测量的方法，但累计测量时间应不少于 1 000 s。

铁路振动与背景振动的差值小于 10 dB 时，测量结果应按表 14-5 进行修正。若背景振动低于 5 dB 以下，测量结果仅作参考值。

表 14-5　背景振动修正值　　　　　　　　　　　单位：dB

铁路环境振动与背景振动差值	试验读数的修正值
≥10	0
6～9	−1
5	−2

14.4　监测数据的判断和使用

环评单位制定出监测计划和监测方案后，委托有资质的监测机构实施监测。环评人员不仅要了解环境监测的主要技术环节，懂得根据需要制定环境监测方案，还要能够对监测数据的质量和合理性做出判断，正确选择和使用监测数据。这也是环评人员必须具备的素质要求。

14.4.1　监测数据的质量要求

监测数据是环境监测的产品，从质量保证和质量控制的角度出发，为了使监测数据能够准确地反映环境质量和污染物排放的状况，预测污染的发展趋势，要求环境监测数据具有代表性、准确性、精密性、可比性和完整性。环境监测数据的"五性"反映了对监测工作的质量要求，是判定监测数据质量水平的重要依据。

14.4.1.1　代表性

代表性是指在具有代表性的时间和地点，并按照规定的采样要求采集有效样品，所采集的样品必须能反映环境总体的真实状况。任何污染物在环境中的分布不可能是十分均匀的，因此要使监测数据如实反映环境质量状况和污染源的排放情况，必须充分考虑到所测污染物的时空分布。编制环境监测方案时，点位布设、监测时间和频次应能满足总体设计对反映环境质量和污染源状况的空间和时间方面的代表性要求。对于污染源监测必须在运行工况符合要求的情况下进行。

14.4.1.2　准确性

准确性是指测定值与真实值的符合程度。监测数据的准确性受到从试样的现场固定、保存、运输到实验室分析等环节的影响。

准确度常用以度量一个特定分析程序所获得的分析结果与假定的或公认的真值之间的符合程度。一个分析方法或分析系统的准确度是反映该方法或该测量系统存在的系统误差或随机误差的综合指标，它决定着这个分析结果的可靠性。准确度用绝对误差或相对误差表示。

可采用下列方法对准确度进行评价。

（1）标准样品分析

通过分析标准样品，由所得结果了解分析的准确度。

（2）加标回收率测定

在样品中加入一定量标准物质测定其回收率，这是目前实验室中常用的确定准确度的方法。从多次回收试验的结果中，还可以发现方法的系统误差。

按下式计算回收率 P：

$$回收率 P = \frac{加标试样测定值 - 试样测定值}{加标量} \times 100\%$$

每组样品分析中，应随机抽取不少于 10% 的样品进行加标回收。一般情况下加标回收率在 70%～130%，准确度合格，否则进行复查。但痕量有机污染物项目及油类的加标回收率可放宽至 60%～140%。

（3）不同方法的比较

当用不同分析方法对同一样品进行重复测定时，若所得结果一致，或经统计检验表明其差异不显著时，则可以认为这些方法都具有较好的准确度，若所得结果呈显著性差异，则应以被公认的可靠方法为准。

14.4.1.3　精密性

精密性表现为测量值有无良好的重复性和再现性。精密性以监测数据的精密度来表征，是使用特定的分析程序在受控条件下重复分析均一样品所得测定值之间的一致程度。它反映了分析方法或测量系统存在的随机误差的大小。测量结果的随机误差越小，测试的精密度越高。

精密度通常用极差、平均偏差和相对平均偏差、标准偏差和相对标准偏差表示。在实验室中常用重复性、再现性来考察。

重复性：指在同一实验室，使用同一方法由同一操作者对同一被测对象使用相同的仪器和设备，在相同的测试条件下，相互独立的测试结果之间的一致程度。

再现性：指在不同的实验室，使用同一方法由不同的操作者对同一被测对象使用相同的仪器和设备，在相同的测试条件下，所得测试结果之间的一致程度。

在每次监测过程中，应在现场加采不少于10%的平行样，同时进行测定。

平行样相对允许差的计算方法：

$$相对允许差 = \frac{|x_1 - x_2|}{\bar{x}} \times 100\%$$

式中：x_1，x_2 —— 平行样的测定结果；

$\bar{x}$ —— x_1，x_2 平行样测定结果的平均值。

平行样测定结果相对允许差的评估，应视样品中污染物的含量范围及样品实际情况确定，一般要求在20%以内精密度合格，痕量有机污染物及油类等测定项目的精密度可放宽到30%。

准确度良好的数据必须具有良好的精密度。

14.4.1.4 可比性

可比性指在一定置信度的情况下，一组数据与另一组数据可比较的特性。使用不同标准分析方法测量同一环境样品中的某污染物，得出的数据应具有良好的可比性。可比性不仅要求各实验室之间对同一样品的监测结果应相互可比，也要求每个实验室对同一样品的监测结果应达到相关项目之间的数据可比，相同项目在没有特殊情况时，历年同期的数据也是可比的。在此基础上，还应通过标准物质的量值传递和溯源，以实现国际间、行业间的数据一致、可比以及大的环境区域之间、不同时间之间监测数据的可比。

14.4.1.5 完整性

完整性是一个测量系统测量得到有效数据的量与正常条件下所期望得到的量的比较。完整性强调工作总体规划的切实完成，即保证按预期计划取得有系统性和连续性的有效样品，而且无缺漏地获得这些样品的监测结果及有关信息。

14.4.2 环境监测及监测数据使用应注意的问题

14.4.2.1 选择合适的监测方法

在制定监测方案时，要选择合适的监测方法。对某种污染物可能有多种监测方法，不同的监测分析方法对于同一污染物的分析灵敏度不同。所谓灵敏度是指某方法对单位浓度或单位量待测物质变化所产生的响应量的变化程度。它可以用仪器的响应量或其他指示量与对应的待测物质的浓度或量之比来描述。如分光光度法常以校准曲线的斜率度量灵敏度。一个方法的灵敏度会因实验条件的变化而改变。在一定的实验条件下，灵敏度具有相对的稳定性。方法的灵敏度高，表明它对待测物质的敏感程度高。在环境监测工作中要根据实际监测的目的和对象选择合适的监测方法，并不是任何情况都一定要选用灵敏度高的方法。一般来说，环境质量监测，由于污染物浓度很低，要求使用灵敏度高的监测方法；而污染源监测中，由于试样基体复杂，污染物浓度较高，灵敏度不是方法选择的主要条件，应以抗干扰能力为主。

14.4.2.2 监测方法的最佳测定范围

在选择监测方法时，还应考虑到监测方法的最佳测定范围要适应于被测污染物浓度的问题。

监测方法的检出限是指特定分析方法在给定的置信度内可从样品中检出待测物质的最小浓度或最小量。所谓"检出"是指定性检出，即判定样品中存有浓度高于空白的待测物质。检出限除了与分析中所用试剂和水的空白有关外，还与仪器的稳定性及噪声水平有关。

在测定误差能满足预定要求的前提下，用特定方法能准确地定量待测物质的最小浓度或量，称为该方法的测定下限。我国规定 4 倍检出限为测定下限。在测定误差能满足预定要求的前提下，用特定方法能准确地定量待测物质的最大浓度或量，称为该方法的测定上限。在限定误差能满足预定要求的前提下，特定方法的测定下限至测定上限之间的浓度范围称为最佳测定范围也称有效测定范围，在此范围内能够准确地定量测定待测物质的浓度或量。

为了准确测定污染物浓度，在选择监测方法时，应使待测物质的浓度落在方法最佳测定范围之内。如果污染物浓度低于方法的测定下限，监测结果就不可能准确可靠，甚至测不出来；如果污染物浓度高于方法的测定上限，就必须对样品进行稀释处理，增加了工作量，引进了测量误差。

14.4.2.3 监测数据合理性的判断

对于监测数据的合理性判断是环评人员必须具备的能力和素质，这就要求对监测的对象要较深入的了解，积累较多的相关知识。

化学需氧量（COD）是一种常用的评价水体污染程度的综合性指标，是指在强酸并加热条件下，用重铬酸钾作为氧化剂处理水样时，所消耗氧化剂的量，以氧的 mg/L 来表示。化学需氧量反映了水体受到还原性物质污染的程度，由于有机物是水体中最常见的还原性物质，因此，它在一定程度上反映了水体受到有机物污染的程度。但是，水中还原性物质除有机物外，还有亚硝酸盐、亚铁盐、硫化物等无机物，因此，不能认为 COD 就是有机污染指标。

生化需氧量（BOD）是指在有氧的条件下，水中微生物分解有机物的生物化学过程中所需溶解氧的质量浓度，以氧的 mg/L 表示。一般情况下，任何地表水和污水测得的 COD 和 BOD 值，必须是 COD＞BOD。只有酿造行业污水 BOD 和 COD 值很接近，但也不可能超过 COD 值，因为任何可生化降解的污染物都能被 $K_2Cr_2O_7$ 氧化。例如，某造纸厂排水中 COD_{Cr} 和 BOD 监测值分别为 121.03 mg/L 和 138.05 mg/L，这显然不合理。其一是 BOD＞COD；其二是没考虑测定下限，小数点之后不可能真正测出那么多位数。之所以测定结果不合理，究其原因是水样没有代表性，即悬浮物（木质素、纤维等）影响了分析测定。

溶解氧（DO）是溶解于水中的分子态氧，用每升水里氧气的毫克数表示。水中溶解氧的多少是衡量水体自净能力的一个指标。一般情况下 DO 最高不能超过 14.6 mg/L，当 DO＞8 mg/L，COD 和 BOD 测定值应在测定下限附近；反之如果 COD 和 BOD 较高，则 DO 应很低，否则数据不合理。一般把 COD、BOD 和 DO 称为"三氧"。

"三氮"指亚硝酸氮、硝氮和氨氮，水中除"三氮"之外，还含有有机氮。因此，总氮是有机氮和无机氮之和。"三氮"往往难以测定准确，因为 NO_2^--N、NO_3^--N、NH_3-N 之间是氧化-还原体系，其存在形态与水中氧化性物质存在情况相关。如果同一个污水样中 NH_3-N 大于总氮肯定是不合理的。

14.4.2.4 监测结果的计算和处理

在污染源废气监测中，通过排气筒排放废气污染物的最高允许排放浓度和最高允许排放速率均指任何 1 h 平均值不得超过的限值。

两个排放相同污染物（不论其是否由同一生产工艺过程产生）的排气筒，若其距离小于该两个排气筒的高度之和时，应合并视为一根等效排气筒，对其排放速率进行考核。若有三根以上的近距离排气筒，且排放同一污染物时，应以前两根的等效排气筒，依次与第三、第四根排气筒取等效值。

对燃料燃烧排放源如：火电厂、锅炉、工业炉窑、焚烧炉等排放的大气污染物进行监测，要同时测定烟气中的含氧量，计算过量空气系数。污染物的实测浓度要按相关排放标准规定的烟气过量空气系数进行折算，得到排放浓度，作为监测结果报出。

对大气污染物无组织排放，在监测数据处理时，应对照行业要求，将监控点中的浓度最高点测值与参照点浓度之差值，或周界外浓度最高点浓度值，作为监测结果，不应取各监控点的平均值。

在水质监测中，pH 的定义为溶液中氢离子活度的负对数。在离子强度极小的溶液中，活度系数接近于 1，此时 pH 值可简单表示为氢离子浓度的负对数。在进行 pH 值测定时，有人将几次测定值进行简单加和，再除以测定次数，从而求得 pH 的平均值，这是不正确的。对于分析样品 pH 平均值的正确计算应该是首先将单次 pH 测定值进行指数运算，算出单次测定的氢离子浓度；其次对氢离子浓度进行算术平均，算出氢离子浓度的平均值；最后，根据氢离子浓度的平均值进行对数计算，从而算出 pH 的平均值。同样，在判断 pH 是否达标时不能简单地取算术平均值。应说明 pH 6～9 范围有多少；pH<6 或 pH>9 数据所占的比例。

厂界噪声测量值与背景噪声值相差在 3～10 dB（A）时，噪声测量值与背景噪声值的差值取整后，按标准规定进行修正。各个测点的测量结果应单独评价。

14.4.2.5 监测数据的正确报出

根据实验室资质认定要求，监测结果的报出必须使用国家法定计量单位。如空气和废气监测中，若仪器显示的浓度单位为 ppm，在监测报告中必须换算为标准状态下的 mg/m^3 方可报出。

在某些监测报告单中，往往会有低于方法测定下限的数据作为监测结果报出，这是不合理的。如果 COD 的测定上限是 2 mg/L，测定下限是 8 mg/L，即只有监测数据≥8 mg/L 才能保证结果的准确可靠。

监测数据的有效数字位数必须按照相关的技术规范执行，或根据所使用仪器的精度和使用条件正确确定。数据有效数字的位数是否正确，主要取决于原始数据的正确记录和数据的正确运算。在记录数据时，要同时考虑到计量器具的精密度和准确度以及分析人员的读数误差。在广泛使用计算器的今天，有效数字的概念常常被忽视。

14.4.2.6 注意质量控制的科学性

有人认为质控样测定结果准确就表明样品测定结果准确，其实这种认识也不完全合理。目前我国水的标样都是用纯试剂和纯水配置的，基体相当简单。例如：COD 标样有两种，一种是用邻苯二甲酸氢钾配制，另一种是用葡萄糖和谷氨酸配制，其中两者都不含 VOCs，而实际污水中常含 VOCs，在回流氧化时 VOCs 往往会挥发而影响测定结果。如果回流加热温度过高，冷却水流量小，则会使测定结果偏低。两种标样则比较容易氧化。此外，Pb、Cd、Hg 等重金属质控样也是由纯试剂配制，而实际水样中常存有的 Fe、Ca、Mg、Si 等都会给测定结果造成误差。只有经过加标回收检验才能确认数据是否准确。

在做加标回收试验时，有人在试样前处理完成后，测定之前加标，这是错误的。应在试样处理之前加入标准，使加标物质和试样中待测成分经历同样的前处理过程，才能起到质控的作用。

　　平行双样是确认测量精度的指标，应该从取样开始就做平行双样，而不是将同一样品处理完成进行两次平行测定。例如土壤中 Pb、Cd 测定时，应同时称取两份同样的土壤经消解处理后测定；土壤中六六六等有机物测定也是称取两份土壤，同时进行提取后测定。